ちくま学芸文庫

量子力学
ランダウ=リフシッツ物理学小教程

L.D.ランダウ　E.M.リフシッツ
好村滋洋　井上健男　訳

筑摩書房

Copyright © by L. Landau, E. Lifshitz
Japanese translation rights arranged
with the Russian Author's Society (RAO)
through Japan UNI Agency, Inc., Tokyo.

目　次

記 号 例
序　　文

第1部　非相対論的理論

第1章　量子力学の基本概念
- §1　不確定性原理 ……………………………… 16
- §2　重ね合わせの原理 ………………………… 25
- §3　演　算　子 ………………………………… 29
- §4　演算子の和および積 ……………………… 37
- §5　連続スペクトル …………………………… 40
- §6　極限移行 …………………………………… 45
- §7　密度行列 …………………………………… 48

第2章　量子力学における保存則
- §8　ハミルトニアン …………………………… 51
- §9　演算子の時間微分 ………………………… 53
- §10　定常状態 …………………………………… 55
- §11　物理量の行列 ……………………………… 59
- §12　運　動　量 ………………………………… 65

§13 不確定関係 ………………………… 70
§14 角運動量 …………………………… 72
§15 角運動量の固有値 ………………… 77
§16 角運動量の固有関数 ……………… 83
§17 角運動量の合成 …………………… 86
§18 角運動量の選択規則 ……………… 90
§19 状態の偶奇性 ……………………… 96

第3章 シュレーディンガー方程式
§20 シュレーディンガー方程式 ……… 101
§21 流れの密度 ………………………… 104
§22 シュレーディンガー方程式の解の一般的性質 …………………………… 107
§23 時間反転 …………………………… 113
§24 ポテンシャルの井戸 ……………… 115
§25 1次元振動子 ……………………… 121
§26 準古典的な波動関数 ……………… 127
§27 ボーア‐ゾンマーフェルトの量子化の規則 ……………………………… 132
§28 透過係数 …………………………… 140
§29 中心対称場のなかの運動 ………… 147
§30 球　面　波 ………………………… 152
§31 クーロン場のなかの運動 ………… 160

第4章 摂　動　論
§32 時間に依存しない摂動 …………… 168
§33 永年方程式 ………………………… 174

§34　時間に依存する摂動 …………… 178
§35　連続スペクトル間の遷移 …………… 182
§36　中間状態 …………… 186
§37　エネルギーに対する不確定関係 …………… 187
§38　準定常状態 …………… 191

第5章　スピン
§39　スピン …………… 195
§40　スピン演算子 …………… 200
§41　スピノール …………… 202
§42　電子の偏極 …………… 209
§43　磁場のなかの粒子 …………… 212
§44　一様な磁場のなかの運動 …………… 216

第6章　粒子の同等性
§45　同種粒子の無差別性の原理 …………… 219
§46　交換相互作用 …………… 225
§47　第二量子化．ボーズ統計の場合 …………… 228
§48　第二量子化．フェルミ統計の場合 …………… 237

第7章　原　子
§49　原子のエネルギー準位 …………… 240
§50　原子内の電子状態 …………… 243
§51　原子準位の微細構造 …………… 247
§52　メンデレーエフの元素の周期系 …………… 252
§53　X線項 …………… 260
§54　電場のなかの原子 …………… 263

目次

§55 磁場のなかの原子 …………………… 270

第8章 2原子分子
§56 2原子分子の電子項 …………………… 277
§57 電子項の交叉 …………………… 280
§58 原子価 …………………… 284
§59 2原子分子の項の振動構造および回転構造 …………………… 292
§60 パラ水素とオルソ水素 …………………… 298
§61 ファン・デル・ワールス力 …………………… 300

第9章 弾性衝突
§62 散乱振幅 …………………… 304
§63 準古典散乱の条件 …………………… 309
§64 散乱振幅の極としての離散エネルギー準位 …………………… 310
§65 遅い粒子の散乱 …………………… 313
§66 小さいエネルギーにおける共鳴散乱 …………………… 317
§67 ボルンの公式 …………………… 321
§68 ラザフォードの公式 …………………… 330
§69 同種粒子の衝突 …………………… 333
§70 高速電子と原子との弾性衝突 …………………… 337

第10章 非弾性衝突
§71 個別つりあいの原理 …………………… 343
§72 非弾性過程があるときの弾性散乱 …………………… 348
§73 遅い粒子の非弾性散乱 …………………… 351
§74 高速粒子と原子との非弾性衝突 …………………… 353

第 2 部 相対論的理論

第 11 章 光　子
- §75　相対論的領域での不確定関係 ……… 360
- §76　自由電磁場の量子化 ……… 366
- §77　光　子 ……… 372
- §78　光子の角運動量と偶奇性 ……… 375

第 12 章 ディラック方程式
- §79　クライン‐フォックの方程式 ……… 380
- §80　4 次元スピノール ……… 382
- §81　スピノールの反転 ……… 388
- §82　ディラック方程式 ……… 390
- §83　ディラック行列 ……… 394
- §84　ディラック方程式の電流密度 ……… 399

第 13 章 粒子と反粒子
- §85　Ψ-演算子 ……… 404
- §86　粒子と反粒子 ……… 408
- §87　スピンと統計の関係 ……… 413
- §88　真正中性粒子 ……… 415
- §89　粒子の内部偶奇性 ……… 419
- §90　CPT-定理 ……… 422
- §91　中性微子 ……… 427

第14章　外場内の電子

- §92　外場内の電子に対するディラック方程式 …… 431
- §93　電子の磁気モーメント …… 433
- §94　スピン-軌道相互作用 …… 437

第15章　輻　射

- §95　電磁相互作用の演算子 …… 442
- §96　自発および強制放出 …… 447
- §97　双極輻射 …… 450
- §98　多重極輻射 …… 454
- §99　原子の輻射 …… 456
- §100　赤外破局 …… 459
- §101　光の散乱 …… 463
- §102　スペクトル線の自然幅 …… 469

第16章　ファインマン図形

- §103　散乱行列 …… 473
- §104　ファインマン図形 …… 480
- §105　輻射補正 …… 490
- §106　原子準位の輻射によるずれ …… 493

訳者あとがき …… 497

解　説　独特な理論構成（江沢 洋）…… 501

索　引 …… 513

量子力学
ランダウ–リフシッツ物理学小教程

記 号 例

時間に依存する波動関数	Ψ
時間因子を含まない波動関数	ψ
演算子は山印 ^ をつけた文字で表わされる．	
転置演算子は文字の上に ~ をつけて表わされる．	
エルミート共役演算子は $^+$ をつけて表わされる．	
物理量 f の行列要素	$f_{mn} = \langle m\|f\|n\rangle$
ハミルトニアン	$\hat{H}$
非相対論的エネルギー	E
遷移振動数	$\omega_{nm} = (E_n - E_m)/\hbar$
静止エネルギーを自身含んでいる粒子の相対論的エネルギー	ε
配位空間の体積要素	dq
空間の体積要素	$dV = dxdydz$
規格化体積	Ω

4次元ベクトルの添字は（第2部で）ギリシア文字 $\lambda, \mu, \nu, \cdots$ で表わされ，これらは $0, 1, 2, 3$ の値をとる．

第2部では366頁の脚注で定義された相対論的単位が用いられる．

この教程の第1巻『力学・場の理論』（邦訳：ちくま学芸文庫，2008）の章，節および公式の引用には数字Ⅰを添えてある．

序　文

　本書は，すでに第1巻（『力学・場の理論』）の序言に述べた目的をもつレフ・ダヴィドヴィチ・ランダウによって立てられたプログラムの継続をなすものである．その目的とは，専門の如何にかかわらずあらゆる現代物理学の研究のために必要とされる理論物理学の最小限の知識を与えることである．

　本書の第1部は非相対論的量子論にあてられており，L.D.ランダウと私によって書かれた《量子力学》（理論物理学教程の第3巻，邦訳『量子力学』全2巻，佐々木・好村・井上訳，東京図書，1983）に依拠している．より特殊な興味しかない部分のすべてや，専門的な理論物理学者のために用意された方法論的な記述の大部分を削除するようにして短縮が行なわれた．当然のことながら，このような大幅な短縮のために本文の大部分は新しく書きかえられなければならなかった．しかしながら私は記述の方法とスタイルをすべて完全に保存し，いたるところ概念のいかなる通俗化による簡易化をも許さないよう努めた．したがって簡易化は，詳論を少なくするようにのみ行なわれた．本書の第1部には《示すことができる》という言葉がほとんど

用いられていない．ここで記された結果は対応する証明とともに与えられている．

ところが以上のことは，本書の第2部にはあまり当てはまらない．この部分は記述の方法において，V.B.ベレステツキーおよびL.P.ピタエフスキーとともに私の書いた《相対論的量子力学》（理論物理学教程の第4巻，邦訳『相対論的量子力学』全2巻，井上健男訳，東京図書，1969）に依拠している．しかしその部分では量子電気力学の基礎しか与えられていない．ここでは私は，できるだけ明確に物理的前提と論理的構造を示すことができるように，記述を構成するよう努力した．しかしながら計算がかなり複雑であるため，またこの分野では具体的な問題の解が一般に計算に結びついているため，理論の応用例の多くは結果のみしか記述できなかった．本書のこの部分の題材の選択にあたって，私はL.D.ランダウの講義録に最大限に依拠した．それは1959～60年度のモスクワ国立大学において行なわれた量子電気力学に関する講義である．A.S.カンパニエーツ，N.I.ブトゥコおよびP.S.コンドラチェンコに対して，彼らのこの講義ノートを私に自由に使わせてくれたことを感謝します．

本書の最後の部分（《ファインマン図形》）は一般的なスタイルから若干はみ出している．それ自身が比較的複雑であり，それは物理的結果だけでなく，方法論的問題についても記述しているからである．しかしながら（この場合具体的な問題を解くためにこの方法を実際に応用することを

教えるという目的を設定していないが）理論物理学の現代的手法に深く立ち入ることにより，この概念の起源と意味に関する知識だけでも読者に与えることは必須であると私には思われるからである．読者のつごうでこの部分は省略されても本書の全体の統一を破壊することにはならないであろう．

本書の出版の時期までに，自動車事故がレフ・ダヴィドヴィチ・ランダウの科学的ならびに教育的活動を中止させた，あの悲劇的な1962年2月7日から10年の歳月が流れた．この理論物理学小教程の読者に予定された人々のあいだでも，彼の講義を聴く幸運をもはや誰ももたなくなった．本書によって，明解さへの彼の努力，複雑な事を簡潔にし，同時にその真の簡単さのなかに自然法則の美を示す努力という彼の教育的理念を読者にいくらかでも伝えることができれば幸甚である．

1971年5月

E.M.リフシッツ

第 1 部　非相対論的理論

第1章 量子力学の基本概念

§1. 不確定性原理

　古典力学および電気力学を原子的現象に適用しようと試みると，実験とは鋭く矛盾する結果におちいる．このことがもっともはっきりと見られるのは，電子が核のまわりを古典的な軌道を描いて運動している原子模型に，普通の電気力学を適用した場合に見られる矛盾である．このような運動では，電荷のあらゆる加速度運動の場合にそうであるように，電子はたえず電磁波を放射しなければならない．電子は電磁波を放射しながら自分のエネルギーを失うので，終わりには核に落ち込んでしまうはずである．このようなわけで，古典電気力学に従えば，原子は不安定となるだろう．このことはまったく現実と一致しない．

　理論と実験の，この深刻な矛盾はつぎのことを意味している．すなわち，原子的現象——非常に狭い空間領域で非常に小さい質量をもった粒子について起こる現象——に適用できる理論をつくるためには，基本的な古典的概念および法則を根本的に変更することが要求される．

　この変更を解明するための出発点としては，いわゆる電

§1. 不確定性原理

子回折[1]の実験で観測される現象から話を始めるのが適当であろう．一様な電子束が結晶を通過すると，通過した電子束には強度の極大と極小が交互に並んだ像が現われるが，これは電磁波の回折の際に観測される回折像と非常に似通っている．したがって，ある条件の下では物質粒子――電子――の振舞いは，波動的過程に特有な性質を示すのである．

この現象が運動に関する普通の考え方といかに深刻に矛盾するかは，結晶による電子回折の実験を理想化したつぎのような思考実験を扱うのがもっともわかりやすい．電子が透過できないスクリーンを考え，これに二つのスリットがあいているとしよう．（第二のスリットを閉じたときに）第一のスリットを通過する電子束を観測すると，スリットの向こう側に置かれた平らなスクリーン上に，ある強度分布をもった像が得られる．また同じようにして，第二のスリットを開き，第一のスリットを閉じれば，別の像が得られる．つぎに同時に二つのスリットを通過する電子束を観測すると，普通の考え方から当然期待されるのは，上述の二つの像を単純に重ね合わせた像である．すなわち，各電子はそれ自身の軌道を運動して，スリットのどちらか一方を通過し，他方のスリットを通過する電子には何の影響も及ぼさないことが期待される．しかしながら，電子回折の現

---

[1] 電子回折の現象は実際には量子力学の成立後に発見されている．しかしわれわれの説明では，理論の発展の歴史的順序にこだわらずに，量子力学の基本的原理と実験で観測される現象との関連を，もっとも明瞭に示すことができるように理論を構成することを試みよう．

象では,現実には回折像が得られることを示している.これは,干渉効果のためにそれぞれのスリットによって別々につくられる像の和に帰することがまったくできないような像である.この結果と軌道に沿った電子の運動という概念を両立させることは,とうてい不可能なことは明らかである.

したがって,原子的現象を支配する力学——いわゆる**量子力学**あるいは**波動力学**——は,運動についての古典力学の考え方と原理的に異なった考え方の上に建設されなければならない.量子力学においては粒子の軌道という概念は存在しない.このことがいわゆる**不確定性原理**の内容である——これは量子力学の基本原理の一つであって,1927年にウェルナー・ハイゼンベルク[1] によって発見された.

古典力学の普通の考え方を拒否するという点で,不確定性原理はいうなれば消極的な内容をもっている.もちろんこの原理だけでは,それに基づいて粒子の新しい力学を組み立てるのにはまったく不十分である.このような理論の基礎には,もちろん何らかの積極的な主張が存在していなければならない.これについてはあと(§2)で述べることにする.しかし,このような主張を定式化するためには,量子力学の直面する問題の性格をあらかじめ明らかにして

---

1) つぎのことを指摘しておくのは興味深いことであろう.すなわち,量子力学の完全な数学的定式化はハイゼンベルクとシュレーディンガーによってなされたが(1925〜1926),それはこの定式の物理的内容を明らかにした不確定性原理の発見以前のことであった.

§1. 不確定性原理

おくことが必要である．その手始めに，量子力学と古典力学の相互関係の特徴を検討することにしよう．

より一般的な理論は，その極限の場合であるようなより一般的でない理論とは独立に，論理的に閉じた形で定式化されるのが普通である．たとえば，相対論的力学はニュートン力学を全然利用することなく自己の基本原理に基づいて組み立てられる．ところが量子力学の基本的な命題を定式化することは，古典力学を用いないでは原理的に不可能である．

電子[1]が定まった軌道をもたないことは，それ自身から他のあらゆる力学的特性[2]までも奪ってしまう．したがって明らかに，量子的対象のみからなる系では論理的に閉じたいかなる力学を建設することも一般に不可能である．電子の運動の定量的記述が可能であるためには，十分な精度で古典力学に従う物理的対象が別に存在することが必要である．もしも電子が《古典的対象》と相互作用をするならば，一般的に言って後者の状態は変化する．この変化の性質および大きさは電子の状態に依存するので，電子の状態の定量的特徴づけに役立たせることができる．

このようなわけで《古典的対象》は普通《測定器》と呼

---

1) この節および以下の節において，簡単のために電子と呼んで，一般に任意の量子的な対象，すなわち古典力学が適用されない粒子または粒子系を考えることにする．

2) ここでは電子の運動を特徴づける量を指しており，粒子としての電子を特徴づける量（電荷，質量）ではない．後者はパラメータである．

ばれ，これが電子と相互作用する過程を《測定》という．しかし，ここではけっして物理学者——観測者——の参与する《測定》の過程のことを考えているのではないことを強調しておかなければならない．量子力学における測定とは，いかなる観測者とも別に，独立に行なわれる古典的対象と量子的対象との相互作用のあらゆる過程である．量子力学における測定の概念の重要な役割はニールス・ボーアによって解明された．

われわれは，十分な精度をもって古典力学に従う物理的対象を測定器の定義とした．このようなものは，たとえば，十分に大きな質量をもつ物体である．しかし巨視的であることが測定器の必要条件であると考えてはならない．ある条件の下では微視的な対象もまた測定器の役割を果たすことができる．なぜなら《十分な精度で》という概念は具体的に出された問題に依存するからである．たとえば，ウィルソンの霧箱のなかでは電子の運動は電子の残した霧の飛跡として観測される．その飛跡の幅は原子の寸法にくらべてずっと大きい．このような精度で軌道を決める場合，電子はまったく古典的な対象である．

したがって，量子力学は物理学の諸理論のなかでも非常に変わった位置を占めている．すなわち量子力学は古典力学をその極限の場合として含み，またそれと同時にこの極限の場合をそれ自身の基礎づけのために必要とする．

ここまでくれば，われわれは量子力学の課題を定式化することができる．典型的な課題は，すでに行なった測定の結

果を知って，つぎの測定結果を予言することである．さらにあとで見るように，量子力学では，一般的に言って，古典力学にくらべていろいろな物理量（たとえばエネルギー）のとりうる値，すなわち，ある量を測定したときに得られる値の集合が制限されている．量子力学の方法はこれらの許される値を決定できるものでなくてはならない．

量子力学では測定の過程は非常に重要な特徴をもっている——測定の過程はつねにそれを受ける電子に作用を及ぼす．そして（測定精度を決めると）この作用を任意に弱くすることは原理的に不可能である．測定の精度が高いほど，電子に及ぼす作用は強く，非常に低い精度の測定においてのみ，測定対象に対する作用を弱くすることができる．このような測定の性質にはつぎのこと，すなわち電子の力学的特性は，それを測定してはじめて発現するということが論理的に関連している．もしも測定の過程が対象に及ぼす作用を任意に小さくすることができるならば，これは測定される量が，それ自身測定とは無関係な確定値をとることを意味している．

いろいろな種類の測定のうちで，基本的な役割を果たすものは電子の座標の測定である．電子座標の測定は，量子力学の適用範囲内であればいつでも，任意の精度で行なう[1]ことができる．

---

[1] 《測定を行なう》といった場合，電子が古典的な《測定器》と相互作用することを考えているのであって，局外の観測者の存在を想定しているのではないことを，もう一度強調しておく．

一定の時間間隔 Δt をおいて，電子の座標の測定を次々と行なったとしよう．その結果は，一般的に言って，どんななめらかな曲線にも乗らない．反対に，測定を正確に行なえば行なうほど，その結果はますますとびとびになり，無秩序な傾向を示す．このことは電子にとって軌道の概念が存在しないことに対応している．どうにかなめらかな軌道が得られるのは，低い精度で電子の座標を測定した場合のみであって，ウィルソンの霧箱で液滴が凝縮するのはその一例である．

　もしも，測定精度を一定にしたまま，測定どうしの間隔 Δt を短くすると，相隣る測定からはもちろん接近した座標の値が得られる．しかしながら，一連の測定の結果は，空間の狭い範囲におさまるとしても，この範囲内ではまったく無秩序に分布しており，けっしてなめらかな曲線には乗らないであろう．

　この最後の事情が示すように，量子力学には古典的な言葉の意味での粒子の速度という概念，すなわち二つの時刻における座標の差をこれらの時刻の間隔 Δt で割った値が収束する極限としての速度は存在しない．しかしあとで見るように，量子力学でも，古典力学へ移行すれば，古典的速度になるような，ある時刻における粒子の速度というものを合理的に定義することができる．

　古典力学では，粒子は各時刻に確定した座標と速度をもっているが，量子力学では事情はまったく異なっている．もしも測定の結果電子が確定した座標を得たとすると，こ

のときこの電子は一般にいかなる確定した速度ももっていない．反対に，確定した速度をもつと，その電子は空間において確定した位置をもつことができない．実際，任意の時刻に座標と速度が同時に存在することは，確定した軌道が存在することを意味するが，電子はこのようなものをもっていない．

したがって，量子力学では電子の座標と速度は同時に正確に測定することができない量，すなわち同時に確定した値をもつことができない量である．電子の座標と速度は同時には存在することのない量であると言うことができる．以下において，座標と速度を精度が悪いが同一時刻に測定する可能性を与える定量的関係を導こう．

古典力学では物理系の状態を完全に記述するには，与えられた時刻において系のすべての座標と速度を定めればよい．運動方程式は，これらの初期条件によって未来のすべての時刻における系の状態を完全に決定する．量子力学では，座標とそれに対応する速度が同時に存在しないため，このような記述は原理的に不可能である．したがって，量子系の状態の記述は，古典力学におけるよりも少ない数の量によってなされる，すなわち古典力学の場合ほど詳しくはない．

このことから，量子力学で行なう予測というものの性質に関して非常に重要な結論が出てくる．古典的記述は，力学系の未来の運動を完全に正確に予測するのに十分であるのに反し，詳しさの劣る量子力学的記述はそれには不十分

である．この意味は，たとえ電子が量子力学で可能な限り完全に記述された状態にあったとしても，その後の時刻におけるその振舞いは原理的に一義的でない，ということである．したがって量子力学は，電子の未来の振舞いに関して厳密に確定した予測を行なうことはできない．電子の初期状態を与えても，それに続く測定は様々な結果を与えうる．量子力学の課題はただ，この測定によりある結果を得る確率を定めることにある．もちろんある場合には，一定の測定結果が出る確率が1に等しくなること，すなわち確実性に転化することがある．この場合には与えられた測定の結果は一義的である．

以下においてわれわれは，量子力学ではけっして物理量のあらゆる総体を同時に測定することはできないこと，すなわちこれらが同時に確定値をとることはけっしてないことを一再ならず見るだろう（その一例として，電子の速度と座標のことはすでに述べた）．

つぎのような性質をもつ物理量の組は，量子力学で重要な役割を果たしている．すなわちこれらの量は同時に測定され，そしてもしもこれらが同時に確定値をとってしまえば，もはや（それらの関数でない）他のいかなる物理量もこの状態では確定値をとることはできない．

このような物理量の組のことを，**完全な組**と呼ぶことにしよう．

電子の状態の記述はすべて，ある測定の結果生ずるものである．ここで，量子力学における状態の完全な記述とは

いかなる意味かを定式化しよう．完全に記述された状態は，物理量の完全な組の同時測定の結果生ずる．特にこのような測定の結果を用いれば，最初の測定までに電子について起こったあらゆることと無関係に，それ以後のあらゆる測定結果の確率を定めることができる．

今後はいつも（ただし§7と§42だけは除く）量子系の状態とは，この完全に記述された状態のことであると理解することにする．

§2. 重ね合わせの原理

古典力学と比較して量子力学における運動の物理的表わし方の根本的な変更は，当然ながら理論の数学的方法についても根本的な変更を必要とする．このことに関してまず第一に量子系の状態の記述の問題が起こる．

量子系の座標をまとめて q と表わし，これらの座標の微分量の積を dq と表わすことに約束しよう（dq は系の**配位空間の体積要素**と呼ばれる）．一つの粒子に対して dq は普通の空間の体積要素 dV と一致する．

古典力学では系の状態は（ある時刻で）系のすべての座標 q および速度 $\dot{q}$ を与えることにより記述される．量子力学ではすでに見たようにこのような記述は当然不可能である．系の完全な記述はここではいちじるしく限られてくる．ここでは系の座標（または他の物理量）の何らかの測定結果の確率を予言できるだけである．

量子力学の数学的方法の基礎をなすのは，系の各状態の記

述が，一定の座標の関数（一般的に言うと複素関数）$\Psi(q)$ によって与えられ，そしてこの関数の絶対値の 2 乗が座標の値の確率分布を決定するということである．すなわち，$|\Psi|^2 dq$ は系に対して測定を行なったとき，座標の値が配位空間の要素 dq のなかに見いだされる確率を表わす．関数 Ψ は系の**波動関数**と呼ばれる[1]．

波動関数を知れば，（座標の測定だけでなく）一般のあらゆる測定のいろいろな結果の確率まで，原理的には計算することができる．この場合これらの確率はすべて Ψ および Ψ^* に関する双 1 次形式で定義される．このような形式のもっとも一般的な形は

$$\iint \Psi(q)\Psi^*(q')\varphi(q,q')dqdq' \tag{2.1}$$

である．ここで関数 $\varphi(q,q')$ は測定の種類および結果に依存しており，積分は全配位空間にわたって行なわれる．座標がいろいろな値をとる確率それ自身を表わす $\Psi\Psi^*$ もまたこのような形の表式である．

一般的に言えば時間がたつに従って，系の状態とともに波動関数は変化する．この意味で，波動関数は時間の関数ともみなされる．もしも波動関数がある初期時刻にわかっていたとすると，状態の完全な記述という概念の意味は，それ以後すべての時刻における波動関数も，それによって原理的には定まるということである．波動関数の実際の時

---

[1] これはシュレーディンガーにより 1926 年に初めて量子力学に導入された．

間依存性は，あとで導かれる方程式によって決定される．

系の座標がとりうるすべての値の確率の和は，定義により 1 に等しくなければならない．このため，$|\Psi|^2$ を全配位空間にわたって積分した結果は 1 に等しくなければならない．すなわち

$$\int |\Psi|^2 dq = 1. \tag{2.2}$$

この等式は，波動関数の**規格化条件**と呼ばれるものである．もしも $|\Psi|^2$ の積分が収束するならば，適当な定数の係数を選ぶことにより，関数 Ψ は必ず**規格化**されることができると言える．しかし，ある場合には，規格化されない波動関数が用いられることもある．そればかりではなく，$|\Psi|^2$ の積分は発散することもあり，その場合には Ψ は一般に条件 (2.2) によって規格化できないことをあとで見るであろう．このような場合には，$|\Psi|^2$ はもちろん座標の確率の絶対値を与えず，配位空間の二つの相異なる点における $|\Psi|^2$ の値の比が，対応する座標値の相対確率を与えるだけである．

波動関数を用いて計算される，直接の物理的意味をもつすべての量は (2.1) の形をもつので，すなわち Ψ と Ψ^* は積の形になるので，規格化された波動関数は，絶対値が 1 に等しい $e^{i\alpha}$（α は任意の実数）の形をした定数の**位相因子**を除いた精度でしか決められないことは明らかである．この不定性は原理的なものであって，避けることはできない．しかしそれは，いかなる物理的結果にも反映しないので重要ではない．

量子力学の積極的内容の根本にあるのは，以下に示すような波動関数の性質に関する一連の命題である．

　波動関数 $\Psi_1(q)$ をもつ状態では，ある測定が確実に一定の結果（結果 1）をもたらし，そして $\Psi_2(q)$ をもつ状態では，結果 2 をもたらすとしよう．その場合には，Ψ_1 と Ψ_2 のあらゆる線形結合，すなわち $c_1\Psi_1 + c_2\Psi_2$（c_1, c_2 は定数）なる形のあらゆる関数によって与えられる状態は，上と同じ測定が結果 1 か結果 2 かのいずれかを与える状態であると考えられる．そればかりでなく，もしもわれわれに状態の時間依存性がわかっていて，一つの場合が関数 $\Psi_1(q,t)$ で与えられ，もう一つの場合が $\Psi_2(q,t)$ で与えられているならば，それらの任意の線形結合もまた状態の起こるべき時間依存性を与えるということができる．

　上に述べた命題は，いわゆる状態の**重ね合わせの原理**の内容である．これから特に，波動関数が満たす方程式は Ψ に関して線形でなければならないということが導かれる．

　二つの部分からなる系を考え，各部分で完全な記述ができるように，この系の状態が与えられていると仮定しよう[1]．そうすると，第一の部分の座標 q_1 の確率は第二の部分の座標 q_2 の確率に依存せず，それゆえ全体としての系の確率の分布は，系の各部分に対する確率の積に等しくなければな

---

[1]　もちろん，これによって系の全体としての状態も完全に記述されていることになる．しかし逆の命題はけっして正しくはないことを強調しておこう．全体としての系の状態の完全な記述は，一般には，その各部分の状態を完全には決定しない（この問題には§7 でもう一度もどる）．

らないことになる．これは，系の波動関数 $\Psi_{12}(q_1, q_2)$ をつぎのように系の各部分の波動関数 $\Psi_1(q_1)$ および $\Psi_2(q_2)$ の積に表わすことができることを意味している：

$$\Psi_{12}(q_1, q_2) = \Psi_1(q_1)\Psi_2(q_2). \qquad (2.3)$$

もしも両部分が互いに相互作用をしなければ，系とその各部分の波動関数のあいだのこのような関係は，それ以後の時刻にも保存される．すなわち

$$\Psi_{12}(q_1, q_2, t) = \Psi_1(q_1, t)\Psi_2(q_2, t). \qquad (2.4)$$

§3. 演算子

量子系の状態を特徴づけるある物理量 f を考えよう．厳密に言うと，以下の議論は一つの量だけではなく，物理量の組の全部についてまとめて語るべきなのであろう．しかし，これによってすべての議論が本質的に変わるようなことはないので，簡単のために以下ではただ一つの物理量について論ずることにする．

与えられた物理量がとりうる値は，量子力学ではその**固有値**と呼ばれ，その全体は，その量の固有値の**スペクトル**と呼ばれる．古典力学では，一般的に言って，物理量は連続的な値をとる．量子力学でも，固有値が連続的な一連の値を占めるような物理量が存在する（たとえば座標）．このような場合は，固有値の**連続スペクトル**と呼ばれる．しかし量子力学では，このような量の他に，固有値がある離散的な集合をなすような物理量も存在する．このような場合は，**離散スペクトル**と呼ばれる．

簡単のため，ここで考える量 f は離散スペクトルをもつとしよう．連続スペクトルの場合は §5 で考察される．量 f の固有値を f_n と書くことにする．ここで添字 n は $0, 1, 2, 3, \cdots$ なる値をとる．さらに量 f 値が f_n をとる状態にある系の波動関数を，Ψ_n と書くことにする．波動関数 Ψ_n は与えられた物理量 f の**固有関数**と呼ばれる．これらの関数はいずれも

$$\int |\Psi_n|^2 dq = 1 \qquad (3.1)$$

のように規格化されているとする．

もしも系が波動関数 Ψ をもつある任意の状態にあるとすると，その系に対して量 f の測定を行なうと，結局，固有値 f_n のうちの一つが得られる．重ね合わせの原理に従えば，波動関数 Ψ は，この状態にある系に対して測定を行なったとき有限な確率で観測される値 f_n に対応する固有関数 Ψ_n の線形結合で表わさなければならないことになる．したがって，一般の任意の状態の場合には，関数 Ψ はつぎの級数の形に表わすことができる：

$$\Psi = \sum_n a_n \Psi_n. \qquad (3.2)$$

ここで和はすべての n に対してとり，a_n はある定係数である．

したがって，われわれはつぎの結論に達する．すなわち，あらゆる波動関数は任意の物理量の固有関数によって展開することができる．このような展開を行なうことができる関数の系を**関数の完全系**と言う．

展開式 (3.2) から，系が波動関数 Ψ をとる状態にあるとき，量 f を値 f_n と観測する確率（すなわち測定を行なって対応する結果を得る確率）を決定することができる．実際に，前節で述べたことから，これらの確率は Ψ および Ψ^* に関するある双 1 次形式により定義されなければならず，したがって a_n および a_n^* に関しても双 1 次でなければならない．さらにこれらの表式はもちろん正の定符号をもたなければならない．最後に，値 f_n をとる確率は，系が波動関数 $\Psi = \Psi_n$ をもつ状態にあれば，1 となり，また波動関数 Ψ の展開式 (3.2) のなかに与えられた Ψ_n をもつ項が存在しなければ，ゼロとならなければならない．これは，もしも（与えられた n をもつ）ただ一つの係数だけが 1 に等しく，他のすべての係数 a_n はゼロに等しければ，求める確率は 1 でなければならず，もしも与えられた n に対して $a_n = 0$ ならば，その確率はゼロでなければならない，ということである．この条件を満足するただ一つの正の定符号の量は，係数 a_n の絶対値の 2 乗である．こうしてつぎの結果に到達する．すなわち展開式 (3.2) の各係数の絶対値の 2 乗 $|a_n|^2$ は，波動関数 Ψ をもつ状態において量 f が対応する値 f_n をとる確率を決定する．すべての可能な値 f_n の確率の和は 1 に等しくなければならない．言いかえるとつぎの関係を満たさなければならない：

$$\sum_n |a_n|^2 = 1. \tag{3.3}$$

与えられた状態における量 f の**平均値** $\bar{f}$ の概念を導入しよう．平均値の普通の定義に従って，この量のすべての固

有値 f_n にそれぞれに対応する確率 $|a_n|^2$ を掛けて加えたものを $\bar{f}$ と定義しよう. したがって

$$\bar{f} = \sum_n f_n |a_n|^2. \qquad (3.4)$$

関数 Ψ の展開係数ではなく, この関数 Ψ そのもので $\bar{f}$ を書き表わそう. (3.4) には積 $a_n^* a_n$ が入っているので, 明らかに求める表式は Ψ^* および Ψ に関して双 1 次でなければならない. ある数学的**演算子**を導入し, これを $\hat{f}$ と書き[1], つぎのように定義しよう. いま, 関数 Ψ に演算子 $\hat{f}$ を作用した結果を $(\hat{f}\Psi)$ で表わすことにしよう. そこで複素共役関数 Ψ^* と $(\hat{f}\Psi)$ との積の積分が平均値 $\bar{f}$ に等しくなるように, $\hat{f}$ を定義する. すなわち

$$\bar{f} = \int \Psi^* (\hat{f}\Psi) dq. \qquad (3.5)$$

Ψ^* と Ψ に関しての双 1 次式 (3.5) は, 演算子 $\hat{f}$ 自身が**線形**でなければならないことを意味している. 線形演算子とはつぎの性質をもつ演算子である[2]:

$$\hat{f}(\Psi_1 + \Psi_2) = \hat{f}\Psi_1 + \hat{f}\Psi_2, \qquad \hat{f}(a\Psi) = a\hat{f}\Psi.$$

ここで Ψ_1, Ψ_2 は任意の関数, a は任意の定数である.

したがって量子力学におけるすべての物理量は, 一定の線形演算子に対応することになる.

もしも関数 Ψ が固有関数の一つ Ψ_n であるならば, 平均

---

1) われわれはいつも演算子を山印 ^ の記号をつけた文字で記すことにする.
2) 以下誤解の生じるおそれのない場合には, いつも表式 $(\hat{f}\Psi)$ の括弧を省略する. ここで演算子はそのすぐあとに書かれた表式に作用するものとする.

値 $\bar{f}$ はつぎの関係式に従う f のとる確定値 f_n に一致しなければならない:

$$\bar{f} = \int \Psi_n^* \hat{f} \Psi_n dq = f_n.$$

このためには明らかに

$$\hat{f}\Psi_n = f_n \Psi_n \tag{3.6}$$

でなければならない。すなわち演算子 $\hat{f}$ を固有関数 Ψ_n に作用した結果は，単に対応する固有値 f_n を掛けたものになる。

したがって与えられた物理量 f の固有関数は方程式

$$\hat{f}\Psi = f\Psi \tag{3.7}$$

の解であるということができる。ここで f は定数あるいは固有値であり，ここに書かれた方程式が要求された条件を満足する解をもつ場合にとる定数値である。以下に見るように，いろいろな物理量に対する演算子の形は直接の物理的考察から決定することができる。その場合には上に述べた演算子の性質から，方程式 (3.7) を解くことにより，固有関数と固有値を求めることが可能になる。

実数の物理量の固有値と同じく，その平均値はあらゆる状態において実数である。このことから，対応する演算子の性質に一定の制限が課せられる。(3.5) とその複素共役な式を等しいと置くと，つぎの関係式を得る。

$$\int \Psi^* (\hat{f}\Psi) dq = \int \Psi (\hat{f}^* \Psi^*) dq. \tag{3.8}$$

ここで $\hat{f}^*$ は $\hat{f}$ の複素共役な演算子を表わす。任意の線形

演算子に対して，このような関係式は一般的には成り立たない．したがって，この関係式は演算子 $\hat{f}$ の可能な形に対して課せられるある制限を表わしている．任意の演算子 $\hat{f}$ に対して，その**転置演算子** $\tilde{\hat{f}}$ と呼ばれるものをつぎの定義によってつくることができる：

$$\int \Phi(\hat{f}\Psi)dq = \int \Psi(\tilde{\hat{f}}\Phi)dq. \tag{3.9}$$

ここで Ψ, Φ は二つの異なる関数である．もしも関数 Φ として，Ψ に複素共役な関数 Ψ^* を選ぶと，(3.8) との比較から

$$\tilde{\hat{f}} = \hat{f}^* \tag{3.10}$$

とならなければならないことがわかる．この条件を満足する演算子は**エルミート演算子**と呼ばれる．このようなわけで量子力学の数学的定式において，実数の物理量に対応する演算子はエルミートでなければならない．

形式的には複素数の物理量，すなわちその固有値が複素数であるような物理量を考えることもできる．いま f をこのような量であるとしよう．そうするとそれに複素共役な量 f^* を導入することができる．すなわち，その固有値は固有値 f に複素共役である．量 f^* に対応する演算子を $\hat{f}^+$ と書くことにしよう．これは演算子 $\hat{f}$ に対して**共役な演算子**と呼ばれ，一般的には複素共役演算子 $\hat{f}^*$ とは区別されなければならない．実際に演算子 $\hat{f}^+$ の定義により，ある状態 Ψ における量 f^* の平均値は

$$\overline{f^*} = \int \Psi^* \hat{f}^+ \Psi dq$$

である．他方

$$(\bar{f})^* = \left[\int \Psi^* \hat{f} \Psi dq\right]^* = \int \Psi \hat{f}^* \Psi^* dq = \int \Psi^* \tilde{\hat{f}}^* \Psi dq$$

である．二つの式を比較して，

$$\hat{f}^+ = \tilde{\hat{f}}^* \tag{3.11}$$

が得られる．これから明らかなように，一般には $\hat{f}^+$ と $\hat{f}^*$ は一致しない．条件 (3.10) はつぎの形に書き換えられる：

$$\hat{f} = \hat{f}^+. \tag{3.12}$$

すなわち実数の物理量の演算子はそれ自身の共役演算子と一致する（それゆえエルミート演算子は**自己共役演算子**とも呼ばれる）．

f_n, f_m を実数の物理量 f の二つの異なる固有値であるとし，Ψ_n, Ψ_m をそれに対応する固有関数であるとしよう：

$$\hat{f}\Psi_n = f_n \Psi_n, \qquad \hat{f}\Psi_m = f_m \Psi_m.$$

これらの等式のうち最初の式の両辺に Ψ_m^* を掛け，第二の式に複素共役な等式の両辺に Ψ_n を掛けてから，これらの積を辺々相引くと

$$\Psi_m^* \hat{f} \Psi_n - \Psi_n \hat{f}^* \Psi_m^* = (f_n - f_m) \Psi_n \Psi_m^*$$

を得る．この式の両辺を q について積分する．$\hat{f}^* = \tilde{\hat{f}}$ なので，(3.9) によりこの式の左辺の積分はゼロとなり，したがって次式を得る．

$$(f_n - f_m)\int \Psi_n \Psi_m^* dq = 0.$$

$f_n \neq f_m$ なので,これから,

$$\int \Psi_n \Psi_m^* dq = 0$$

が導かれる.すなわち異なる固有関数は,**互いに直交**している.これらの関数の規格化条件とあわせて,この結果はつぎの形に書くことができる:

$$\int \Psi_n \Psi_m^* dq = \delta_{nm}. \tag{3.13}$$

ここで $n=m$ のとき $\delta_{nm}=1$,$n \neq m$ のとき $\delta_{nm}=0$ である.

このようにして固有関数 Ψ_n の集まりは規格化され直交した(あるいは簡単に**規格直交**)関数の完全系をつくる.

いまや展開式 (3.2) の係数 a_n を容易に決定できる.このためには (3.2) の両辺に Ψ_m^* を掛け,q について積分するだけで十分である.(3.13) のために $n=m$ の項だけを除いて和のすべての項は 0 となるので

$$a_m = \int \Psi \Psi_m^* dq \tag{3.14}$$

となることがわかる.

われわれはここではずっとただ 1 個の物理量 f について語ってきたが,実は本節の始めにも強調したように,物理量の完全な組について語るべきであった.その場合には,これらの量 $f, g, \cdots$ のおのおのにその演算子 $\hat{f}, \hat{g}, \cdots$ が対応

することになる．また固有関数 Ψ_n はその場合すべての考えている量が確定値をもつ状態に対応する．すなわち Ψ_n は固有値 $f_n, g_n, \cdots$ の定まった組に対応し，つぎの連立方程式の共通の解である：

$$\hat{f}\Psi = f\Psi, \qquad \hat{g}\Psi = g\Psi, \qquad \cdots.$$

§4. 演算子の和および積

もしも $\hat{f}$ と $\hat{g}$ が二つの物理量 f と g に対応する演算子であるならば，和 $f+g$ には演算子 $\hat{f}+\hat{g}$ が対応する．しかしながら量子力学においては，異なる物理量の和の意味は，これらの物理量が同時に測定可能であるか否かに依存して本質的に異なってくる．もしも量 f と g が同時に測定可能ならば，演算子 $\hat{f}$ と $\hat{g}$ は共通の固有関数をもち，その関数は同時に演算子 $\hat{f}+\hat{g}$ の固有関数でもあり，その演算子の固有値は和 f_n+g_n に等しい．

もしも量 f および g が同時に確定値をとることができないときには，それらの和 $f+g$ の意味は非常に限られる．任意の状態におけるこの量の平均値は，和の各項の平均値の和に等しいと言うことができるだけである．すなわち

$$\overline{f+g} = \bar{f}+\bar{g}. \qquad (4.1)$$

演算子 $\hat{f}+\hat{g}$ の固有値と固有関数についていうと，これらは一般的には量 f および g の固有値，固有関数とはいかなる関係ももたないであろう．明らかに，もしも演算子 $\hat{f}$ および $\hat{g}$ がエルミートであれば，演算子 $\hat{f}+\hat{g}$ もエルミートであり，したがって，その固有値も実数であり，それはま

たこのようにして定義された新しい量 $f+g$ の固有値にもなっている.

ここでもう一度 f および g を,同時に測定可能な量であるとしよう.するとそれらの和の他に,それらの積の概念を導入することができる.それは,その固有値が量 f および g の固有値の積に等しいような量のことである.容易にわかるように,このような量に対応する演算子の作用は,関数に対して最初に一つの演算子が作用し,つぎに順次他の演算子が作用するという性質のものである.このような演算子は数学的には演算子 $\hat{f}$ および $\hat{g}$ の積として表わされる.事実,もしも Ψ_n が演算子 $\hat{f}$ および $\hat{g}$ の共通の固有関数であるとすると

$$\hat{f}\hat{g}\Psi_n = \hat{f}(\hat{g}\Psi_n) = \hat{f}g_n\Psi_n \\ = g_n\hat{f}\Psi_n = g_n f_n \Psi_n \quad (4.2)$$

となる(記号 $\hat{f}\hat{g}$ で表わされる演算子の関数 Ψ に対する作用は,最初に演算子 $\hat{g}$ が関数 Ψ に作用し,つぎに演算子 $\hat{f}$ が関数 $\hat{g}\Psi$ に作用することである).

同様に演算子 $\hat{f}\hat{g}$ の代りに積の順序が前者と異なる演算子 $\hat{g}\hat{f}$ をとることもできる.関数 Ψ_n にこれら両演算子を作用させた結果は同じになることは明らかである.ところがあらゆる波動関数 Ψ は,関数 Ψ_n の線形結合の形に表わすことができるので,このことから任意の関数に対する演算子 $\hat{f}\hat{g}$ および $\hat{g}\hat{f}$ の作用の結果は同じであることがわかる.この事実は記号的な等式の形で $\hat{f}\hat{g}=\hat{g}\hat{f}$ または

$$\hat{f}\hat{g} - \hat{g}\hat{f} = 0 \quad (4.3)$$

と書くことができる.このような二つの演算子 $\hat{f}$ および $\hat{g}$ のことを,互いに**可換**であるという[1]).

こうしてわれわれはつぎの重要な結果に到達する:もしも二つの量 f および g が同時に確定値をもつことができるならば,それらの演算子は可換である.

逆の定理も証明することができる.すなわち,もしも演算子 $\hat{f}$ および $\hat{g}$ が可換であれば,それらの演算子に対してすべての固有関数を共通に選ぶことができる.このことの物理的な意味は対応する物理量が同時に測定可能であるということである.したがって演算子の可換性は,物理量が同時に測定可能であるための必要かつ十分な条件である.

もしも量 f および g が同時に測定できないならば,それらの積という概念を上に述べたように直接定義することはできない.このことは,演算子 $\hat{f}\hat{g}$ がこの場合エルミートではないこと,したがって,いかなる物理量にも対応させることができないことに現われている.実際に転置演算子の定義によりつぎのように書くことができる:

$$\int \Psi \hat{f}\hat{g}\Phi dq = \int (\hat{g}\Phi)(\tilde{\hat{f}}\Psi)dq.$$

ここで演算子 $\tilde{\hat{f}}$ は関数 Ψ にのみ作用し,$\hat{g}$ は Φ にのみ作用する.ここでもう一度,転置演算子の定義を用いれば,つぎのように書ける:

---

1) 差 $\hat{f}\hat{g}-\hat{g}\hat{f}$ のことを二つの演算子の**交換子**と言う.

$$\int \Psi \hat{f}\hat{g}\Phi dq = \int (\tilde{\hat{f}}\Psi)(\hat{g}\Phi)dq = \int \Phi \tilde{\hat{g}}\tilde{\hat{f}}\Psi dq.$$

したがってわれわれは，最初の積分と比較して関数 Ψ と Φ が位置を交換した積分を得た．言いかえると，演算子 $\tilde{\hat{g}}\tilde{\hat{f}}$ は $\hat{f}\hat{g}$ の転置演算子であって，つぎのように書くことができる：

$$\widetilde{\hat{f}\hat{g}} = \tilde{\hat{g}}\tilde{\hat{f}}. \tag{4.4}$$

つまり，積 $\hat{f}\hat{g}$ の転置演算子は，逆の順序に書かれた転置演算因子の積である．式（4.4）の両辺の複素共役をとると

$$(\hat{f}\hat{g})^+ = \hat{g}^+\hat{f}^+ \tag{4.5}$$

であることがわかる．

もしも演算子 $\hat{f}$ と $\hat{g}$ のおのおのがエルミートであれば，$(\hat{f}\hat{g})^+ = \hat{g}\hat{f}$ となる．このことから演算子 $\hat{f}\hat{g}$ がエルミートであるのは，因子 $\hat{f}$ および $\hat{g}$ が可換な場合のみであることが導かれる．

§5. 連続スペクトル

§3 および §4 で導入された離散スペクトルの固有関数の性質を記述するすべての関係式は，固有値が連続スペクトルをとる場合にも困難なく一般化することができる．ここでは関連する議論のすべてを新たに反復しないで式を列挙しよう．

f を連続スペクトルをもつ物理量としよう．その固有値を，f が一連の連続的な値をとることに対応して単に添字のない同じ記号 f で表わすことにする．固有値 f に対応

する固有関数を Ψ_f で表わすことにしよう. 任意の波動関数 Ψ は, 離散スペクトルをもつ量の固有関数によって級数 (3.2) のように展開することができるのと同様に, 連続スペクトルをもつ量の固有関数の完全系によって展開することができる. ただし今度は積分形になる. このような展開はつぎの形をしている:

$$\Psi(q) = \int a_f \Psi_f(q) df. \tag{5.1}$$

展開係数は

$$a_f = \int \Psi(q) \Psi_f^*(q) dq. \tag{5.2}$$

f は一連の連続値をとることができるので, 何らかの一つの値をとる確率ではなくて, 物理量が f と $f+df$ のあいだの無限小区間の値をとる確率について論じなければならない. この確率は式 $|a_f|^2 df$ で与えられる. これは離散スペクトルの場合, 絶対値の2乗 $|a_n|^2$ が固有値 f_n の確率を与えるのと同じである. すべての可能な値 f の確率の和は1に等しくなければならないので, 次式を得る:

$$\int |a_f|^2 df = 1 \tag{5.3}$$

(これは離散スペクトルのときの関係式 (3.3) に相当する).

ここに書かれた式は固有関数 Ψ_f に定められた規格化を前提としている. すなわち固有関数は規則

$$\int \Psi_{f'}^* \Psi_f dq = \delta(f'-f) \tag{5.4}$$

により規格化されなければならない．ここで右辺は δ-関数である（その定義および性質は I. §54 に与えられている）[1]．実際に (5.1) を (5.2) に代入すると等式

$$a_f = \int a_{f'} \left(\int \Psi_{f'} \Psi_f^* dq \right) df'$$

を得る．これは恒等的に満たされなければならない．条件 (5.4) によりこの要求は実際に満たされている．なぜなら δ-関数の性質により

$$\int a_{f'} \delta(f'-f) df' = a_f$$

だからである．

規格化条件 (5.4) は離散スペクトルの条件 (3.13) に代わるものである．$f \neq f'$ のとき関数 Ψ_f と $\Psi_{f'}$ はこれまでと同様に互いに直交していることがわかる．しかし，連続スペクトルの固有関数の絶対値の 2 乗 $|\Psi_f|^2$ の積分は発散してしまう．このような発散の原因および意味については §10 の終わりでふたたび論ずる．

もしも (5.2) を (5.1) に代入すると

$$\Psi(q) = \int \Psi(q') \left(\int \Psi_f^*(q') \Psi_f(q) df \right) dq'$$

を得る．これから

---

[1] δ-関数が理論物理学に導入されたのはディラックによってである．

$$\int \Psi_f^*(q')\Psi_f(q)df = \delta(q-q') \tag{5.5}$$

となるべきことが結論される[1].

一対の式 (5.1), (5.4) をもう一対の式 (5.2), (5.5) と比較してみると，つぎのことがわかる．すなわち，一方では任意の関数 $\Psi(q)$ は展開係数を a_f として関数 $\Psi_f(q)$ によって展開されるが，他方では式 (5.2) を関数 $\Psi_f^*(q)$ による関数 $a_f \equiv a(f)$ のまったく類似の展開と見ることができる．このときの展開係数は $\Psi(q)$ である．関数 $a(f)$ は $\Psi(q)$ と同じく系の状態を完全に決定する；$a(f)$ のことを，**f-表示**における波動関数と呼ぶことがある（関数 $\Psi(q)$ の方は座標表示または q-表示の波動関数と呼ばれる）．系の座標が与えられた範囲 dq のなかにある確率は $|\Psi(q)|^2$ によって定義されるのと同様に，量 f の値が与えられた範囲 df のなかの確率は $|a(f)|^2$ によって定義される．関数 $\Psi_f(q)$ は，q-表示における量 f の固有関数であるが，他方その複素共役の関数 $\Psi_f^*(q)$ は f-表示における座標 q の固有関数である．

ある値の範囲では離散スペクトルをとり，また別の範囲では連続スペクトルをとるような物理量が存在する．このような量の固有関数に対しては，もちろん本節および前節で導いたのと同じ関係式がすべて成立する．ただ注意すべき点は，両スペクトルの固有関数を合わせたものが関数の

---

[1] もちろん離散スペクトルに対しても類似の関係式を導くことができる．その形はつぎのようになる：
$$\sum \Psi_n^*(q')\Psi_n(q) = \delta(q-q'). \tag{5.5a}$$

完全系を形成することである．したがって任意の波動関数は，このような量の固有関数によってつぎのような形に展開される：

$$\Psi(q) = \sum_n a_n \Psi_n(q) + \int a_f \Psi_f(q) df. \qquad (5.6)$$

ここで和は離散スペクトルについてとり，積分は全連続スペクトルについて行なわれる．

座標 q それ自身は連続スペクトルをもつ量の一例である．容易にわかるように，それに対応する演算子は，単に q を掛けることである．事実，座標のいろいろな値の確率は絶対値の 2 乗 $|\Psi(q)|^2$ により決定されるので，座標の平均値は

$$\bar{q} = \int q |\Psi|^2 dq \equiv \int \Psi^* q \Psi dq$$

となる．この式を（3.5）の演算子の定義式と比較すると

$$\hat{q} = q \qquad (5.7)$$

となることがわかる[1]．この演算子の固有関数は，一般則に従い，式 $q\Psi_{q_0} = q_0 \Psi_{q_0}$ により決定されなければならない．ここで q_0 を，変数 q と区別して，そのときどきの座標の具体的数値を表わすものとする．この等式が満たされるのは，$\Psi_{q_0} = 0$ あるいは $q = q_0$ のときなので，規格化条件を満足する波動関数は明らかにつぎのようになる：

---

[1] 以下では記号を簡単にするために，ある数の掛け算に帰着される演算子は，いつも文字の上の山印を省いて単にその量自身の形に書くことにする．

$$\Psi_{q_0} = \delta(q-q_0). \tag{5.8}$$

§6. 極限移行

量子力学はそれ自身のなかに,極限の場合として古典力学を含む.そこでこの極限への移行がどのように行なわれるかという問題が起こる.

量子力学では,電子はその座標のいろいろな値を決定する波動関数によって記述される.この関数についてさしあたりわれわれに知られていることは,それがある線形偏微分方程式の解であるということだけである.ところが古典力学は,電子は運動方程式によって完全に決定される軌道に沿って運動する物質粒子であるとみなされる.量子力学と古典力学との相互関係に,ある意味で類似の相互関係が,電磁気学では波動光学と幾何光学とのあいだに起こっている.波動光学では,電磁波は一定の連立線形微分方程式(マクスウェル方程式)を満足する電場および磁場ベクトルによって記述される.ところが幾何光学では,一定の光路に沿った光の伝播すなわち光線というものが考えられる.このような類似性があるために,量子力学から古典力学への極限移行は,波動光学から幾何光学への移行と同じように行なわれると結論される.

後者の極限移行が数学的にはどのように行なわれたか思い出してみよう(I. §74 を見よ).いま u を電磁波のいずれかの場の成分としよう.それは $u = ae^{i\varphi}$ という形に書くことができる(a, φ は実数).ここで a は波の振幅,φ は

位相と呼ばれる（幾何光学ではそれはアイコナールと呼ばれる）．極限の幾何光学の場合は短波長に対応する．このことを数学的に表わすと，位相 φ の値が短い距離のあいだに大きく変動するということになる．別の言い方をすると，絶対値で表わした位相が大きいとみなされることである．

これと同様に，極限の古典力学の場合に対応するのは，量子力学において $\Psi = ae^{i\varphi}$ なる形の波動関数の a がゆっくり変動し，φ が大きい値をとる場合であるという仮定から出発しよう．よく知られているように力学では，粒子の軌道は力学系の作用 S と呼ばれる量を最小にするという変分原理によって決定できる（最小作用の原理）．これに対して幾何光学では，光路はいわゆるフェルマーの原理によって決定される．それによると光線の《光路程》，すなわち光線の道筋の始めと終わりにおける位相の差は最小とならなければならない．

この類似性から出発すればつぎのように言うことができる．すなわち古典的な極限の場合に波動関数の位相 φ は，考えている物理系の力学的作用 S に比例しなければならない．つまり $S = \text{const} \cdot \varphi$ でなければならない．この比例係数は**プランクの定数**と呼ばれ，文字 $\hbar$ で表わされる[1]．これは（φ が無次元なので）作用の次元をもっており

---

1) これはマックス・プランクにより 1900 年に物理学に導入された．本書のいたるところで用いられている定数 $\hbar$ は，厳密に言うとプランクの定数 h を 2π で割ったものである（ディラックの記号）．

$$\hbar = 1.054 \times 10^{-27}\,\mathrm{erg\cdot sec}$$

に等しい.

したがって物理系の《ほとんど古典的な》(またはいわゆる**準古典的**な)波動関数はつぎの形をしている:

$$\Psi = a e^{(i/\hbar)S}. \tag{6.1}$$

プランクの定数は,あらゆる量子的現象において基本的な役割を演ずる.(同じ次元の他の量と比較した場合の)その相対的な大きさが,任意の物理系の《量子化の程度》を決めている.

量子力学から大きな位相に対応する古典力学への移行は,式の上では $\hbar \to 0$ の極限への移行として記述される(これは波動光学から幾何光学への移行が,波長がゼロに等しくなる極限への移行 $\lambda \to 0$ に対応するのと同じである).

われわれは波動関数の極限の形を明らかにしたが,それが軌道に沿った古典的な運動とどうつながるのかという問題はまだ残されている.一般の場合には,波動関数で記述される運動は,けっして確定した軌道に沿った運動には移行しない.その古典的運動とのつながりは,はじめのある時刻に波動関数と座標の確率分布が与えられれば以後はこの分布が古典力学の法則に従ってしかるべく《移動する》という点である(これについての詳細は §26 を見よ).

確定した軌道に沿った運動を得るためには,空間の非常に狭い領域でのみいちじるしくゼロと異なる特別な形の波動関数(いわゆる《波束》)から出発しなければならない.この領域の大きさは $\hbar$ とともにゼロにすることができる.

そうすると準古典的な場合には，波束は粒子の古典的な軌道に沿って空間を移動するということができる．

最後に量子力学的演算子はどうなるかと言えば，古典的極限ではそれらは対応する物理量の単なる掛け算になってしまう．

§7. 密度行列

波動関数を用いた系の記述は，§1の終わりに述べた意味で，量子力学において可能なもっとも完全な記述に対応している．

このような記述を許さない状態は，ある大きな閉じた系の一部をなしている系を考察すると出会う．閉じた系は全体として波動関数 $\Psi(q, x)$ で記述される状態にあると仮定する．ここで x は考えている（部分）系の座標の全体を表わし，q は閉じた系の残りの座標を表わしている．この関数は，一般的に x だけの関数と q だけの関数の積にはけっして分解されない．（部分）系は自分だけの波動関数をもたないからである．

考えている（部分）系に関係したある物理量を f としよう．それゆえこの演算子は座標 x だけに作用し q に作用しない．考えている状態におけるこの量の平均値は

$$\bar{f} = \iint \Psi^*(q, x) \hat{f} \Psi(q, x) dq dx \qquad (7.1)$$

である．次式で定義される関数 $\rho(x', x)$ を導入しよう：

$$\rho(x', x) = \int \Psi^*(q, x')\Psi(q, x)dq. \qquad (7.2)$$

ここで積分は座標 q についてのみ行なうものとする．これは系の**密度行列**と呼ばれる．ここで $x = x'$ と置くと，つぎの関数が得られる．

$$\rho(x, x) = \int |\Psi(q, x)|^2 dq. \qquad (7.3)$$

これは明らかに系の座標の確率分布を定める．

密度行列を用いると平均値 $\bar{f}$ はつぎの形に書くことができる：

$$\bar{f} = \int [\hat{f}\rho(x', x)]_{x'=x} dx. \qquad (7.4)$$

ここで $\hat{f}$ は関数 $\rho(x', x)$ の変数 x だけに作用し，演算の結果を計算したあとで $x' = x$ と置かなければならない．これで密度行列を知れば系を特徴づける任意の量の平均値を計算できることがわかった．このことからまた，$\rho(x', x)$ を用いれば系の物理量がいろいろな値をとる確率を求めることができる．

このようにして波動関数をもたない（部分）系の状態は密度行列を用いて記述することができるという結論になる[1]．密度行列はこの系に関係のない q 座標は含まないが，もちろん本質的には閉じた系全体の状態に依存している．

密度行列を使った記述は，系の量子力学的記述のもっと

---

1) このような状態の量子力学的記述の方法は L.D.ランダウおよび，F.ブロッホによりそれぞれ独立に初めて導入された（1927）．

も一般的な形である．波動関数を使う記述は，対応する密度行列の形が $\rho(x',x) = \Psi^*(x')\Psi(x)$ であるような特別な場合に相当する．この特別な場合と一般の場合とのあいだにはつぎのような重要な相違がある．波動関数をもつ状態に対しては（この状態は**純粋状態**と呼ばれることがある），確実に一定の結果を導くような測定過程の完全系が存在する（数学的には，これは Ψ がある演算子の固有関数であることを意味する）．密度行列のみをもつ状態に対しては（この状態は**混合状態**と呼ばれる），一意的に予測された結果を導くような測定過程の完全系は存在しない．

第2章　量子力学における保存則

§8. ハミルトニアン

波動関数 Ψ は，量子力学的な物理系の状態を完全に決定する．これは，ある時刻にこの関数を与えると，一般に量子力学において許される精度をもって，その時刻の系のすべての性質を記述するだけでなく，それに続くすべての時刻の系の振舞いまで決定することを意味する．数学的には，このことは各時刻における波動関数の時間微分 $\partial\Psi/\partial t$ の値が，その時刻の関数 Ψ の値自身によって決められなければならないということである．またその依存性は，重ね合わせの原理によって線形でなければならない．このような関係のもっとも一般的な形は，つぎのように書くことができる：

$$i\hbar\frac{\partial\Psi}{\partial t} = \hat{H}\Psi. \tag{8.1}$$

ここで，$\hat{H}$ はある線形演算子である．また因子 $i\hbar$ はあとで述べる目的でここに導入した．

積分 $\int\Psi^*\Psi dq$ は，時間によらない定数であるから

$$\frac{d}{dt}\int\Psi^*\Psi dq = \int\Psi^*\frac{\partial\Psi}{\partial t}dq + \int\frac{\partial\Psi^*}{\partial t}\Psi dq = 0$$

である.ここで (8.1) を代入し,第二の積分のなかで転置演算子の定義を用いれば,(共通因子 $1/i\hbar$ を省略して) つぎのように書くことができる:

$$\int \Psi^* \hat{H} \Psi dq - \int \Psi \hat{H}^* \Psi^* dq$$
$$= \int \Psi^* \hat{H} \Psi dq - \int \Psi^* \tilde{\hat{H}}^* \Psi dq$$
$$= \int \Psi^* (\hat{H} - \hat{H}^+) \Psi dq = 0.$$

この等式は任意の関数 Ψ に対して満たされなければならないから,恒等的に $\hat{H} = \hat{H}^+$,すなわち演算子 $\hat{H}$ はエルミートである.

いかなる古典量がこの演算子に対応するかを調べよう.そのために波動関数の極限の表式 (6.1) を用いて

$$\frac{\partial \Psi}{\partial t} = \frac{i}{\hbar} \frac{\partial S}{\partial t} \Psi$$

と書こう(ゆっくり変化する振幅 a は微分しないでよい).この等式と定義式 (8.1) を比較すれば,極限の場合に演算子 $\hat{H}$ は量 $-\partial S/\partial t$ の単なる定数倍になることがわかる.このことは,この量がエルミート演算子 $\hat{H}$ の移行すべき物理量であることを意味する.

ところが微分 $-\partial S/\partial t$ は力学系のハミルトン関数 H に他ならない.したがって $\hat{H}$ は量子力学においてハミルトン関数に対応する演算子である.これは系の**ハミルトン演算子**あるいは単に**ハミルトニアン**と呼ばれる.もしもハミルトニアンの形がわかれば,方程式 (8.1) は与えられた

物理系の波動関数を決定する．この量子力学の基本方程式は，**波動方程式**と呼ばれる．

§9. 演算子の時間微分

量子力学における物理量の時間微分という概念は，古典力学と同じ意味に定義することができない．実際に古典力学における微分の定義は，近接しているが異なった二つの時刻における物理量の値の識別と関連している．ところが量子力学においてある時刻に確定値をとる量は，それに続く時刻には一般にいかなる確定値もとらないからである．これについての詳しいことは，§1で述べたとおりである．

それゆえ量子力学では，時間微分の概念は違ったやり方で定義されなければならない．量 f の微分 $\dot{f}$ は，その $\dot{f}$ の平均値が，平均値 $\bar{f}$ の時間微分に等しいような量として定義するのが自然であろう．したがって，この定義によれば，

$$\bar{\dot{f}} = \dot{\bar{f}}. \tag{9.1}$$

この定義から出発すれば，量 $\dot{f}$ に対応する量子力学的演算子 $\hat{\dot{f}}$ の表式を得るのは容易であり，

$$\bar{\dot{f}} = \dot{\bar{f}} = \frac{d}{dt}\int \Psi^* \hat{f} \Psi dq$$

$$= \int \Psi^* \frac{\partial \hat{f}}{\partial t} \Psi dq + \int \frac{\partial \Psi^*}{\partial t} \hat{f} \Psi dq + \int \Psi^* \hat{f} \frac{\partial \Psi}{\partial t} dq$$

となる．演算子 $\hat{f}$ は時間にパラメータ的に依存するようなことがあり，$\partial \hat{f}/\partial t$ は $\hat{f}$ を時間で微分することによって得られる演算子である．導関数 $\partial \Psi/\partial t$, $\partial \Psi^*/\partial t$ として式

(8.1) を代入すれば

$$\bar{\dot{f}} = \int \Psi^* \frac{\partial \hat{f}}{\partial t} \Psi dq + \frac{i}{\hbar} \int (\hat{H}^* \Psi^*) \hat{f} \Psi dq$$
$$- \frac{i}{\hbar} \int \Psi^* \hat{f}(\hat{H}\Psi) dq$$

となる．演算子 $\hat{H}$ はエルミートであるから

$$\int (\hat{H}^* \Psi^*)(\hat{f}\Psi) dq = \int \Psi^* \hat{H} \hat{f} \Psi dq.$$

したがって

$$\bar{\dot{f}} = \int \Psi^* \left(\frac{\partial \hat{f}}{\partial t} + \frac{i}{\hbar} \hat{H} \hat{f} - \frac{i}{\hbar} \hat{f} \hat{H} \right) \Psi dq.$$

他方当然ながら，平均値の定義によって $\bar{\dot{f}} = \int \Psi^* \hat{\dot{f}} \Psi dq$ であるから，被積分関数の括弧のなかにある表式は，明らかに求める演算子 $\hat{\dot{f}}$ である：

$$\hat{\dot{f}} = \frac{\partial \hat{f}}{\partial t} + \frac{i}{\hbar}(\hat{H}\hat{f} - \hat{f}\hat{H}). \tag{9.2}$$

もしも演算子 $\hat{f}$ が時間にあらわに依存しなければ，$\hat{\dot{f}}$ は結局乗数因子を除いて $\hat{f}$ とハミルトニアンとの交換子に帰着されることに注意しよう．

非常に重要な物理量のカテゴリーに，その演算子が時間にあらわに依存せず，しかもハミルトニアンと可換であって，$\dot{f} = 0$ となるものがある．このような量は**保存量**と呼ばれている．これに対しては $\bar{\dot{f}} = \dot{\bar{f}} = 0$，すなわち $\bar{f} = \text{const}$ である．言いかえれば，この量の平均値は時間的に一定である．または，ある与えられた状態において量 f が確定値

をとれば（すなわち波動関数が演算子 $\hat{f}$ の固有関数であれば），その後の時刻にもそれは同じ確定値をとる，と言ってもよい．

§10. 定常状態

閉じた系（および一定で変動しない外場のなかに置かれている系）のハミルトニアンは時間をあらわに含まない．このことは，このような物理系にとってすべての時刻は同等である，ということからただちに導かれる．他方あらゆる演算子はもちろん自分自身と可換であるから，変動外場のなかに置かれていない系ではハミルトン関数は保存する，という結論に到達する．よく知られているように，保存するハミルトン関数はエネルギーと呼ばれている（I. §6 を見よ）．量子力学におけるエネルギー保存則の意味は，もしもある状態においてエネルギーが確定値をとれば，その値は時間が変わっても一定である，ということである．

エネルギーが確定値をとる状態は，系の**定常状態**と呼ばれる．それはハミルトン演算子の固有関数，すなわち方程式

$$\hat{H}\Psi_n = E_n\Psi_n$$

を満足する波動関数 Ψ_n によって記述される．ここで E_n はエネルギーの固有値である．これに対応して，関数 Ψ_n に対する波動方程式

$$i\hbar\frac{\partial \Psi_n}{\partial t} = \hat{H}\Psi_n = E_n\Psi_n$$

は，時間についてただちに積分することができて

$$\Psi_n = e^{-iE_n t/\hbar}\psi_n(q) \qquad (10.1)$$

を与える．ここで ψ_n は座標だけの関数である．定常状態の波動関数の時間依存性はこれで決まった．

小文字の ψ によって，時間因子を除いた定常状態の波動関数を表わすことにしよう．この関数およびエネルギーの固有値は，方程式

$$\hat{H}\psi = E\psi \qquad (10.2)$$

によって決定される．エネルギーのすべての可能な値のうちで最小の値をもつ定常状態は，系の**基底状態**と呼ばれる．

任意の波動関数 Ψ を定常状態の波動関数で展開すると，つぎの形になる：

$$\Psi = \sum_n a_n e^{-iE_n t/\hbar}\psi_n(q). \qquad (10.3)$$

展開係数の絶対値の2乗 $|a_n|^2$ は，いつものように，系がいろいろなエネルギーをとる確率を定める．

定常状態における座標の確率分布は絶対値の2乗

$$|\Psi_n|^2 = |\psi_n|^2$$

によって決められる．それは明らかに時間に依存しない．同じことは，あらゆる物理量 f（その演算子は時間にあらわに依存しないとする）の平均値

$$\bar{f} = \int \Psi_n^* \hat{f} \Psi_n dq = \int \psi_n^* \hat{f} \psi_n dq$$

についても言える．

上述のように，あらゆる保存量の演算子はハミルトニアンと可換である．これは，あらゆる保存物理量はエネルギー

と同時に測定することができる，ということを意味する．

いろいろな定常状態のなかには，同一のエネルギーの固有値（または系の**エネルギー準位**と呼ばれる）に属するが，何か別の物理量の値では異なっている，というようなものがある．このようにいくつかの異なった定常状態が対応する準位のことを**縮退している**という．縮退準位の存在が可能であるのは物理的には，一般にエネルギーがそれだけでは物理量の完全系をなしていないからである．

たとえば，二つの保存物理量 f と g があって，その演算子が交換しなければ，系のエネルギー準位は一般に縮退する．それはつぎのように考えれば容易にわかる．エネルギーとともに量 f が確定値をとるような定常状態の波動関数を ψ とする．そうすれば，関数 $\hat{g}\psi$ は（定数因子を除いても）ψ とは一致しない．もしも一致すれば，g も確定値をとることになるが，f と g が同時に測れない以上それは不可能である．他方，関数 $\hat{g}\psi$ は ψ と同じエネルギーの値 E に属するハミルトニアンの固有関数である：
$$\hat{H}(\hat{g}\psi) = \hat{g}\hat{H}\psi = E(\hat{g}\psi).$$
したがって，エネルギー E に属する固有関数は1個ではなく，エネルギー準位は縮退している．

明らかに，同一の縮退したエネルギー準位に属する波動関数の任意の線形結合も，やはり同じ値のエネルギーの固有関数である．言いかえれば，エネルギーの値に縮退のある固有関数は，選び方が一意的でない．縮退したエネルギー準位の任意に選んだ固有関数は，互いに直交するとは限ら

ない．しかし線形結合を適当に選ぶことによって，互いに直交した（また規格化された）固有関数の組をいくつでもつくることができる．

エネルギー固有値のスペクトルは離散的なこともある．離散スペクトルの定常状態には，いつも系の**有界運動**が対応している．すなわち，系あるいは系のある部分が無限遠まで行ってしまわないような運動が対応している．実際，離散スペクトルの固有関数では，全空間で行なった積分 $\int |\Psi|^2 dq$ が有限となる．このことは，いずれにしても絶対値の 2 乗 $|\Psi|^2$ が十分にはやく減少して無限遠でゼロになることを意味する．言いかえれば，座標が無限大をとる確率はゼロに等しい，ということである．すなわち，系は有界運動を行ない，いわゆる**束縛状態**にある．

連続スペクトルの波動関数では，積分 $\int |\Psi|^2 dq$ が発散する．この場合は波動関数の絶対値の 2 乗 $|\Psi|^2$ は，座標がいろいろな値をとる確率という定義にはすぐにはならず，単にこの確率に比例する量と考えるべきである．積分 $\int |\Psi|^2 dq$ の発散は，$|\Psi|^2$ が無限遠でゼロにならないこと（あるいは十分すみやかにゼロにならないこと）とつねに関連している．したがって，任意に大きくとった有限な閉曲面より外側の空間領域で行なった積分 $\int |\Psi|^2 dq$ はすべて発散する．これは，その状態では系（あるいはその一部）は無限遠にも存在することを意味する．したがって，連続スペクトルの定常状態は系の無限運動に対応している．

§11. 物理量の行列

便宜上,考えている系は離散エネルギースペクトルをもつと仮定しよう(以下で得られるすべての関数は,連続スペクトルの場合にもただちに拡張できる). $\Psi = \sum a_n \Psi_n$ を定常状態の波動関数による任意の波動関数の展開であるとしよう. もしこの展開式を,ある量 f の平均値の定義式 (3.5) に代入すれば

$$\bar{f} = \sum_n \sum_m a_n^* a_m f_{nm}(t) \tag{11.1}$$

が得られる. ここで $f_{nm}(t)$ は積分

$$f_{nm}(t) = \int \Psi_n^* \hat{f} \Psi_m dq \tag{11.2}$$

を意味する. 可能なすべての n, m をとる量 $f_{nm}(t)$ の全体を量 f の **行列** と呼ぶ. また, 各 $f_{nm}(t)$ を状態 m から状態 n への遷移に対応する行列要素と呼ぶ[1]. 各添字を数個の文字に分けて書かなければならないような場合には, f_{nm} の代りに特に

$$\langle n|f|m \rangle \tag{11.3}$$

という記号を用いることがある. 記号 (11.3) は,量 f とそれぞれ初期状態と最終状態を表わす記号 $|m\rangle$ および $\langle n|$ から《成り立つ》とみなされることがある(ディラ

---

[1] 物理量の行列表示は,シュレーディンガーによる波動方程式の発見以前に,ハイゼンベルクによって 1925 年に導入された. この《行列力学》は,その後ボルン,ハイゼンベルクおよびヨルダンによって発展させられた.

ックの記法).

行列要素 $f_{nm}(t)$ の時間依存性は, (もしも演算子 $\hat{f}$ が時間をあらわに含まなければ) 関数 Ψ_n の時間依存性によって決められる. 式 (11.2) に式 (10.1) を代入すれば

$$f_{nm}(t) = f_{nm} e^{i\omega_{nm} t} \tag{11.4}$$

が得られる. ここで

$$\omega_{nm} = \frac{E_n - E_m}{\hbar} \tag{11.5}$$

は, 状態 m と n のあいだのいわゆる**遷移振動数**であり, 量

$$f_{nm} = \int \psi_n^* \hat{f} \psi_m dq \tag{11.6}$$

は, 量 f の普通に用いられている時間に依存しない行列要素である.

導関数 $\dot{f}$ の行列要素は, 量 f の行列要素を時間で微分することによって得られる. これは, 平均値 $\bar{\dot{f}}$ が

$$\bar{\dot{f}} = \dot{\bar{f}} = \sum_n \sum_m a_n^* a_m \dot{f}_{nm}(t)$$

であることからただちに導かれる. したがって (11.4) により, $\dot{f}$ の行列要素として

$$(\dot{f})_{nm}(t) = i\omega_{nm} f_{nm}(t) \tag{11.7}$$

が得られる. あるいは (両辺から時間因子 $e^{i\omega_{nm} t}$ を落とせば) 時間に依存しない行列要素として

$$(\dot{f})_{nm} = i\omega_{nm} f_{nm} = \frac{i}{\hbar}(E_n - E_m) f_{nm} \tag{11.8}$$

が得られる.

式の記号を簡単にするために，以下では時間に依存しない行列要素についてすべての関係を導くことにしよう．これと同じ関係は，時間に依存する行列に対しても正確に成り立っている．

f と複素共役な量 f^* の行列要素は，共役演算子の定義を考慮すれば得られて

$$(f^*)_{nm} = \int \psi_n^* \hat{f}^+ \psi_m dq = \int \psi_n^* \tilde{\hat{f}}^* \psi_m dq$$
$$= \int \psi_m \hat{f}^* \psi_n^* dq,$$

すなわち

$$(f^*)_{nm} = (f_{mn})^* \tag{11.9}$$

となる．したがって，通常われわれがもっぱら考察する実の物理量の場合には（$((f_{mn})^*$ の代りに f_{mn}^* と書いて）

$$f_{nm} = f_{mn}^* \tag{11.10}$$

である．このような行列は，それに対応する演算子のように，**エルミート行列**と呼ぶ．

$n=m$ の行列要素のことを**対角要素**という．この行列要素は一般に時間に依存せず，また (11.10) から明らかなように実数である．要素 f_{nn} は状態 ψ_n における量 f の平均値を表わしている．

行列の積の規則を求めることは容易であるが，そのためにはまず，公式

$$\hat{f}\psi_n = \sum_m f_{mn} \psi_m \tag{11.11}$$

が成り立つことに注意する．これは，関数 $\hat{f}\psi_n$ を関数 ψ_m で展開したものに他ならず，その係数は一般則（3.14）によって決められている．この公式を考慮すれば，関数 ψ_n に二つの演算子の積を作用させた結果はつぎのように書くことができる：

$$\hat{f}\hat{g}\psi_n = \hat{f}\sum_k g_{kn}\psi_k = \sum_k g_{kn}\hat{f}\psi_k = \sum_{k,m} g_{kn}f_{mk}\psi_m.$$

一方

$$\hat{f}\hat{g}\psi_n = \sum_m (fg)_{mn}\psi_m$$

でなければならないから，積 fg の行列要素は，公式

$$(fg)_{mn} = \sum_k f_{mk}g_{kn} \qquad (11.12)$$

によって定義されることになる．この規則は，数学で用いられる行列の掛け算の規則と同じである．すなわち行列の積の第 1 因子の行が第 2 因子の列と掛けあわされる．

行列を与えることは，演算子自身を与えることと同等である．すなわち，行列を与えれば与えられた物理量の固有値を決定し，またそれに対応した固有関数を定めることが原理的に可能である．

すべての量の値をある一定時刻に考えることとし，（この時刻における）任意の波動関数 Ψ をハミルトニアンの固有関数で，すなわち時間に依存しない定常状態の波動関数 ψ_m で展開しよう：

$$\Psi = \sum_m c_m \psi_m. \tag{11.13}$$

ここでは展開係数を c_m で表わした．この展開式を，量 f の固有値と固有関数を決める方程式 $\hat{f}\Psi = f\Psi$ に代入すると，つぎの式が得られる：

$$\sum_m c_m (\hat{f}\psi_m) = f \sum_m c_m \psi_m.$$

この方程式の両辺に ψ_n^* を掛けて q について積分する．等式の左辺の各積分 $\int \psi_n^* \hat{f} \psi_m dq$ は対応する行列要素 f_{nm} に等しい．右辺では $m \neq n$ の積分 $\int \psi_n^* \psi_m dq$ は直交関係によってすべて消え，また規格化条件によって $m=n$ の積分は1となる．それゆえ

$$\sum_m f_{nm} c_m = f c_n,$$

あるいは

$$\sum_m (f_{nm} - f \delta_{nm}) c_m = 0. \tag{11.14}$$

こうしてわれわれは，（未知数 c_m に関する）斉1次連立代数方程式を得た．よく知られているように，このような連立方程式がゼロでない解をもつのは，方程式の係数でつくった行列式がゼロになるという条件

$$|f_{nm} - f \delta_{nm}| = 0$$

が成り立つ場合のみである．（f を未知数とみなした）この方程式の根は量 f の可能な値を表わす．これらの値のいずれかに等しい f を入れた方程式（11.14）を満足する c_m

の全体は，この f に対応する固有関数を定める．

量 f の行列要素の定義 (11.6) のなかで，ψ_n として，もしもこの量の固有関数をとれば，方程式 $\hat{f}\psi_n = f_n\psi_n$ によって

$$f_{nm} = \int \psi_n^* \hat{f} \psi_m dq = f_m \int \psi_n^* \psi_m dq$$

を得る．関数 ψ_m の規格直交性から，これは $n \neq m$ のとき $f_{nm} = 0$ となり，また $f_{mm} = f_m$ を与える．

したがって，ゼロでないのは対角行列要素だけであって，しかもそれらの値はそれぞれ量 f の対応する固有値に等しい．このように対角行列要素だけがゼロでない行列のことを，**対角化**された行列と呼ぶ．特に，（関数 ψ_m として定常状態の波動関数をとった）普通の表示では，エネルギーの行列（および，定常状態で確定値をとる他のすべての物理量の行列）は対角形である．一般に，ある演算子 $\hat{g}$ の固有関数を用いて定義された量 f の行列のことを，g を対角化する表示における f の行列と呼ぶ．これからは特に断わらない限り，物理量の行列といえば，エネルギーを対角化する普通の表示における行列を意味することにする．行列の時間依存性に関して先に述べたことは，もちろんすべてこの普通の表示にのみ当てはまることである[1]．

---

[1] エネルギーの行列が対角形であることを考慮すれば，式 (11.8) は演算子の関係式 (9.2) を行列の形に書いたものであることを，容易に確かめることができる．

§12. 運 動 量

閉じた粒子系を考察しよう．このような系全体の空間内での位置はすべて同等であるから，この系のハミルトニアンは任意の距離だけ系を平行移動しても変わらないということができる．そのためには任意の無限小変位に対してこの条件が満たされることを要求すれば十分である．そうすれば，あらゆる有限の変位に対しても満たされるからである．

距離 δr だけの無限小平行変位は，すべての粒子の動径ベクトル r_a （a は粒子の番号）が同じ変化 δr を受けるような変換：$r_a \to r_a + \delta r$ を意味する．粒子座標の任意の関数 $\psi(r_1, r_2, \cdots)$ は，このような変換によってつぎの関数へ移る：

$$\psi(r_1+\delta r, r_2+\delta r, \cdots) = \psi(r_1, r_2, \cdots) + \delta r \cdot \sum_a \nabla_a \psi$$
$$= (1+\delta r \cdot \sum_a \nabla_a)\psi(r_1, r_2, \cdots)$$

（∇_a は r_a に関する微分演算子である）．式

$$1 + \delta r \cdot \sum_a \nabla_a \tag{12.1}$$

は，関数 $\psi(r_1, r_2, \cdots)$ を関数 $\psi(r_1+\delta r, r_2+\delta r, \cdots)$ へ移す無限小移動の演算子と考えることができる．

ある変換がハミルトニアンを変化させないということは，この変換を関数 $\hat{H}\psi$ に施す場合と，関数 ψ だけに変換を施したのちに演算子 $\hat{H}$ を作用させる場合と，結果がちょうど等しくなるということである．数学的にはこれはつぎのように書くことができる．考えているような変換を《生ずる》演算子を $\hat{O}$ とする．そうすると $\hat{O}(\hat{H}\psi) = \hat{H}(\hat{O}\psi)$ であるから

$$\hat{O}\hat{H} - \hat{H}\hat{O} = 0 \tag{12.2}$$

となる．すなわちハミルトニアンは演算子 $\hat{O}$ と可換でなければならない．

いまの場合，演算子 $\hat{O}$ は上で導入した無限小移動の演算子 (12.1) である．単位演算子（1 を掛ける演算子）はもちろんすべての演算子と可換であって，また定因子 $\delta \boldsymbol{r}$ は $\hat{H}$ の記号の外に出すことができるから，条件 (12.2) はここではつぎの条件になる：

$$(\sum_a \nabla_a)\hat{H} - \hat{H}(\sum_a \nabla_a) = 0. \tag{12.3}$$

すでに知っているように，（時間をあらわに含まない）ある演算子が $\hat{H}$ と可換であることは，この演算子に対応する物理量が保存されることを意味する．ところが閉じた系において空間の一様性から保存性が導かれる量は**運動量**である (I. §7)．

したがって (12.3) の関係は量子力学における運動量の保存則を表わしている．そして演算子 $\sum_a \nabla_a$ は定係数を除いて系の全運動量に対応し，この和の各項 ∇_a は個別粒子の運動量に対応しなければならない．

粒子の運動量演算子 $\hat{\boldsymbol{p}}$ と演算子 ∇ のあいだの比例係数は，古典力学への極限移行を用いて決定できる．$\hat{\boldsymbol{p}} = c\nabla$ と置き，波動関数に対する極限数式 (6.1) を用いるとつぎのようになる：

$$\hat{\boldsymbol{p}}\Psi = \frac{i}{\hbar}cae^{iS/\hbar}\nabla S = c\frac{i}{\hbar}\Psi\nabla S.$$

すなわち古典的近似では，演算子 $\hat{\boldsymbol{p}}$ の作用は $ic\nabla S/\hbar$ を掛

けることになる．勾配 ∇S は力学でよく知られているように粒子の運動量 $\boldsymbol{p}$ である（I. §31）．それゆえ $c=-i\hbar$ でなければならない．

こうして**運動量演算子**は $\hat{\boldsymbol{p}}=-i\hbar\nabla$ となった．あるいは成分で書けば

$$\hat{p}_x = -i\hbar\frac{\partial}{\partial x}, \quad \hat{p}_y = -i\hbar\frac{\partial}{\partial y}, \quad \hat{p}_z = -i\hbar\frac{\partial}{\partial z}. \quad (12.4)$$

これらの演算子が当然ではあるがエルミートであることを確かめるのは容易である．実際，無限遠でゼロになる任意の関数 $\psi(x)$ と $\varphi(x)$ について

$$\int \varphi \hat{p}_x \psi dx = -i\hbar \int \varphi \frac{\partial \psi}{\partial x} dx = i\hbar \int \psi \frac{\partial \varphi}{\partial x} dx$$
$$= \int \psi \hat{p}_x^* \varphi dx$$

であり，これは演算子のエルミート性の条件である．

関数を二つの異なる変数で微分した結果は微分の順序に依存しないから，明らかに運動量の3成分の演算子は互いに可換である：

$$\hat{p}_x\hat{p}_y - \hat{p}_y\hat{p}_x = 0, \quad \hat{p}_x\hat{p}_z - \hat{p}_z\hat{p}_x = 0, \quad \hat{p}_y\hat{p}_z - \hat{p}_z\hat{p}_y = 0. \quad (12.5)$$

これは粒子の運動量の3成分がすべて同時に確定値をとりうることを意味している．

運動量演算子の固有関数と固有値を求めよう．それはベクトル方程式

$$-i\hbar\nabla\psi = \boldsymbol{p}\psi \quad (12.6)$$

によって決定される．この解はつぎの形をとる
$$\psi = Ce^{(i/\hbar)\boldsymbol{p}\cdot\boldsymbol{r}} \tag{12.7}$$
(C は定数)．これでわかるように運動量の 3 成分を同時に与えると，粒子の波動関数は完全に決まる．言いかえれば量 p_x, p_y, p_z は物理量の可能な完全系の一つになっている．その固定値は $-\infty$ から $+\infty$ まで拡がった連続スペクトルを形成する．

連続スペクトルの固有関数の規格化条件 (5.4) によれば
$$\int \psi_{\boldsymbol{p}'} \psi_{\boldsymbol{p}}^* dV = \delta(\boldsymbol{p}' - \boldsymbol{p}) \tag{12.8}$$
でなければならない．ここで，積分は全空間にわたって行なう．$(dV = dxdydz)$．また $\delta(\boldsymbol{p}' - \boldsymbol{p})$ は 3 次元の δ-関数である[1]．

この積分は公式[2]
$$\frac{1}{2\pi} \int_{-\infty}^{+\infty} e^{i\alpha x} dx = \delta(\alpha) \tag{12.9}$$

---

1) ベクトル引数をもつ δ-関数は，その各成分の δ-関数の積と定義される．
2) この公式の意味は，左辺の関数が δ-関数特有のあらゆる性質をもっているということである．$\alpha = 0$ のとき，この積分は発散し，$\alpha \neq 0$ のときには周期的に符号の変化する積分のようにゼロとなる．この積分をもう一度 ($\alpha = 0$ の点自身を含む) $-L$ から $+L$ までのある範囲にわたって α に関して積分すると
$$\frac{1}{2\pi} \int_{-\infty}^{\infty} dx \int_{-L}^{L} e^{i\alpha x} d\alpha = \frac{1}{\pi} \int_{-\infty}^{\infty} \frac{\sin Lx}{x} dx$$
$$= \frac{1}{\pi} \int_{-\infty}^{\infty} \frac{\sin \xi}{\xi} d\xi = 1.$$

を用いて行なうことができて

$$\int \psi_{p'} \psi_p^* dV = C^2 \int e^{(i/\hbar)(p'-p)\cdot r} dV$$
$$= C^2 (2\pi\hbar)^3 \delta(p'-p)$$

となる．これから $C^2(2\pi\hbar)^3 = 1$ であることがわかる．したがって，規格化された関数は

$$\psi_p = \frac{1}{(2\pi\hbar)^{\frac{3}{2}}} e^{(i/\hbar)p\cdot r}. \tag{12.10}$$

粒子の任意の関数 $\psi(r)$ をその運動量演算子の固有関数で展開することは，フーリエ積分への展開に他ならない：

$$\psi(r) = \int a(p)\psi_p(r)d^3p$$
$$= \frac{1}{(2\pi\hbar)^{\frac{3}{2}}} \int a(p) e^{(i/\hbar)p\cdot r} d^3p,$$
$$d^3p = dp_x dp_y dp_z. \tag{12.11}$$

展開係数 $a(p)$ は，公式 (5.2) によって

$$a(p) = \int \psi(r)\psi_p^*(r)dV = \frac{1}{(2\pi\hbar)^{\frac{3}{2}}} \int \psi(r) e^{-(i/\hbar)p\cdot r} dV. \tag{12.12}$$

関数 $a(p)$ は**運動量表示**における粒子の波動関数とみなすことができる（§5 参照）．すなわち，$|a(p)|^2 d^3p$ は運動量が d^3p のあいだの値をとる確率である．公式 (12.11)，(12.12) は二つの表示の波動関数のあいだの関係を定めている．

§13. 不確定関係

運動量演算子と座標演算子のあいだの交換則を求めよう。変数 x, y, z のうちのどれか一つについての微分と，それ以外の変数の掛け算を続けて行なった結果は，演算の順序には依存しないので

$$\hat{p}_x y - y\hat{p}_x = 0, \qquad \hat{p}_x z - z\hat{p}_x = 0 \tag{13.1}$$

である．$\hat{p}_y, \hat{p}_z$ についても同様である．

$\hat{p}_x$ と x の交換則を導くために，つぎのように書く：

$$(\hat{p}_x x - x\hat{p}_x)\psi = -i\hbar \frac{\partial}{\partial x}(x\psi) + i\hbar x \frac{\partial \psi}{\partial x} = -i\hbar\psi.$$

これからわかるように，演算子 $\hat{p}_x x - x\hat{p}_x$ を作用させた結果は，関数に $-i\hbar$ を掛けたものになる．もちろん $\hat{p}_y$ と y，$\hat{p}_z$ と z の交換子についても同じことが言える．したがって

$$\hat{p}_x x - x\hat{p}_x = -i\hbar, \qquad \hat{p}_y y - y\hat{p}_y = -i\hbar,$$
$$\hat{p}_z z - z\hat{p}_z = -i\hbar \tag{13.2}$$

が得られる[1]．

(13.1) と (13.2) の関係は，一つの座標軸上の粒子の座標は他の 2 軸方向の運動量成分と同時に確定値をとりうるが，同一軸方向の座標と運動量は同時には存在しないことを示している．たとえば粒子が空間の定点にあり，それと同時に確定した運動量 $\boldsymbol{p}$ をもつことはない．

空間のある限られた領域に粒子が見いだされたと仮定しよう．その領域の 3 軸に沿った大きさの程度は $\Delta x, \Delta y, \Delta z$，

---

[1] 1925 年にハイゼンベルクによって行列の形で発見されたこの関係は，現代量子力学形成の出発点となった．

粒子の運動量の平均値が $\boldsymbol{p}_0$ であるとする．数学的には，これは波動関数が $\psi = u(\boldsymbol{r}) e^{i \boldsymbol{p}_0 \cdot \boldsymbol{r}/\hbar}$ の形をもつことを意味している．ここで $u(\boldsymbol{r})$ は空間の定められた領域内でのみいちじるしくゼロと異なる関数である．

関数 ψ を運動量演算子の固有関数で（フーリエ積分の形に）展開しよう．この展開係数 $a(\boldsymbol{p})$ は $u(\boldsymbol{r}) e^{i(\boldsymbol{p}_0 - \boldsymbol{p}) \cdot \boldsymbol{r}/\hbar}$ なる形をした関数の積分 (12.12) によって決定される．この積分がゼロといちじるしく異なるためには，振動因子 $e^{i(\boldsymbol{p}_0 - \boldsymbol{p}) \cdot \boldsymbol{r}/\hbar}$ の周期が，関数 $u(\boldsymbol{r})$ のゼロでない領域の大きさ $\Delta x, \Delta y, \Delta z$ にくらべて小さくてはならない．これは，$\boldsymbol{p}$ の値が $(p_{0x} - p_x)\Delta x / \hbar \lesssim 1, \cdots$ の場合にのみ $a(\boldsymbol{p})$ はゼロといちじるしく異なることを意味している．$|a(\boldsymbol{p})|^2$ は運動量のいろいろな値の確率であるから，$a(\boldsymbol{p})$ がゼロでないような p_x, p_y, p_z の値の範囲は，いま考えている状態において粒子の運動量成分が見いだされる値の範囲に他ならない．したがってこの範囲を $\Delta p_x, \Delta p_y, \Delta p_z$ で表わすと

$$\Delta p_x \Delta x \sim \hbar, \qquad \Delta p_y \Delta y \sim \hbar, \qquad \Delta p_z \Delta z \sim \hbar \tag{13.3}$$

となる．この関係（いわゆる**不確定関係**）はハイゼンベルクによって得られた (1927)．

これからわかるように，粒子の座標をよい精度で知れば知るほど（すなわち Δx が小さければ小さいほど），同じ軸方向の運動量成分の値の不確定 Δp_x は大きくなる．またその逆も言える．特に，もしも粒子が空間のある厳密に定まった点にあれば $(\Delta x = \Delta y = \Delta z = 0)$，$\Delta p_x = \Delta p_y = \Delta p_z = \infty$ と

なる．このことはすべての運動量がこのとき同じ確率で起こりうることを示している．反対に，もしも粒子が厳密に定まった運動量 p をもてば，空間における粒子の位置はすべて同じ確率である（このことは波動関数 (12.7) からも直接にわかる．この絶対値の 2 乗はまったく座標に依存しないからである．).

§14. 角運動量

われわれが §12 で運動量の保存則を導いたときには，空間の一様性という性質を閉じた粒子系に対して適用した．空間は一様性とならんで等方性——空間のあらゆる方向は同等——という性質ももっている．それゆえ，閉じた系のハミルトニアンは系全体を任意の軸のまわりに任意の角度だけ回転しても不変でなければならない．任意の無限小回転に対してこの条件が満たされることを要求すれば十分である．

$\delta\boldsymbol{\varphi}$ を無限小回転のベクトルとして，その大きさは回転角 $\delta\varphi$ に等しく回転軸の方向を向いているとしよう．このような回転による（粒子の動径ベクトル $\boldsymbol{r}_a$ の）変化 $\delta\boldsymbol{r}_a$ は，よく知られているように

$$\delta\boldsymbol{r}_a = \delta\boldsymbol{\varphi} \times \boldsymbol{r}_a$$

に等しい (I. §9 を見よ)．任意の関数 $\psi(\boldsymbol{r}_1, \boldsymbol{r}_2, \cdots)$ は，この変換によってつぎの関数に移る:

$$\psi(\boldsymbol{r}_1+\delta\boldsymbol{r}_1, \boldsymbol{r}_2+\delta\boldsymbol{r}_2, \cdots) = \psi(\boldsymbol{r}_1, \boldsymbol{r}_2, \cdots) + \sum_a \delta\boldsymbol{r}_a \cdot \nabla_a \psi$$
$$= \Bigl(1 + \delta\boldsymbol{\varphi} \cdot \sum_a \boldsymbol{r}_a \times \nabla_a\Bigr)\psi(\boldsymbol{r}_1, \boldsymbol{r}_2, \cdots).$$

表式
$$1+\delta\boldsymbol{\varphi}\cdot\sum_a \boldsymbol{r}_a\times\nabla_a \qquad (14.1)$$
は《無限小回転の演算子》と考えることができる．無限小回転が系のハミルトニアンを変化させないという事実は，回転演算子と演算子 $\hat{H}$ の可換性によって表現される $\delta\boldsymbol{\varphi}$ は定ベクトルであるから，この条件はつぎの関係にまとめられる：
$$(\sum_a \boldsymbol{r}_a\times\nabla_a)\hat{H}-\hat{H}(\sum_a \boldsymbol{r}_a\times\nabla_a)=0. \qquad (14.2)$$
これはある保存則を表わしている．

閉じた系について空間の等方性からその保存性が導かれる量が系の**角運動量**である（I.§9を見よ）．したがって，演算子 $\sum \boldsymbol{r}_a\times\nabla_a$ は定係数を除いて系の運動の全角運動量に，また和の各項 $\boldsymbol{r}_a\times\nabla_a$ は個別粒子の角運動量に対応しなければならない．

比例定数は $-i\hbar$ に等しいと置かなければならない．こうすれば粒子の角運動量演算子 $-i\hbar\boldsymbol{r}\times\nabla=\boldsymbol{r}\times\hat{\boldsymbol{p}}$ の表式が，通常の古典的表式 $\boldsymbol{r}\times\boldsymbol{p}$ に正確に対応する．以下では，いつも $\hbar$ を単位にして測った角運動量を用いることにしよう．このように定義した個別粒子の角運動量演算子を $\hat{\boldsymbol{l}}$ で表わし，系全体の角運動量を $\hat{\boldsymbol{L}}$ で表わすことにしよう．したがって，粒子の角運動量成分の演算子としては次式が得られる：
$$\hbar\hat{\boldsymbol{l}}=\boldsymbol{r}\times\hat{\boldsymbol{p}}=-i\hbar\boldsymbol{r}\times\nabla,$$
あるいは成分で表わすと

$$\hbar\hat{l}_x = y\hat{p}_z - z\hat{p}_y, \qquad \hbar\hat{l}_y = z\hat{p}_x - x\hat{p}_z,$$
$$\hbar\hat{l}_z = x\hat{p}_y - y\hat{p}_x \tag{14.3}$$

となる.

外場のなかに置かれた系では,角運動量は一般に保存しない.しかし場がある特定の対称性をもつときには,角運動量の保存は依然として成り立っている.たとえば,もしも系が中心対称の場のなかに置かれていれば,中心から見た空間のすべての方向は同等であり,それゆえこの中心のまわりの角運動量は保存するであろう.同じように軸対称の場のなかでは,対称軸方向の角運動成分は保存する.古典力学において成り立つこれらの保存則は,すべて量子力学においても成り立っている.

角運動量演算子と座標あるいは運動量演算子との交換則を求めよう.たとえばつぎのようになる:

$$\hat{l}_x y - y\hat{l}_x = \frac{1}{\hbar}(y\hat{p}_z - z\hat{p}_y)y - \frac{1}{\hbar}y(y\hat{p}_z - z\hat{p}_y)$$
$$= -\frac{z}{\hbar}(\hat{p}_y y - y\hat{p}_y) = iz.$$

このようにしてつぎの関係式を得る:

$$\hat{l}_x x - x\hat{l}_x = 0, \qquad \hat{l}_x y - y\hat{l}_x = iz, \qquad \hat{l}_x z - z\hat{l}_x = -iy. \tag{14.4}$$

この他に座標(および添字の) x, y, z を循環させた置き換えによって得られる2組の三つの式も同様である.

容易にわかるように,同じような規則が角運動量と運動量の演算子に対しても成り立つ:

$$\hat{l}_x\hat{p}_x - \hat{p}_x\hat{l}_x = 0, \qquad \hat{l}_x\hat{p}_y - \hat{p}_y\hat{l}_x = i\hat{p}_z,$$
$$\hat{l}_x\hat{p}_z - \hat{p}_z\hat{l}_x = -i\hat{p}_y. \tag{14.5}$$

これらの公式を用いて，演算子 $\hat{l}_x, \hat{l}_y, \hat{l}_z$ どうしに対する交換則を容易に求めることができる．すなわち

$$\hbar(\hat{l}_x\hat{l}_y - \hat{l}_y\hat{l}_x) = \hat{l}_x(z\hat{p}_x - x\hat{p}_z) - (z\hat{p}_x - x\hat{p}_z)\hat{l}_x$$
$$= (\hat{l}_x z - z\hat{l}_x)\hat{p}_x - x(\hat{l}_x\hat{p}_z - \hat{p}_z\hat{l}_x)$$
$$= -iy\hat{p}_x + ix\hat{p}_y = i\hbar\hat{l}_z.$$

このようにして
$$\hat{l}_y\hat{l}_z - \hat{l}_z\hat{l}_y = i\hat{l}_x, \qquad \hat{l}_z\hat{l}_x - \hat{l}_x\hat{l}_z = i\hat{l}_y,$$
$$\hat{l}_x\hat{l}_y - \hat{l}_y\hat{l}_x = i\hat{l}_z. \tag{14.6}$$

これとまったく同じ関係式が，系の全角運動量演算子 $\hat{L}_x, \hat{L}_y, \hat{L}_z$ に対しても成り立つ．実際に，異なる個別粒子の角運動量演算子は可換であるので，たとえば，

$$\sum_a \hat{l}_{ay} \sum_a \hat{l}_{az} - \sum_a \hat{l}_{az} \sum_a \hat{l}_{ay} = \sum_a (\hat{l}_{ay}\hat{l}_{az} - \hat{l}_{az}\hat{l}_{ay})$$
$$= i\sum_a \hat{l}_{ax}.$$

したがって
$$\hat{L}_y\hat{L}_z - \hat{L}_z\hat{L}_y = i\hat{L}_x, \qquad \hat{L}_z\hat{L}_x - \hat{L}_x\hat{L}_z = i\hat{L}_y,$$
$$\hat{L}_x\hat{L}_y - \hat{L}_y\hat{L}_x = i\hat{L}_z. \tag{14.7}$$

(14.7) の関係は，角運動量の 3 成分が（同時にゼロになる場合を除いて——以下参照）同時に確定値をとることはできないことを示している．この点で角運動量は 3 成分が同時に確定値をとることのできる運動量と本質的に異なっている．

演算子 $\hat{L}_x, \hat{L}_y, \hat{L}_z$ から角運動量ベクトルの絶対値の 2 乗

の演算子を組み立てよう:
$$\hat{\boldsymbol{L}}^2 = \hat{L}_x^2 + \hat{L}_y^2 + \hat{L}_z^2. \tag{14.8}$$
この演算子は演算子 $\hat{L}_x, \hat{L}_y, \hat{L}_z$ のいずれとも可換である:
$$\hat{\boldsymbol{L}}^2\hat{L}_x - \hat{L}_x\hat{\boldsymbol{L}}^2 = 0, \qquad \hat{\boldsymbol{L}}^2\hat{L}_y - \hat{L}_y\hat{\boldsymbol{L}}^2 = 0,$$
$$\hat{\boldsymbol{L}}^2\hat{L}_z - \hat{L}_z\hat{\boldsymbol{L}}^2 = 0. \tag{14.9}$$
実際に (14.7) を用いると,たとえば

$$\hat{L}_x^2\hat{L}_z - \hat{L}_z\hat{L}_x^2 = \hat{L}_x(\hat{L}_x\hat{L}_z - \hat{L}_z\hat{L}_x) + (\hat{L}_x\hat{L}_z - \hat{L}_z\hat{L}_x)\hat{L}_x$$
$$= -i(\hat{L}_x\hat{L}_y + \hat{L}_y\hat{L}_x),$$
$$\hat{L}_y^2\hat{L}_z - \hat{L}_z\hat{L}_y^2 = i(\hat{L}_x\hat{L}_y + \hat{L}_y\hat{L}_x),$$
$$\hat{L}_z^2\hat{L}_z - \hat{L}_z\hat{L}_z^2 = 0$$

となり,これらの等式を加えると,(14.9) の最後の式が得られる.

(14.9) の関係の物理的な意味は,角運動量の2乗(したがってその絶対値)はその成分のうちのいずれか一つとならば同時に確定値をとりうることである.

演算子 $\hat{L}_x, \hat{L}_y$ の代りに,それらの複素結合演算子
$$\hat{L}_+ = \hat{L}_x + i\hat{L}_y, \qquad \hat{L}_- = \hat{L}_x - i\hat{L}_y \tag{14.10}$$
を用いる方が便利なことがしばしば起こる.(14.7) を使って直接計算すれば容易に確かめられるように,これらの演算子に対してはつぎの交換則が成り立つ:
$$\hat{L}_+\hat{L}_- - \hat{L}_-\hat{L}_+ = 2\hat{L}_z,$$
$$\hat{L}_z\hat{L}_+ - \hat{L}_+\hat{L}_z = \hat{L}_+, \qquad \hat{L}_z\hat{L}_- - \hat{L}_-\hat{L}_z = -\hat{L}_-.$$
$$\tag{14.11}$$
またつぎの式を証明するのも容易である:

$$\hat{\boldsymbol{L}}^2 = \hat{L}_-\hat{L}_+ + \hat{L}_z^2 + \hat{L}_z. \tag{14.12}$$

最後に,しばしば用いられる球座標における個別粒子の角運動量の表式を書いておこう.球座標を通常の関係

$$x = r\sin\theta\cos\varphi, \qquad y = r\sin\theta\sin\varphi, \qquad z = r\cos\theta$$

によって導入すると,簡単な計算からつぎの式が得られる:

$$\hat{l}_z = -i\frac{\partial}{\partial\varphi}, \tag{14.13}$$

$$\hat{l}_\pm = e^{\pm i\varphi}\left(\pm\frac{\partial}{\partial\theta} + i\cot\theta\frac{\partial}{\partial\varphi}\right). \tag{14.14}$$

これを (14.12) に代入すれば,粒子の角運動量の2乗の演算子がつぎの形で得られる:

$$\hat{l}^2 = -\left[\frac{1}{\sin^2\theta}\frac{\partial^2}{\partial\varphi^2} + \frac{1}{\sin\theta}\frac{\partial}{\partial\theta}\left(\sin\theta\frac{\partial}{\partial\theta}\right)\right]. \tag{14.15}$$

これらは係数を除いてラプラス演算子の角度部分であることに注意しよう.

§15. 角運動量の固有値

粒子の角運動量のある方向に対する射影の固有値を求めるためには,この方向に極軸をとった球座標でその演算子を表わすと便利である.公式 (14.13) によれば,方程式 $\hat{l}_z\psi = l_z\psi$ はつぎの形に書かれる:

$$-i\frac{\partial\psi}{\partial\varphi} = l_z\psi. \tag{15.1}$$

この解は

$$\psi = f(r,\theta)e^{il_z\varphi}$$

である.ここで $f(r,\theta)$ は r と θ の任意の関数である.関数 ψ が1価関数であるためには,ψ は 2π を周期とする φ の周期関数でなければならない.このことからつぎの関係が得られる[1]:

$$l_z = m, \qquad m = 0, \pm 1, \pm 2, \cdots. \tag{15.2}$$

したがって,l_z の固有値はゼロを含む正負の整数に等しい.演算子 $\hat{l}_z$ の固有関数の特徴である φ に依存する因子を

$$\Phi_m(\varphi) = \frac{1}{\sqrt{2\pi}}e^{im\varphi} \tag{15.3}$$

によって表わそう.この関数は

$$\int_0^{2\pi} \Phi_m^*(\varphi)\Phi_{m'}(\varphi)d\varphi = \delta_{mm'} \tag{15.4}$$

となるように規格化されている.

系の全角運動量の z 成分の固有値も明らかに正負の整数値に等しい:

$$L_z = M, \qquad M = 0, \pm 1, \pm 2, \cdots \tag{15.5}$$

(これは演算子 $\hat{L}_z$ が互いに可換な個別粒子の演算子 $\hat{l}_z$ の和であることから出てくる).

z 軸の方向をあらかじめ選り好みする理由はないので,$\hat{L}_x, \hat{L}_y$ について,またより一般的に任意の方向の角運動量成分についても同じ結果が得られることは明らかである.

---

1) 角運動量の射影の固有値を一般に文字 m で表わすが,これは粒子の質量の表わし方と同じである.しかし実際には混同することはない.

すなわち，これらの値はすべて整数値しかとらない．この結果は一見パラドックスのように見えるかもしれない．無限に近接した二つの方向をとってみれば特にそうであろう．しかし実際には，演算子 $\hat{L}_x, \hat{L}_y, \hat{L}_z$ に共通な唯一の固有関数は同時に

$$L_x = L_y = L_z = 0$$

の値に対応することを考慮しなければならない．この場合角運動量ベクトルおよび任意の方向へのその射影はゼロに等しい．もしも固有値 L_x, L_y, L_z のうちに一つでもゼロでないものがあれば，対応する演算子には共通の固有関数は存在しない．言いかえれば，二つあるいは三つの異なる方向の角運動量成分が同時に（ゼロでない）確定値をもつような状態は存在しない．したがってわれわれはそれらのうちの1成分の整数性だけを言うことができる．

M の値だけが異なる系の定常状態は同一のエネルギーをもっている．このことは z 軸が特に区別されるような方向でないことから一般的考察によって導かれる．したがって（ゼロでない）角運動量が保存される系のエネルギー準位は必ず縮退している[1]．

つぎに角運動量の2乗の固有値を求めることに進もう．どうすればこの値が求められるかを，(14.7) の交換関係

---

[1] この事情は，§10 で述べた，少なくとも二つの保存量が存在して，対応する演算子が互いに非可換な場合の，準位の縮退に関する一般定理の特別な場合である．ここでは各角運動量の成分がこのような量になっている．

だけから出発して示すことにしよう．一つの縮退したエネルギー準位に属し，2乗 $\boldsymbol{L}^2$ の同じ値をもつ定常状態の波動関数を ψ_M で表わそう．

まず z 軸の二つの向きは物理的に同等であるから，あらゆる可能な正の値 $M=+|M|$ に対し負の値 $M=-|M|$ が存在する．（正の整数である）$|M|$ の可能な最大値を L で表わそう．さらに演算子 $\hat{L}_z\hat{L}_\pm$ を演算子 $\hat{L}_z$ の固有関数 ψ_M に作用させ，(14.11) の交換則を用いて

$$\hat{L}_z\hat{L}_\pm\psi_M = \hat{L}_\pm\hat{L}_z\psi_M \pm \hat{L}_\pm\psi_M$$
$$= (M\pm 1)\hat{L}_\pm\psi_M$$

が得られる．これからわかるように，関数 $\hat{L}_\pm\psi_M$ は（規格化定数を除いて）量 L_z の値が $M\pm 1$ に対応する固有関数である．したがってつぎのように書くことができる：

$$\psi_{M+1} = \mathrm{const}\cdot\hat{L}_+\psi_M, \qquad \psi_{M-1} = \mathrm{const}\cdot\hat{L}_-\psi_M. \tag{15.6}$$

もしもこの第一の等式中で $M=L$ と置けば，恒等的に

$$\hat{L}_+\psi_L = 0 \tag{15.7}$$

でなければならない．$M>L$ の状態は定義によって存在しないからである．この式に演算子 $\hat{L}_-$ を作用させ，(14.12) の関係を用いると

$$\hat{L}_-\hat{L}_+\psi_L = (\hat{\boldsymbol{L}}^2 - \hat{L}_z^2 - \hat{L}_z)\psi_L = 0$$

が得られる．ところが ψ_M は演算子 $\hat{\boldsymbol{L}}^2$ と $\hat{L}_z$ に共通な固有関数であるから

$$\hat{\boldsymbol{L}}^2\psi_L = \boldsymbol{L}^2\psi_L, \qquad \hat{L}_z^2\psi_L = L^2\psi_L, \qquad \hat{L}_z\psi_L = L\psi_L$$

である．したがって上に得られた方程式から

$$\boldsymbol{L}^2 = L(L+1) \tag{15.8}$$

が得られる．

この式によって求める角運動量の2乗の固有値が決定される．数 L はゼロを含むすべての正の整数値をとる．L の値が与えられている場合に角運動量の成分 $L_z = M$ はつぎの値

$$M = L, L-1, \cdots, -L, \tag{15.9}$$

すなわち全部で $2L+1$ 個の異なる値をとる．したがって角運動量 L に対応するエネルギー準位は，$(2L+1)$ 重に縮退している．この縮退のことは普通，**角運動量の方向縮退**と呼ばれる．角運動量がゼロ，すなわち $L=0$ の状態（このとき3成分はすべてゼロ）は縮退していない．このような状態の波動関数は球対称であることに注意しよう．このことは式 $\hat{\boldsymbol{L}}\psi$ で与えられる任意の微小回転を行なうとこの場合ゼロになることから導かれる．

慣用に従ってしばしば系の《角運動量 L》と簡単に言うことがあるが，これはその2乗が $L(L+1)$ に等しい角運動量を意味する．1個の粒子の角運動量は小文字 l で表わす．また角運動量の z 成分のことを普通は単に《角運動量の射影》と言う．

同じエネルギーと角運動量 L をもつが，角運動量の射影 M が異なる値をもつ状態間の遷移に対する量 L_x, L_y の行列要素を計算しよう．

公式 (15.6) から明らかなように，演算子 $\hat{L}_+$ の行列では遷移 $M \to M+1$ に対応する行列要素だけが，また演算子

$\hat{L}_-$ の行列では $M \to M-1$ の行列要素だけがゼロでない．このことを考慮して式 (14.12) の両辺の ($L, M-1 \to L, M-1$ の遷移に対する) 対角行列要素を求めると次式が得られる：

$$L(L+1) = (L_-)_{M-1,M}(L_+)_{M,M-1} + M^2 - M.$$

演算子 $\hat{L}_x, \hat{L}_y$ のエルミート性によって

$$(L_-)_{M-1,M} = (L_+)^*_{M,M-1}$$

となることに注意すれば，上の等式はつぎの形に書き換えられる：

$$|(L_+)_{M,M-1}|^2 = L(L+1) - M(M-1)$$
$$= (L-M+1)(L+M).$$

これから

$$\langle M|L_+|M-1\rangle = \langle M-1|L_-|M\rangle$$
$$= \sqrt{(L+M)(L-M+1)} \quad (15.10)$$

となる（ここで (11.3) の記法を用いた）．したがってこれから L_x および L_y 自身のゼロでない行列要素はつぎのものである：

$$\langle M|L_x|M-1\rangle = \langle M-1|L_x|M\rangle$$
$$= \frac{1}{2}\sqrt{(L+M)(L-M+1)},$$
$$\langle M|L_y|M-1\rangle = -\langle M-1|L_y|M\rangle$$
$$= -\frac{i}{2}\sqrt{(L+M)(L-M+1)}.$$
$$(15.11)$$

量 L_x, L_y の行列で対角要素は存在しないことに注意せよ．

対角要素は対応する状態における量の平均値を与えるので，このことは L_z が確定値をもつ状態では平均値 $\bar{L}_x = \bar{L}_y = 0$ であることを意味する．したがって，もしも空間のある向きに角運動量の射影が確定値をもつならば，全ベクトル $\bar{\boldsymbol{L}}$ はこの同じ向きに存在する．

§16. 角運動量の固有関数

l と m の値が与えられても粒子の波動関数は完全に決まらない．このことは，球座標におけるこの量の演算子の表式が角度 θ と φ だけを含んでおり，したがってその固有関数には r に依存する任意の因子をつけてもよいことから自明である．ここでは角運動量の固有関数に特有な波動関数の角度部分だけを考察する．これを $Y_{lm}(\theta, \varphi)$ で表わし，つぎの条件で規格化する：

$$\int |Y_{lm}|^2 do = 1$$

($do = \sin\theta d\theta d\varphi$ は立体角要素).

異なる l あるいは m をもつ関数 Y_{lm} は，異なる固有値に属する角運動量の固有関数であるから，自動的に直交している：

$$\int_0^{2\pi} \int_0^{\pi} Y_{l'm'}^* Y_{lm} \sin\theta d\theta d\varphi = \delta_{ll'} \delta_{mm'}. \tag{16.1}$$

求める関数を計算するためのもっとも直接的な方法は，球座標で書かれた演算子 $\hat{l}^2$ の固有関数を求める問題を直接解くことである．方程式 $\hat{l}^2 \psi = l(l+1)\psi$ は変形して

$$\frac{1}{\sin\theta}\frac{\partial}{\partial\theta}\left(\sin\theta\frac{\partial\psi}{\partial\theta}\right)+\frac{1}{\sin^2\theta}\frac{\partial^2\psi}{\partial\varphi^2}+l(l+1)\psi=0 \tag{16.2}$$

となる.この方程式は変数分離が許される.したがってその解は

$$Y_{lm}=\Phi_m(\varphi)\Theta_{lm}(\theta) \tag{16.3}$$

の形で求められる.ここで Φ_m は関数 (15.3) である.(16.3) を (16.2) に代入すると,関数 Θ_{lm} に対してつぎの方程式が得られる.

$$\frac{1}{\sin\theta}\frac{d}{d\theta}\left(\sin\theta\frac{d\Theta_{lm}}{d\theta}\right)-\frac{m^2}{\sin^2\theta}\Theta_{lm}+l(l+1)\Theta_{lm}=0. \tag{16.4}$$

これは球関数の理論でよく知られた方程式である.これは正の整数 $l \geqq |m|$ に対して,有界性と一意性の条件を満たす解をもち,この m の値はさきに行列の方法で求めた角運動量の固有値と一致している.対応する解はいわゆるルジャンドルの陪多項式 $P_l^m(\cos\theta)$ である.

このように角度部分の波動関数は

$$Y_{lm}(\theta,\varphi)=\text{const}\cdot P_l^m(\cos\theta)e^{im\varphi} \tag{16.5}$$

は,数学的に見れば,一定の方式で規格化された球関数に他ならない.ここでは規格化定数に対する一般式を書く代りに,規格化された球関数の最初のいくつか($l=0,1,2$)の式を書き表わしておこう:

$$Y_{00}=\frac{1}{\sqrt{4\pi}},$$

$$Y_{10} = \sqrt{\frac{3}{4\pi}} \cos\theta,$$

$$Y_{1,\pm 1} = \mp\sqrt{\frac{3}{8\pi}} \sin\theta \cdot e^{\pm i\varphi},$$

$$Y_{20} = \sqrt{\frac{5}{16\pi}} (3\cos^2\theta - 1), \qquad (16.6)$$

$$Y_{2,\pm 1} = \mp\sqrt{\frac{15}{8\pi}} \cos\theta \sin\theta \cdot e^{\pm i\varphi},$$

$$Y_{2,\pm 2} = \sqrt{\frac{15}{32\pi}} \sin^2\theta \cdot e^{\pm 2i\varphi}.$$

$m=0$ のときルジャンドルの陪多項式は，単にルジャンドルの多項式 $P_l(\cos\theta)$ と呼ばれる．それに対応する規格化された球関数は

$$Y_{l0} = \sqrt{\frac{2l+1}{4\pi}} P_l(\cos\theta) \qquad (16.7)$$

となる．

$l=0$（したがって $m=0$）のとき関数 (16.7) は定数となる．言いかえると，角運動量 $l=0$ をもつ粒子の状態の波動関数は r のみに依存し，§15 で一般的に述べたことに対応して完全な球対称性をもつ．式 (16.1) においてもしも球関数の一つが Y_{00} であるならば，もう一つの球関数に対して

$$\int Y_{lm} do = 0 \qquad (l \neq 0) \qquad (16.8)$$

となることに注意せよ．

§17. 角運動量の合成

弱く相互作用している二つの部分からなる系を考えよう．相互作用を完全に無視すれば，各部分に対して角運動量の保存則が成り立ち，系の全角運動量 $\boldsymbol{L}$ は各部分の角運動量 $\boldsymbol{L}_1, \boldsymbol{L}_2$ の和とみなすことができる．そのつぎの近似で弱い相互作用をとり入れると，$\boldsymbol{L}_1, \boldsymbol{L}_2$ の保存則はもはや厳密には成り立たなくなるが，それらの2乗を定義する数 L_1 と L_2 は系の状態の近似的な記述に適した《良い》量子数のままである．

このような系の考察と関連して**角運動量の合成則**の問題が発生する．L_1 と L_2 の値を与えたとき，L の可能な値はどうなるであろうか．角運動量成分の合成則ならばすでに明白である：$\hat{L}_z = \hat{L}_{1z} + \hat{L}_{2z}$ から

$$M = M_1 + M_2 \tag{17.1}$$

が導かれる．ところが角運動量の2乗の演算子に対してはこのような簡単な関係は存在しない．そこでその《合成則》を導くためつぎのように考えよう．

もしも物理量の完全系として量 $\boldsymbol{L}_1^2, \boldsymbol{L}_2^2, L_{1z}, L_{2z}$ を選ぶと[1]，各状態は L_1, L_2, M_1, M_2 の値によって指定される．L_1 と L_2 を与えると M_1, M_2 はそれぞれ $(2L_1+1)$ および $(2L_2+1)$ 個の値をとる．したがって L_1, L_2 の定まった値

---

[1] この他にも上述の4個と合わせて完全系となるような量がある．しかしこれら残りの量は以下の議論には響いてこないので，表式を簡単にするためこれについては何も触れず，この4個の量を完全系と呼ぶことにする．

に対して全部で $(2L_1+1)(2L_2+1)$ 個の異なる状態が存在する．この記述法による状態の波動関数を $\varphi_{L_1,L_2,M_1,M_2}$ と書こう．

上述の4個の量の代りに $\boldsymbol{L}_1^2, \boldsymbol{L}_2^2, \boldsymbol{L}^2, L_z$ を完全系として選ぶことができる．そのときには各状態は L_1, L_2, L, M の値によって指定される（対応する波動関数は ψ_{L_1,L_2LM} で表わす）．L_1 と L_2 とを与えれば，もちろん前と同様に $(2L_1+1)(2L_2+1)$ 個の異なる状態があるはずである．すなわち L_1 と L_2 が与えられれば，数 L, M の対は異なる値の $(2L_1+1)(2L_2+1)$ 個の対をとることができる．この値はつぎのような考察から決められる．

いろいろな許される値 M_1 と M_2 を互いに合成すると，対応する値 M が得られ，これはつぎのような表に表わすことができる：

M_1	M_2	M
L_1	L_2	L_1+L_2
L_1	L_2-1	L_1+L_2-1
L_1-1	L_2	
L_1-1	L_2-1	
L_1	L_2-2	L_1+L_2-2
L_1-2	L_2	
....	....	....

許される最大の M の値は $M=L_1+L_2$ であり，それには一つの状態 φ が対応する（M_1 と M_2 の値の一対である）．それゆえ状態 ψ において許される M の最大値，したがって L の最大値は L_1+L_2 である．つぎに $M=L_1+L_2-1$ の

状態 φ には，二つの場合がある．したがってこの M の値をもった状態 ψ も二つあるはずである．その一つは $L=L_1+L_2$（かつ $M=L-1$）の状態，他の一つは $L=L_1+L_2-1$（かつ $M=L$）の状態である．$M=L_1+L_2-2$ のときには三つの異なる状態 φ がある．これは，$L=L_1+L_2$, $L=L_1+L_2-1$ の他に $L=L_1+L_2-2$ という値も可能であることを意味している．

以上の考察を推し進めれば，M を一つだけ減らすと一定の M をもつ状態の数は一つだけ増えることになる．容易にわかるように，このことは M が $|L_1-L_2|$ なる値に達するまで続く．M がこれ以上減少しても，状態の数は増加せず，（$L_2 \leqq L_1$ ならば）$2L_2+1$ 個で止まってしまう．これは $|L_1-L_2|$ が L の最小の可能な値であることを意味している．

以上のことから L_1 と L_2 が与えられると，L は全部で $2L_2+1$ 個（$L_2 \leqq L_1$ とする）の異なる値

$$L = L_1+L_2,\ L_1+L_2-1,\ \cdots,\ |L_1-L_2| \tag{17.2}$$

をとると結論される．異なる L, M の値の対が実際に $(2L_1+1)(2L_2+1)$ 個得られることは容易に確かめられる．ここで（L を与えたときの $2L+1$ 個の異なる M の値に眼をつぶれば），(17.2) の L の可能な値には状態がそれぞれ 1 個ずつ対応していることを指摘しておくことは重要である．

この結果はいわゆる**ベクトル模型**を用いて直観的に書き表わすことができる．長さ L_1 と L_2 の 2 個のベクトル

§17. 角運動量の合成

L_1, L_2 を導入すれば，値 L は L_1 と L_2 のベクトル合成の結果得られるベクトル L の整数の長さを表わしている．L の最大値 (L_1+L_2) は L_1 と L_2 が平行なときに得られ，最小値 $(|L_1-L_2|)$ は反平行のときに得られる．

角運動量 L_1, L_2 および全角運動量 L が確定値をとる状態では，スカラー積 $L_1 \cdot L_2, L \cdot L_1, L \cdot L_2$ も確定値をとる．この値を求めるのは容易である．$L_1 \cdot L_2$ を計算するために $\hat{L} = \hat{L}_1 + \hat{L}_2$ と書く．あるいはその 2 乗をとって移項すると

$$2\hat{L}_1 \cdot \hat{L}_2 = \hat{L}^2 - \hat{L}_1^2 - \hat{L}_2^2$$

となる．この式の右辺の演算子をその固有値で置き換えれば，左辺の演算子の固有値が得られる：

$$L_1 \cdot L_2 = \frac{1}{2}\{L(L+1) - L_1(L_1+1) - L_2(L_2+1)\}. \tag{17.3}$$

同様にして：

$$L \cdot L_1 = \frac{1}{2}\{L(L+1) + L_1(L_1+1) - L_2(L_2+1)\}. \tag{17.4}$$

もしも $\psi_{L_1, M_1}^{(1)}$ および $\psi_{L_2, M_2}^{(2)}$ が系の二つの部分の波動関数であるとすると，全系の波動関数は（ふたたび両部分の相互作用を無視する条件の下で）積

$$\varphi_{L_1, L_2, M_1, M_2} = \psi_{L_1, M_1}^{(1)} \psi_{L_2, M_2}^{(2)} \tag{17.5}$$

である．これらの状態は（L_1, L_2 の他に）確定値 M_1 および M_2 をもっている．確定値 L, M をもつ状態は，与えら

れた値 $M = M_1 + M_2$ を満足する数 M_1 と M_2 の対のいろいろな値をもつ状態（17.5）の重ね合わせである．その波動関数は線形結合

$$\psi_{L_1 L_2 L M} = \sum_{M_1, M_2} C^{L_1 L_2 L M}_{L_1 L_2 M_1 M_2} \varphi_{L_1 L_2 M_1 M_2} \tag{17.6}$$

である．その展開係数 C は，その添字のなかに列挙されたあらゆる量子数の値に依存している．これらの係数は**ベクトル合成の係数**または**クレプシューゴルダンの係数**と呼ばれる．

§18. 角運動量の選択規則

すでに見たように，古典力学においても量子力学においても角運動量の保存則は，閉じた系に関する空間の等方性の結果として生じたものである．このことはすでに，回転に関する角運動量の対称の性質との関連で見られたとおりである．ところが量子力学ではこの関連は特に意味深いものであり，角運動量の概念に本質的に重要な内容を付与するものである．このことはベクトル積 $r \times p$ で表わされる角運動量の古典力学的定義が，量子力学では座標と運動量のベクトルが同時に観測可能でないために，それ自身の本来の意味を失うからなおさらである．

§16 で見たように，l と m の値が与えられると，粒子の波動関数の角度依存性，あるいは同じことだが回転に関する波動関数のあらゆる対称の性質が決定される．これらの性質の定式化の最も一般的な形は，座標系の回転に伴う波

動関数の変換則を示すことに帰着される．

（L と M の与えられた値をもつ）多粒子系の波動関数 ψ_{LM} が不変であるのは[1]，z 軸のまわりの座標系の回転のときだけである．ところが z 軸の方向を変えるあらゆる回転を行なうと，新しい z 軸への角運動量の射影がもはや確定値をもたないことになる．このことは，新しい座標軸において波動関数は一般に，（与えられた L に対して）可能な M の値に対する $2L+1$ 個の関数の重ね合わせ（線形結合）になることを意味する．座標系の回転によって $2L+1$ 個の波動関数 ψ_{LM} は互いに変換しあうということもできる[2]．この変換則（したがって座標軸の回転角の関数としての重ね合わせの係数）は，L の値が与えられることによって完全に決定される．このようなわけで，角運動量 L は，座標系の回転に関する変換の性質によって系の状態を分類する量子数という意味をもつ．量子力学における角運動量の概念のこのような性格は，それが波動関数のあらわな角度依存性と直接関連していないために特に重要である．波動関数どうしの変換則は，この角度依存性とは無関係に，それ自身定式化されることができるからである．

計算を省いて，いろいろな量の行列要素に対する（角運動量についての）**選択規則**をどのようにすれば見いだすこ

---

[1] 重要でない位相因子を除いて．
[2] 数学的な術語を用いて言うと，これらの関数はいわゆる**回転群の既約表現**を実現している．互いに変換しあう関数の数は表現の**次元**と呼ばれる．したがってこの数は，これらの関数の何らかの線形結合のいかなる選び方よりも少なくなることはありえない．

とができるかを示そう．この規則は，どの遷移に対して行列要素がゼロでないかを定めるものである．

このためには，純粋に数学的な意味で角運動量の概念は分類上の指標として，波動関数ばかりでなく，それ以外の物理量にも適用されることができることにまず注目しよう．たとえばあらゆるスカラー量（すなわち座標変換によって一般に変わらない量）に対しては，《角運動量 $L=0$ が対応する》．そのわけは $L=0$ のとき $2L+1=1$ となり，《互いに変換しあう》量は全部でただ一つしかないからである[1]．同様にしてベクトル量は《角運動量 $L=1$》と書くことができる．なぜならば，（$2L+1=3$ なので）これは座標系の回転に対して互いに変換しあうベクトルの独立な 3 成分に対応するからである．もしもベクトルの方向を定める球座標の角度 θ, φ を用いてベクトル成分を表わすならば，

$$A_+ \equiv A_x + iA_y = A\sin\theta e^{i\varphi} \qquad (M=1),$$
$$A_- \equiv A_x - iA_y = A\sin\theta e^{-i\varphi} \qquad (M=-1), \quad (18.1)$$
$$A_z \equiv A\cos\theta \qquad (M=0)$$

を得る．これらの式を関数（16.6）と比較すると，成分 A_z は《角運動量の射影 $M=0$》に対応し，複素結合 A_+ および A_- はそれぞれ $M=1$ および $M=-1$ に対応する．

---

[1] 不明確さを避けるため，問題にしている観点では波動関数 $\psi_{LM} (L \neq 0)$ が《スカラー》ではないことを強調しよう．なぜならば異なる M をもつ全部で $2L+1$ 個の関数 ψ_{LM} は（この観点では）多成分をもつ一つの量の《成分》とみなされなければならないからである．

§18. 角運動量の選択規則

議論を簡単で最も明瞭にするために，(自由な，あるいは中心対称の外場のなかにある) 1 粒子の状態を記述する量について述べよう．f をあるスカラーの物理量であるとする．確定値 l および m をもつ状態に関して，それの行列要素

$$\langle n'l'm'|\hat{f}|nlm\rangle = \int \psi^*_{l'm'}\hat{f}\psi_{lm}dV \qquad (18.2)$$

を考察しよう．ここで n, n' は粒子の状態を決定する (l, m を除いた) 残りの添字である．

この被積分関数のなかの三つの因子 ($\psi^*_{l'm'}, \hat{f}$ および ψ_{lm}) にはそれぞれ $(l', -m'), (0, 0), (l, m)$ なる《角運動量とその射影》の値の対を対応させることができる (関数の複素共役をとると，(16.5) のなかの因子 $e^{im\varphi}$ の指数の符号が変わるので，角運動量の射影の符号が変わる)．これらの《角運動量》をあらゆる可能な方法によって合成して，和の《角運動量》とその射影をつくろう (それを Λ と μ で表わすことにする)．それによってつくられる関数の変換に対する性質を明らかにしよう．その関数とは，それの線形結合によって (18.2) の被積分関数を展開することができるものである．すなわち：

$$\psi^*_{l'm'}\hat{f}\psi_{lm} = \sum_\Lambda a_{\Lambda\mu}\psi_{\Lambda\mu} \qquad (\mu = m - m'). \qquad (18.3)$$

ここで $a_{\Lambda\mu}$ は定数，$\psi_{\Lambda\mu}$ はその変換に対する性質が角運動量の固有関数と一致する関数である．しかしながら，いま求めようとしている選択規則に関する問題の解答のためには，この展開式を実際に求める必要はない．和の各項は

$\varLambda=\mu=0$ の項を除いて，角度について積分すると（(16.8)の性質のために）ゼロとなることに気付けば十分である．このためには，もしも $\varLambda=\mu=0$ の値が展開式 (18.3) のなかに存在しさえすれば，行列要素 (18.2) はゼロでない値をとることができる．しかし二つの角運動量 l および l' の合成では，$l'=l$ のときだけ $\varLambda=0$ の値をとることができる．

このようなわけで，スカラー量の行列要素がゼロでないのは，角運動量およびその射影が変わらない遷移

$$l'=l, \qquad m'=m \tag{18.4}$$

に対してのみである．そればかりでなく，量子数 m は座標軸に対する系の方向を決定するだけであるから，スカラー量 f の値は一般に方向に依存せず，行列要素 $\langle n'lm|f|nlm\rangle$ は m の値によらないということができる．

同様にしてベクトル量 $\boldsymbol{A}$ の行列要素 $\langle n'l'm'|\boldsymbol{A}|nlm\rangle$ に対する選択規則を見いだすことができる．ベクトル量 $\boldsymbol{A}$ は 1 の大きさをもつ《角運動量》とみなされる．これを角運動量 l と合成すると $l+1, l, l-1$ の値を得る（ただし $l\neq 0$ とする．$l=0$ のときには合成の結果，1 というただ一つの値しか得られない）．そのあとで角運動量 l' と合成すると，もしも積分がゼロでないことを望むならば，合成《角運動量》は $\varLambda=0$ でなければならない．このためには l' は，上に述べた合成結果の一つに一致しなければならない．すなわち許される値は

$$l'=l, l\pm 1 \tag{18.5}$$

である．ただし $l'=l=0$ の状態間の遷移に対する行列要素は禁止される．

ところがベクトルの異なる成分に対して角運動量の射影 m に関する選択規則は異なる．(18.1) を考慮すると，つぎの規則が容易に見いだされる：

$$A_+ = A_x + iA_y \quad \text{に対して} \quad M' = M+1$$
$$A_- = A_x - iA_y \quad \text{に対して} \quad M' = M-1 \quad (18.6)$$
$$A_z \quad \text{に対して} \quad M' = M$$

ベクトル量の行列要素は M の値に依存する．(ここではそのために話を中断しないで) この依存性もまた普遍的な性格のものであり，角運動量の固有関数の変換性から直接導かれることを指摘しておこう．

ここで 2 階の対称テンソル A_{ik} である量の場合について述べよう．このようなテンソルは六つの異なった成分をもつ．これらの成分の集合は，その変換性の観点から見ると全部が独立ではない．というのは，テンソルの跡（すなわち $A_{ii}=A_{xx}+A_{yy}+A_{zz}$ なる和）はスカラーであるからである．このスカラーは変換される量の数から除外されなければならない．つまり，跡がゼロであるテンソルとみなさなければならない．このようなテンソルは**既約テンソル**と呼ばれる．それは五つの独立な成分をもち，$L=2$ ($2L+1=5$) の《角運動量》で表わすことができる[1]．

---

1) このような物理量の例としては，系の 4 重極モーメントをあげることができる．

これまで1粒子に対する行列要素について述べてきたが,実際にはすべての結果は波動関数の一般的な変換性からの帰結であり,したがって角運動量の保存する任意の多粒子系に対しても同様に成り立つことを強調しておこう.

§19. 状態の偶奇性

(空間の一様性と等方性にそれぞれ対応する不変性である) 座標系の平行移動と回転の他に,閉じた系のハミルトニアンを不変に保つもう一つの変換が存在する.これはすべての座標の符号を同時に変える,あるいはすべての座標軸の向きを反転させる,いわゆる**反転**変換である.このとき右手座標系は左手座標系に変わり,またその逆も成り立つ.この変換に関するハミルトニアンの不変性は,鏡映反射に関する空間の対称性にも現われている[1].古典力学では反転に関するハミルトン関数の不変性からいかなる保存則も導かれない.ところが量子力学では事情は異なっている.

《反転演算子》を記号 $\hat{P}$ で表わそう[2].これを波動関数 $\psi(\boldsymbol{r})$ に作用させると座標の符号が変わる.すなわち

$$\hat{P}\psi(\boldsymbol{r}) = \psi(-\boldsymbol{r}). \tag{19.1}$$

方程式

$$\hat{P}\psi(\boldsymbol{r}) = P\psi(\boldsymbol{r}) \tag{19.2}$$

---

[1] 中心対称の場に置かれた粒子系のハミルトニアンもまた反転に対して不変である(この場合,座標原点は場の中心に一致しなければならない).
[2] 記号 P は偶奇性(英語では parity)を表わす.

によって定義されるこの演算子の固有値 P を求めるのは容易である.このためには反転演算子を2度作用させるともとにもどること,すなわち,すべての座標が変化しないことに注意する.言いかえれば $\hat{P}^2\psi = P^2\psi = \psi$,すなわち $P^2 = 1$ である.これから

$$P = \pm 1. \tag{19.3}$$

したがって反転演算子の固有関数は,この演算子を作用させたときその符号を変えないか,変えるかのどちらかである.第一の場合には波動関数(とそれに対応する状態)は**偶**,第二の場合は**奇**と呼ばれる.

反転に対してハミルトニアンが不変であること(つまり演算子 $\hat{P}$ と $\hat{H}$ が可換であること)は**偶奇性の保存則**を表わしている.もしも閉じた系の状態が一定の偶奇性をもつならば(その状態が偶か,あるいは奇であれば),その偶奇性は時間とともに保存される[1].

反転に対して角運動量演算子もまた不変である.反転によって座標が符号を変えると同様に,座標に関する微分も符号を変えるので,演算子 (14.3) は不変のままである.言いかえると,反転演算子は角運動量演算子と可換であり,このことは系が角運動量 L とその射影 M の確定値と同時に,確定した偶奇性をもつことができることを意味する.

いろいろな物理量の行列要素に対しては,偶奇性に関す

---

[1] 誤解を避けるために,ここでは非相対論的理論について述べていることを注意しよう.自然界には偶奇性の保存を破る(相対論的理論の領域における)相互作用が存在している.§90 を見よ.

る一定の選択規則が存在する．

　まず最初にスカラー量を考察しよう．この場合反転に対して，まったく変化しない**真性スカラー**と，符号を変える**擬スカラー**を区別する必要がある（擬スカラーとしては，たとえば軸性ベクトルと極性ベクトルのスカラー積である）．

　容易にわかるように，真性スカラー量 f に対しては，偶奇性の変わらない遷移に対してのみ，行列要素がゼロでないことが許される．たとえば異なる偶奇性の状態間の遷移に対する量 f の行列要素は積分 $f_{ug}=\int \psi_u^* \hat{f} \psi_g dq$ である．ここで関数 ψ_g は偶，ψ_u は奇である．すべての座標の符号を変えたとき，被積分公式の符号が変化する．他方，全空間にわたる積分は積分変数の符号を変えても変化しない．これから $f_{ug}=-f_{ug}$，すなわち $f_{ug}=0$ となる．反対に，擬スカラー量に対しては異なる偶奇性の状態間の遷移に対してのみ行列要素がゼロでない．

　同様にしてベクトル量に対する選択規則を得ることができる．この場合，反転に対して普通の**極性ベクトル**は符号を変えるが，**軸性ベクトル**はこの変換によって変わらないことを思い出す必要がある（後者の例は二つの極性ベクトル $\boldsymbol{p}$ と $\boldsymbol{r}$ のベクトル積である角運動量ベクトルである）．このことを考慮すると，極性ベクトルに対しては偶奇性の変わる遷移に対して行列要素がゼロでなく，軸性ベクトルに対しては偶奇性の変わらない遷移に対して行列要素がゼロでないことがわかる．

　角運動量 l をもつ1粒子状態の偶奇性を求めよう．反転

変換 $(x \to -x,\ y \to -y,\ z \to -z)$ は，（球座標では）つぎの変換になる：

$$r \to r, \qquad \theta \to \pi-\theta, \qquad \varphi \to \varphi+\pi. \tag{19.4}$$

粒子の波動関数の角度依存性は角運動量の固有関数 Y_{lm} (16.5) で与えられる．φ を $\varphi+\pi$ に置き換えれば因子 $e^{im\varphi}$ には $(-1)^m$ がかかる．また同じように θ を $\pi-\theta$ に置き換えれば $P_l^m(\cos\theta)$ は $P_l^m(-\cos\theta) = (-1)^{l-m} P_l^m(\cos\theta)$ に移行する．したがって，関数全体には因数 $(-1)^l$ がかかる．すなわち一定の l の値をもつ状態の偶奇性は

$$P = (-1)^l \tag{19.5}$$

である．これからわかるように，偶数の l をもつすべての状態は偶状態であり，奇数の l をもつ状態は奇状態である．状態の偶奇性は l のみに依存し，m に依存しない．

ここで**偶奇性の合成則**を求めておこう．二つの独立な部分からなる系の波動関数 Ψ は，それらの部分の波動関数 Ψ_1 と Ψ_2 の積で表わされている．それゆえもしもこれらの波動関数が二つとも同じ偶奇性をもっていれば（すなわち全座標の符号を変えたとき二つとも符号を変えるとか，あるいは二つとも符号を変えない場合），全系の波動関数は偶である．反対にもしも Ψ_1 と Ψ_2 が異なる偶奇性をもっていれば，波動関数 Ψ は奇である．このことはつぎの等式で表わすことができる：

$$P = P_1 P_2 \tag{19.6}$$

ここで P は全系の偶奇性，P_1 と P_2 はその部分の偶奇性である．この規則はもちろん任意の数の独立部分から成る

系に対してもただちに拡張できる．

特に中心対称場のなかに置かれた粒子系を問題とする場合には（粒子間の相互作用も弱いとすれば），全系の状態の偶奇性は
$$P = (-1)^{l_1+l_2+\cdots} \tag{19.7}$$
で決定される．ここで指数のなかに入ってくるのは各粒子の角運動量の代数和であって，一般に《ベクトル和》ではないこと，すなわち系の角運動量 L でないことを注意しておく．

もしも閉じた系が（そのなかに働く力によって）いくつかの部分に分裂したとすれば，その全角運動量と偶奇性とは保存されなければならない．系の分裂がエネルギー的には可能であってもこの事情によって不可能になることがある．

たとえば角運動量 $L=0$ の偶状態にある原子を考えよう．これはエネルギー的には，同じ角運動量 $L=0$ をもつ奇状態のイオンと自由電子に崩壊することが可能であるかもしれない．しかし容易にわかるように現実にはこのような崩壊は起こりえない（すなわち**禁止**されている）．なぜなら角運動量の保存則によって，自由電子もまたゼロの角運動量をもたなくてはならず，したがって偶状態にある（$P=(-1)^0=1$）．ところが最初の原子の状態が偶状態であったのに，この場合《イオン＋自由電子》の系の状態は奇状態になってしまうからである．

第3章 シュレーディンガー方程式

§20. シュレーディンガー方程式

物理系の波動関数の形は，系のハミルトニアンによって決定される．量子力学のあらゆる数学的方法ではハミルトニアンを用いて基本的な量を求めることができる．

自由粒子のハミルトニアンの形は，空間の一様性と等方性およびガリレイの相対性原理に関する一般的な要請によって決定される．古典力学においてはこの要請により，粒子のエネルギーは運動量の 2 乗の依存性をもつ：$E = p^2/2m$. ここで定数 m は粒子の質量と呼ばれる（I. §4）．量子力学では同じ要請により，エネルギーと運動量の固有値のあいだに同じ関係が導かれる．これらの量は（自由粒子に対して）同時に測定可能な保存量である．

エネルギーおよび運動量のすべての固有値に対して $E = p^2/2m$ の関係が成り立つためには，それらの演算子に対しても同じ関係式が成り立たなければならない：

$$\hat{H} = \frac{1}{2m}(\hat{p}_x^2 + \hat{p}_y^2 + \hat{p}_z^2). \tag{20.1}$$

ここで（12.4）を代入すると，自由に運動している粒子のハミルトニアンがつぎの形で得られる：

$$\hat{H} = -\frac{\hbar^2}{2m}\Delta. \tag{20.2}$$

ここで $\Delta = \partial^2/\partial x^2 + \partial^2/\partial y^2 + \partial^2/\partial z^2$ はラプラス演算子である.

互いに相互作用をしない粒子から成る系に対しては，そのハミルトニアンは各粒子のハミルトニアンの和に等しい：

$$\hat{H} = -\frac{\hbar^2}{2}\sum_a \frac{1}{m_a}\Delta_a \tag{20.3}$$

ここで添字 a は粒子の番号である. Δ_a は a 番目の粒子の座標に対して微分を行なうラプラス演算子である.

（非相対論的な）古典力学では，粒子の相互作用は粒子の座標の関数である相互作用のポテンシャルエネルギー $U(\boldsymbol{r}_1, \boldsymbol{r}_2, \cdots)$ をハミルトニアンのなかに付加項として入れることによって記述される．量子力学においても系のハミルトニアンにこのような関数を付加することにより，粒子の相互作用が記述される．

$$\hat{H} = -\frac{\hbar^2}{2}\sum_a \frac{\Delta_a}{m_a} + U(\boldsymbol{r}_1, \boldsymbol{r}_2, \cdots). \tag{20.4}$$

この第1項は運動エネルギーの演算子とみなすことができ，第2項はポテンシャルエネルギーの演算子とみなすことができる．後者は単純に関数 U を掛ける演算である．そして古典力学への極限移行から，この関数は古典力学におけるポテンシャルエネルギーの定義と一致しなければならないことがわかる．たとえば外場のなかに置かれた1個の粒子に対するハミルトニアンは

$$\hat{H} = \frac{\hat{\boldsymbol{p}}^2}{2m} + U(x,y,z) = -\frac{\hbar^2}{2m}\Delta + U(x,y,z) \quad (20.5)$$

となる．ここで $U(x,y,z)$ は外場のなかの粒子のポテンシャルエネルギーである．

式 (20.2)〜(20.5) を一般的な方程式 (8.1) に代入すると，それぞれ対応する系に対する波動方程式が得られる．ここには外場のなかの粒子に対する波動方程式を書いてみよう．

$$i\hbar\frac{\partial \Psi}{\partial t} = -\frac{\hbar^2}{2m}\Delta\Psi + U(x,y,z)\Psi. \quad (20.6)$$

定常状態を決める方程式 (10.2) はつぎの形をとる：

$$\frac{\hbar^2}{2m}\Delta\psi + [E - U(x,y,z)]\psi = 0. \quad (20.7)$$

方程式 (20.6), (20.7) は 1926 年にエルヴィン・シュレーディンガーによって得られ，**シュレーディンガー方程式**と呼ばれている．

自由粒子に対するシュレーディンガー方程式 (20.7) はつぎの形をもつ：

$$\frac{\hbar^2}{2m}\Delta\psi + E\psi = 0. \quad (20.8)$$

この方程式はエネルギー E の任意の正の値（ゼロを含む）に対して全空間で有限な解をもつ．運動の確定した方向をもつ状態に対して，これらの解は運動量演算子の固有関数 (12.7) であり，$E = p^2/2m$ が成り立つ．すると定常状態の（時間に依存する）全波動関数はつぎの形をもつ：

$$\Psi = \mathrm{const}\cdot\exp(-i/\hbar)(Et-\boldsymbol{p}\cdot\boldsymbol{r}). \qquad (20.9)$$

このような各関数は**平面波**であり,粒子が確定したエネルギー E および運動量 $\boldsymbol{p}$ をもつ状態を記述する.この波の振動数は $E/\hbar$ であり,この波数ベクトルは $\boldsymbol{k}=\boldsymbol{p}/\hbar$ である(対応する波長 $\lambda=2\pi\hbar/p$ は粒子の**ド・ブロイ波長**と呼ばれている[1]).

このようなわけで自由に運動している粒子のエネルギースペクトルは連続であり,ゼロから $+\infty$ まで拡がっていることがわかる.これらの固有値はそれぞれ($E=0$ の値だけを除いて)縮退しており,その縮退度は無限大である.実際,ゼロでない E の各値には,ベクトル $\boldsymbol{p}$ の絶対値が等しくて方向が異なる無限個の固有関数 (20.9) が対応する.

§21. 流れの密度

古典力学では粒子の速度 $\boldsymbol{v}$ はその運動量 $\boldsymbol{p}$ と $\boldsymbol{p}=m\boldsymbol{v}$ の関係にある.期待どおり量子力学においても同じ関係が対応する演算子のあいだに成り立つ.このことは演算子の時間に関する微分を表わす一般式 (9.2) により,演算子 $\hat{\boldsymbol{v}}=\dot{\hat{\boldsymbol{r}}}$ を計算すると容易にわかる.ハミルトニアンに対して (20.5) を用いると

$$\hat{\boldsymbol{v}} = \frac{i}{\hbar}(\hat{H}\hat{\boldsymbol{r}}-\hat{\boldsymbol{r}}\hat{H}) = -\frac{i\hbar}{2m}(\Delta\boldsymbol{r}-\boldsymbol{r}\Delta)$$

を得る.任意の関数 ψ に対して,この式のなかの交換子の

---

[1] 粒子に伴う波という概念は 1924 年にルイ・ド・ブロイによって初めて導入された.

表式を作用させると $\Delta(\boldsymbol{r}\psi) - \boldsymbol{r}(\Delta\psi) = 2(\nabla\psi)$ となるが，$-i\hbar\nabla = \hat{\boldsymbol{p}}$ であるので

$$\hat{\boldsymbol{v}} = \hat{\boldsymbol{p}}/m \tag{21.1}$$

を得る．同じ関係が速度と運動量の固有値のあいだにも成り立ち，また任意の状態にあるそれらの量の平均値のあいだにも成り立つことは明らかである．

粒子の速度は運動量と同様に，その座標と同時に確定値をもつことはできない．しかし速度に時間の無限小要素 dt を掛けたものは，時間 dt の間の粒子の移動を与える．したがって速度と座標が同時に存在しないということは，粒子がある時刻に空間の定点にあったとき，それにつづく無限に近い時刻においてもすでにその粒子は定まった位置をもたないことを意味する．

つぎに加速度の演算子をつくろう．つぎの式が得られる：

$$\hat{\dot{\boldsymbol{v}}} = \frac{i}{\hbar}(\hat{H}\hat{\boldsymbol{v}} - \hat{\boldsymbol{v}}\hat{H}) = \frac{i}{m\hbar}(\hat{H}\hat{\boldsymbol{p}} - \hat{\boldsymbol{p}}\hat{H}) = \frac{1}{m}(U\nabla - \nabla U).$$

得られた演算子の意味を明らかにするために，それを任意の関数 ψ に作用させると $U(\nabla\psi) - \nabla(U\psi) = -(\nabla U)\psi$．したがって

$$m\hat{\dot{\boldsymbol{v}}} = -\nabla U. \tag{21.2}$$

この演算子方程式の形は古典力学の運動方程式（ニュートンの方程式）と正確に一致する．

ある有限な体積 V にわたる積分 $\int |\Psi|^2 dV$ は，この体積のなかに粒子を見いだす確率を表わす．この量の時間に関する微分を計算すれば，

$$\frac{d}{dt}\int_V |\Psi|^2 dV = \int_V \left(\Psi\frac{\partial \Psi^*}{\partial t} + \Psi^*\frac{\partial \Psi}{\partial t}\right)dV$$
$$= \frac{i}{\hbar}\int_V (\Psi\hat{H}^*\Psi^* - \Psi^*\hat{H}^*\Psi)dV$$

となる．ここで

$$\hat{H} = \hat{H}^* = -\frac{\hbar^2}{2m}\Delta + U(x,y,z)$$

を代入し，恒等式

$$\Psi\Delta\Psi^* - \Psi^*\Delta\Psi = \mathrm{div}(\Psi\nabla\Psi^* - \Psi^*\nabla\Psi)$$

を用いると

$$\frac{d}{dt}\int_V |\Psi|^2 dV = -\int_V \mathrm{div}\,\boldsymbol{j}\,dV$$

を得る．ここで $\boldsymbol{j}$ はベクトル

$$\boldsymbol{j} = \frac{i\hbar}{2m}(\Psi\,\mathrm{grad}\,\Psi^* - \Psi^*\,\mathrm{grad}\,\Psi)$$
$$= \frac{1}{2}(\Psi^*\hat{\boldsymbol{v}}\Psi + \Psi\hat{\boldsymbol{v}}^*\Psi^*) \tag{21.3}$$

を表わす．ガウスの定理により $\mathrm{div}\,\boldsymbol{j}$ の積分は，体積 V を囲む閉じた表面 S 上の積分に変換される[1]：

$$\frac{d}{dt}\int_V |\Psi|^2 dV = -\oint_S \boldsymbol{j}\cdot d\boldsymbol{f}. \tag{21.4}$$

これらからわかるようにベクトル $\boldsymbol{j}$ は**確率の流れの密度**あるいは単に**流れの密度**を表わすベクトルと呼ぶことができ

---

[1] 表面要素 $d\boldsymbol{f}$ は，いつものように大きさが要素の面積 df に等しく，これと垂直に外側を向いたベクトルとして定義される．

る．このベクトルを表面上で積分したものは，単位時間に粒子がこの表面を通り抜ける確率を与える．ベクトル $\boldsymbol{j}$ および確率密度 $|\Psi|^2$ は方程式

$$\frac{\partial |\Psi|^2}{\partial t} + \mathrm{div}\,\boldsymbol{j} = 0 \tag{21.5}$$

を満足するが，これは古典的な連続の方程式と同じである (I. §55)．

平面波 (20.9) で表わされる自由運動の波動関数は，1 に等しい密度をもつ粒子の流れ（すなわち横切る断面の単位面積を通って単位時間あたり平均して一つの粒子が通るような流れ）を記述することができる．すると波動関数は

$$\Psi = \frac{1}{\sqrt{v}} \exp\left\{-\frac{i}{\hbar}(Et - \boldsymbol{p}\cdot\boldsymbol{r})\right\} \tag{21.6}$$

となる．ここで v は粒子の速度である．実際にこれを (21.3) に代入すると $\boldsymbol{j} = \boldsymbol{p}/mv$ が得られて，これは運動の方向を向いた単位ベクトルを表わす．

§22. シュレーディンガー方程式の解の一般的性質

シュレーディンガー方程式の解が満足すべき条件はきわめて一般的な性質をもっている．まず第一に波動関数は（それの1次導関数とともに）全空間で1価であり，連続でなければならない．導関数の連続性の条件から，流れの密度の連続性の要請が導かれる．

もしも場 $U(x,y,z)$ がどこでも無限大にならなければ，波動関数もまた全空間で有限でなければならない．この条

件は，U がある点で $-\infty$ となってもそれがあまり急激ではない場合にも守られねばならない[1].

いま $U_{\min}$ を関数 $U(x,y,z)$ の最小値であるとしよう．粒子のハミルトニアンは運動エネルギーの演算子 $\hat{T}$ およびポテンシャルエネルギーの二つの項の和であるので，任意の状態にあるエネルギーの平均値は和 $\bar{E}=\bar{T}+\bar{U}$ に等しい．ところが（自由粒子のハミルトニアンに等しい）演算子 $\hat{T}$ のすべての固有値は正である：それゆえ平均値も $\bar{T}\geqq 0$ となる．明らかに成り立つ不等式 $\bar{U}>U_{\min}$ を考慮すれば，$\bar{E}>U_{\min}$ であることがわかる．この不等式は任意の状態に対しても成り立つので，またあらゆるエネルギー固有値に対して成り立つことも明らかである．すなわち

$$E_n > U_{\min}. \tag{22.1}$$

無限遠で消失する力の場のなかを運動する粒子を考えてみよう．関数 $U(x,y,z)$ を普通よくやるように無限遠でゼロとなるように定義する．すると容易にわかるように負のエネルギー固有値のスペクトルは離散的である．つまり無限遠で消失する場のなかの $E<0$ となる状態はすべて束縛状態である．実際，無限運動に対応する連続スペクトルの定常状態では，粒子は無限遠でも見いだされる（§10 参照）．ところが十分に大きな距離では，場の存在を無視できて粒

---

[1] すなわち $-1/r^2$ よりゆっくり変わる場合である．ここで r は点までの距離である．もしも U が $-1/r^2$ よりも急激に $-\infty$ になるならば，《基底》状態は点 $r=0$ に見いだされる粒子に対応することになる．すなわち，この点へ粒子の《落下》が起こる．

子の運動は自由であると考えることができる．自由な運動となればエネルギーは正となる他はない．

これに対して，正の固有値は連続スペクトルを形成し無限運動に対応する．$E>0$ のときはシュレーディンガー方程式は，（いま考えているような場のなかでは）積分 $\int|\psi|^2 dV$ の収束するような解を一般にはもたない．

量子力学では有界運動をする粒子は $E<U$ なる空間領域にも見いだされることに注目しよう．このような領域の奥へすすむにつれて粒子の存在確率 $|\psi|^2$ は急速にゼロになるが，有限な深さである限りそれは完全にはゼロではない．この点で古典力学とは原理的に異なっている．古典力学では粒子は一般に $U>E$ の領域に侵入することはできない．古典力学でこの領域に侵入することができないのは，$E<U$ で運動エネルギーが負になること，つまり速度が虚数になるという不合理が生ずるからである．量子力学においても運動エネルギーの固有値は正である．それにもかかわらずここでは矛盾につき当たらない．それはもしも測定過程によって粒子が空間のある確定した点に局在するならば，この測定過程の結果粒子の状態は乱されて，粒子は一般にいかなる確定した運動エネルギーももたなくなるからである．

1次元の運動の例で，上に述べたことを示そう．この場合には一つの座標にのみ依存した場 $U(x)$ のなかで運動が行なわれる．y および z 方向の運動はこのとき自由であるが，x 軸方向の運動は1次元のシュレーディンガー方程式

$$\frac{d^2\psi}{dx^2} + \frac{2m}{\hbar^2}[E-U(x)]\psi = 0 \qquad (22.2)$$

によって決定される．

第1図aに示す形の《ポテンシャルの井戸》のなかで，$E<0$ をもつ運動は有界であり，対応するエネルギー準位のスペクトルは離散的である．ところが $E>0$ のエネルギーは連続スペクトルを形成し，運動は有界でない．これらの二つの場合における大きい距離 x での波動関数の漸近形を求めよう．$x \to \pm\infty$ のとき $U \to 0$ となるので，大きい距離では方程式 (22.2) のなかで E にくらべて場 U を無視することができる．したがって次式を得る：

$$\frac{d^2\psi}{dx^2} + \frac{2m}{\hbar^2}E\psi = 0. \qquad (22.3)$$

$E>0$ のとき，これは1次元自由運動の方程式である．その一般的な解はつぎの形をもつ：

$$\psi = a_1 e^{ikx} + a_2 e^{-ikx}, \qquad k = \frac{1}{\hbar}\sqrt{2mE}. \qquad (22.4)$$

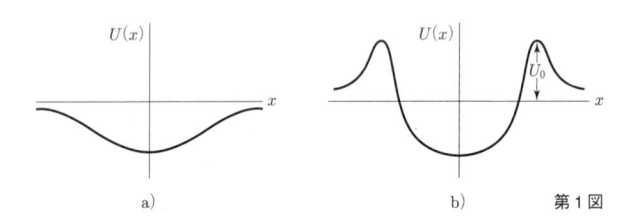

第1図

すなわち，これはx軸に沿う右または左への運動に対応した二つの平面波の重ね合わせを表わしている．各エネルギー準位はこの場合，二つの逆向きの運動に対応して2重に縮退している．

ところが$E<0$のエネルギーに対しては，2階の微分方程式 (22.2) の二つの独立解のうち，$x \to \pm\infty$ のとき有界な運動の波動関数はゼロに収束しなければならないという境界条件を満足するただ一つの解だけが許される．大きい距離でふたたび方程式 (22.3) を得るが，その解はつぎの漸近形をもつ：

$x \to \pm\infty$ のとき $\psi = \text{const} \cdot e^{\mp \kappa x}$ $(\kappa = \sqrt{2m|E|}/\hbar)$.
$$\tag{22.5}$$

すなわち古典的には許されない領域のなかへ指数関数的に減少しながら入っていく（方程式 (22.3) の二つ目の解は$x \to \pm\infty$で無限に増大していく）．

運動が有界であるか無限であるかという性質のみを論ずるならば，いま考えている形の場（第1図a）に対しては，（$E<0$ および $E>0$ に対応して）二つの可能性が古典力学においても量子力学においても同じように実現される．しかしこのことは，有限の高さU_0の《ポテンシャル障壁》に囲まれたポテンシャルの井戸であるような，第1図bに示す場ではもはや成り立たない．$E<0$のとき運動は前と同様有界である．古典力学では，運動が井戸のなかにあってエネルギーが$0<E<U_0$であれば，有界であったはずである．ところが量子力学では$E>0$であるすべてのエネ

ルギーに対して，それがポテンシャル障壁より高くても低くても，運動は無限である．ある時刻に《井戸のなか》で見いだされた（$E>0$ の）粒子は，そのあとで《障壁を通り抜けて》，井戸の領域の外に見いだされることができる．

このようなわけで古典力学では除外される条件のなかでも，量子力学は粒子の無限運動を許す．障壁を透過するこの現象の性質は（これについては§28 でさらに詳述する），古典的には侵入できない運動の領域の内部で波動関数が厳密にゼロとならないという上に述べた状況と関連している．

シュレーディンガー方程式の一般形 $\hat{H}\psi=E\psi$ は変分原理

$$\delta \int \psi^*(\hat{H}-E)\psi dq = 0 \qquad (22.6)$$

から導くことができる．ψ は複素関数であるため ψ および ψ^* に関する変分は独立に実行できる．ψ^* に関する変分をとると

$$\int \delta\psi^*(\hat{H}-E)\psi dq = 0$$

となる．$\delta\psi^*$ は任意であるためこれから求める方程式 $\hat{H}\psi=E\psi$ を得る．ψ に関する変分をとっても別に新しい結果は得られない．その場合にはただ複素共役の方程式 $\hat{H}^*\psi^*=E\psi^*$ が得られるだけである．

変分原理に基づいて，粒子の定常状態の波動関数の一般的な性質に関するいくつかの重要な定理を証明することができる．

座標の値が有限であれば基底状態の波動関数 ψ_0 はゼロになることはない（あるいは，節をもたないといってもよい）．言いかえればこの関数は全空間で同じ符号をもつ．このことから ψ_0 と直交する他の定常状態の波動関数 ψ_n $(n>0)$ は必ず節点をもつことが導かれる（もしも ψ_n が定符号とすると，積分 $\int \psi_0 \psi_n dq$ はゼロになることができない）．

さらに ψ_0 に節が存在しないことから，最低エネルギー準位は縮退することができないことが導かれる．そのわけはつぎのとおりである．逆を仮定して ψ_0, ψ'_0 が準位 E_0 に対応する二つの異なる固有関数であるとしてみよう．するとあらゆる線形結合 $c\psi_0+c'\psi'_0$ もまた固有関数であるだろう．しかし定数 c, c' を適当に選ぶと，空間の任意の与えられた点でいつもこの関数がゼロとなるようにすることができる．すなわちわれわれは節をもつ固有関数を得てしまう．

1次元運動に対しては，いわゆる**振動定理**が広い範囲について成り立つ．すなわち $(n+1)$ 番目の固有値 E_n に対応する離散スペクトルの波動関数 $\psi_n(x)$ は（有限の x の値において）n 回ゼロとなる．

§23. 時間反転

定常状態の波動関数に対するシュレーディンガー方程式は実であり，その解に課される条件も実である．したがってその解 ψ はつねに実に選ぶことができる．このときエネルギーの縮退していない固有関数は，（重要でない位相因子を除いて）自動的に実となる．実際 ψ^* と ψ とは同じ方

程式を満足し,したがってまた同じエネルギーの値に対する固有関数である.このためもしもこの値が縮退していなければ,ψ と ψ^* は本質的に同等でなければならない.すなわちそれらは定数因子が異なるだけである.縮退したエネルギー準位に対応する波動関数は必ずしも実ではないが,それらの線形結合を適当にとることによりいつも実の関数の組を得ることができる.

(時間に依存する)全波動関数 Ψ はその係数のなかに i を含む方程式で決められる.しかしこの方程式は,もしもそこで t を $-t$ に変え同時に複素共役に移せば,その形を保存する.したがって Ψ と Ψ^* の違いが時間の符号だけであるように関数 Ψ をつねに選ぶことができる.これは公式(10.1)と(10.3)からすでに知られている結果である.

よく知られているように古典力学の方程式は**時間反転**すなわち時間の符号の変化に関して不変である.すでに見たように量子力学における時間の二つの方向に関する対称性は,時間の符号を変えると同時に Ψ を Ψ^* に置き換えても波動方程式が不変であるということに示されている.

しかしながらこの対称性はここでは波動関数にのみ関連していることを強調しておこう.それは量子力学で重要な役割を果たしている測定過程自体とは関連していない.量子力学におけるこの測定過程は《二面的》性格をもっていることがわかる.過去および未来についてその役割は異なっている.過去との関係では,先行する測定によってつくり出された状態について予言されるいろいろな可能な結果

の確率を測定により確認することである．ところが未来との関係では，測定は新しい状態をつくり出す（これについては§37でふたたび詳述する）．したがって，測定過程の性質それ自体のなかで深刻な不可逆性の根源がある．

この不可逆性は重大な原理的意味をもっている．量子力学の基本方程式それ自体は時間の符号の反転に関して対称性をもっている（この点では量子力学は古典力学と変わらない）．ところが，測定過程の不可逆性のためには量子的現象では時間の二つの向きが同等でなくなる．すなわち，未来と過去のあいだに差異が生ずる結果になる．

§24. ポテンシャルの井戸

1次元運動の簡単な例として，第2図に示す垂直なポテンシャルの井戸のなかの運動を研究しよう（ここでエネルギーの値は無限遠でのポテンシャルエネルギーの値を基準にとるのではなく，井戸の底を基準にとる方が便利である）．われわれにとって興味があるのは，$0 < E < U_0$ なるエネ

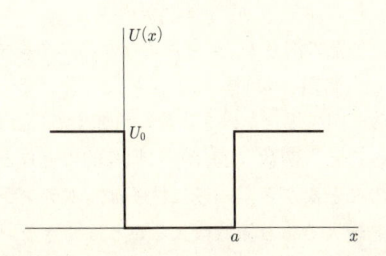

第2図

ギーの離散スペクトルをもつ有界運動の状態である.

$0 < x < a$ の領域でシュレーディンガー方程式は

$$\psi'' + k^2\psi = 0, \qquad k = \frac{1}{\hbar}\sqrt{2mE} \qquad (24.1)$$

となり ('記号は x についての微分を表わす), 井戸の外の領域で

$$\psi'' - \kappa^2\psi = 0 \qquad \kappa = \frac{1}{\hbar}\sqrt{2m(U_0 - E)} \qquad (24.2)$$

となる. $x=0$ および $x=a$ においてこれらの方程式の解は ψ と ψ' が連続であるように, 互いに《つなぎ合わさ》れなければならない.

無限遠でゼロとなる方程式 (24.2) の解は

$$\psi = \text{const} \cdot e^{\mp\kappa x} \qquad (24.3)$$

である (指数関数の肩にある − および + の記号は, それぞれ $x>a$ および $x<0$ の領域に対応している). ポテンシャルの井戸の境界における ψ と ψ' の連続性の代りに ψ と対数微分 ψ'/ψ の連続性を要求すると便利である. (24.3) を考慮すればつぎの形の境界条件を得る:

$$\psi'/\psi = \mp\kappa. \qquad (24.4)$$

ここでは, 任意の深さ U_0 の井戸のなかのエネルギー準位を決めること (問題2参照) には立ち入らないで, 無限に高い壁のある極限の場合だけを十分に研究することにしよう.

$U_0 \to \infty$ のとき関数 (24.3) は恒等的にゼロとなる. つまり当然のことながら, 一般に粒子は, ポテンシャルエネルギーが無限大である領域に入ることはできない. したが

って境界条件

$$x = 0, a \quad \text{のとき} \quad \psi = 0 \tag{24.5}$$

をもつ方程式 (24.1) の解を見いださなければならない．この解は《定在波》のつぎの形に求められる：

$$\psi = c \sin(kx + \delta). \tag{24.6}$$

$x=0$ における条件 $\psi=0$ は $\delta=0$ を与え，さらに $x=a$ における同じ条件は $\sin ka = 0$ を与える．これから $ka = \pi(n+1)$ が導かれる．ここで $n = 0, 1, 2, \cdots$ である．

したがって井戸のなかの粒子のエネルギー準位は

$$E_n = \frac{\pi^2 \hbar^2}{2ma^2}(n+1)^2, \quad n = 0, 1, 2, \cdots \tag{24.7}$$

となる．特に基底状態のエネルギーは $E_0 = \pi^2 \hbar^2 / 2ma^2$ である．この結果は，不確定性関係からも見いだされることに注目せよ．すなわち座標の不確定さが $\sim a$ の程度のとき，運動量の不確定さおよび運動量自身は $\sim \hbar/a$ の程度であるので，これに対応するエネルギーは $\sim (\hbar/a)^2/m$ の程度となる．

定常状態の規格化された波動関数は

$$\psi_n = \sqrt{\frac{2}{a}} \sin \frac{\pi(n+1)}{a} x \tag{24.8}$$

である．振動定理と一致して，関数 $\psi_n(x)$ は運動の領域内で n 回ゼロとなる（この領域の境界自身——この場合 $x=0$ および $x=a$ の点——は振動定理を適用するとき，ゼロの数の計算から除外される）．

任意の形をした1次元ポテンシャルの井戸では，いつも

少なくとも1個のエネルギー準位がある．このことは井戸の深さがどんなに浅くても成り立つ（たとえば問題2を見よ）．しかしこの性質は1次元の場合に特有のものであって，より実際的な3次元のポテンシャルの井戸の場合には成り立たない．すなわち，もしもこの井戸の深さ $|U|$ が

$$|U| \ll \frac{\hbar^2}{ma^2} \tag{24.9}$$

であるならば（ここで a は井戸の差しわたしの程度である），この井戸には一つの離散的エネルギー準位も存在しない．言いかえると，もしも井戸が十分深くなければ，そのなかには束縛状態がない．すなわち粒子は井戸に《捕獲され》ることができない．この性質は純粋に量子力学的性格をもっており，古典力学では任意のポテンシャルの井戸において有界な運動が実現されることを強調しよう．この性質の起源については§32で説明する（また§30の問題1で球対称の井戸の特別な場合について，直接計算によって示される）．

問　題

1. 無限に深い垂直なポテンシャルの井戸のなかにある粒子の基底状態について，運動量のいろいろな値の確率分布を求めよ．

解 運動量 p の値が間隔 dp のあいだにある確率は $|a(p)|^2 dp$ であり，この $a(p)$ は1次元の場合，式

$$a(p) = \frac{1}{\sqrt{2\pi\hbar}} \int_0^a \psi_0(x) \exp\left(-\frac{i}{\hbar}px\right)dx$$

で与えられる（(12.12) と比較せよ）．このなかの関数 $\psi_0(x)$ に (24.8) を代入し，この積分を計算すると，求める確率分布が得られる：

$$|a(p)|^2 = \frac{4\pi\hbar^3 a}{(p^2a^2 - \pi^2\hbar^2)^2}\cos^2\frac{pa}{2\hbar}.$$

2. 第2図に示されたポテンシャルの井戸に対するエネルギー準位を求めよ．

解 井戸の境界で条件 (24.4) は次式を与える．

$$k\cot\delta = -k\cot(ak+\delta) = \kappa \equiv \sqrt{\frac{2m}{\hbar^2}U_0 - k^2}$$

または

$$\sin\delta = -\sin(ka+\delta) = \frac{k\hbar}{\sqrt{2mU_0}}.$$

δ を消去すれば，つぎの超越方程式を得る．

$$ka = (n+1)\pi - 2\sin^{-1}\frac{k\hbar}{\sqrt{2mU_0}} \tag{1}$$

（ここで $n = 0, 1, 2, \cdots$，また $\sin^{-1}$ は 0 と $\pi/2$ のあいだの値をとるとする）．この方程式の根がエネルギー準位 $E = \hbar^2 k^2/2m$ を決定する．n の値は準位が高くなる順序の番号になっている．（有限の U_0 に対して）準位の数は有限である．

方程式 (1) はつぎの変数 ξ およびパラメータ γ を導入するとより便利な形に書くことができる：

$$\xi = \frac{ka}{2}, \qquad \gamma = \frac{\hbar}{a}\sqrt{\frac{2}{mU_0}}.$$

偶数の n に対しては方程式

$$\cos\xi = \pm\gamma\xi \qquad (2)$$

を得る．そして，この方程式の根としては $\tan\xi > 0$ となるものをとらなければならない．奇数の n に対しては方程式

$$\sin\xi = \pm\gamma\xi \qquad (3)$$

を得る．根としては $\tan\xi < 0$ となるものをとらなければならない．

特に $U_0 \ll \hbar^2/ma^2$ である深くない井戸では $\gamma \gg 1$ となり，方程式 (3) はまったく根をもたない．ところが方程式 (2) はただ一つの根をもち（右辺が正符号をとる場合）その値は

$$\xi \cong (1/\gamma)(1 - 1/2\gamma^2)$$

に等しい．したがってこの場合，井戸のなかにはただ一つのエネルギー準位

$$E_0 = \frac{2\xi^2\hbar^2}{ma^2} \cong U_0 - \frac{ma^2}{2\hbar^2}U_0^2$$

がある．これは井戸の《上端》近くに位置している．

3. 稜の長さ a, b, c をもつ直方体の《ポテンシャルの箱》のなかを運動する粒子のエネルギー準位を求めよ．ただしこの領域のなかで $U = 0$，その外で $U = \infty$ である．

解 箱の内部での粒子の運動は，3次元方向において独立に行なわれる．したがってエネルギー準位は (24.7) の形の三つの式の単なる和で与えられる．

$$E_{n_1 n_2 n_3} = \frac{\pi^2 \hbar^2}{2m} \left(\frac{n_1^2}{a^2} + \frac{n_2^2}{b^2} + \frac{n_3^2}{c^2} \right), \quad n_1, n_2, n_3 = 1, 2, \cdots.$$

準位のあいだの間隔は箱の大きさが増大するにしたがってゼロとなる．定常状態の波動関数は

$$\psi_{n_1 n_2 n_3} = \sqrt{\frac{8}{abc}} \sin \frac{\pi n_1 x}{a} \sin \frac{\pi n_2 y}{b} \sin \frac{\pi n_3 z}{c}$$

である．ここで x, y, z 軸は箱の三つの稜に沿った方向である．

§25. 1次元振動子

1次元の微小振動を行なっている粒子（いわゆる**1次元振動子**）を考えよう．このような粒子のポテンシャルエネルギーはよく知られているように $m\omega^2 x^2/2$ である．ここで ω は古典力学における固有（角）振動数である（I. §17 を見よ）．したがって振動子のハミルトニアンは

$$\hat{H} = \frac{\hat{p}^2}{2m} + \frac{m\omega^2 x^2}{2}. \tag{25.1}$$

$x \to \pm\infty$ でポテンシャルエネルギーは無限大となるので，粒子は有界運動しか行なうことができない．このことに対応してエネルギー固有値の全スペクトルは離散的となる．

行列の方法により振動子のエネルギー準位を決定しよう[1]．式 (21.2) の形をした《運動方程式》から出発しよう．この場合運動方程式は

---

[1] これはシュレーディンガーによる波動方程式の発見以前にハイゼンベルク（1925）によってなされた．

$$\ddot{\hat{x}} + \omega^2 x = 0 \tag{25.2}$$

である．行列の形ではこの方程式はつぎのようになる：

$$(\ddot{x})_{mn} + \omega^2 x_{mn} = 0.$$

加速度の行列要素は (11.8) から $(\ddot{x})_{mn} = i\omega_{mn}(\dot{x})_{mn} = -\omega_{mn}^2 x_{mn}$ となる．したがって次式を得る：

$$(\omega_{mn}^2 - \omega^2) x_{mn} = 0.$$

これから行列要素 x_{mn} は，$\omega_{mn} = \pm\omega$ に相当するものを除いてすべてゼロとなることがわかる．振動数 $\pm\omega$ が $n \to n \mp 1$ の遷移に対応するように，すなわち $\omega_{n,n\mp 1} = \pm\omega$ となるように，すべての定常状態に番号をつけよう．するとゼロでない行列要素は $x_{n,n\pm 1}$ のみとなる．

波動関数 ψ_n を実に選んだと仮定しよう．x は実の量なので行列要素 x_{mn} はすべて実となる．エルミート性の条件 (11.10) から行列 x_{mn} は対称，つまり $x_{mn} = x_{nm}$ である．

座標のゼロでない行列要素を計算するために，つぎの交換関係を用いよう：

$$\dot{\hat{x}}\hat{x} - \hat{x}\dot{\hat{x}} = -i\frac{\hbar}{m}.$$

これを行列の形に書くと

$$(\dot{x}x)_{mn} - (x\dot{x})_{mn} = -\frac{i\hbar}{m}\delta_{mn}$$

である．行列の積の公式 (11.12) を用いて，$m = n$ と置くとこの式は

$$i\sum_l (\omega_{nl} x_{nl} x_{ln} - x_{nl}\omega_{ln} x_{ln}) = 2i\sum_l \omega_{nl} x_{nl}^2 = -i\frac{\hbar}{m}$$

となる．この和のなかでゼロでないのは $l = n \pm 1$ の項だけなので

$$(x_{n+1,n})^2 - (x_{n,n-1})^2 = \frac{\hbar}{2m\omega} \qquad (25.3)$$

を得る．

この方程式から，$(x_{n+1,n})^2$ なる量は上限はないが下限のある等差数列をなしていると結論される．それはこのなかに正の項しか含むことができないからである．今までわれわれは状態の番号 n の相対的な位置のみを定め，その絶対値は定めていないので，振動子の最初の——基底——状態に対応する n の値を任意に選ぶことができる．それをゼロと置こう．すると $x_{0,-1}$ は恒等的にゼロに等しいと考えるべきである．方程式 (25.3) を $n = 0, 1, 2, \cdots$ として逐次適用すると

$$(x_{n,n-1})^2 = \frac{n\hbar}{2m\omega}$$

という結果が導かれる．したがって結局，座標のゼロでない行列要素として次式を得る：

$$x_{n,n-1} = x_{n-1,n} = \sqrt{\frac{n\hbar}{2m\omega}}. \qquad (25.4)$$

演算子 $\hat{H}$ の行列は対角的であり，行列要素 H_{nn} は振動子の求めるエネルギー固有値 E_n そのものである．それらを計算するためにつぎのように書く：

$$H_{nn} = E_n = \frac{m}{2}[(\dot{x}^2)_{nn} + \omega^2 (x^2)_{nn}]$$
$$= \frac{m}{2}[\sum_l i\omega_{nl} x_{nl} i\omega_{ln} x_{ln} + \omega^2 \sum_l x_{nl} x_{ln}]$$
$$= \frac{m}{2} \sum_l (\omega^2 + \omega_{nl}^2) x_{ln}^2.$$

l に関する和のうちゼロでないのは $l = n \pm 1$ の項だけである．(25.4) を代入すると

$$E_n = \left(n + \frac{1}{2}\right)\hbar\omega, \qquad n = 0, 1, 2, \cdots \qquad (25.5)$$

を得る．

したがって振動子のエネルギー準位は，互いに等しい間隔 $\hbar\omega$ だけ隔たって分布している．基底状態（$n=0$）のエネルギーは $\hbar\omega/2$ である．それがゼロでないことを強調しておこう．

(25.5) の結果はシュレーディンガー方程式の解からも得られる．振動子に対するこの方程式はつぎの形をもつ：

$$\frac{d^2 \psi}{dx^2} + \frac{2m}{\hbar^2}\left(E - \frac{m\omega^2 x^2}{2}\right)\psi = 0. \qquad (25.6)$$

ここで座標 x の代りに，次元のない変数 ξ をつぎの関係式によって導入すると便利である：

$$\xi = \sqrt{\frac{m\omega}{\hbar}} x. \qquad (25.7)$$

するとつぎの方程式を得る：

$$\psi'' + \left(\frac{2E}{\hbar\omega} - \xi^2\right)\psi = 0 \qquad (25.8)$$

(ここでダッシュは ξ に関する微分を表わす).

大きな ξ に対しては $2E/\hbar\omega$ を ξ^2 と比較して無視することができる.方程式 $\psi'' = \xi^2\psi$ は漸近的な積分 $\psi = e^{\pm\xi^2/2}$ をもつ(この関数を実際に微分して, ξ に関してより低次の項を無視すると $\psi'' = \xi^2\psi$ を得る).波動関数 ψ は $\xi = \pm\infty$ で有限でなければならないので,指数のなかでは負の符号を選ばなければならない.したがって方程式(25.8)のなかで

$$\psi = e^{-\xi^2/2}\chi(\xi) \tag{25.9}$$

と置くのが自然である.関数 $\chi(\xi)$ に対してはつぎの方程式を得る:

$$\chi'' - 2\xi\chi' + 2n\chi = 0. \tag{25.10}$$

ここで

$$2E/\hbar\omega - 1 = 2n$$

と置いた.この関数 $\chi(\xi)$ はすべての有限な ξ に対して有限でなければならず,また $\xi \to \pm\infty$ で(関数 ψ がゼロとなるためには) ξ の有限なベキよりもはやく無限大に発散してはならない.

方程式(25.10)の解をつぎの級数の形で求めよう:

$$\chi = \sum_{s=0}^{\infty} a_s \xi^s. \tag{25.11}$$

これを方程式に代入すると次式を得る:

$$\sum_{s=2}^{\infty} a_s s(s-1)\xi^{s-2} - 2\sum_{s=0}^{\infty} a_s s\xi^s + 2n\sum_{s=0}^{\infty} a_s\xi^s = 0.$$

第1項の和のなかで,和の添字を s の代りに $s+2$ と置き

換えると

$$\sum_{s=0}^{\infty} [a_{s+2}(s+1)(s+2) + 2(n-s)a_s]\xi^s = 0.$$

この等式が恒等的に成り立つためには，ξの各ベキの係数がゼロにならなければならない．このことからつぎの再帰公式が得られる：

$$a_{s+2} = -\frac{2(n-s)}{(s+1)(s+2)} a_s. \tag{25.12}$$

これは級数（25.11）においてつぎつぎの項の係数の関係を与えるものである．まず第一に気がつくことは，この級数は同一の偶奇性をもつξのベキを含むことである．前に設定した条件が満足されるためには，この級数が有限のベキの項のみを含まねばならない．すなわち級数はある有限のsで途切れなければならない．（25.12）からわかるように，そのためにはnが正の整数でなければならない．すなわちこのとき級数は$s=n$のベキの項で途切れる．つまり級数はn乗の多項式に帰着される．このことにより，エネルギー固有値に対してすでに知られた結果（25.5）にふたたびもどることになる．

振動子の特別の状態に対してだけ，波動関数をあらわな形で書いてみよう．$n=0$のとき多項式は定数に帰着する．波動関数が規格化条件

$$\int_{-\infty}^{\infty} \psi_0^2(x)dx = 1$$

を満足するように，定数を決定すると

$$\psi_0(x) = \left(\frac{m\omega}{\pi\hbar}\right)^{1/4} e^{-(m\omega/2\hbar)x^2} \qquad (25.13)$$

を得る．当然のことながら，この関数は有限の x に対してゼロにならない．

問　題

振動子の基底状態において運動量がいろいろな値をとる確率の分布を求めよ．

解　§24 の問題 1 と同様に積分

$$a(p) = \frac{1}{\sqrt{2\pi\hbar}} \int_{-\infty}^{\infty} \psi_0(x) \exp\left(-\frac{i}{\hbar}px\right) dx$$

を計算する．$x + ip/m\omega = z$ と置くと，これはポアソンの積分に帰着し，次式を得る：

$$|a(p)|^2 = \frac{1}{\sqrt{\pi m\hbar\omega}} \exp\left(-\frac{p^2}{m\hbar\omega}\right).$$

§26. 準古典的な波動関数

もしも粒子のド・ブロイ波長が，与えられた問題の諸条件を決定している特徴的な大きさにくらべて短いと，系の性質は古典的なものに近づく．すでに §6 でこのような**準古典的**な場合において波動関数がもつ一般的な形が示されたし，§12 と §14 では，基本的な物理量の量子力学的演算子を求めるためにこの形が用いられた．シュレーディンガー方程式において準古典的な場合への極限移行がどのように行なわれるかを，これから詳細に研究しよう．

§6で述べたように,量子力学から古典力学への極限移行は,形式上 $\hbar \to 0$ の極限への移行として記述される.したがって準古典的な場合に $\hbar$ は小さいパラメータとみなすことができて,式

$$\Psi = ae^{(i/\hbar)S} \qquad (26.1)$$

はこのパラメータのベキに関する波動関数の展開の最初の項とみなすことができる(ここで量 a と S は $\hbar$ に依存しないと考える).もしも式 (26.1) を $\exp\{(iS+\hbar\ln a)/\hbar\}$ の形に表わすと,これは指数の展開の最初の2項に対応することがわかる.したがってこれからの計算では $\hbar$ に関して最初の二つのベキの項のみを残さなければならない.簡単のため外場のなかにあるただ1個の粒子を考察しよう.シュレーディンガー方程式 (20.6) に (26.1) を代入し,微分を行ない,$\hbar$ に関して最初の二つのベキの項のみを残すと次式を得る:

$$a\frac{\partial S}{\partial t} - i\hbar\frac{\partial a}{\partial t} + \frac{a}{2m}(\nabla S)^2$$
$$-\frac{i\hbar}{2m}a\Delta S - \frac{i\hbar}{m}(\nabla S)\cdot(\nabla a) + Ua = 0. \qquad (26.2)$$

$\hbar$ に関して0次および1次のベキはそれぞれゼロとならなければならない.これからつぎの二つの方程式を得る:

$$\frac{\partial S}{\partial t} + \frac{1}{2m}(\nabla S)^2 + U = 0, \qquad (26.3)$$

$$\frac{\partial a}{\partial t} + \frac{a}{2m}\Delta S + \frac{1}{m}(\nabla S)\cdot(\nabla a) = 0. \qquad (26.4)$$

これらのうち最初の式は期待したとおり粒子の作用 S に対するハミルトン-ヤコビの方程式である（I. §31を見よ）．これに対し方程式（26.4）は $2a$ を掛けたのちつぎの形に書きかえることができる：

$$\frac{\partial a^2}{\partial t}+\mathrm{div}\left(a^2\frac{\nabla S}{m}\right)=0. \qquad (26.5)$$

この方程式は直観的な物理的意味をもっている．2乗 $|\Psi|^2=a^2$ は空間に粒子を見いだす確率密度である．また $\nabla S/m=\boldsymbol{p}/m$ は粒子の古典的速度 $\boldsymbol{v}$ である．したがって方程式（26.5）は連続の方程式に他ならず，これは確率密度が各点で古典的速度 $\boldsymbol{v}$ をもちながら古典力学の法則に従って《移動する》ことを示している．

定常状態に対しては，つまり与えられたエネルギー E をもつとき，作用は

$$S = -Et+S_0(x,y,z) \qquad (26.6)$$

である．ここで S_0 は（《簡約された作用》*) と呼ばれる）座標の関数で，つぎの方程式を満足する：

$$\frac{1}{2m}(\nabla S_0)^2+U=E. \qquad (26.7)$$

ところで定常状態の波動関数の振幅 a は時間に依存せず，つぎの方程式を満足する：

$$\mathrm{div}(a^2\nabla S)=0. \qquad (26.8)$$

定常状態の準古典的な波動関数を，場 $U(x)$ のなかの粒子

---

*) ［訳注］I. §31 を見よ．

の1次元運動の場合についてはっきりとした形に書いておこう.方程式 (26.7) において $(\nabla S_0)^2 = (dS_0/dx)^2$ と置けるので,方程式の解は

$$S_0 = \pm \int p\,dx, \qquad p(x) = \sqrt{2m(E-U)}. \qquad (26.9)$$

被積分関数 $p(x)$ は,座標の関数の形に表わされた粒子の古典的運動量に他ならない.(26.8) からつぎの関数式が得られる:

$$\frac{d}{dx}(a^2 p) = 0, \qquad a^2 p = \text{const.}$$

したがって $a = \text{const}/\sqrt{p}$ である.このようにしてシュレーディンガー方程式の一般解を

$$\psi = \frac{C_1}{\sqrt{p}} \exp\left(\frac{i}{\hbar}\int p\,dx\right) + \frac{C_2}{\sqrt{p}} \exp\left(-\frac{i}{\hbar}\int p\,dx\right) \qquad (26.10)$$

の形に求められる.ここで C_1, C_2 は定係数である.

波動関数のなかに $1/\sqrt{p}$ なる因子が存在することは,簡単に解釈できる.座標が x と $x+dx$ のあいだの点に粒子を見いだす確率は $|\psi|^2$ によって与えられる.すなわち大体 $1/p$ に比例する.これはまさに《準古典的な粒子》に期待されることである.なぜなら,古典的運動では線分 dx に沿って粒子が費やす時間は粒子の速度(または運動量)に反比例するからである.

$E < U(x)$ であるような《古典的には到達不可能な》空間領域では,関数 $p(x)$ は純虚数であり,したがって指数

部分は実数となる．この領域における波動関数はつぎの形に書ける：
$$\psi = \frac{C_1'}{\sqrt{|p|}}\exp\left(-\frac{1}{\hbar}\int |p|dx\right) + \frac{C_2'}{\sqrt{|p|}}\exp\left(\frac{1}{\hbar}\int |p|dx\right).$$
(26.11)

得られた結果の適用条件をより厳密に明らかにしよう．すなわち，方程式 (26.2) で $\hbar$ を含む項は $\hbar$ を含まない項にくらべて実際に小さくなければならない．たとえばつぎの項を比較してみよう：

$$\frac{a}{2m}(\nabla S)^2 = \frac{a}{2m}\left(\frac{dS}{dx}\right)^2 = \frac{a}{2m}p^2,$$

$$\frac{i\hbar a}{2m}\Delta S = \frac{i\hbar a}{2m}\frac{d^2 S}{dx^2} = \frac{i\hbar a}{2m}\frac{dp}{dx}.$$

二番目の項が一番目の項にくらべて小さいための条件は $(\hbar/p^2)|dp/dx| \ll 1$ または

$$\left|\frac{d\lambda}{dx}\right| \ll 1. \qquad (26.12)$$

ここで $\lambda = \lambda/2\pi$ である．そして $\lambda(x) = 2\pi\hbar/p(x)$ は古典的な x の関数 $p(x)$ を用いて表わした粒子のド・ブロイ波長である．これで準古典性の定量的な条件が得られた．すなわち粒子の波長は粒子自身と同程度の距離ではほとんど変わらないとしなければならない．ここで導いた式は，この条件が満たされない空間の領域には適用できない．

準古典的な近似は**回帰点**の近くでは，すなわち古典力学に従えば粒子が止まり，ついで反対方向へ向かって動き始

める点の近傍では適用できないことは明らかである．このような点は式 $p(x)=0$ により決定される．$p \to 0$ のときにはド・ブロイ波長は無限大に発散し，けっして短いとは考えられない．

§27. ボーア-ゾンマーフェルトの量子化の規則

前節で得られた公式により，準古典的な場合の量子エネルギー準位を決定する条件を導くことができる．このために，ポテンシャルの井戸のなかの粒子の有界な1次元運動を考察しよう．古典的に到達可能な領域 $a \leq x \leq b$ は二つの回帰点によって限られている（第3図）[1]．

波動関数に対する境界条件によって，古典的には到達不能の二つの領域 I および III の各内部において，波動関数は減衰し，$x \to \pm\infty$ でゼロとなることが要求される．また

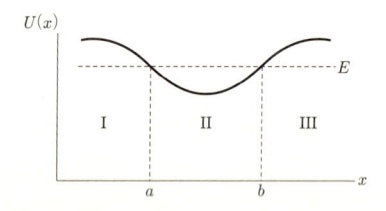

第3図

---

[1] 古典力学では，このような場のなかにある粒子は周期運動を行ない，点 a から点 b へ行ってまた戻るまでの運動の周期は
$$T = 2\int_a^b \frac{dx}{v} = 2m\int_a^b \frac{dx}{p}$$
となる（v は粒子の速度）．

これらの領域においてシュレーディンガー方程式の一般解は (26.11) の形をもち，領域 II では (26.10) の形をもつことを知っている．これらの条件から，I～III の各領域に対する方程式の解の定係数を決定することができて，点 $x=a$ および $x=b$ における境界での関数の互いの《つなぎ合わせ》を実現できるはずである．ところがこれらの点の近傍では準古典的近似（それによって関数 (26.10)，(26.11) が計算された）は適用されなくなるので，このような《つなぎ合わせ》を直接行なうことは不可能である．

この困難はまずもっとも乱暴な近似を採用すればなくなる．それはつまり，波動関数が無限遠でゼロになるという境界条件を，点 $x=a$ および $x=b$ ですでにゼロになるという条件に置き換えることである．

古典的な極限ではこれらの点は運動の絶対的な境界であり，粒子は一般にそれに侵入できない．準古典的近似では，粒子は古典的に到達不能の領域に侵入することができるが，波動関数はそのなかで非常に急速に減衰する．このような状況のため，上に述べた境界条件の変更が許される．

$x=a$ における境界条件 $\psi=0$ から領域 II における波動関数

$$\psi = \frac{C}{\sqrt{p}} \sin \frac{1}{\hbar} \int_a^x p\,dx \qquad (27.1)$$

が導かれる．同様にして点 $x=b$ における条件 $\psi=0$ から

$$\psi = \frac{C'}{\sqrt{p}} \sin \frac{1}{\hbar} \int_x^b p\,dx$$

が得られる．これら2式がすべての範囲で一致するためには，それらの位相の和（それは定数量である）が π の整数倍でなければならない：

$$\frac{1}{\hbar}\int_a^b p\,dx = n\pi \tag{27.2}$$

（そして $C=(-1)^n C'$ である）．あるいは

$$\oint p\,dx = 2\pi\hbar n \tag{27.3}$$

と書きかえることができる．ここで積分は，粒子の古典的運動の全周期（a から b までとその逆）に沿って行なわれる．これが準古典的な場合における粒子の定常状態を決定する条件である．これは前期量子論の**ボーア - ゾンマーフェルトの量子化の規則**に相当するものである．

準古典的近似では，$\hbar$ は小さいパラメータの役割を果たすので，等式 (27.2) の左辺は大きい量である．まったく同じことが整数 n についても言える．波動関数 (27.1) の位相は，点 $x=a$ で 0 から点 $x=b$ で $n\pi$ まで変わるので，この区間内で正弦関数は $n-1\approx n$ 回ゼロとなる．このようなわけで整数 n は波動関数のゼロの数を決定する．振動定理（§22）と同じく，**整数 n はつぎつぎの量子エネルギー準位を数える量子数の役割を果たす**[1]．

---

[1] 回帰点の近傍においてシュレーディンガー方程式の（準古典的ではない）厳密な解を用いたより厳密な研究によると，(27.2)，(27.3) 式で整数 n の代りに $n+1/2$ に置き換えることが導かれる．このような研究によれば有限の距離にわたる波動関数のゼロの数は運動の全領域において n と厳密に一致する．

準古典的な近似が量子数 n の大きな値に対応するという事実は，簡単明瞭な意味をもっている．波動関数の相隣るゼロのあいだの距離は，ド・ブロイ波長の大きさの程度と一致することは明らかである．n が大きいときこの距離 ($\sim (b-a)/n$) は小さく，したがって波長は運動の領域の大きさにくらべて小さい．

　量子化の規則 (27.3) から出発して，エネルギースペクトルにおける準位の分布の一般的な性質を明らかにすることができる．いま ΔE を二つの相隣る準位，すなわち量子数 n が 1 だけ異なる準位のあいだの間隔であるとしよう．すると ΔE は (n が大きいとき) エネルギー準位それ自身の値にくらべて小さいので，関係式 (27.3) はつぎのように書きかえられる：

$$\Delta E \oint \frac{\partial p}{\partial E} dx = 2\pi\hbar.$$

ところが古典的運動では微係数 $\partial E/\partial p$ は粒子の速度 v であるので

$$\oint \frac{\partial p}{\partial E} dx = \oint \frac{dx}{v} = T$$

となる．したがって，

$$\Delta E = \frac{2\pi}{T}\hbar = \hbar\omega \tag{27.4}$$

を得る．

　したがって，二つの相隣る準位の間隔は $\hbar\omega$ に等しいことがわかった．（数 n の差が n 自身の値にくらべて小さい

ような）かなり多くの相隣る準位間に対応する振動数 ω は近似的に等しいとみなすことができる．こうして，スペクトルの準古典的な部分の準位は広い範囲でなければ同じ間隔 $\hbar\omega$ で等間隔に分布していると結論される．しかしこの結果はあらかじめ期待されることである．準古典的な場合には異なるエネルギー準位のあいだの遷移に対応する振動数は，古典的な振動数 ω の整数倍でなければならないからである．

任意の物理量 f の行列要素が，古典的な極限において何に移行するかを調べることは興味がある．そのためには，ある量子状態が極限において確定した軌道に沿った粒子運動を与えると考えるならば，その状態における平均値 $\bar{f}$ は，極限においてこの量の古典的な値に移行しなければならないということから出発しよう．このような状態に対応するものは，接近したエネルギー値をもついくつかの定常状態の重ね合わせによって得られる波束である（§6参照）．このような状態の波動関数はつぎの形をもつ：

$$\Psi = \sum_n a_n \Psi_n.$$

ここで係数 a_n がいちじるしくゼロから外れるのは，$1 \ll \Delta n \ll n$ を満たす量子数 n のある範囲 Δn に限られる．数 n は準古典的な定常状態に対応しているので大きいと考えられる．平均値 $\bar{f}$ は定義により

$$\bar{f} = \int \Psi^* \hat{f} \Psi dx = \sum_n \sum_m a_m^* a_n f_{mn} e^{i\omega_{mn}t}$$

である.あるいは n, m に関する和を,n および差 $s=m-n$ に関する和に置き換えると

$$\bar{f} = \sum_n \sum_s a_{n+s}^* a_n f_{n+s,n} e^{i\omega st}$$

となる.ここで (27.4) に従って $\omega_{mn} = s\omega$ と書いた.

準古典的な波動関数を用いて計算される行列要素 f_{mn} の値は,差 $m-n$ が増大するとともに急速に減少するが,同時に ($m-n$ が一定のときは) 数 n 自身の関数としてはゆっくりと変化する.このため近似的につぎのように書くことができる:

$$\bar{f} = \sum_n \sum_s a_n^* a_n f_s e^{i\omega st} = \sum_n |a_n|^2 \sum_s f_s e^{i\omega st}.$$

ここで記号

$$f_s = f_{\bar{n}+s,\bar{n}}$$

を導入した.$\bar{n}$ は範囲 Δn 内にある量子数の平均値である.ところが $\sum_n |a_n|^2 = 1$ である.したがって

$$\bar{f} = \sum_s f_s e^{i\omega st} \tag{27.5}$$

となる.得られた和は普通のフーリエ級数の形をしている.$\bar{f}$ は極限において古典的な量 $f(t)$ に一致しなければならないので,行列要素 f_{mn} は極限において古典的な関数 $f(t)$ をフーリエ級数の形に展開した成分 f_{m-n} に移行すると結論される.

関係式 (27.3) はまた別の解釈をすることができる.積分 $\oint p dx$ は粒子の古典的な閉じた位相軌道によって(つま

り粒子の位相空間である p, x 平面上の曲線によって）囲まれた面積である．この面積をそれぞれ $2\pi\hbar$ の面積をもつ細胞に分けると，全部で n 個の細胞を得る．ところが n は与えられた（考察している位相軌道に対応する）エネルギーの値を越えないエネルギーをもつ量子状態の数である．したがってつぎのように言うことができる．準古典的な場合には，各量子状態には面積 $2\pi\hbar$ の**位相空間内の細胞**が対応している．言いかえると，位相空間の体積要素 $\Delta p\Delta x$ に含まれる状態の数は

$$\frac{\Delta p\Delta x}{2\pi\hbar} \tag{27.6}$$

である．もしも運動量の代りに波数ベクトル $k=p/\hbar$ を導入すると，この数は $\Delta k\Delta x/2\pi$ と書ける．これは期待されるように波動場の固有振動の数としてよく知られた式と一致している（I. §76 を見よ）．

位相空間における《細胞》という重要な概念は，ここで考察した 1 次元運動に対してのみならず，一般にあらゆる準古典的運動についても言える．このことは位相空間の与えられた体積中の波動場の固有振動の数と細胞とのすでに指摘した関係から明らかである．一般的な s 個の自由度をもつ系の場合には，位相空間の体積要素には

$$\frac{\Delta q_1\cdots\Delta q_s\Delta p_1\cdots\Delta p_s}{(2\pi\hbar)^s} \tag{27.7}$$

個の量子状態が対応する．特に十分に大きい空間の体積 Ω

のなかの自由運動はいつも準古典的である[1]．運動量の各成分が $\Delta p_x, \Delta p_y, \Delta p_z$ のあいだの値をもつこのような運動の量子状態の数は

$$\frac{\Omega \Delta p_x \Delta p_y \Delta p_z}{(2\pi\hbar)^3} \tag{27.8}$$

である．

大きいが限られた空間領域 Ω のなかを運動する粒子を考えよう．これによって公式の書き換えの簡略化を行なわないで，状態の連続スペクトルの研究を離散スペクトルの研究に置き換えることができる（本書の第2部でこのような方法を用いる）．限られた体積のなかの運動に対して運動量成分の固有値は離散的な値をとる（そして隣りの値どうしの間隔は空間領域の1次元的大きさに逆比例し，領域の増大とともにゼロに収束する）．これらの並んだ値の分布密度（状態数の密度）は式（27.8）によって決められる．このような離散スペクトルの定常状態の規格化された波動関数（平面波）はつぎの形をもつ：

$$\psi(\boldsymbol{r}) = \frac{1}{\sqrt{\Omega}} e^{(i/\hbar)\boldsymbol{p}\cdot\boldsymbol{r}} \tag{27.9}$$

（《体積 Ω 中に粒子が1個あるように》規格化されていると言える）．

---

[1] 《規格化体積》を導入する必要があるときは，いつもそれを記号 Ω で表わす．これは仮空の量であって，物理的な最終結果にはいつも現われず，議論の便宜上のためだけに導入されるものである．

§28. 透過係数

第4図に示した形の場のなかの粒子の1次元運動を研究しよう．すなわち $U(x)$ はある定数の極限値（$x \to -\infty$ で $U=0$）から単調に増大し，他の定数の極限値（$x \to +\infty$ で $U=U_0$）に達する．古典力学に従えば，$E<U_0$ なるエネルギーをもち場のなかを左から右へ運動している粒子は，**ポテンシャルの壁**に達すると，壁で反射されて逆の方向へ動き始める．ところがもしも $E>U_0$ であれば，粒子は速度が減少したまま始めと同じ方向に動き続ける．量子力学では新しい現象が起こる．$E>U_0$ であっても粒子はポテンシャルの壁で反射されることがある．反射の確率は原理的につぎのようにして計算される．

粒子は左から右へ運動しているとしよう．x が大きい正の値のところでは，波動関数は《壁の上》を越えて x 軸の正の方向に運動している粒子を表わしている．すなわち波動関数はつぎの漸近形をもつ：

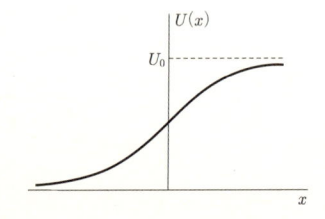

第4図

$$x \to \infty \text{ のとき} \quad \psi \approx A e^{i k_2 x},$$
$$k_2 = \frac{1}{\hbar}\sqrt{2m(E-U_0)} \tag{28.1}$$

(A は定数). この境界条件を満足するシュレーディンガー方程式の解を求めて, それの $x \to -\infty$ における漸近式を計算しよう. それは自由運動の方程式の二つの解の線形結合でつぎの形になる:

$$x \to -\infty \text{ のとき} \quad \psi \approx e^{i k_1 x} + B e^{-i k_1 x},$$
$$k_1 = \frac{1}{\hbar}\sqrt{2mE}. \tag{28.2}$$

最初の項は《壁》に入射する粒子に対応している(この項の係数が1となるように ψ は規格化されているものとする). 第2項は《壁》で反射される粒子を表わしている. 入射波の流れの密度は k_1 に比例し, また反射波では $k_1|B|^2$ に, 透過波では $k_2|A|^2$ に比例する. 粒子の**透過係数** D を, 透過波と入射波の流れの密度の比として定義しよう:

$$D = \frac{k_2}{k_1}|A|^2. \tag{28.3}$$

同様にして**反射係数** R を, 反射波と入射波の流れの密度の比として定義することができる. 明らかに $R=1-D$ であるので:

$$R = |B|^2 = 1 - \frac{k_2}{k_1}|A|^2 \tag{28.4}$$

(A と B のあいだのこの関係は自動的に満たされている).

もしも粒子が $E<U_0$ なるエネルギーをもって左から右

へ運動していると，k_2 は虚数となり，波動関数はポテンシャルの壁の内部で指数関数的に減衰する．反射波の流れは入射波の流れに等しい．つまり粒子は壁で全反射されている．

同様にして**ポテンシャル障壁**，つまりポテンシャルエネルギーが粒子の全エネルギーを越える空間領域を透過する現象を考察しよう（第5図に1次元の障壁を示す）．すでに§22で述べたように量子力学では障壁に入射した粒子はゼロでない確率で《障壁を透過する》．障壁に入射した粒子の透過率は，障壁を透過する流れの密度と入射波の密度との比として決められる透過係数を用いて表わされる．

準古典性の条件を満足している1次元障壁に対しては，この透過係数は一般的な形で計算できる．この条件（(26.12)を見よ）によれば，粒子の《古典的運動量》$p(x)$ およびそれに伴ってポテンシャルエネルギー $U(x)$ 自身は x とともに十分ゆっくり変化しなければならないことがわかる．これから準古典的なポテンシャル障壁は勾配がゆるやかで，それ自身は幅広くなければならず，したがって準古典的な場合の透過係数は小さいことが導かれる．

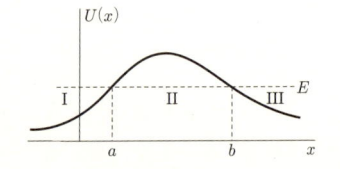

第5図

粒子は左から右へ向かって障壁に入射するとしよう（第5図）．《古典的には到達できない》領域 II において波動関数は左から右へ向かってつぎの指数関数則により減衰する：

$$\psi \sim \exp\left(-\frac{1}{\hbar}\int_a^x |p|dx\right), \quad |p| = \sqrt{2m(U-E)}$$

((26.11) と比較せよ）．指数関数の外にある比較的ゆっくり変動する因子は，この式および以下の議論では無視する．したがって（点 $x=b$ における）障壁の他の境界では波動関数は（点 $x=a$ における）入射波の値にくらべて，比

$$\exp\left(-\frac{1}{\hbar}\int_a^b |p|dx\right)$$

だけ減衰されている．流れの密度は（ふたたびゆっくり変動する因子を無視する近似で）波動関数の絶対値の2乗に比例する．したがって障壁を透過した流れの密度と入射波の密度の比はつぎのようになる：

$$D \sim \exp\left(-\frac{2}{\hbar}\int_a^b |p|dx\right). \qquad (28.5)$$

障壁の透過係数のこの値は，障壁が全領域で準古典的でないが，その大部分の領域でのみ準古典的な（より実際的な）場合にも成り立つ．そのような例は，ポテンシャルエネルギーの曲線が障壁の片側でのみゆっくりした勾配をもち，他の側では準古典的近似が適用できないほど急な勾配をもつ場合である．式 (28.5) の一般的な適用条件は，指数関数のなかの引数の値が大きくなければならないということである．

問 題

1. 垂直なポテンシャルの壁（第6図）による粒子の反射係数を求めよ．粒子のエネルギーは $E>U_0$ とする．

解 $x>0$ の全領域で波動関数は (28.1) の形をとり，$x<0$ の領域では (28.2) の形をとる．定数 A および B は $x=0$ における ψ と $d\psi/dx$ の連続条件から求められる：

$$1+B=A, \qquad k_1(1-B)=k_2A.$$

これから

$$A=\frac{2k_1}{k_1+k_2}, \qquad B=\frac{k_1-k_2}{k_1+k_2}.$$

反射係数 (28.4) は[1]

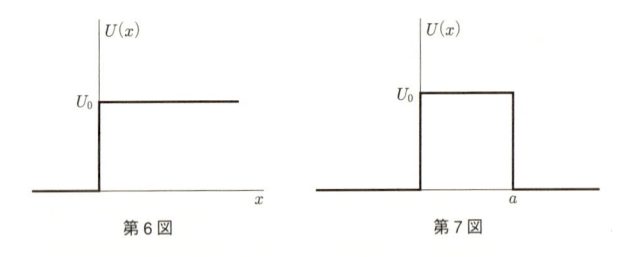

第6図

第7図

---

[1] 古典力学の極限の場合には反射係数はゼロとなるはずである．ところがここで得られた式は量子定数を全然含んでいない．この見かけ上の矛盾はつぎのように説明される．古典的な極限が対応するのは，粒子のド・ブロイ波長 $\lambda\sim\hbar/p$ が，問題の特徴的な大きさ，つまり場 $U(x)$ が顕著に変化する距離にくらべて小さい場合である．いま考えている模式的な例では，この距離は（$x=0$ の点で）ゼロに等しく，したがって極限への移行を行なうことができない．

$$R = \left(\frac{k_1-k_2}{k_1+k_2}\right)^2 = \left(\frac{p_1-p_2}{p_1+p_2}\right)^2$$

となる．$E = U_0$ $(k_2 = 0)$ のとき R は 1 となる．また $E \to \infty$ のときには $R = (U_0/4E)^2$ のようにゼロに収束する．

2. 垂直なポテンシャル障壁（第 7 図）を通る粒子の透過係数を求めよ．

解 $E > U_0$ とし，入射粒子は左から右へ運動しているとしよう．すると各領域における波動関数として次式を得る：

$x < 0$ では $\qquad \psi = e^{ik_1 x} + A e^{-ik_1 x}$,
$0 < x < a$ では, $\qquad \psi = B e^{ik_2 x} + B' e^{-ik_2 x}$,
$x > a$ では. $\qquad \psi = C e^{ik_1 x}$.

($x > a$ の側には x 軸の正の方向に伝播する透過波のみが存在するはずである)．定数 A, B, B', C は点 $x = 0, a$ における ψ と $d\psi/dx$ の連続条件から求められる．透過係数は

$$D = k_1 |C|^2 / k_1 = |C|^2$$

と求められる．計算の結果次式を得る：

$$D = \frac{4k_1^2 k_2^2}{(k_1^2 - k_2^2)^2 \sin^2 a k_2 + 4k_1^2 k_2^2}.$$

$E < U_0$ のときは k_2 は虚数となる．それに対応する D の表式は k_2 を $i\kappa_2$ と置き換えて得られる．ここで $\hbar \kappa_2 = \sqrt{2m(U_0-E)}$ である．すなわち

$$D = \frac{4k_1^2 \kappa_2^2}{(k_1^2 + \kappa_2^2)^2 \sinh^2 a \kappa_2 + 4k_1^2 \kappa_2^2}.$$

3. 第8図に示すポテンシャル障壁を貫く透過係数を式 (28.5) を用いて求めよ. ただし $x<0$ では $U(x)=0$, $x>0$ では $U(x)=U_0-Fx$ である.

解 簡単な計算の結果次式を得る：

$$D \sim \exp\left[-\frac{4\sqrt{2m}}{3\hbar F}(U_0-E)^{\frac{3}{2}}\right].$$

4. つぎのような中心対称のポテンシャルの井戸から（角運動量がゼロの）粒子が脱出する確率を求めよ. $r<r_0$ では $U(r)=-U_0$, $r>r_0$ ではクーロン反発 $U(r)=\dfrac{\alpha}{r}$ （第9図）.

解 式 (28.5) を用いて

$$w \sim \exp\left[-\frac{2}{\hbar}\int_{r_0}^{\alpha/E}\sqrt{2m\left(\frac{\alpha}{r}-E\right)}dr\right]$$

を得る[1]. 積分を計算して,

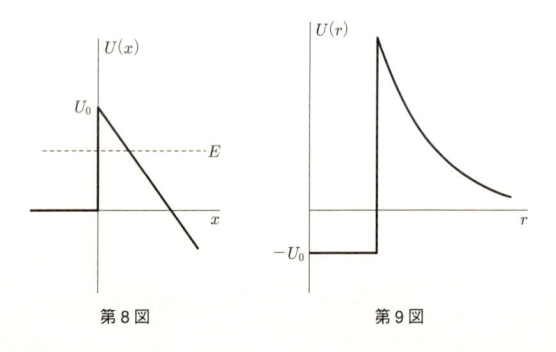

第8図

第9図

$$w \sim \exp\left\{-\frac{2\alpha}{\hbar}\sqrt{\frac{2m}{E}}\left[\cos^{-1}\sqrt{\frac{Er_0}{\alpha}}\right.\right.$$
$$\left.\left. - \sqrt{\frac{Er_0}{\alpha}\left(1-\frac{Er_0}{\alpha}\right)}\right]\right\}$$

を得る. $r_0 \to 0$ の極限では,この式はつぎのようになる:
$$w \sim \exp\left(-\frac{\pi\alpha}{\hbar}\sqrt{\frac{2m}{E}}\right) = \exp\left(-\frac{2\pi\alpha}{\hbar v}\right).$$

これらの式が適用できるのは指数関数の肩が大きいとき,つまり $\alpha/\hbar v \gg 1$ なるときである.

§29. 中心対称場のなかの運動

互いに相互作用している2粒子の運動に関する問題は,古典力学でなされるのと同様に,量子力学でも1粒子の問題に還元することができる (I. §11). 法則 $U(r)$ (r は2粒子間の距離) に従って相互作用している(質量が m_1, m_2 の)2粒子のハミルトニアンはつぎの形をとる:

$$\hat{H} = -\frac{\hbar^2}{2m_1}\Delta_1 - \frac{\hbar^2}{2m_2}\Delta_2 + U(r). \tag{29.1}$$

ここで Δ_1, Δ_2 は,粒子の座標についてのラプラス演算子である. 粒子の動径ベクトル $\boldsymbol{r}_1$ および $\boldsymbol{r}_2$ の代りに新しい変数 $\boldsymbol{R}$ および $\boldsymbol{r}$ を導入する:

---

[1] 中心対称場における(角運動量がゼロの)粒子の運動の問題は,同じポテンシャルエネルギーをもつ1次元運動の問題に帰着される. §30 を見よ.

$$r = r_2 - r_1, \qquad R = \frac{m_1 r_1 + m_2 r_2}{m_1 + m_2} \qquad (29.2)$$

(ここで r は相対距離のベクトル, R は粒子の慣性中心の動径ベクトルである). 簡単な計算によりつぎの結果を得る:

$$\hat{H} = -\frac{\hbar^2}{2(m_1+m_2)}\Delta_R - \frac{\hbar^2}{2m}\Delta + U(r) \qquad (29.3)$$

(Δ_R および Δ はそれぞれベクトル R および r の成分に関するラプラス演算子であり, m_1+m_2 は系の全質量, $m=m_1m_2/(m_1+m_2)$ はいわゆる換算質量である).

こうしてハミルトニアンは二つの独立な部分の和に分解される. これに対応して $\psi(r_1,r_2)$ を積 $\varphi(R)\psi(r)$ の形に求めることができる. ここで関数 $\varphi(R)$ は慣性中心の運動 (質量 m_1+m_2 をもつ粒子の自由な運動) を記述し, $\psi(r)$ は2粒子の相対運動 (中心対称場 $U=U(r)$ のなかの質量 m の粒子の運動) を記述している.

中心対称場のなかの粒子の運動に対するシュレーディンガー方程式はつぎの形をもつ:

$$\Delta\psi + \frac{2m}{\hbar^2}[E-U(r)]\psi = 0. \qquad (29.4)$$

球座標におけるラプラス演算子のよく知られた式を用いて, この方程式をつぎの形に書く:

$$\frac{1}{r^2}\frac{\partial}{\partial r}\left(r^2\frac{\partial\psi}{\partial r}\right) + \frac{1}{r^2}\left[\frac{1}{\sin\theta}\frac{\partial}{\partial\theta}\left(\sin\theta\frac{\partial\psi}{\partial\theta}\right) + \frac{1}{\sin^2\theta}\frac{\partial^2\psi}{\partial\varphi^2}\right]$$
$$+ \frac{2m}{\hbar^2}[E-U(r)]\psi = 0. \qquad (29.5)$$

もしもここで角運動量の2乗の演算子 $\hat{l}^2$ (14.15) を導入すると, 次式を得る:

$$\frac{\hbar^2}{2m}\left[-\frac{1}{r^2}\frac{\partial}{\partial r}\left(r^2\frac{\partial \psi}{\partial r}\right)+\frac{\hat{l}^2}{r^2}\psi\right]+U(r)\psi = E\psi. \quad (29.6)$$

中心対称場のなかの運動では角運動量が保存される. 角運動量 l およびその射影 m が確定値をもつ定常状態を研究しよう. l と m の値が与えられることにより波動関数の角度依存性が決定される. それに応じて方程式 (29.6) の解はつぎの形に求められる:

$$\psi = R(r)Y_{lm}(\theta,\varphi). \quad (29.7)$$

角運動量の固有関数は方程式 $\hat{l}^2 Y_{lm} = l(l+1)Y_{lm}$ を満足することを思い出せば,《動径関数》$R(r)$ に対して方程式

$$\frac{1}{r^2}\frac{d}{dr}\left(r^2\frac{dR}{dr}\right)-\frac{l(l+1)}{r^2}R+\frac{2m}{\hbar^2}[E-U(r)]R = 0 \quad (29.8)$$

が得られる. この方程式は $l_z = m$ の値を全然含まないことに注目しよう. このことはすでにわれわれの知っている角運動量の方向に関する準位の $(2l+1)$ 重の縮退に対応している.

波動関数の動径部分の研究にとりかかろう. まず

$$R(r) = \frac{\chi(r)}{r} \quad (29.9)$$

と置換すると方程式 (29.8) はつぎの形になる:

$$\frac{d^2\chi}{dr^2}+\left[\frac{2m}{\hbar^2}(E-U)-\frac{l(l+1)}{r^2}\right]\chi = 0. \quad (29.10)$$

ポテンシャルエネルギー $U(r)$ が $r \to 0$ で $1/r^2$ よりもゆっくり無限大になると考えよう．すなわち

$$r \to 0 \quad \text{で} \quad r^2 U(r) \to 0. \qquad (29.11)$$

これにより，108 頁の脚注ですでに述べたように，($r \to 0$ で $U \to -\infty$ となる場のなかで）中心への粒子の《落下》の可能性が除外される．このとき波動関数（およびそれとともに確率密度 $|\psi|^2$）は，点 $r = 0$ を含めた全空間で有限でなければならない．したがって関数 $\chi = rR$ は $r = 0$ でゼロとなるべきことが出てくる：

$$\chi(0) = 0. \qquad (29.12)$$

方程式（29.10）はポテンシャルエネルギー

$$U_l(r) = U(r) + \frac{\hbar^2}{2m} \frac{l(l+1)}{r^2} \qquad (29.13)$$

の場のなかの 1 次元運動に対するシュレーディンガー方程式と同じ形である．この式の第 2 項は遠心エネルギーと呼ぶことができる．こうして中心対称場のなかの運動の問題は，($r = 0$ において $\chi = 0$ という境界条件で）片側を限られた半無限領域の 1 次元運動の問題に帰着される．《1 次元の性格》はまた積分

$$\int_0^\infty |R|^2 r^2 dr = \int_0^\infty |\chi|^2 dr = 1 \qquad (29.14)$$

によって決定される関数 χ の規格化条件にも現われている．

（許される）値 E が与えられると，境界条件（29.12）をもつ方程式（29.10）の解は完全に決定される．このことは中心対称場のなかの運動では状態は E, l, m の値によっ

て完全に決定されることを意味している．言いかえるとエネルギー，角運動量の値およびその射影は一括してこのような運動に対する物理量の完全な組となっている．

中心対称場のなかの運動が1次元運動の問題に帰着されることにより振動定理（§22参照）が適用できる．与えられたlのもとで（離散スペクトル）のエネルギー固有値を大きさの順序に並べそれらに番号n_rをつける．このとき最低準位には番号$n_r=0$をつける．するとn_rはrの有限な値での波動関数の動径部分の節の数を与える（点$r=0$は勘定に入れない）．数n_rは**動径量子数**と呼ばれる．中心対称場のなかの運動では数lは**方位量子数**，数mは**磁気量子数**と呼ばれることがある．

粒子の角運動量lがいろいろな値をとる状態を表わすために，広く用いられている慣用記号が存在する．その状態はつぎのような対応関係をもつローマ字のアルファベットによって表わされる：

$$l = 0 \quad 1 \quad 2 \quad 3 \quad 4 \quad 5 \quad 6 \quad 7 \cdots$$
$$\quad s \quad p \quad d \quad f \quad g \quad h \quad i \quad k \cdots. \tag{29.15}$$

原点近傍の動径関数の形を決めよう．rの小さいところで$R(r)$を$R = \text{const} \cdot r^s$の形に求める．(29.8)に$r^2$を掛け，さらに$r \to 0$の極限をとって得られる方程式

$$\frac{d}{dr}\left(r^2 \frac{dR}{dr}\right) - l(l+1)R = 0$$

にこれを代入すれば（(29.11)を考慮して）

$$s(s+1) = l(l+1)$$

を得る．これから $s=l$ または $s=-l-1$ となる．$s=-l-1$ なる解は必要条件を満足していない．$r=0$ でこの解は無限大になるからである．したがって $s=l$ なる解が残る．すなわち原点付近では与えられた l の状態の波動関数は r^l に比例する：

$$R \cong \text{const} \cdot r^l. \tag{29.16}$$

中心から距離 r および $r+dr$ のあいだに粒子が見いだされる確率は 2 乗 $|rR|^2$ で与えられる．したがってこれは $r^{2(l+1)}$ に比例する．これは l の値が大きければ大きいほど，より急激に座標原点でゼロになることがわかる．

§30. 球面波

平面波（20.9）は，粒子が一定の運動量 $\boldsymbol{p}$（およびエネルギー $E=p^2/2m$）をもつ定常状態を記述している．ここではエネルギーの他に確定した角運動量の絶対値と射影値をもつ自由粒子の定常状態（**球面波**）を考察しよう．エネルギーの代りに波数ベクトル

$$k = \frac{1}{\hbar}\sqrt{2mE} \tag{30.1}$$

を導入すると便利である．

角運動量 l およびその射影 m をもつ状態の波動関数はつぎの形をとる：

$$\psi_{klm} = R_{kl}(r) Y_{lm}(\theta, \varphi). \tag{30.2}$$

ここで動径関数はつぎの方程式で決められる：

$$R_{kl}'' + \frac{2}{r} R_{kl}' + \left[k^2 - \frac{l(l+1)}{r^2} \right] R_{kl} = 0 \qquad (30.3)$$

(これは (29.8) で $U(r) \equiv 0$ と置いたものである). 波動関数 ψ_{klm} は (k に関して) 連続スペクトルをもち, 規格化条件と相互の直交性条件を満足する:

$$\int \psi_{k'l'm'}^* \psi_{klm} dV = \delta_{ll'} \delta_{mm'} \delta(k'-k).$$

異なる l, l' および m, m' に対する相互の直交性は波動関数の角度部分により保証されている. 動径関数は条件

$$\int_0^\infty r^2 R_{k'l} R_{kl} dr = \delta(k'-k) \qquad (30.4)$$

によって規格化されなければならない.

$l=0$ のとき方程式 (30.3) は

$$\frac{d^2}{dr^2}(rR_{k0}) + k^2 r R_{k0} = 0 \qquad (30.5)$$

と書ける. $r=0$ で有限でしかも条件 (30.4) により規格化されたこの方程式の解は

$$R_{k0} = \sqrt{\frac{2}{\pi}} \frac{\sin kr}{r} \qquad (30.6)$$

である. 規格化が満足されていることを確かめるのに次式を計算する:

$$\int_0^\infty r^2 R_{k'0} R_{k0} dr = \frac{2}{\pi} \int_0^\infty \sin k'r \sin kr \cdot dr$$
$$= \frac{1}{\pi} \int_0^\infty \cos(k'-k)r \cdot dr + \frac{1}{\pi} \int_0^\infty \cos(k'+k)r \cdot dr. \qquad (30.7)$$

公式
$$\int_0^\infty \cos\alpha x \cdot dx = \pi\delta(\alpha) \tag{30.8}$$
を用いると，(30.7) の最初の積分は要求されている δ-関数を与え，第二の積分は $k+k'\neq 0$ であるためゼロとなる[1]．

$l\neq 0$ のとき関数 R_{kl} はより複雑な形をもつ．しかしながら大きい距離 r では，その関数は (30.6) とくらべて三角関数因子のなかの位相が異なるだけである．このことはつぎのことからわかる．方程式 (30.3) で $r\to\infty$ のとき $l(l+1)/r^2$ の項は無視できるので，方程式は $l=0$ の場合と異ならない（しかしながらこのような方程式は大きい r の領域にのみ関連しているので，$r=0$ で有限となる条件に関して二つの独立な解のうち一つを選ぶ可能性は意味がなくなる）．実際に $l=0$ の場合にくらべて位相の変化は $\pi l/2$ であるので，大きい距離での球面波の漸近形は

$$R_{kl} \approx \sqrt{\frac{2}{\pi}}\frac{\sin(kr-\pi l/2)}{r} \tag{30.9}$$

の形をとる[2]．

---

[1] 公式 (30.8) は，式 (12.9) において両辺の実数部分だけを分離して等しいと置き，$-\infty$ から ∞ までの積分範囲を半分の 0 から ∞ までに置き換えると得られる．

[2] $r=0$ で有限である方程式 (30.3) の解は半整数次のベッセル関数を用いて表わされる：
$$R_{kl} = J_{l+1/2}(kr)/\sqrt{kr}.$$
ベッセル関数のよく知られた漸近形を用いると (30.9) が得られる．

類似の漸近形は，自由運動の波動関数の動径部分に対して成り立つばかりでなく，$r \to \infty$ で十分急速に減少する任意の場のなかの（正のエネルギーをもつ）運動に対しても成り立つ[1]．距離が大きければシュレーディンガー方程式のなかでこのような場も遠心エネルギーと同様無視することができて，ふたたび R_{kl} に対して (30.5) の形の方程式が得られる．この方程式の一般解は

$$R_{kl} \approx \sqrt{\frac{2}{\pi}} \frac{1}{r} \sin\left(kr - \frac{\pi l}{2} + \delta_l\right) \qquad (30.10)$$

である．ここで δ_l は定数の**位相のずれ**である．正弦関数の引数のなかに項 $-\pi l/2$ を加えたのは，場が存在しないときに $\delta_l = 0$ となるようにするためである．定数位相 δ_l は（$r = 0$ で R_{kl} が有限であるという）境界条件で決定される．その場合には厳密なシュレーディンガー方程式が解かれる必要があり，一般的な形で計算することはできない．位相 δ_l はもちろん l および k の関数であり，連続スペクトルの固有関数の重要な特性である．

確定した運動量 $p = \hbar k$ をもって z 軸の正の方向へ運動している自由粒子を考察しよう．このような粒子の波動関数はつぎのような平面波である：

$$\psi = \mathrm{const} \cdot e^{ikz} = \mathrm{const} \cdot e^{ikr\cos\theta}. \qquad (30.11)$$

この関数を確定した角運動量をもつ自由運動の波動関数 ψ_{klm} で展開しよう．関数 (30.11) は z 軸のまわりの軸対

---

1) もちろん場 $U(r)$ は $1/r$ より急速に減少しなければならない．

称性をもっているので,その展開式には角度 φ に依存しない関数,つまり $m=0$ の関数のみが入る.この関数は $\psi_{kl0} = \mathrm{const} \cdot P_l(\cos\theta)$ である.したがって求める展開式はつぎの形をもたなければならない:

$$e^{ikz} = \sum_{l=0}^{\infty} a_l R_{kl}(r) P_l(\cos\theta). \qquad (30.12)$$

ここで a_l は定係数である.

これらの係数を決定するために,等式 (30.12) に $P_l(\cos\theta)\sin\theta$ を掛け,θ に関して積分する.異なる l をもつ多項式 P_l の相互の直交性および規格化積分の値

$$\int_0^\pi P_l^2(\cos\theta)\sin\theta d\theta = \frac{2}{2l+1} \qquad (30.13)$$

を考慮すると

$$\int_0^\pi e^{ikr\cos\theta} P_l(\cos\theta)\sin\theta d\theta = a_l \frac{2}{2l+1} R_{kl}(r) \qquad (30.14)$$

を得る.等式の左辺の積分は,r の大きい領域では $1/r$ に関して高次のすべての項を無視できるので容易に計算できる.変数 $\mu = \cos\theta$ に関して部分積分を行なうと,上に述べた近似で次式を得る:

$$\int_{-1}^1 e^{ikr\mu} P_l(\mu) d\mu \approx \left[P_l(\mu) \frac{e^{ikr\mu}}{ikr} \right]_{-1}^1$$
$$= \frac{e^{ikr} - (-1)^l e^{-ikr}}{ikr}$$

(ここでよく知られた $P_l(1)=1$,$P_l(-1)=(-1)^l$ を用いた).この式は

$$\frac{2i^l}{kr}\sin\left(kr-\frac{\pi l}{2}\right)$$

の形に書きかえられる．そして (30.9) の R_{kl} を (30.14) で用いると

$$a_l = \sqrt{\frac{\pi}{2}}\frac{i^l}{k}(2l+1) \qquad (30.15)$$

が得られる．このような係数を用いると，距離 r の大きいところで，展開式 (30.12) は，つぎのような漸近形をもつ：

$$e^{ikz} \approx \frac{1}{kr}\sum_{l=0}^{\infty} i^l(2l+1)P_l(\cos\theta)\sin\left(kr-\frac{\pi l}{2}\right). \qquad (30.16)$$

この展開式はあとで粒子の散乱理論のところで必要になる．

問　題

1. つぎのような中心対称のポテンシャル井戸において角運動 $l=0$ である粒子の運動に対するエネルギー準位を求めよ：$r<a$ では $U(r)=-U_0$, $r>a$ では $U(r)=0$.

解 $l=0$ であれば波動関数は r のみに依存する．井戸のなかではシュレーディンガー方程式はつぎの形をもつ：

$$\frac{1}{r}\frac{d^2}{dr^2}(r\psi)+k^2\psi=0, \qquad k=\frac{1}{\hbar}\sqrt{2m(U_0-|E|)}.$$

$r=0$ で有限な解は

$$\psi = A\frac{\sin kr}{r}$$

である．$r > a$ ではつぎの方程式を得る：

$$\frac{1}{r}\frac{d^2}{dr^2}(r\psi) - \kappa^2 \psi = 0, \qquad \kappa = \frac{1}{\hbar}\sqrt{2m|E|}.$$

無限遠でゼロとなる解は

$$\psi = A'\frac{e^{-\kappa r}}{r}$$

である．$r = a$ における $r\psi$ の対数微分の連続条件により

$$k \cot ka = -\kappa = -\sqrt{\frac{2mU_0}{\hbar^2} - k^2}, \qquad (1)$$

または

$$\sin ka = \pm ka\sqrt{\frac{\hbar^2}{2ma^2 U_0}} \qquad (2)$$

を得る．求めるエネルギー準位はこの方程式からあらわでない形で決定される（式 (1) からわかるように，$\cot ka < 0$ であるように方程式の根をとらなければならない）．これらの準位（$l = 0$ なる準位）の最初のものは同時にあらゆるエネルギー準位のうちで最低である．つまり粒子の基底状態に対応している．

ポテンシャル井戸の深さ U_0 が十分に浅いときは，負の

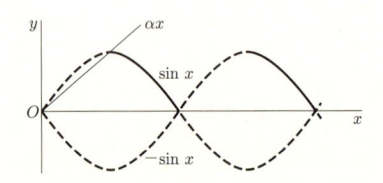

第 10 図

エネルギー準位は一般に存在しない．つまり粒子は井戸に《とどまる》ことはできない．このことは方程式 (2) より第10図のような作図を用いれば明らかである．方程式 $\pm \sin x = \alpha x$ の根は，直線 $y = \alpha x$ と曲線 $y = \pm \sin x$ の交点で表わされる．このとき $\cot x < 0$ になるような交点のみを考えなければならない．曲線 $y = \pm \sin x$ のこれに対応する部分を第10図に実線で示した．十分に大きい α （十分に小さい U_0）に対してはこのような交点は一般に存在しないことがわかる．最初のこのような点は直線 $y = \alpha x$ が図に示した位置に来たときに，すなわち $\alpha = 2/\pi$ のときに現われる．これは $x = \pi/2$ のところに見いだされる．$\alpha = \hbar/\sqrt{2ma^2 U_0}$, $x = ka$ と置くと，最初の負の準位が現われる最小の井戸の深さはこれから次式で与えられる：

$$U_{0\min} = \frac{\pi^2 \hbar^2}{8ma^2}. \tag{3}$$

この値は井戸の半径 a が小さいほど大きくなる．最初の準位の値は，それが現われたばかりのときには $ka = \pi/2$ によって定められ，当然期待されるようにゼロである．井戸の深さがさらに増大するに従って基底準位も下がっていく．

2. 3次元振動子（$U = \frac{1}{2} m\omega^2 r^2$ の場のなかの粒子）のエネルギー準位およびその縮退度を求めよ．

解 $U = \frac{1}{2} m\omega^2 (x^2 + y^2 + z^2)$ の場のなかの粒子に対するシュレーディンガー方程式は変数分離ができて，1次元振動子の形の三つの方程式に分解される．したがってエネルギー準位は

$$E = \hbar\omega\left(n_1+n_2+n_3+\frac{3}{2}\right) = \hbar\omega\left(n+\frac{3}{2}\right)$$

となる．

n 番目の準位の縮退度は，n を（ゼロを含む）三つの正の整数の和に分解する方法の数に等しい[1]．これは

$$\frac{1}{2}(n+1)(n+2)$$

である．

§31. クーロン場のなかの運動

水素原子のなか，または水素型イオンのなかの電子の運動を考察しよう．電子は電荷 $+Ze$ をもつ核の場のなかにある．核の位置が動かないと仮定すると，問題はクーロン引力場

$$U = -\frac{Ze^2}{r} \tag{31.1}$$

のなかの粒子の運動の問題に帰着される．§22 で述べた一般的な考察からすでにわかっているように，正のエネルギー固有値 E のスペクトルは連続であり，負のエネルギースペクトルは離散的である．電子の結合状態に対応する後者の場合が，ここでは興味がある．

クーロン場に関連した計算を行なうときには，すべての量をはかるのに，**原子単位**と呼ばれる特別の単位を用いる

---

[1] 言いかえるとこれは n 個の同じ球を三つの箱に分ける方法の数である．

と便利である．すなわち質量，長さおよび時間をはかる単位として，それぞれつぎのものを選ぶ：

$$m = 9.11 \times 10^{-28} \text{ g}, \quad \frac{\hbar^2}{me^2} = 0.529 \times 10^{-8} \text{ cm},$$

$$\frac{\hbar^3}{me^4} = 2.42 \times 10^{-17} \text{ sec}$$

(m は電子の質量)．長さの原子単位は**ボーア半径**と呼ばれる．これ以外のすべての単位はこれから導くことができる．たとえばエネルギーの単位は

$$\frac{me^4}{\hbar^2} = 4.36 \times 10^{-11} \text{ erg} = 27.21 \text{ eV}$$

となる[1]．電荷の原子単位は素電荷 $e = 4.80 \times 10^{-10}$ cgs 静電単位である．原子単位の式へ移行するには式のなかで $e=1, m=1, \hbar=1$ と置けばよい．

動径関数に対する方程式 (29.8) はつぎの形になる：

$$\frac{d^2R}{dr^2} + \frac{2}{r}\frac{dR}{dr} - \frac{l(l+1)}{r^2}R + \frac{2m}{\hbar^2}\left(E + \frac{Ze^2}{r}\right)R = 0. \tag{31.2}$$

あるいは新しい単位では

$$\frac{d^2R}{dr^2} + \frac{2}{r}\frac{dR}{dr} - \frac{l(l+1)}{r^2}R + 2\left(E + \frac{Z}{r}\right)R = 0 \tag{31.3}$$

となる．パラメータ E と変数 r の代りに新しい量

---

[1] この量の半分はリドベリー (Ry) と呼ばれる．

$$n = \frac{Z}{\sqrt{-2E}}, \qquad \rho = \frac{2rZ}{n} \qquad (31.4)$$

を導入する（E が負のとき n は正の実数である）．方程式 (31.3) にこれらの式を代入すると

$$R'' + \frac{2}{\rho}R' + \left[-\frac{1}{4} + \frac{n}{\rho} - \frac{l(l+1)}{\rho^2}\right]R = 0 \qquad (31.5)$$

となる（ダッシュは ρ に関する微分を意味する）．

ρ が小さいとき有限性の必要条件を満足する解は ρ^l に比例する（(29.16) 参照）．ρ が大きいところでの R の漸近的な振舞いを明らかにするために，式 (31.5) のなかで $1/\rho$ および $1/\rho^2$ に比例する項を無視すると，方程式

$$R'' = \frac{R}{4}$$

が得られる．これから $R = e^{\pm \rho/2}$ となる．したがってわれわれにとって興味のある無限遠でゼロとなる解は，ρ が大きいところで $e^{-\rho/2}$ のように振舞う．

それゆえつぎの置換を行なうのは自然であろう：

$$R = \rho^l e^{-\rho/2} w(\rho). \qquad (31.6)$$

この結果方程式 (31.5) はつぎの形になる：

$$\rho w'' + (2l+2-\rho)w' + (n-l-1)w = 0. \qquad (31.7)$$

この方程式の解は無限遠で ρ の有限のベキよりもはやく発散してはならないし，また $\rho = 0$ で有限でなければならない．

§25 で行なったのと同じようにして，級数

$$w = \sum_{s=0}^{\infty} a_s \rho^s \qquad (31.8)$$

の形に解を求めよう．これを (31.7) に代入すると

$$\sum_{s=1}^{\infty} [a_s s(s-1) + (2l+2)a_s s]\rho^{s-1}$$
$$+ \sum_{s=0}^{\infty} [-a_s s + a_s(n-l-1)]\rho^s = 0$$

となる．あるいは最初の和で，和の添字 s を $s+1$ に置き換えると

$$\sum_{s=0}^{\infty} [a_{s+1}(s+1)(s+2l+2) + a_s(n-l-1-s)]\rho^s = 0$$

を得る．展開の係数をゼロと置くと，再帰公式

$$a_{s+1} = -a_s \frac{n-l-1-s}{(s+1)(s+2l+2)} \qquad (31.9)$$

が得られる．これからもしも $n = l+1, l+2, \cdots$ であれば級数 (31.8) は（$n-l-1$ 次の）多項式に帰着することが結論される．

こうして数 n は正の整数でなければならないことになり，しかも l を与えたとき

$$n \geqq l+1 \qquad (31.10)$$

でなければならない．

パラメータ n の定義 (31.4) を思い起こすと

$$E = -\frac{Z^2}{2n^2}, \qquad n = 1, 2, \cdots \qquad (31.11)$$

を得る．これでクーロン場のなかの離散スペクトルのエネ

ルギー準位を決定する問題が解かれたわけである．基底準位 $E_1 = -1/2$ とゼロとのあいだには無限個の準位が存在することがわかる．二つの相隣る準位のあいだの間隔は n が増大するに従って減少する．準位は $E=0$ なる値に近づくにつれて密になり，ここで離散スペクトルは連続スペクトルにつながってしまう．普通の単位で表わすと式 (31.11) はつぎの形になる：

$$E = -\frac{Z^2 me^4}{2\hbar^2 n^2}. \qquad (31.12)^{1)}$$

整数 n は**主量子数**と呼ばれる．§29 で定義された動径量子数は

$$n_r = n - l - 1$$

となる．

主量子数の値を与えると数 l は全部で n 個の異なる値

$$l = 0, 1, \cdots, n-1 \qquad (31.13)$$

をとることができる．エネルギーを表わす式 (31.11) には数 n しか入っていない．したがって l は異なっても同じ n をもつすべての状態は同じエネルギーをもつ．

このようにどの固有値も磁気量子数 m について縮退しているばかりでなく（これは中心対称の場におけるすべての運動に共通している），量子数 l についても縮退しているこ

---

1) 公式 (31.12) は量子力学の出現以前の 1913 年にボーアによって初めて与えられた．量子力学ではこの式は行列の方法を用いて 1926 年にパウリによって導かれた．またその数カ月後にはシュレーディンガーによって波動方程式の方法を用いて導かれた．

とになる．この後者の縮退は（**偶然縮退**または**クーロン縮退**と呼ばれ）クーロン場に特有のものである．すでに知っているように，与えられた各 l の値には $2l+1$ 個の m の異なる値が対応している．したがって n 番目のエネルギー準位の縮退度は

$$\sum_{l=0}^{n-1}(2l+1) = n^2. \qquad (31.14)$$

われわれはここでは電子の波動関数に対する一般式を書かないで，その基底状態の波動関数だけに限定しよう．$n=1, l=0$ のとき級数（31.8）は定数に帰着される．同じことが角度部分の関数 Y_{00} についても言える．したがって波動関数は

$$\psi = \frac{Z^{3/2}}{\sqrt{\pi}} e^{-Zr} \qquad (31.15)$$

となる．これは普通の条件

$$\int |\psi|^2 dV \equiv 4\pi \int_0^\infty r^2 |\psi|^2 dr = 1$$

によって規格化されている．

原子の《大きさ》は，電子密度 $|\psi|^2$ がほとんどゼロになるような距離 r によって特徴づけられる．水素原子に対して（$Z=1$）この距離の大きさの程度は，（31.15）からわかるように長さの原子単位で与えられる．普通の単位ではこれはボーア半径 $a_B = \hbar^2/me^2$ に等しい．原子中の電子の速度の大きさの程度は不確定関係 $mv \sim \hbar/a_B$ によって与えられ，$v \sim e^2/\hbar$ となる．

問 題

1. 水素原子（$Z=1$）の基底状態における運動量のいろいろな値の確率分布を求めよ．

解 $\boldsymbol{p}$-表示における波動関数は（31.15）を積分（12.12）に代入して得られる．この積分は $\boldsymbol{p}$ 方向を極軸とする球座標へ移行することによって計算される：

$$a(\boldsymbol{p}) = \frac{1}{(2\pi)^{\frac{3}{2}}} \int \psi(\boldsymbol{r}) e^{-i\boldsymbol{p}\cdot\boldsymbol{r}} dV$$

$$= \frac{1}{\pi\sqrt{2}} \int_0^\infty \int_{-1}^1 e^{-r-ipr\cos\theta} d(\cos\theta) \cdot r^2 dr.$$

その結果

$$a(\boldsymbol{p}) = \frac{2\sqrt{2}}{\pi} \frac{1}{(1+p^2)^2}$$

を得る．そして $\boldsymbol{p}$-表示における確率密度は $|a(\boldsymbol{p})|^2$ である．

2. 水素原子の基底状態において核および電子によってつくられる場の平均ポテンシャルを求めよ．

解 任意の点 $\boldsymbol{r}$ に《電子雲》によってつくられる平均ポテンシャル φ_e は，もっとも簡単には電荷密度 $\rho = -|\psi|^2$ をもつポアソン方程式の球対称な解として決定される：

$$\frac{1}{r} \frac{d^2}{dr^2}(r\varphi_e) = -4\pi\rho = 4e^{-2r}.$$

この方程式を積分し，$\varphi_e(0)$ が有限，また $\varphi_e(\infty)=0$ となるように定数を選び，これに核の場のポテンシャルを付け加えると次式を得る：

$$\varphi = \frac{1}{r} + \varphi_e(r) = \left(\frac{1}{r} + 1\right)e^{-2r}.$$

$r \ll 1$ のところで $\varphi \cong 1/r$ (核の場) となり,$r \gg 1$ のところでポテンシャル $\varphi \cong e^{-2r}$ (電子による核のさえぎり) を得る.

第4章 摂動論

§32. 時間に依存しない摂動

シュレーディンガー方程式の正確な解が得られるのは,比較的少数のきわめて簡単な場合に限られる.量子力学の大多数の問題では,正確には解くことのできない非常に複雑な方程式が導かれる.しかし大きさの程度の異なる量が問題の条件のなかに現われることがしばしばある.そのなかには小さな量もあって,それを無視してしまえば,問題がいちじるしく簡単になって正確な解を求めることが可能になることがある.このような場合に,設定された物理学の問題を解くための第一歩は,簡単化された問題を正確に解くことであり,そして第二歩は,簡単化された問題で落とされた小さな項から生ずる補正を近似的に計算することである.この補正を計算する一般的方法のことを**摂動論**という.

与えられた物理系のハミルトニアンがつぎの形をしていると考えよう:
$$\hat{H} = \hat{H}_0 + \hat{V}.$$
ここで $\hat{V}$ は《非摂動》演算子 $\hat{H}_0$ に対する小さな補正項(**摂動**)を表わしている.本節と次節では時間にあらわに依

存しない摂動を考察しよう（$\hat{H}_0$ についても同じように考える）．演算子 $\hat{V}$ を演算子 $\hat{H}_0$ にくらべて《小さい》とみなすことのできるための必要条件を以下に導いておこう．

離散スペクトルに対する摂動論の問題はつぎのように定式化できる．非摂動演算子 $\hat{H}_0$ の離散スペクトルの固有関数 $\psi_n^{(0)}$ と固有値 $E_n^{(0)}$ がわかっているものとする．すなわち方程式

$$\hat{H}_0 \psi^{(0)} = E^{(0)} \psi^{(0)} \tag{32.1}$$

の正確な解がわかっているものとする．そこで方程式

$$\hat{H}\psi = (\hat{H}_0 + \hat{V})\psi = E\psi \tag{32.2}$$

の近似解，すなわち摂動を含む演算子 $\hat{H}$ の固有関数 ψ_n と固有値 E_n に対する近似式を求める．

この節では，演算子 $\hat{H}_0$ のすべての固有値は縮退していないと仮定する．またその上導き方を簡単にするために，固有値は離散スペクトルだけをもっていると考える．

計算は最初から行列形式で行なうのが便利である．そのために求める関数 ψ を関数 $\psi_n^{(0)}$ で展開しよう：

$$\psi = \sum_m c_m \psi_m^{(0)}. \tag{32.3}$$

この展開式を (32.2) に代入すれば次式が得られる：

$$\sum_m c_m (E_m^{(0)} + \hat{V}) \psi_m^{(0)} = \sum_m c_m E \psi_m^{(0)}.$$

この方程式の両辺に $\psi_k^{(0)*}$ を掛けて積分すると

$$(E - E_k^{(0)}) c_k = \sum_m V_{km} c_m \tag{32.4}$$

が得られる.ここで導入された V_{km} は,非摂動関数 $\psi_m^{(0)}$ を用いてつぎのように定義される摂動演算子 $\hat{V}$ の行列である:

$$V_{km} = \int \psi_k^{(0)*} \hat{V} \psi_m^{(0)} dq. \tag{32.5}$$

係数 c_m とエネルギー E を級数
$$E = E^{(0)} + E^{(1)} + E^{(2)} + \cdots,$$
$$c_m = c_m^{(0)} + c_m^{(1)} + c_m^{(2)} + \cdots$$
の形に求めてみよう.ここで量 $E^{(1)}$, $c_m^{(1)}$ は摂動 $\hat{V}$ と同じ程度の小さい量である.量 $E^{(2)}$, $c_m^{(2)}$ は2次の微小量である.以下同様.

n 番目の固有値と固有関数に対する補正を求めよう.そのために $c_n^{(0)}=1$, $c_m^{(0)}=0$ $(m \neq n)$ と置く.1次近似を見つけるために,1次の項だけを残して $E = E_n^{(0)} + E_n^{(1)}$, $c_k = c_k^{(0)} + c_k^{(1)}$ を方程式(32.4)のなかに代入しよう. $k=n$ のときこの方程式は

$$E_n^{(1)} = V_{nn} = \int \psi_n^{(0)*} \hat{V} \psi_n^{(0)} dq \tag{32.6}$$

を与える.したがって,固有値 $E_n^{(0)}$ に対する1次近似の補正は状態 $\psi_n^{(0)}$ における摂動の平均値に等しい.

$k \neq n$ のとき方程式(32.4)は

$$c_k^{(1)} = \frac{V_{kn}}{E_n^{(0)} - E_k^{(0)}} \qquad (k \neq n) \tag{32.7}$$

を与える.しかし $c_n^{(1)}$ は任意のまま残るので,関数 $\psi_n = \psi_n^{(0)} + \psi_n^{(1)}$ が1次の項まで含めた精度で規格化されるよ

うに表わすべきである．このためには $c_n^{(1)} = 0$ と置くとよい．実際，関数

$$\psi_n^{(1)} = \sum_m{}' \frac{V_{mn}}{E_n^{(0)} - E_m^{(0)}} \psi_m^{(0)} \qquad (32.8)$$

（和の記号につけたダッシュは，m の和をとるとき $m=n$ の項を落とすことを意味している）は $\psi_n^{(0)}$ に直交しており，したがって，$|\psi_n^{(0)} + \psi_n^{(1)}|^2$ の積分と 1 との差は 2 次の微小量にすぎない．

公式（32.8）は波動関数に対する 1 次近似の補正である．これからいま考察している摂動論の方法が適用できるための条件を知ることができる．すなわち不等式

$$|V_{mn}| \ll |E_n^{(0)} - E_m^{(0)}| \qquad (32.9)$$

が成り立たなければならない．つまり演算子 $\hat{V}$ の行列要素は対応する非摂動エネルギー準位の差にくらべて小さくなければならない．

つぎに固有エネルギー $E_n^{(0)}$ に対する 2 次近似の補正を求めよう．そのために（32.4）のなかに $E = E_n^{(0)} + E_n^{(1)} + E_n^{(2)}$, $c_k = c_k^{(0)} + c_k^{(1)} + c_k^{(2)}$ を代入する．そして 2 次の微小量の項を考察する．$k=n$ と置いた方程式は次式を与える：

$$E_n^{(2)} c_n^{(0)} = \sum_m{}' V_{nm} c_m^{(1)}.$$

これから

$$E_n^{(2)} = \sum_m{}' \frac{|V_{mn}|^2}{E_n^{(0)} - E_m^{(0)}} \qquad (32.10)$$

が得られる(ここで (32.7) の $c_m^{(1)}$ を代入し,演算子 $\hat{V}$ のエルミート性からくる $V_{mn} = V_{nm}^*$ を用いた).

基底状態のエネルギーに対する2次近似の補正はつねに負であることに注意しよう.実際,$E_n^{(0)}$ が最小値に対応するならば,(32.10) の和の各項はすべて負になる.

ここで得られた結果は,演算子 $\hat{H}_0$ が離散スペクトルの他に連続スペクトルをもつ場合に(いままでと同じように離散スペクトルの摂動状態を問題とする限り)ただちに拡張できる.それには離散スペクトルについての和に,対応する連続スペクトルについての積分をただ付け加えてやればよい.

連続スペクトルの状態に対するエネルギー準位の変化の問題は,一般には起こらないことは明白である.そして固有関数の補正の計算だけが問題となる.

このことに関連して,弱い外場すなわち十分に浅いポテンシャルの井戸のなかにある粒子のポテンシャルエネルギーが摂動の果たす役割である場合を述べておこう.非摂動のシュレーディンガー方程式はこの場合単に自由運動をしている粒子の運動方程式であり,エネルギー準位は正であり連続スペクトルを形成している.

§24 の終わりに述べたように,このような井戸には束縛状態すなわち負のエネルギー準位が存在しない.実際にエネルギー $E=0$ のとき,自由運動の非摂動波動関数は定数に帰着されて,$\psi^{(0)} = \text{const}$ となる.補正項は $\psi^{(1)} \ll \psi^{(0)}$ であるので,井戸のなかの運動の摂動波動関数 $\psi = \psi^{(0)} + \psi^{(1)}$

は至るところでゼロとなることはない．これに対し節をもたない固有関数は基底状態のままに留まる（§22）．言いかえると $E=0$ は粒子の可能な最小エネルギーの値のままである．

この場合に摂動論の適用条件は，井戸の深さ $|U|$ が井戸の範囲の内部で粒子がもっていたであろうところの平均の運動エネルギーにくらべて小さいことを要求することにある．不確定関係によれば，このような粒子の運動量は $p \sim \hbar/a$ であって（ここで a は井戸の 1 次元的大きさ），これから §24 で述べた条件 $|U| \ll \hbar^2/ma^2$ が得られる[1]．

問 題

ハミルトニアン

$$\hat{H} = \frac{\hat{p}^2}{2m} + \frac{m\omega^2 x^2}{2} + \alpha x^3 + \beta x^4$$

をもつ非調和線形振動子のエネルギー準位を求めよ．

解 x^3 と x^4 の行列要素は，x の行列要素の表式（25.4）を用いれば行列の積の規則によってただちに求められる．x^3 の行列要素のうちゼロでないのはつぎのものである：

---

[1] （場が一つまたは二つの座標の関数である）1 次元または 2 次元の井戸は，二つか一つの方向の大きさが無限小であることに対応するので，この条件は満足されない．この状況が生じたのはこのような井戸での（小さいエネルギーをもつ）運動に対しては摂動論が適用できないためで，したがって束縛状態が存在しないことに関する結論が適用できないためである．

$$(x^3)_{n-3,n} = (x^3)_{n,n-3} = (\hbar/2m\omega)^{3/2}\sqrt{n(n-1)(n-2)}.$$
$$(x^3)_{n-1,n} = (x^3)_{n,n-1} = 3(\hbar/2m\omega)^{3/2}n^{3/2}.$$

この行列の対角要素はゼロである．したがってハミルトニアンにおける αx^3 の項（これは調和振動子に対する摂動とみなされる）からの1次近似の補正は存在しない．この項からの2次近似の補正は，βx^4 の項からの1次近似の補正と同程度である．x^4 の対角行列要素は

$$(x^4)_{n,n} = \frac{3}{4}\left(\frac{\hbar}{m\omega}\right)^2 (2n^2 + 2n + 1)$$

である．公式 (32.6) と (32.10) を用いれば，結局非調和振動子のエネルギー準位に対するつぎのような近似式が得られる：

$$E_n = \hbar\omega\left(n+\frac{1}{2}\right) - \frac{15}{4}\frac{\alpha^2}{\hbar\omega}\left(\frac{\hbar}{m\omega}\right)^3\left(n^2+n+\frac{11}{30}\right)$$
$$+ \frac{3}{2}\beta\left(\frac{\hbar}{m\omega}\right)^2\left(n^2+n+\frac{1}{2}\right).$$

§33. 永年方程式

つぎに，非摂動演算子 $\hat{H}_0$ が縮退した固有値をもつ場合を考えよう．同一のエネルギー固有値 $E_n^{(0)}$ に属する固有関数を $\psi_n^{(0)}, \psi_{n'}^{(0)}, \cdots$ で表わそう．すでに知っているように，これらの関数の選び方は一通りではない．これらの関数の代りに，これらの関数の任意の s 個の独立な線形結合を結ぶことができる（s は準位 $E_n^{(0)}$ の縮退度）．しかし微小な

摂動を加えた結果生ずる波動関数の変化も微小であるという要求を波動関数に課せば,この選び方は任意でなくなる.

ひとまず $\psi_n^{(0)}, \psi_{n'}^{(0)}, \cdots$ を任意に選ばれたある非摂動固有関数と考えよう.ゼロ次近似の正しい関数は $c_n^{(0)}\psi_n^{(0)} + c_{n'}^{(0)}\psi_{n'}^{(0)} + \cdots$ の形をした線形結合である.この線形結合の係数は,(固有値の1次近似の補正とともに)つぎのようにして決めることができる.

$k=n, n', \cdots$ と置いて方程式 (32.4) を書き下し,1次近似として $E = E_n^{(0)} + E^{(1)}$ を代入すればよい.また c_k としてはゼロ次の値 $c_n = c_n^{(0)}, c_{n'} = c_{n'}^{(0)}, \cdots; c_m = 0, m \neq n, n', \cdots$ に限っても十分である.そうすると

$$E^{(1)} c_n^{(0)} = \sum_{n'} V_{nn'} c_{n'}^{(0)},$$

あるいは

$$\sum_{n'}(V_{nn'} - E^{(1)}\delta_{nn'})c_{n'}^{(0)} = 0 \qquad (33.1)$$

が得られる.ここで n, n' は与えられた非摂動固有値 $E_n^{(0)}$ に属する状態の番号をすべてとるものとする.この $c_n^{(0)}$ に対する斉次線形連立方程式は,未知数にかかる係数でつくった行列式がゼロという条件の下でのみゼロでない解をもつ.したがってつぎの方程式が得られる:

$$|V_{nn'} - E^{(1)}\delta_{nn'}| = 0. \qquad (33.2)$$

この方程式は $E^{(1)}$ について s 次であり,一般に s 個の異なる実根をもつ.これらの根が固有値に対して求めている1次近似の補正である.方程式 (33.2) は**永年方程式**と

呼ばれる[1].

方程式 (33.2) の根を順次連立方程式 (33.1) に代入してこれを解くと，係数 $c_n^{(0)}$ が得られ，したがってゼロ次近似の固有関数が決まる．

摂動の結果，最初に縮退していたエネルギー準位も一般には縮退しなくなる（方程式 (33.2) の根は一般に異なっている）．これを摂動によって縮退が《とれる》という．縮退のとれ方は完全なこともあるが部分的なこともある（あとの場合には摂動を加えると最初より低い度数の縮退が残る）．

問　題

1. 2 重縮退準位の固有値に対する 1 次近似の補正および正しいゼロ次近似の関数を求めよ．

解 方程式 (33.2) はつぎの形になる：

$$\begin{vmatrix} V_{11} - E^{(1)} & V_{12} \\ V_{21} & V_{22} - E^{(1)} \end{vmatrix} = 0$$

（添字 1，2 はこの 2 重縮退準位の任意に選んだ二つの非摂動固有関数 $\psi_1^{(0)}$ と $\psi_2^{(0)}$ に対応している）．これを解くと

$$E^{(1)} = \frac{1}{2}[V_{11} + V_{22} \pm \hbar\omega^{(1)}], \quad (1)$$
$$\text{ただし}\quad \hbar\omega^{(1)} = \sqrt{(V_{11} - V_{22})^2 + 4|V_{12}|^2}$$

が得られる．ここで二つの補正値 $E^{(1)}$ の差を記号 $\hbar\omega^{(1)}$

---

[1] この名称は天体力学に由来している．

で表わした．さらにこの $E^{(1)}$ の値を入れて方程式 (33.1) を解くと，ゼロ次近似の規格化された正しい関数 $\psi^{(0)} = c_1^{(0)} \psi_1^{(0)} + c_2^{(0)} \psi_2^{(0)}$ のなかの係数としてつぎの値が得られる：

$$c_1^{(0)} = \left\{ \frac{V_{12}}{2|V_{12}|} \left[1 \pm \frac{V_{11} - V_{22}}{\hbar \omega^{(1)}} \right] \right\}^{\frac{1}{2}}.$$
$$c_2^{(0)} = \pm \left\{ \frac{V_{21}}{2|V_{12}|} \left[1 \mp \frac{V_{11} - V_{22}}{\hbar \omega^{(1)}} \right] \right\}^{\frac{1}{2}}. \tag{2}$$

2. はじめの時刻 $t=0$ に系は2重縮退準位に属する状態 $\psi_1^{(0)}$ にあったとする．それに続く時刻 t に系が同じエネルギーのもう一方の状態 $\psi_2^{(0)}$ にある確率を求めよ．この遷移は時間的に一定の摂動によって起こるものとする．

解 ゼロ次近似の正しい関数

$$\psi = c_1 \psi_1 + c_2 \psi_2, \qquad \psi' = c_1' \psi_1 + c_2' \psi_2$$

をつくろう．ここで c_1, c_2 および c_1', c_2' は，問題1の式 (2) で決まる2対の係数である（簡単のためすべての量から添字 (0) を落とした）．

逆に：

$$\psi_1 = \frac{c_2' \psi - c_2 \psi'}{c_1 c_2' - c_1' c_2}.$$

関数 ψ と ψ' は摂動をうけたエネルギー $E + E^{(1)}$ と $E + E^{(1)\prime}$ の状態に属している．ここで $E^{(1)}, E^{(1)\prime}$ は問題1の補正 (1) の二つの値である．時間因子の導入によって，時間に依存する波動関数に変換するとつぎのようになる：

$$\Psi_1 = \frac{e^{-iEt/\hbar}}{c_1 c_2' - c_1' c_2} \big[c_2' \psi \exp(-iE^{(1)}t/\hbar)$$
$$- c_2 \psi' \exp(-iE^{(1)'}t/\hbar) \big] \quad (3)$$

(時刻 $t=0$ には $\Psi_1 = \psi_1$). 最後にふたたび ψ, ψ' を ψ_1, ψ_2 で表わせば, 時間に依存する係数をもつ ψ_1, ψ_2 の線形結合の形の Ψ_1 が得られる. ψ_2 にかかる係数の絶対値の2乗が求める遷移確率 w_{12} となる. (1), (2) を用いて計算すると

$$w_{12} = 2 \frac{|V_{12}|^2}{(\hbar \omega^{(1)})^2} [1 - \cos \omega^{(1)} t]$$

となる. この確率は振動数 $\omega^{(1)}$ で周期的に振動していることがわかる.

§34. 時間に依存する摂動

時間にあらわに依存する摂動の研究に移ろう. この場合にはエネルギー固有値に対する補正を云々することは一般に不可能である. なぜならば (摂動を含む演算子 $\hat{H} = \hat{H}_0 + \hat{V}(t)$ のような) 時間に依存するハミルトニアンに対してエネルギーは一般には保存せず, したがって定常状態は存在しないからである. そこで問題は非摂動系の定常状態の波動関数を用いて波動関数を近似的に計算することである.

この目的のために線形微分方程式の解法としてよく知られた定数変化の方法と類似の方法を適用しよう[1]. $\Psi_k^{(0)}$ を非

---

1) この方法を量子力学に適用したのはディラックによる (1926).

摂動系の定常状態の（時間因子を含めた）波動関数としよう．すると非摂動波動方程式の任意の解は和 $\Psi = \sum_k a_k \Psi_k^{(0)}$ の形に書くことができる．そこで摂動方程式

$$i\hbar \frac{\partial \Psi}{\partial t} = (\hat{H}_0 + \hat{V})\Psi \qquad (34.1)$$

の解を和

$$\Psi = \sum_k a_k(t) \Psi_k^{(0)} \qquad (34.2)$$

の形に求めよう．ここで展開係数は時間の関数である．(34.2) を (34.1) に代入し，関数 $\Psi_k^{(0)}$ が方程式

$$i\hbar \frac{\partial \Psi_k^{(0)}}{\partial t} = \hat{H}_0 \Psi_k^{(0)}$$

を満たすことを思い出せば次式が得られる：

$$i\hbar \sum_k \Psi_k^{(0)} \frac{da_k}{dt} = \sum_k a_k \hat{V} \Psi_k^{(0)}.$$

この方程式の両辺に左から $\Psi_m^{(0)*}$ を掛けて積分すれば

$$i\hbar \frac{da_m}{dt} = \sum_k V_{mk}(t) a_k \qquad (34.3)$$

となる．ここで

$$V_{mk}(t) = \int \Psi_m^{(0)*} \hat{V} \Psi_k^{(0)} dq = V_{mk} e^{i\omega_{mk}t},$$

$$\omega_{mk} = \frac{1}{\hbar}(E_m^{(0)} - E_k^{(0)})$$

は時間因子を含んだ摂動の行列要素である（V があらわに時間に依存する量であれば，V_{mk} もまた時間の関数となることに注意せよ）．

非摂動波動関数として i 番目の定常状態の波動関数を選ぼう.これは (34.2) の係数の値を $a_i^{(0)}=1$, $k \neq i$ のとき $a_k^{(0)}=0$ ととることに対応している. 1 次近似を求めるために a_k を $a_k=a_k^{(0)}+a_k^{(1)}$ の形に書く.また(すでに小さな量 V_{mk} を含んでいる)方程式 (34.3) の右辺では $a_k=a_k^{(0)}$ と置こう.そうすると次式が得られる:

$$i\hbar \frac{da_k^{(1)}}{dt} = V_{ki}(t). \qquad (34.4)$$

どの非摂動関数に対して計算された補正であるかを示すために,係数 a_k に第 2 の添字をつけてつぎのように書こう:

$$\Psi_i = \sum_k a_{ki}(t)\Psi_k^{(0)}. \qquad (34.5)$$

これに対応して方程式 (34.4) の積分の結果はつぎの形に書かれる:

$$a_{ki}^{(1)} = -\frac{i}{\hbar}\int V_{ki}(t)dt = -\frac{i}{\hbar}\int V_{ki}e^{i\omega_{ki}t}dt. \qquad (34.6)$$

これによって 1 次近似の波動関数が決められる.

(34.6) の積分範囲の選び方は具体的な問題の条件による.たとえば摂動はある有限時間だけ作用する(あるいは同じことだが $t \to \pm \infty$ となると $V(t)$ が十分はやく減衰する)と仮定しよう.摂動がはじめに加わるまでは(あるいは $t \to -\infty$ の極限では),系は(離散スペクトルの)第 i 番目の定常状態にあったとしよう.それ以後の任意の時刻における系の状態は関数 (34.5) によって決められるであ

ろう．1次近似でこの係数は

$$a_{ki} = a_{ki}^{(1)} = -\frac{i}{\hbar}\int_{-\infty}^{t} V_{ki} e^{i\omega_{ki}t} dt \quad (k \neq i),$$

$$a_{ii} = 1 + a_{ii}^{(1)} = 1 - \frac{i}{\hbar}\int_{-\infty}^{t} V_{ii} dt \quad (34.7)$$

となる．これは $t \to -\infty$ においてすべての $a_{ki}^{(1)}$ がゼロとなるように積分範囲を選んだものである．摂動の作用時間が過ぎると（あるいは $t \to \infty$ の極限では），係数 a_{ki} は一定値 $a_{ki}(\infty)$ をとり，系は関数

$$\Psi = \sum_k a_{ki}(\infty) \Psi_k^{(0)}$$

の状態になるであろう．この関数はふたたび非摂動波動方程式を満足するが，もとの波動関数 $\Psi_i^{(0)}$ とは異なっている．一般則によれば，係数 $a_{ki}(\infty)$ の絶対値の2乗は系がエネルギー $E_k^{(0)}$ をもつ確率，すなわち k 番目の定常状態にある確率を与える．

このように摂動の影響によって系は最初の定常状態から別の任意の定常状態へ移ることができる．記号を統一して，本節および次節では初期状態を添字 i で，最終状態を添字 f で表わすことにしよう．$i \to f$ への遷移確率は

$$W = \frac{1}{\hbar^2}\left|\int_{-\infty}^{+\infty} V_{fi} e^{i\omega_{fi}t} dt\right|^2 \quad (34.8)$$

に等しい．

もしも摂動 $V(t)$ が周期 $1/\omega_{fi}$ の程度の時間のあいだにわずかしか変化しなければ，(34.8) の積分の値は非常に

小さくなる．そのわけは被積分関数のなかに，急速に振動して符号の変わる因子 $\exp(i\omega_{fi}t)$ があるので，積分は小さくなるからである．加える摂動の変化をできる限り遅くした極限では，エネルギーの変化を伴う（すなわちゼロでない振動数 ω_{fi} をもつ）遷移はすべてその確率がゼロになる．したがって加えられた摂動の変化が十分にゆっくり（**断熱的**）であれば，非縮退定常状態にある系はその同じ状態を保ちつづける．

§35. 連続スペクトル間の遷移

摂動論のもっとも重要な応用の一つは，（時間に依存しない）定摂動の作用によって生ずる連続スペクトル間の遷移確率を計算することである．すでに述べたように，実際にはこれには種々の衝突過程が関連している．たとえば系は始めと終わりの状態では衝突を行なう粒子の集まりであって，粒子間の相互作用が摂動の役割を果たす．以下に述べる方法で扱われる現象の種類には，（ある結合状態にある）系が自由に運動する部分に分解する過程も含まれる．議論を明確にするためにこの後者の場合をまず考察することにしよう[1]．

連続スペクトルの状態を定める連続値をとる量の集合を

---

[1] 厳密に言うと分解を起こすことがある系の離散スペクトルの状態は定常的でなく，準定常的である（あとの§38を見よ）．しかしこの状況はここで述べる考察にとって本質的でない．この問題については§102でふたたび述べる．

記号 ν で表わそう．$d\nu$ はこれらの量の微分の積であると理解する．連続スペクトルの非摂動波動関数は《量 ν の目盛によって》δ-関数を用いて規格化されるものとする（これはちょうど量 ν が自由粒子の運動量成分であってもよいのと同じである．そのとき波動関数は運動量の δ-関数で規格化されなければならない）．このような規格化により波動関数の展開は（(34.2) の代りに）つぎの形をとる：

$$\Psi = \sum_k a_k(t)\Psi_k^{(0)} + \int a_\nu(t)\Psi_\nu^{(0)} d\nu. \qquad (35.1)$$

ここで和はすべての離散スペクトルについて，また積分は連続スペクトルについてとるものとする．このとき $|a_\nu(t)|^2 d\nu$ は（時刻 t に）系が ν と $\nu + d\nu$ のあいだの状態にある確率を表わす（§5 と比較せよ）．

さて時刻 $t=0$ において系は添字 i で表わされる初期状態にあるとしよう．量 ν が間隔 $d\nu_f$ のあいだの値をとる状態 f へ系が遷移する確率を求めることにしよう．

(34.6) の添字の記号を適当に変えて，(V_{fi} が時間に依存しないとして）積分を行なえば

$$a_{fi} = -\frac{i}{\hbar}\int_0^t V_{fi} e^{i\omega_{fi}t} dt = V_{fi}\frac{1-e^{i\omega_{fi}t}}{\hbar\omega_{fi}} \qquad (35.2)$$

が得られる．積分の下端は課せられた初期条件に一致して $t=0$ で $a_{fi}=0$ となるように選んである．

(35.2) の絶対値の 2 乗は

$$|a_{fi}|^2 = |V_{fi}|^2 \frac{\sin^2 \dfrac{\omega_{fi}}{2} t}{\hbar^2 \omega_{fi}^2} \qquad (35.3)$$

に等しい. ここに現われた関数は t が大きいとき t に比例することが容易にわかる.

このためには, つぎの公式があることに注意する：

$$\lim_{t \to \infty} \frac{\sin^2 \alpha t}{\pi t \alpha^2} = \delta(\alpha). \qquad (35.4)$$

実際, $\alpha \neq 0$ の場合には上記の極限はゼロに等しく, $\alpha = 0$ の場合には $\sin^2 \alpha t / \alpha^2 t = t$ であるから極限は無限大になる. そこで α についても $-\infty$ から $+\infty$ の範囲で積分を行なうと ($\alpha t = \xi$ と置き換える)

$$\frac{1}{\pi} \int_{-\infty}^{+\infty} \frac{\sin^2 \alpha t}{t \alpha^2} d\alpha = \frac{1}{\pi} \int_{-\infty}^{+\infty} \frac{\sin^2 \xi}{\xi^2} d\xi = 1$$

となる. したがって等式 (35.4) の左辺にある関数は, δ-関数を定義するすべての要求を実際に満たしている.

この公式に従えば, t が大きいときつぎのように書くことができる：

$$|a_{fi}|^2 = \frac{1}{\hbar^2} |V_{fi}|^2 \pi t \delta\left(\frac{\omega_{fi}}{2}\right).$$

あるいは ($\delta(\alpha x) = \delta(x)/\alpha$ を使うと)

$$|a_{fi}|^2 = \frac{2\pi}{\hbar} |V_{fi}|^2 \delta(E_f - E_i) t \qquad (35.5)$$

となる.

表式 $|a_{fi}|^2 d\nu_f$ は, 始めの状態から間隔 $d\nu_f$ のあいだに

ある状態への遷移確率である．t が大きいときこの式は時刻 $t=0$ からの経過時間に比例することがわかる．ところが因子 t がなければ，この式は単位時間あたりの遷移確率 dw を与える（この量は次元のない確率（34.7）と違って，$1/\sec$ の次元をもつ）：

$$dw = \frac{2\pi}{\hbar}|V_{fi}|^2 \delta(E_f - E_i) d\nu_f. \qquad (35.6)$$

エネルギー保存則から予想されたように，これはエネルギー $E_f = E_i$ をもつ状態へ遷移する場合にのみゼロでない．(35.6) 式に δ-関数が存在することは，このエネルギー保存則を表わしているが，もちろん $E_f = E_i$ のときに確率が無限大になることを意味しているのではない．実際には δ-関数は，状態の有限区間にわたって積分することで除かれる．こうして，もしも連続スペクトルの状態が縮退していなければ，$d\nu_f$ はただエネルギーのみの値と理解してよい．すると $d\nu_f = dE_f$ に関する (35.6) の積分はつぎの遷移確率の値を与える：

$$w = \frac{2\pi}{\hbar}|V_{fi}|^2. \qquad (35.7)$$

式 (35.6) は連続スペクトルが系の初期状態にも関連している場合にも適用できる（このような場合は衝突の問題に起こる．そのような応用例は §67 に与えられている）．しかしながらこの場合式 (35.6) で決定された量 dw はいきなり遷移確率ではないことを強調する必要がある．それだけでは適当な次元（$1/\sec$）をもっていないからである．

(35.6) は単位時間あたりの遷移数に比例しているが，その単位の次元および正確な意味は，連続スペクトルをもつ初期波動関数の規格化の仕方に依存している（たとえば dw は衝突断面積であることもある．§67の例を見よ）．

§36. 中間状態

いま考察する遷移に対して行列要素 V_{fi} はゼロとなることがある．このとき式（35.6）は与えられた問題に対して答を与えないので，遷移確率を決定するためにはつぎのような摂動論の近似を用いる．

V_{fi} とともに補正値 $a_{fi}^{(1)}$ もまたゼロとなる．ところが2次の補正値 $a_{fi}^{(2)}$ に対して方程式（34.3）は

$$i\hbar \frac{da_{fi}^{(2)}}{dt} = \sum_k V_{fk} e^{i\omega_{fk}t} a_{ki}^{(1)} \qquad (36.1)$$

を与える．ここで和は遷移 $k \to f$ の行列要素がゼロでない状態についてとるものとする．ところが1次の補正値 $a_{ki}^{(1)}$ は方程式

$$i\hbar \frac{da_{ki}^{(1)}}{dt} = V_{ki} e^{i\omega_{ki}t}$$

によって決定される（(34.4) と比較せよ）．これから

$$a_{ki}^{(1)} = -\frac{V_{ki}}{\hbar \omega_{ki}} (e^{i\omega_{ki}t} - 1)$$

を得る．この式を（36.1）に代入して積分すると

$$a_{fi}^{(2)} = \frac{i}{\hbar^2} \sum_k \frac{V_{fk} V_{ki}}{\omega_{ki}} \int_0^t (e^{i\omega_{fi}t} - e^{i\omega_{fk}t}) dt$$

を得る.この積分では分母に小さい値 ω_{fi} をもつ第1項のみを残さねばならない.したがって

$$a_{fi}^{(2)} = \left(\sum_k \frac{V_{fk}V_{ki}}{\hbar\omega_{ki}}\right)\frac{e^{i\omega_{fi}t}-1}{\hbar\omega_{fi}}.$$

この式は (35.2) とくらべて行列要素 V_{fi} を括弧でくくられた和に置き換えた点が異なるだけである.(35.6) の代りに次式を得る:

$$dw = \frac{2\pi}{\hbar}\left|\sum_k \frac{V_{fk}V_{ki}}{E_i-E_k}\right|^2 \delta(E_f-E_i)d\nu_f. \qquad (36.2)$$

行列要素 V_{fk} と V_{ki} がゼロとならないような状態 k のことを上との関連で,遷移 $i \to f$ に対する**中間状態**と呼ぶ.明らかに,この遷移は $i \to k$ および $k \to f$ の 2 段階で実現されるようであると言える(しかしながら,もちろんこのような記述の仕方は正確な意味を与えるものではない).

§37. エネルギーに対する不確定関係

弱く相互作用している 2 個の部分からなる系を考察しよう.ある時刻にこれらの部分が確定したエネルギー値をもっていることがわかったと仮定し,それをそれぞれ E および ε で表わそう.ある時間 Δt を経たのち,ふたたびエネルギーの測定を行なったとしよう.するとこれは一般に E, ε とは異なるある値 E', ε' を与える.測定の結果得られるであろう差 $E'+\varepsilon'-E-\varepsilon$ のもっとも確からしい値がどの程度の大きさになるかは容易に求められる.

公式 (35.3) によれば,時間に依存しない摂動の作用に

よって（時間 t のあいだに）系がエネルギー E の状態からエネルギー E' の状態へ遷移する確率は

$$\frac{1}{(E'-E)^2}\sin^2\frac{E'-E}{2\hbar}t$$

に比例する．これからわかるように，差 $E'-E$ のもっとも確からしい値は $\hbar/t$ の程度である．

この結果をわれわれが考察している場合に適用すると（摂動に相当するのは系の部分間の相互作用である），つぎの関係が得られる：

$$|E+\varepsilon-E'-\varepsilon'|\Delta t \sim \hbar. \tag{37.1}$$

したがって時間 Δt が短いほど観測されるエネルギーの変化は大きい．この大きさの程度 $\hbar/\Delta t$ が摂動の大きさに依存しないことは重要である．関係式（37.1）によって決められるエネルギーの変化は，系の二つの部分のあいだの相互作用がどんなに弱くても観測されるものである．この結果は純粋に量子力学的なもので，深い物理的意味をもつ．このことは量子力学では，エネルギー保存則は 2 回の測定によって $\hbar/\Delta t$ 程度の精度でしか確かめられないことを示している．ここで Δt は二つの測定のあいだの時間である．

（37.1）の関係のことをエネルギーに対する不確定関係と普通呼んでいる．しかしこの意味は座標と運動量に対する不確定関係の意味と本質的に異なっていることを強調する必要がある．後者では Δp と Δx は同時刻における運動量と座標の値との不確定性を表わしている．関係式 $\Delta p \Delta x \sim \hbar$ は一般にこの二つの量が同時に厳密な確定値をとることが

できないことを示している.エネルギー E, ε の方は,これとは反対に与えられた各時刻に任意の精度で測定することができる.(37.1) 中の量 $(E+\varepsilon)-(E'+\varepsilon')$ は二つの異なった時刻におけるエネルギー $E+\varepsilon$ の二つの正確な測定値の差であって,一定の時刻におけるエネルギーの値の不確定性ではけっしてない.

もしも E をある系のエネルギー,また ε を《測定器》のエネルギーとみなせば,その間の相互作用エネルギーは精度 $\hbar/\Delta t$ でしか見積もることができないということができよう. $\Delta E, \Delta \varepsilon, \cdots$ を対応する量の測定値の誤差としよう. $\varepsilon, \varepsilon'$ が正確にわかっている($\Delta \varepsilon = \Delta \varepsilon' = 0$)ような好都合な場合には

$$\Delta(E-E') \sim \frac{\hbar}{\Delta t} \qquad (37.2)$$

となる.

この関係から運動量の測定に関して重要な結論を導くことができる.粒子(事を明瞭にするため電子について述べる)の運動量の測定の過程には,電子と他のある(《測定》)粒子との衝突が含まれている.これはその運動量が衝突の前後に正確にわかると考えられる粒子のことである.この過程に運動量保存則およびエネルギー保存則を適用しなければならない.しかしすでに説明したように,後者は $\hbar/\Delta t$ の程度でしか用いることができない.ここで Δt は問題にしている過程の始めと終わりのあいだの時間である.

以下の議論を簡単にするために,《測定粒子》が理想的な

平面反射鏡であるような理想化された思考実験を考察するとよい．このときには鏡面に垂直な一つの運動量成分だけが効いてくる．粒子の運動量 P を決定するために，運動量とエネルギーの保存則を書くとつぎの方程式になる：

$$p' + P' - p - P = 0. \qquad (37.3)$$

$$|\varepsilon' + E' - \varepsilon - E| \sim \frac{\hbar}{\Delta t} \qquad (37.4)$$

(P, E は粒子の運動量とエネルギー，p, ε は鏡のそれ，ダッシュのない量とある量はそれぞれ衝突の前後のものである)．《測定粒子》に関する量 $p, p', \varepsilon, \varepsilon'$ は正確にわかっている，すなわちその誤差はゼロであると考えることができる．そうすれば，上記の方程式から残りの量の誤差に対して

$$\Delta P = \Delta P', \qquad \Delta E' - \Delta E \sim \frac{\hbar}{\Delta t}$$

が得られる．しかし v を（衝突前の）電子の速度としたとき，$\Delta E = (\partial E / \partial P) \Delta P = v \Delta P$ であり，同様に $\Delta E' = v' \Delta P' = v' \Delta P$ である．したがって次式が得られる：

$$(v'_x - v_x) \Delta P_x \sim \frac{\hbar}{\Delta t}. \qquad (37.5)$$

ここで速度と運動量に添字 x をつけたのは，この関係が各成分について別々に成り立つことを強調するためである．

　これが求める関係である．これは，電子の運動量の（与えられた精度 ΔP 内の）測定は必然的にその速度（すなわち運動量そのもの）の変化と結びついていることを示して

いる．この変化は測定の過程が短ければ短いほど大きくなる．速度の変化は $\Delta t \to \infty$ の場合にのみいくらでも小さくすることができる．しかし長時間にわたる運動量の測定が意味をもちうるのは，自由粒子に対してだけである．ここに量子力学における短い時間をおいた運動量測定の非反復性と測定の《二面的》性質——測定値と測定過程の結果生じた値との区別の必要性——が特に鮮明に現われている[1]．

§38. 準定常状態

前節の始めのところで導いた摂動論に基づく結論には，別の観点からも達することができる．それにはある摂動の作用によって生ずる系の崩壊へ同じ結論を適用すればよい．崩壊の可能性を完全に無視して計算した系のあるエネルギー準位を E_0 としよう．τ によってこの系の状態の**寿命**を表わす．これは単位時間あたりの崩壊の確率 w の逆数である：

$$\tau = 1/w \tag{38.1}$$

すると前と同様にしてつぎの関係が得られる：

$$|E_0 - E - \varepsilon| \sim \hbar/\tau.$$

ここで E, ε は系が崩壊してできた二つの部分のエネルギーである．ところが系の崩壊前のエネルギーは和 $E + \varepsilon$ により推定することができる．したがって得られたこの関係は，崩壊可能な系のエネルギーは $\hbar/\tau$ の精度でしか決定できないことを示している．

---

[1] (37.5) の関係およびエネルギーの不確定関係の物理的意味の解明はボーアによってなされた (1928)．

崩壊可能な系は厳密に言えば離散エネルギースペクトルをもたない．崩壊により系から飛び出した粒子は無限遠に飛び去る．この意味で系の運動は有界でなく，したがってエネルギースペクトルは連続である．

しかしながら系の崩壊の確率は非常に小さい場合が起こりうる（このような種類のもっとも簡単な例は，十分に高く幅広いポテンシャル障壁によって囲まれた粒子である）．小さい崩壊確率をもつこのような系に対して**準定常状態**という概念を導入することができる．その状態では粒子は《系の内部》を長時間にわたって運動し，かなりの時間を経過して初めてその状態を捨てる．この状態のエネルギースペクトルは**準離散的**である．それはいくつかのぼけた準位から成り，それらの線幅は状態の寿命によって決定される．準位の幅の定量的なめやすとしてつぎの量をとることができる：

$$\varGamma = \frac{\hbar}{\tau} = \hbar w \tag{38.2}$$

離散準位の幅は準位間の間隔にくらべて小さい．

準定常状態の考察においてはつぎのような形式的方法を用いることができる．これまではいつも，無限遠で波動関数が有限であることを要求する境界条件をもつシュレーディンガー方程式の解を考察してきた．その代りに今度は無限遠で発散する球面波（$\psi \sim e^{ikr}/r$）で表わされる解を求めることにしよう．これは系が崩壊するときに系から飛び出す粒子に対応している．このような境界条件は複素数で

あることを考慮すると，もはやエネルギー固有値は実でなければならないと言うことはできない．反対にシュレーディンガー方程式を解いた結果複素固有値の組が得られる．それを

$$E = E_0 - \frac{i\Gamma}{2} \tag{38.3}$$

と書こう．ここで E_0 と Γ は二つの正の量である．

エネルギーが複素量であることの物理的な意味が何であるかは容易にわかる．準定常状態の波動関数の時間因子はつぎの形をもつ：

$$e^{-iEt/\hbar} = e^{-iE_0 t/\hbar} e^{-\Gamma t/2\hbar}.$$

したがって波動関数の絶対値の2乗によって決定されるあらゆる確率は時間とともに法則 $e^{-\Gamma t/\hbar}$ に従って減衰する．たとえば《系の内部》に粒子が見いだされる確率もまたこの法則に従って減衰する．

複合核の形成の段階を経て進行するそう大きくはないエネルギーをもつ核反応の領域で，われわれは準定常状態の広いカテゴリーを扱うことになる[1]．この過程の直観的な物理像はつぎのようにまとめられる．核に入射する粒子（たとえば核子）は核内核子と相互作用をして，それと《融合》し複合系をつくる．そこでは粒子によりもち込まれたエネルギーはたくさんの核子のあいだに分配される．このような系の準定常状態の寿命が（核内核子の運動の《周期》に

---

1) 複合核の考え方は 1936 年にニールス・ボーアにより提出された．

くらべて）大きいわけはつぎのことと関係がある．それは，時間の経過の大部分のあいだエネルギーはたくさんの粒子に分配され，したがって粒子のおのおのは残りの粒子の引力に打ち勝って核から飛び出すには不十分なエネルギーしかもたないことになる．複合核が崩壊するのに十分大きいエネルギーが，一つの粒子に集中されるのは比較的まれにしか起こらない．

第5章 スピン

§39. スピン

全体として安定し，確定した内部状態にある複合粒子（たとえば原子核）を考えよう．確定した内部エネルギーの他に，複合粒子は核内粒子の運動に関連して，絶対値が確定した角運動量 L をもつ．与えられた L に対して角運動量はよく知られているように空間のなかの $2L+1$ 個の異なる方向をとることができる．

§18で示したように，量子力学における角運動量概念の重要な点は，この量により空間内の回転に関連した系の状態の対称性が決定されるということである．すなわち，座標系の回転によって，異なる角運動量射影値 M に対応する $2L+1$ 個の波動関数 $\psi_{L,M}$ は，定まった法則に従って互いに変換される．

このような定式化において，角運動量の起源の問題は重要ではなくなり，粒子が《複合粒子》であろうと《素粒子》であろうとそれには無関係に粒子に付与される《固有の》角運動量に関する表示に自然に移ることができる．

このようにして，量子力学では素粒子にもその空間運動とは無関係なある《固有》角運動量が付与されると考える

べきである．素粒子のこの性質は（$\hbar \to 0$ の極限移行で消失する）量子力学に特有のものである．それゆえこれを古典的に解釈することは原理的に許されない[1]．

粒子の固有角運動量は，**軌道角運動量**と呼ばれる粒子の空間運動に伴う角運動量と区別するため，**スピン**と呼ばれている．素粒子だけでなく，複合粒子であっても，それが考察している現象の範囲では素粒子のように振舞う粒子（たとえば，原子核）であれば，同じように言ってよい．（軌道角運動量と同じく $\hbar$ を単位にしてはかった）粒子のスピンを s で表わすことにしよう[2]．

スピンをもつ粒子に対して，波動関数を用いた状態の記述は，空間内の粒子の種々の配置の確率だけでなく，粒子のスピンの種々の可能な方位の確率をも決定しなければならない．言いかえると波動関数は粒子の座標である三つの連続変数に依存するだけでなく，一つの離散的な**スピン変数**にも依存しなければならない．スピン変数は空間内のある選ばれた方向（z 軸）へのスピンの射影値を示すもので，有限個の離散値をとる（それを以下に記号 σ で表わすことにする）．

$\psi(x, y, z; \sigma)$ をこのような波動関数であるとしよう．そ

---

[1] たとえば，素粒子の《固有》角運動量を，それが《自己軸》のまわりを回転する結果であると想像することはまったく無意味である．

[2] 電子に固有角運動量があるという物理的着想は，1925 年に G. ウーレンベック，S. ハウトスミットによって出された．スピンは W. パウリによって 1927 年に量子力学へ導入された．

れは異なる σ の値に対応するいくつかの異なる座標関数の組を本質的に表わしている．このような関数のことを，波動関数の**スピン成分**と言うことにしよう．この場合積分

$$\int |\psi(x,y,z;\sigma)|^2 dV$$

は粒子が確定値 σ をとる確率を決定する．粒子が体積要素 dV に存在し，任意の値 σ をとる確率は

$$dV \sum_\sigma |\psi(x,y,z;\sigma)|^2$$

である．

粒子のスピンに対応する量子力学的演算子は，波動関数に作用させると，もちろんスピン変数 σ に働く．言いかえれば，それはある方式に従ってスピン添字の異なる関数を相互に交換する．この演算子の形はあとで決めることにしよう．しかし演算子 $\hat{s}_x, \hat{s}_y, \hat{s}_z$ は軌道角運動量演算子と同じ交換関係を満たすことがあらかじめ明らかである．量子力学における角運動量演算子の一般的定義は，無限小回転の演算子と関連している．§14 で軌道角運動量演算子の表式とその交換関係を導いたときには，われわれは座標の関数に回転演算子を作用させてその結果を見た．しかし実際にはこの規則は，いかなる数学的対象にそれが適用されようともそれにかかわりなく成り立つ回転の性質を表わしており，したがってユニバーサルな性格をもつものである．

交換関係がわかるとスピンの絶対値と成分のとりうる値を定めることができる．§15 で導いた結論（公式 (15.6)～(15.8)）は，交換関係だけに基づくものであるから，こ

こでも適用できる．これらの公式のなかで $\boldsymbol{L}$ を $\boldsymbol{s}$ と考えればそれでよい．公式（15.6）から，スピンの z 成分の固有値は公差が 1 の数列になることが導かれる．しかし今度はスピンの z 成分の値を軌道角運動量の成分 l_z のように，整数であると主張はできない（§15 のはじめに導いた結論はここには適用できない．なぜならば，それは座標関数に作用する軌道角運動量に特有な演算子 $\hat{l}_z$ の表式に基づいているからである）．

さらに s_z の固有値の数列は絶対値が等しく符号が反対のある値によって上下を限られている．これを $\pm s$ で表わすことにしよう．s_z の最大値と最小値の差 $2s$ は整数かゼロでなければならない．したがって，数 s は値 $0, 1/2, 1, 3/2, \cdots$ をとることができる．

このようにしてスピンの 2 乗の固有値は

$$s^2 = s(s+1) \tag{39.1}$$

に等しい．ここで s は（ゼロを含む）整数あるいは半整数である．s を与えるとスピンの成分は全部で $2s+1$ 個の値 $s_z = \sigma = -s, -s+1, \cdots, s$ をとることができる．以上述べてきたことから，スピン s をもつ粒子の波動関数はこれと同じ数[*]の成分をもつことになる[1]．

---

[*] ［訳注］$2s+1$ 個の数．
[1] s は粒子の各種類に対して与えられた数であるから，古典力学への極限移行 $(\hbar \to 0)$ によってスピン角運動量 $\hbar s$ はゼロになる．軌道角運動量では l が任意の値をとりうるためこのような議論は意味がない．古典力学への移行は積 $\hbar l$ を有限に保ちながら，同時に $\hbar$ をゼロに，l を無限大に近づけることに対応している．

大部分の素粒子——電子,陽子,中性子,μ 中間子——は 1/2 のスピンをもっている.このほかに別のスピンをもつ素粒子がある(π 中間子と K 中間子はゼロ・スピンをもつ).

粒子の全角運動量(それを j で表わそう)は軌道角運動量 l とスピン s から合成される.これらの演算子はまったく異なる変数の関数に作用するので,もちろん互いに交換する.

全角運動量

$$j = l + s \qquad (39.2)$$

の固有値は,2 個の異なる粒子の軌道角運動量の和と同じように,《ベクトル模型》の規則(§17)によって決められる.すなわち l と s の値を与えれば,全角運動量は $j = l+s, l+s-1, \cdots, |l-s|$ という値をとることができる.したがって軌道角運動量 l がゼロでない電子(スピン 1/2)では,全角運動量は $j = l \pm 1/2$ に等しい.また $l = 0$ のときには全角運動量はもちろん一つの値 $j = 1/2$ だけをとる.

粒子系の全角運動量演算子 $\hat{J}$ は,そのなかに含まれる粒子の角運動量演算子 $\hat{j}$ の和に等しい.したがってその値はやはりベクトル模型の規則によって決められる.角運動量 J は $J = L + S$ の形に表わすことができる.ここで S は粒子のスピンの和,L は粒子の軌道角運動量の和である.

交換関係と同じく角運動量成分の行列要素に対する公式(15.11)もまたユニバーサルな性格をもつ(すなわち任意の角運動量に対して成り立つ).§18 で導いた種々の物理

量の行列要素に対する角運動量の選択規則もまた（対応する記号を変えることにより）同様に成り立つ．

§40. スピン演算子

これから（本節および§41，§42において）われわれは波動関数の座標依存性には関心をもたない．たとえば座標系の回転に対する波動関数 $\psi(\sigma)$ の振舞いについて言えば，粒子は座標原点にあり，このような回転に対して粒子の座標は不変であり，得られる結果は，波動関数 ψ のスピン変数 σ に依存する振舞いに対してのみ特有のものであると考えることができる．

変数 σ は普通の（座標）変数とその離散性により異なっている．離散変数の関数に作用する線形演算子のもっとも一般的な形は

$$\hat{f}\psi(\sigma) = \sum_{\sigma'} f_{\sigma\sigma'}\psi(\sigma') \qquad (40.1)$$

である．ここで $f_{\sigma\sigma'}$ は不変量である．

これらの量は，演算子 $\hat{s}_z$ の固有関数に関する一般則（11.6）により定義される演算子 $\hat{f}$ の行列要素と一致することは容易にわかる．定義式（11.6）における座標に関する積分はここでは離散変数に関する和に置き換えられるので，行列要素の定義はつぎの形をもつ：

$$f_{\sigma_2\sigma_1} = \sum_{\sigma} \psi^*_{\sigma_2}(\sigma)[\hat{f}\psi_{\sigma_1}(\sigma)]. \qquad (40.2)$$

ここで $\psi_{\sigma_1}(\sigma), \psi_{\sigma_2}(\sigma)$ は演算子 $\hat{s}_z$ の固有関数で,それぞれ $s_z=\sigma_1, s_z=\sigma_2$ の固有値に対応する.このような関数はそれぞれ粒子が s_z の確定値をもつ状態に対応し,波動関数の全成分のうちゼロでないのはただ

$$\psi_{\sigma_1}(\sigma) = \delta_{\sigma_1\sigma}, \qquad \psi_{\sigma_2}(\sigma) = \delta_{\sigma_2\sigma} \qquad (40.3)$$

だけである[1].(40.1)により次式を得る:

$$\hat{f}\psi_{\sigma_1}(\sigma) = \sum_{\sigma'} f_{\sigma\sigma'}\psi_{\sigma_1}(\sigma') = \sum_{\sigma'} f_{\sigma\sigma'}\delta_{\sigma_1\sigma'} = f_{\sigma\sigma_1}.$$

(40.2)に上式および $\psi_{\sigma_2}(\sigma)$ を代入すると,この等式が恒等的に満足され,上に述べたことが証明された.

したがってスピン s をもつ粒子の波動関数に作用する演算子は $2s+1$ 次元の行列の形に表現することができる.たとえばスピン演算子自身に対しては

$$\hat{s}_x\psi(\sigma) = \sum_{\sigma'} (s_x)_{\sigma\sigma'}\psi(\sigma'), \cdots \qquad (40.4)$$

が成り立つ.(§39の終りで)すでに述べたことから,$\hat{s}_x, \hat{s}_y, \hat{s}_z$ の行列は§15で求めた L_x, L_y, L_z の行列と一致する.(15.11)の式で文字 L と M を s と σ で置き換えるだけでよい.こうしてわれわれはスピン演算子を決定した.

スピンが $1/2$ ($s=1/2, \sigma=\pm 1/2$)という最も重要な場

---

[1] より厳密には
$$\psi_{\sigma_1}(x,y,z;\sigma) = \psi(x,y,z)\delta_{\sigma_1,\sigma}, \cdots$$
と書くべきであろう.(40.3)では今のところ重要でない座標因子を無視した.

よけいになるが,与えられた固有値 $s_z(\sigma_1$ または $\sigma_2)$ を独立変数 σ と区別する必要があることを強調しておく.

合にはこれらの行列は2次元である．それはつぎの形に書かれる：

$$\hat{s}_x = \frac{1}{2}\sigma_x, \quad \hat{s}_y = \frac{1}{2}\sigma_y, \quad \hat{s}_z = \frac{1}{2}\sigma_z. \qquad (40.5)$$

ここで

$$\sigma_x = \begin{pmatrix} 0 & 1 \\ 1 & 0 \end{pmatrix}, \quad \sigma_y = \begin{pmatrix} 0 & -i \\ i & 0 \end{pmatrix}, \quad \sigma_z = \begin{pmatrix} 1 & 0 \\ 0 & -1 \end{pmatrix} \qquad (40.6)$$

である[1]．

行列（40.6）は**パウリの行列**と呼ばれている．行列 $\hat{s}_z$ は対角的であることに注意しよう．これは演算子 $\hat{s}_z$ 自身の固有関数について定義された行列にとって当然のことである．

§41. スピノール

波動関数の《スピン的》性質のより詳細な研究に移ろう．

スピンがゼロの波動関数は全部で1個の成分をもっており，座標系の回転に対して不変であり，これはスカラーである．

---

[1] 行列を（40.6）の形に書くときに行および列は σ の値によって順序づけられ，行の番号は行列要素の最初の添字に，列の番号は2番目の添字に対応する．今の場合これらの番号は $1/2$ と $-1/2$ である．（40.1）の規則に従う演算子の作用は行列の σ 番目の行を《列》に並んだ波動関数 $\psi = \begin{pmatrix} \psi(1/2) \\ \psi(-1/2) \end{pmatrix}$ の成分と掛けることを意味している．

スピンがゼロでない粒子の波動関数については，z 軸のまわりの回転に対するその振舞いにまず注目しよう．z 軸のまわりの角度 $\delta\varphi$ だけの無限小回転の演算子は，角運動量演算子（今の場合はスピン演算子）を用いて $1+i\delta\varphi\cdot\hat{s}_z$ の形に表わされる．それゆえ回転の結果関数 $\psi(\sigma)$ は $\psi(\sigma)+\delta\psi(\sigma)$ に移る．ここで

$$\delta\psi(\sigma) = i\delta\varphi\cdot\hat{s}_z\psi(\sigma)$$

である．ところが $\hat{s}_z$ は対角行列であり，その対角行列要素は固有値 $s_z = \sigma$ に一致する．したがって $\hat{s}_z\psi(\sigma) = \sigma\psi(\sigma)$ だから

$$\delta\psi(\sigma) = i\sigma\psi(\sigma)\cdot\delta\varphi$$

となる．この等式を微分方程式 $d\psi/d\varphi = i\sigma\psi$ の形に書きかえ，これを積分すると，任意の有限の角度 φ だけ回転したあとの関数 $\psi(\sigma)$ の値が求められる．この値を関数にダッシュを付けて表わすと

$$\psi(\sigma)' = \psi(\sigma)e^{i\sigma\varphi} \tag{41.1}$$

を得る．

特に角度 $\varphi = 2\pi$ だけ回転すると $\psi(\sigma)$ のあらゆる成分は同一の因子

$$e^{2\pi i\sigma} = (-1)^{2\sigma} = (-1)^{2s}$$

が掛る（数 2σ は明らかにいつも $2s$ と同じ偶奇性をもっている）．このように座標系を軸のまわりに 1 回転すると，整数スピンをもつ粒子の波動関数はその元の値にもどるが，半整数スピンをもつ粒子の波動関数はその符号を変える．

スピン 1/2 をもっている粒子（たとえば電子）の波動関

数は 2 個の成分 $\psi(1/2)$ と $\psi(-1/2)$ をもつ．あとで一般化するときに便利なように，右肩に添字 1 および 2 を付けてこれらの成分を表わすことにしよう．すなわち

$$\psi^1 = \psi(1/2), \qquad \psi^2 = \psi(-1/2). \tag{41.2}$$

座標系の任意の回転によって ψ^1 と ψ^2 は互いに変換され，線形変換を受ける：

$$\psi^{1\prime} = \alpha\psi^1 + \beta\psi^2, \qquad \psi^{2\prime} = \gamma\psi^1 + \delta\psi^2. \tag{41.3}$$

係数 $\alpha, \beta, \gamma, \delta$ は一般に複素数であり，また回転角の関数である．それらはある定まった関係によって結ばれているが，それをこれから導く．

2 電子の系を考察しよう（関係している運動の軌道角運動量はゼロであるとする）．その合成スピンは $S=0$ または $S=1$ でありうる．最初の場合系は全体としてスピン・ゼロの粒子のように振舞い，したがってその波動関数はスカラーでなければならない．他方，もしも粒子が相互作用をしないと考えれば系の波動関数は別々の粒子の波動関数（それを ψ と φ で表わす）の積で表示されなければならない．それは成分 ψ および φ の双 1 次形式

$$\frac{1}{\sqrt{2}}(\psi^1\varphi^2 - \psi^2\varphi^1) \tag{41.4}$$

でなければならないことは容易にわかる．これは添字 1, 2 に関して反対称である．実際に (41.3) を用いて簡単な計算を行なうと

$$\frac{1}{\sqrt{2}}(\psi^{1\prime}\varphi^{2\prime} - \psi^{2\prime}\varphi^{1\prime}) = (\alpha\delta - \beta\gamma)\frac{1}{\sqrt{2}}(\psi^1\varphi^2 - \psi^2\varphi^1)$$

が得られる．すなわち量 (41.4) は座標系の回転によってそれ自身に変換される．このことはそれがスカラーであり，

$$\alpha\delta - \beta\gamma = 1 \qquad (41.5)$$

でなければならないことを意味している．これは求めている関係式の一つである．

空間の与えられた点に粒子が存在する確率を定義する式

$$|\psi^1|^2 + |\psi^2|^2 = \psi^1\psi^{1*} + \psi^2\psi^{2*}$$

もまた明らかにスカラーでなければならない．これを (41.4) のスカラーと比較すれば，波動関数 ψ^1, ψ^2 の複素共役成分 ψ^{1*}, ψ^{2*} はそれぞれ $\psi^2, -\psi^1$ のように変換することがわかる．すなわち

$$\psi^{1*\prime} = \delta\psi^{1*} - \gamma\psi^{2*}, \qquad \psi^{2*\prime} = -\beta\psi^{1*} + \alpha\psi^{2*}.$$

他方 (41.3) に複素共役な等式

$$\psi^{1*\prime} = \alpha^*\psi^{1*} + \beta^*\psi^{2*}, \qquad \psi^{2*\prime} = \gamma^*\psi^{1*} + \delta^*\psi^{2*}.$$

を書き，これを前の式と比較すれば，係数 $\alpha, \beta, \gamma, \delta$ はさらにつぎの関係で互いに結ばれていることがわかる：

$$\alpha = \delta^*, \qquad \beta = -\gamma^*. \qquad (41.6)$$

関係式 (41.5)，(41.6) があるので，4個の複素量 $\alpha, \beta, \gamma, \delta$ は実際には全部で3個の独立な実のパラメータを含んでおり，これは3次元座標系の回転を定義する3個の角度と同じ数である．

法則 (41.3) に従って座標系の回転に対して変換する二つの成分の量 $\psi = \begin{pmatrix} \psi^1 \\ \psi^2 \end{pmatrix}$ は**1階のスピノール**または単にスピノールと呼ばれている．したがって，スピン 1/2 をもつ粒子の波動関数はスピノールで表わされる．

2電子からなる系にふたたびもどり,今度はスピン $S=1$ をもつ状態を考察しよう.その波動関数はスピンの射影 $+1, 0, -1$ に対応する成分をもたなければならない.それらはスピノール ψ と φ の成分の積からなる式で,添字に関して対称で,変換(41.3)により互いに変換されるものである.すなわち:

$$\psi^1\varphi^1, \qquad \frac{1}{\sqrt{2}}(\psi^1\varphi^2+\psi^2\varphi^1), \qquad \psi^2\varphi^2. \qquad (41.7)$$

系の全スピンの射影 σ は両電子のスピンの射影の和に等しい.したがって関数(41.7)と値 σ との対応は各電子のスピンの射影値を示すスピノール添字1および2の意味から明らかである.これらの関数の最初のものは添字1が二つあるので射影 $\sigma=1/2+1/2=1$ に対応する.2番目のものは添字1と2を一つずつもつので $\sigma=1/2-1/2=0$ である.最後に3番目のものは添字2が二つあるので $\sigma=-1/2-1/2=-1$ となる.

波動関数の《スピノール》性は,本質的には座標系の回転に関連した関数の性質なので,もちろんスピン1をもつ1粒子についても,また同じ値の合成スピンをもつ粒子系についても同じことである.したがって(41.7)の結果はつぎのようなより一般的な性格をもっている.すなわちスピン1をもつあらゆる粒子の波動関数はいわゆる**2階の対称スピノール**である.2階のスピノールは一般的に言って四つの量 $\psi^{11}, \psi^{22}, \psi^{12}, \psi^{21}$ の組であり,座標系の回転に対して二つの1階スピノールの適当な成分の積のように変換

される（しかしながら実際このような積に必然的に還元されるというわけではけっしてない）[1]．2 階の対称スピノールでは $\psi^{12} = \psi^{21}$ であるので，それは全部で三つの独立成分をもっている[2]．2 階の対称スピノールと波動関数の成分 $\psi(\sigma)$ との対応は形式的につぎのようになる：

$$\psi(1) = \psi^{11}, \qquad \psi(0) = \sqrt{2}\psi^{12}, \qquad \psi(-1) = \psi^{22}. \tag{41.8}$$

スピン 1 をもつ粒子の波動関数は 3 次元ベクトル $\boldsymbol{\psi}$ のようにも表わすことができる．このことは，3 次元ベクトルが座標系の回転に対して互いに変換される同じ個数（三つ）の量の組であることからも容易にわかる．2 階の対称スピノール成分とベクトル成分とのあいだの対応は形式的につぎのようになる：

$$\psi^{11} = -(\psi_x - i\psi_y), \qquad \psi^{22} = \psi_x + i\psi_y, \qquad \psi^{12} = \psi_z. \tag{41.9}$$

これらの式の意味はつぎのとおりである．すなわち等式の左辺にあるスピノール成分は右辺にあるベクトル成分の結合と同じ規則に従って変換される．この対応の妥当性はスピノールの変換則が (41.1) から得られるような z 軸のま

---

[1] このことはちょうど 2 階のテンソルがベクトルの成分の積のように変換される量の組であるのと似ている．
[2] 2 階の反対称スピノールは全部で一つの独立成分を含んでいる（$\psi^{11} = \psi^{22} = 0, \psi^{12} = -\psi^{21}$）．この性質は上で考察した量 (41.4) の性質と一致している．言いかえると 2 階の反対称スピノールはスカラーに還元される．

わりの回転の例で確かめることができる[1]. 他方, 座標軸の任意の回転によるベクトル成分のよく知られた変換則(すなわち変換 (41.3) の係数の角度依存性)から, 公式 (41.9) と比較して, スピノールの変換の一般則を求めることができる. これについてはこれ以上ここでは触れない.

最後に任意のスピンをもつ粒子を扱う一般的な場合に, 波動関数は $2s$ 階のスピノールのあらゆる添字に関して対称な形に表わされる. 容易にわかるように, このスピノールの独立な成分の数は当然期待されるように $2s+1$ に等しい. 実際に対称スピノールでは添字の並ぶ順序は重要でないので, つぎのような添字をもつ成分だけが異なっている. すなわち添字のうちに $2s$ 個の 1 と 0 個の 2 のある成分, $2s-1$ 個の 1 と 1 個の 2 のある成分, …と進んで 0 個の 1 と $2s$ 個の 2 のある成分がそれである[2].

---

[1] (41.1) および (41.2) により
$$\psi^{1\prime}=e^{i\varphi/2}\psi^1, \qquad \psi^{2\prime}=e^{-i\varphi/2}\psi^2$$
を得る. ここで $\psi^{1\prime}, \psi^{2\prime}$ は最初の座標系に対して z 軸のまわりに角度 φ だけ向きをかえた座標系におけるスピノール成分である. したがって 2 階のスピノール成分に対しては
$$\psi^{11\prime}=e^{i\varphi}\psi^{11}, \quad \psi^{12\prime}=\psi^{12}, \quad \psi^{22\prime}=e^{-i\varphi}\psi^{22}$$
を得る. これらの式によりベクトル成分 $\psi_x-i\psi_y, \psi_z, \psi_x+i\psi_y$ は二つの座標系のあいだで互いに結ばれている.

[2] 数学的な術語を用いて言えば, $1,2,3,\ldots$ 階の対称スピノールは回転群のすべての既約表現を実現すると言える (91 頁の脚注と比較せよ). この表現の次元は $2s+1$ に等しく, $s=0,1/2,1,\ldots$ のとき $1,2,3,\ldots$ のすべての値をとる. 軌道角運動量の固有関数 ψ_{LM} (これについては §18 で論じた) を用いて実現される表現

§42. 電子の偏極

スピン 1/2 をもつ粒子（たとえば電子）に対して特有の重要な性質はつぎの点にある．すなわちもしも電子の状態がある波動関数によって記述されるならば，その方向のスピンの射影が確定値 $s_z = 1/2$ をもつような空間内の方向が存在するということである．この方向のことを電子の**偏極方向**と呼ぶことができるし，この状態にある電子のことを**完全偏極**しているという．

実際に z 軸の方向を適当に選べば，与えられたスピノール $\psi = \begin{pmatrix} \psi^1 \\ \psi^2 \end{pmatrix}$——スピン 1/2 の粒子の波動関数——の成分のうちの一つ（たとえば ψ^2）をゼロにすることがいつでも可能である．これは空間における方向が 2 個の量（たとえば球座標の二つの角度）によって決められることから明らかである．すなわちわれわれが自由に選べるパラメータの数は，ゼロにしようとする量（複素 ψ^2 の実部と虚部）の数とちょうど一致しているからである．等式 $\psi^2 = 0$ は固有値 $s_z = -1/2$ の確率がゼロであることを意味している．$s > 1/2$ のスピンをもつ粒子に対しては，同じ方法を用いて波動関数の一つを除く全成分をゼロにすることは不可能であることに注意せよ．それらの数はあまりにも多いからである．

z 軸を電子の偏極の方向に選んだものとしよう．明らかにスピンベクトルの平均値 $\bar{s}$ はその方向に沿って向いてお

は次元が $1, 3, 5, \cdots$ に相当する特別な場合である．

り，その値は $1/2$ に等しい．z 軸から角度 θ だけ傾いた別の方向（z' 軸）へのスピンの射影が $s_{z'} = \pm 1/2$ の値をもつ確率 $w_{\pm}$ を求めよう．z' 軸へ $\bar{\boldsymbol{s}}$ を投影すると，この軸に沿ったスピンの平均値は $\bar{s}_{z'} = (1/2)\cos\theta$ である．他方確率 $w_{\pm}$ の定義により

$$\bar{s}_{z'} = \frac{1}{2}(w_+ - w_-).$$

さらに $w_+ + w_- = 1$ であることを考慮すれば

$$w_+ = \cos^2\frac{\theta}{2}, \qquad w_- = \sin^2\frac{\theta}{2} \tag{42.1}$$

が得られる．

完全偏極と並んで，**部分偏極**と呼ぶことのできる電子の状態もまた存在する．この状態は（そのスピンの性質に関連して）波動関数によってではなく，密度行列によってのみ記述される（粒子の軌道運動の状態に対する同様の概念が §7 で導入された）．

まず始めに純粋状態（完全偏極の状態）におけるスピンベクトルの平均値の定義を考慮して，このような状態[*]の記述法を自然に求めよう．物理量演算子の定義により波動関数 ψ をもつ状態に対して

$$\bar{\boldsymbol{s}} = \sum_{\alpha} \psi^{\alpha*}(\hat{\boldsymbol{s}}\psi^{\alpha}) \tag{42.2}$$

が得られる[1]．ここでスピン変数 σ についての和はスピノール成分についての和の形に表わすことができる．文字 α, β により本節では 1 および 2 の値をとるスピノール添字を表

わすことにする．また太い文字 $\boldsymbol{\sigma}$ によりその成分がパウリの行列 $\sigma_x, \sigma_y, \sigma_z$ であるような《行列ベクトル》を表わす．(40.1) によりスピン演算子 $\hat{\boldsymbol{s}} = (1/2)\boldsymbol{\sigma}$ の作用は変換

$$\hat{\boldsymbol{s}}\psi^\alpha = \frac{1}{2}\sum_\beta \boldsymbol{\sigma}^{\alpha\beta}\psi^\beta$$

を意味する．ここで $\boldsymbol{\sigma}^{\alpha\beta}$ は行列要素である．したがって式 (42.2) はつぎの形に書ける：

$$\bar{\boldsymbol{s}} = \frac{1}{2}\sum_{\alpha,\beta} \rho^{\beta\alpha}\boldsymbol{\sigma}^{\alpha\beta}. \tag{42.3}$$

ここで

$$\rho^{\beta\alpha} = \overline{\psi^\beta \psi^{\alpha*}} \tag{42.4}$$

である．明らかに

$$(\rho^{\alpha\beta})^* = \rho^{\beta\alpha} \tag{42.5}$$

であり，波動関数の規格化条件により

$$\rho^{11} + \rho^{22} = 1 \tag{42.6}$$

が成り立つ．

部分偏極という一般的な場合には電子の状態は**偏極密度行列**

$$\rho^{\alpha\beta} = \begin{pmatrix} \rho^{11} & \rho^{12} \\ \rho^{21} & \rho^{22} \end{pmatrix}$$

---

*) ［訳注］密度行列によって記述される混合状態．
1) 本節（および §40, §41）では波動関数の座標依存性には関心がないので，(42.2) では空間に関する積分は書かないことを想起せよ．スピノール ψ はつぎの規格化条件が成り立つ：
$$|\psi^1|^2 + |\psi^2|^2 = 1.$$

によって記述される．これは (42.5), (42.6) の条件を満足し, (42.3) により $\bar{s}$ を定義する．しかしながら純粋状態とは違ってこの行列の要素は (42.4) の積に分解されない．ベクトル $\bar{s}$ の絶対値は 0 から 1/2 までの値をとることができる．値 1/2 は完全偏極に対応し，値 0 は逆の非偏極状態の場合に対応する．

四つの複素量 $\rho^{\alpha\beta}$ は八つの実のパラメータに等価であるが，五つの関係式 (42.5), (42.6) のためにこのうち三つだけが独立である．それだけの数の量（成分）を実ベクトル $\bar{s}$ は含んでいる．どちらも互いに同じことを表わしていることは明らかである．言いかえるとスピン 1/2 をもつ粒子の偏極状態は，平均のスピンベクトルを与えることにより決定される．

スピンの z 成分の平均値は

$$\bar{s}_z = \frac{1}{2} \sum_{\alpha,\beta} \sigma_z^{\alpha\beta} \rho^{\beta\alpha} = \frac{1}{2}(\rho^{11} - \rho^{22})$$

である．これからわかるように ρ^{11} と ρ^{22} は固有値 $s_z = 1/2$ および $s_z = -1/2$ の確率である．これに対し ρ^{12} は s_x と s_y の平均値に関連している．(40.6) の行列 σ_x, σ_y を用いると

$$\rho^{12} = \bar{s}_x - i\bar{s}_y$$

であることが容易にわかる．

§43. 磁場のなかの粒子

スピンをもつ粒子はまた確定した《固有の》磁気モーメ

ント $\boldsymbol{\mu}$ をもっている．それに対応する量子力学的演算子は $\hat{\boldsymbol{s}}$ に比例しており

$$\boldsymbol{\mu} = \mu \frac{\hat{\boldsymbol{s}}}{s} \tag{43.1}$$

の形に書くことができる．ここで s は粒子のスピンの値，μ は粒子に固有の定数である．磁気モーメントの射影の固有値は $\mu_z = \mu\sigma/s$ である．これからわかるように，係数 μ (それはまた普通単に磁気モーメントの値と呼ばれる) は $\sigma = s$ であるときに得られる μ_z の可能な最大値を表わしている．

比 $\mu/\hbar s$ は粒子の固有の磁気モーメントとその固有の力学的角運動量との比を与えている（ここで両者とも z 軸の方向にとっている）．よく知られているように普通の（軌道）角運動量に対してこの比は $e/2mc$ である（I. §66 参照）．ところが粒子の固有磁気モーメントとスピンのあいだの比例係数はそれとは異なる．電子に対してそれは $-|e|/mc$, つまり普通の値の 2 倍の大きさである（あとで見るようにこの値はディラックの相対論的波動方程式から理論的に求められる）．したがって，（スピン 1/2 の）電子の固有磁気モーメントは $-\mu_\mathrm{B}$ である．ここで

$$\mu_\mathrm{B} = \frac{|e|\hbar}{2mc} = 0.927 \times 10^{-20} \text{ erg/gauss} \tag{43.2}$$

である．この量は**ボーア磁子**と呼ばれる．

重い粒子の磁気モーメントは $e\hbar/2m_p c$ と定義される核磁子で測られる．ここで m_p は陽子の質量である．実験に

よれば，陽子の固有磁気モーメントの値は 2.79 核磁子であり，磁気モーメントはスピンに平行である．中性子の磁気モーメントはスピンに反平行であり，1.91 核磁子である．

等式 (43.1) の両辺にある量 μ と s は当然ながらそのベクトルの性質に関して同等であることに注意を向けよう．すなわち両者は軸性ベクトルである（両者は二つの極性ベクトルのベクトル積で与えられる）．ところが電気双極モーメント d に対する同様の式（$d = \mathrm{const} \cdot s$）は座標反転に関する対称性に矛盾する．座標反転に対してこの式の両辺の符号は互いに異なってしまうからである[1]．

電場および磁場の外場のなかを運動する粒子に対するシュレーディンガー方程式がどのように書かれなければならないかを解明しよう．

古典理論においては電磁場中の荷電粒子のハミルトン関数はつぎの形をもつ：

$$H = \frac{1}{2m}\left(\boldsymbol{p} - \frac{e}{c}\boldsymbol{A}\right)^2 + e\Phi.$$

ここで Φ はスカラーポテンシャル場，$\boldsymbol{A}$ はベクトルポテンシャル場，$\boldsymbol{p}$ は粒子の一般化運動量である（I．§43 参照）．もしも粒子がスピンをもたなければ，量子力学への移行は自

---

[1] この式（同じことだが素粒子における電気双極モーメントの存在）は，時間反転に関する対称性にも矛盾することに注意しよう．時間の符号を変えても電気双極モーメントの符号は変わらないが，スピンの符号は変わる（このことはたとえば軌道運動におけるこの量の定義から明らかである．d の定義には粒子の座標のみが入るが，角運動量の定義には粒子の速度も入るからである）．

然に行なわれる．すなわち一般化運動量は演算子 $\hat{\boldsymbol{p}} = -i\hbar\nabla$ に置き換えられなければならない．したがってつぎのハミルトニアンが得られる[1]：

$$\hat{H} = \frac{1}{2m}\left(\hat{\boldsymbol{p}} - \frac{e}{c}\boldsymbol{A}\right)^2 + e\Phi. \tag{43.3}$$

ところが粒子がスピンをもつならば，このようなハミルトニアンでは不十分である．粒子の固有磁気モーメントは磁場と直接相互作用をする点が問題である．古典的なハミルトン関数にはこのような相互作用は存在しない．なぜならばスピン自身は純粋に量子的効果であるので，古典的極限へ移行するとき消えてしまうからである．ハミルトニアンに対する正しい表式は，磁場 $\boldsymbol{H}$ のなかの磁気モーメント $\boldsymbol{\mu}$ のエネルギーに相当する付加項 $-\hat{\boldsymbol{\mu}}\cdot\boldsymbol{H}$ を (43.3) に加えることによって得られる[2]．こうしてスピンをもち磁場のなかにある粒子のハミルトニアンはつぎの形をもつ：

$$\hat{H} = \frac{1}{2m}\left(\hat{\boldsymbol{p}} - \frac{e}{c}\boldsymbol{A}\right)^2 - \hat{\boldsymbol{\mu}}\cdot\boldsymbol{H}. \tag{43.4}$$

この演算子の固有値に対する方程式 $\hat{H}\psi = E\psi$ が，磁場中の運動の場合におけるシュレーディンガー方程式の求めていた一般化である．この方程式における波動関数 ψ は $2s+1$ 階のスピノールである．

---

[1] ここでわれわれは一般化運動量を（I. §43 の $\boldsymbol{P}$ の代りに）普通の運動量と同じ記号 $\boldsymbol{p}$ で表わすことにする．それにより同じ演算子がそれに対応していることを強調するためである．

[2] ここで磁場とハミルトニアンの量を同じ記号で表わすことによって誤解は生じない．ハミルトニアンは記号の上に山形の印がある．

§44. 一様な磁場のなかの運動

定まった一様な磁場のなかの電子のエネルギー準位を決定しよう.

z 軸を磁場 $\boldsymbol{H}$ の方向に選び, 場のベクトルポテンシャルをつぎの形に選ぶ:

$$A_x = -Hy, \qquad A_y = A_z = 0 \qquad (44.1)$$

(rot $\boldsymbol{A}$ は実際に $\boldsymbol{H}$ と一致することは容易に確かめられる). すると (電荷 $e=-|e|$ と磁気モーメント $\mu=-\mu_\mathrm{B}$ をもつ) 電子に対するハミルトニアン (43.4) はつぎの形をとる:

$$\hat{H} = \frac{1}{2m}\left(\hat{p}_x + \frac{eH}{c}y\right)^2 + \frac{\hat{p}_y^2}{2m} + \frac{\hat{p}_z^2}{2m} - \frac{eH}{mc}\hat{s}_z. \quad (44.2)$$

まず最初に, 演算子 $\hat{s}_z$ はハミルトニアンと可換であることに気づく (なぜならばハミルトニアンはスピンの他の成分の演算子を含まないからである). このことはスピンの成分が保存されること, したがって $\hat{s}_z$ は固有値 $s_z = \sigma$ に置き換えてよいことを意味している. そうしたあとでは波動関数のスピン依存性は重要でなくなり, シュレーディンガー方程式のなかの ψ は普通の座標関数のように扱ってよい. この関数に対する方程式は

$$\frac{1}{2m}\left[\left(\hat{p}_x + \frac{eH}{c}y\right)^2 + \hat{p}_y^2 + \hat{p}_z^2\right]\psi - \frac{eH}{mc}\sigma\psi = E\psi$$

$$(44.3)$$

となる.

ハミルトニアン (44.2) は座標 x および z をあらわには含まない. したがって演算子 $\hat{p}_x$ および $\hat{p}_z$ (x および z に

§44. 一様な磁場のなかの運動

関する微分) はこのハミルトニアンと可換である．すなわち一般化運動量の x および z 成分は保存される．したがって ψ を

$$\psi = \exp\{i(p_x x + p_z z)/\hbar\}\chi(y) \qquad (44.4)$$

の形に求めることにしよう．

固有値 p_x および p_z は $-\infty$ から $+\infty$ までのあらゆる値をとる．$A_z=0$ であるので一般化運動量の z 成分 p_z は普通の運動量成分 $p_z = mv_z$ と一致する．したがって場の方向の電子の速度は任意の値をとることができる．すなわち場の方向の運動は《量子化されない》ということができる．

(44.4) を (44.3) に代入すると，関数 χ に対するつぎの方程式が得られる：

$$\chi'' + \frac{2m}{\hbar^2}\left[E - \omega_H \sigma - \frac{p_z^2}{2m} - \frac{m}{2}\omega_H^2(y-y_0)^2\right]\chi = 0.$$

ここで記号 $y_0 = -cp_x/eH$ および

$$\omega_H = \frac{|e|H}{mc} \qquad (44.5)$$

を用いた．この方程式は，点 $y=y_0$ の付近を振動数 ω_H で振動している1次元振動子に対するシュレーディンガー方程式 (25.6) と形式的に一致する．したがって振動子のエネルギーの役割を果たす定数 $(E-\sigma\omega_H-p_z^2/2m)$ は値 $(n+1/2)\hbar\omega_H$ をとることができるとただちに結論できる．ここで n は整数である．

したがって一様な磁場のなかの電子のエネルギー準位に対してつぎの式が得られる：

$$E = \left(n + \frac{1}{2} + \sigma\right)\hbar\omega_H + \frac{p_z^2}{2m}. \tag{44.6}$$

(44.6) の第1項は場に垂直な平面のなかの運動に対応するエネルギーの離散値を与えている．それは**ランダウ準位**と呼ばれる[1]．

---

[1] この問題は金属における電子の反磁性の問題に関連してランダウにより初めて研究された（1930）．

第6章　粒子の同等性

§45. 同種粒子の無差別性の原理

　古典力学では同種粒子（たとえば電子）は，その物理的性質が同等であるにもかかわらず，自己の《個別性》をまったく失わない．すなわち与えられた物理系を構成している粒子をある時刻に《番号づけ》て，それから各粒子の運動をその軌道に沿って追うことができる．つまり任意の時刻に粒子を区別することができる．

　ところが量子力学では不確定原理からただちに導かれるように事情はまったく異なっている．すでに何度か述べたように，不確定原理のために電子の軌道という概念はまったく意味を失っている．もしも現在の時刻に電子の位置が正確に知れたとしても，つぎの時刻にはその座標はもはや一般にいかなる確定値もとらない．したがって電子をある時刻に局在化してそれに番号をつけても，これによって以後の時刻の電子の識別をすることはできない．別の時刻に空間のある点に電子の一つを局在化しても，一体どの電子がこの点に来たのかいうことはできない．

　このように量子力学では，同種粒子をおのおのを別々に追いかけてそれらを区別する可能性は原理的にまったく存

在しない．量子力学では同種粒子はその《個別性》をまったく失っているということができよう．この物理的性質に関する粒子の同等性はきわめて徹底した性格をもっている．それは粒子の完全な無差別性を導くものである．

このいわゆる同種粒子の**無差別性の原理**は，同種粒子からなる系の量子力学的研究において重要な役割を演じている．全部で二つの粒子からなる系の考察から始めよう．粒子の同等性のために，二つの粒子の単なる互換によって得られる系の状態は，物理的にはまったく同等でなければならない．このことは，系の波動関数がこのような互換によって結局重要でない位相因子しか変えないことを意味している．$\psi(\xi_1,\xi_2)$ を系の波動関数とし，ξ_1,ξ_2 をさしあたって各粒子の 3 個の座標とスピン射影の組を表わすものとしよう．すると

$$\psi(\xi_1,\xi_2) = e^{i\alpha}\psi(\xi_2,\xi_1)$$

でなければならない．ここで α はある実の定数である．2 度目の互換の結果，われわれは最初の状態にもどるが，関数 ψ の方は $e^{2i\alpha}$ 倍されているので，$e^{2i\alpha}=1$ または $e^{i\alpha}=\pm 1$ でなければならない．したがって $\psi(\xi_1,\xi_2)=\pm\psi(\xi_2,\xi_1)$ である．

こうして波動関数には対称（つまり粒子の互換によってまったく変わらない）か，または反対称（互換によって符号が変わる）かどちらか二つの可能性しかないという結果に到達する．同じ系のすべての状態の波動関数は，同じ対称性をもたなければならないことは明らかである．さもな

いと，異なる対称性の状態の重ね合わせで表わされる状態の波動関数は対称でも，反対称でもないということになるからである．

この結果はただちに任意の数の同種粒子からなる系に一般化される．実際，粒子の同等性のために，もしもその粒子の任意の一対がたとえば対称な波動関数によって記述される性質をもつとすると，このような粒子の他のすべての対も同じ性質をもつことは明らかである．したがって同種粒子の波動関数は，任意の粒子対の互換に対して（したがって粒子間のあらゆる互換に対して）まったく変わらないか，あるいは各対の互換に対して符号が変わるかどちらかである．第一の場合は**対称**な波動関数と呼び，第二の場合は**反対称**な波動関数と呼ぶ．

対称波動関数によって記述されるか，それとも反対称波動関数によって記述されるかの性質は，粒子の種類に依存している．反対称関数によって記述される粒子のことを**フェルミ-ディラック統計**に従う粒子，あるいは**フェルミオン**（**フェルミ粒子**）と呼び，対称関数によって記述される粒子のことを**ボーズ-アインシュタイン統計**に従う粒子，あるいは**ボソン**（**ボーズ粒子**）と呼ぶ[1]．

---

1) この用語は，それぞれ反対称または対称な波動関数をもつ粒子からなる理想気体を記述する統計の名称からきている．実際には，これには統計の違いばかりでなく，本質的には力学の違いが関係している．フェルミ統計はエンリコ・フェルミにより 1926 年に電子に対して提案され，その量子力学との関係はディラックによって明らかにされた（1926 年）．ボーズ統計はボーズにより光量子

あとで見るように（§87），相対論的量子力学の法則から，粒子が従う統計とそのスピンとは一義的に関連している．すなわち，半整数スピンをもつ粒子はフェルミオンであり，整数スピンをもつ粒子はボソンである．

複合粒子の統計は，その組成に含まれる素フェルミ粒子の数の偶奇によって決定される．実際，二つの同種の複合粒子を互換することは，同種粒子のいくつかの対を同時に互換することと同等である．ボーズ粒子の互換は一般に波動関数を変えないが，フェルミ粒子の互換は波動関数の符号を変える．したがって素フェルミ粒子を奇数個含む複合粒子はフェルミ統計に従い，偶数個含む複合粒子はボーズ統計に従う．この結果はもちろん上に述べた規則と一致している．なぜなら複合粒子は，それを構成する半整数スピンの粒子の数が偶であるか奇であるかに従って，整数または半整数スピンをもつからである．

したがって奇の質量数をもつ（すなわち奇数個の陽子および中性子からなる）原子核はフェルミ統計に従い，また偶の質量数をもつ原子核はボーズ統計に従う．原子核の他にも電子を含んでいる原子に対する統計は，明らかに質量数と原子番号の和の偶奇によって決まる．

N 個の同種粒子からなる系を考察しよう．粒子間の相互作用は無視できるものとする．また粒子がそれぞれ別々に占めることのできる異なる定常状態の波動関数を $\psi_1, \psi_2, \cdots$

に対して提案され，アインシュタインにより一般化された（1924年）．

としよう．全体としての系の状態は，個々の粒子が占める状態の番号を列挙することにより指定することができる．どのようにして関数 $\psi_1, \psi_2, \cdots$ から系全体の波動関数 ψ を組み立てるべきかという問題が生ずる．

いま $p_1, p_2, \cdots, p_N$ を個々の粒子が占める状態の番号であるとしよう（これらの番号のなかに同じものがあってもよい）．ボソンの系に対して波動関数 $\psi(\xi_1, \xi_2, \cdots, \xi_N)$ は，

$$\psi_{p_1}(\xi_1)\psi_{p_2}(\xi_2)\cdots\psi_{p_N}(\xi_N) \tag{45.1}$$

なる形の積において異なる添字 $p_1, p_2, \cdots$ にあらゆる可能な置換を施したものの和で表わされる．このような和は明らかに要求される対称の性質をもっている．したがってたとえば異なる状態 ($p_1 \neq p_2$) にある2粒子からなる系に対しては

$$\psi(\xi_1, \xi_2) = \frac{1}{\sqrt{2}}[\psi_{p_1}(\xi_1)\psi_{p_2}(\xi_2) + \psi_{p_1}(\xi_2)\psi_{p_2}(\xi_1)] \tag{45.2}$$

となる．$1/\sqrt{2}$ なる因子は規格化のために導入された（すべての関数 $\psi_1, \psi_2, \cdots$ は相互に直交し，規格化されているものと仮定する）．任意の数である N 個の粒子という一般的な場合に規格化された波動関数は

$$\psi = \left(\frac{N_1!N_2!\cdots}{N!}\right)^{1/2} \sum \psi_{p_1}(\xi_1)\psi_{p_2}(\xi_2)\cdots\psi_{p_N}(\xi_N) \tag{45.3}$$

となる．ここで和は異なる添字 $p_1, p_2, \cdots, p_N$ のあらゆる置換についてとり，数 N_i はすべての添字のうち同じ値 i をもつ添字の数を表わしている（この場合 $\sum N_i = N$ とな

る).2乗 $|\psi|^2$ を $d\xi_1 d\xi_2 \cdots d\xi_N$ について積分すると,和の各項の絶対値の2乗を除くあらゆる項はゼロとなる[1]. 和 (45.3) の項の数は明らかに

$$\frac{N!}{N_1! N_2! \cdots}$$

であるので,これから (45.3) の規格化係数が得られる.

フェルミオンの系に対して波動関数 ψ は (45.1) の積の反対称結合である.したがって2粒子から成る系に対しては

$$\psi = \frac{1}{\sqrt{2}} [\psi_{p_1}(\xi_1) \psi_{p_2}(\xi_2) - \psi_{p_1}(\xi_2) \psi_{p_2}(\xi_1)] \quad (45.4)$$

となる.N 個の粒子の一般的な場合には系の波動関数は行列式

$$\psi = \frac{1}{\sqrt{N!}} \begin{vmatrix} \psi_{p_1}(\xi_1) & \psi_{p_1}(\xi_2) & \cdots & \psi_{p_1}(\xi_N) \\ \psi_{p_2}(\xi_1) & \psi_{p_2}(\xi_2) & \cdots & \psi_{p_2}(\xi_N) \\ \cdots & \cdots & \cdots & \cdots \\ \psi_{p_N}(\xi_1) & \psi_{p_N}(\xi_2) & \cdots & \psi_{p_N}(\xi_N) \end{vmatrix} \quad (45.5)$$

の形に書くことができる.二つの粒子の互換はここでは行列式の二つの列の互換に対応し,その結果これはよく知られるように符号を変える.

式 (45.5) よりつぎのような重要な結果が導かれる.もしも番号 $p_1, p_2, \cdots$ のうちでどれか二つが同じならば,行

---

[1] $d\xi$ についての積分は(本節および §46, §47 では)座標に関する積分の他に σ に関する和をとるものとする.

列の二つの行が同じになり,行列式は恒等的にゼロとなる.行列式がゼロでないのは,すべての番号 $p_1, p_2, \cdots$ が異なる場合だけである.したがって同種のフェルミオンの系では,二つ(あるいはそれ以上)の粒子が同時に同じ状態を占めることはできない.これがいわゆる**パウリの原理**である.それは 1925 年にヴォルフガング・パウリにより確立された.

§46. 交換相互作用

シュレーディンガー方程式のなかで粒子にスピンの存在が考慮されていないことは,この方程式およびこれを用いて得られるすべての結果の価値をけっしてそこなうものではない.それは粒子の電気的相互作用がそのスピンに依存しないからである[1].数学的にはこれは,電気的に相互作用している粒子のハミルトニアンは(磁場が存在しなければ)スピン演算子を含まず,したがってそれを波動関数に演算してもスピン変数には何の影響も及ぼさないことを意味している.したがって波動関数の各成分は本当にシュレーディンガー方程式を満足する.言いかえると粒子系の波動関数は積

$$\psi(\xi_1, \xi_2, \cdots) = \chi(\sigma_1, \sigma_2, \cdots)\varphi(\boldsymbol{r}_1, \boldsymbol{r}_2, \cdots) \qquad (46.1)$$

の形に書くことができる.ここで関数 φ は粒子の座標のみ

---

[1] このことは,われわれが非相対論的近似を問題とする場合に限って正しい.相対論的効果を考慮すると荷電粒子の相互作用はスピンに依存するようになる.

に依存し，関数 χ はスピンのみに依存する．前者を**座標**または**軌道波動関数**と呼び，後者を**スピン波動関数**と呼ぼう．シュレーディンガー方程式は本質的に関数 χ を任意のままに残して座標関数 φ のみを決定する．われわれが粒子のスピン自身に興味をもたない場合にはいつでも，これまでの説明で行なってきたように波動関数として座標関数のみを考えてシュレーディンガー方程式を適用できる．

しかし粒子の電気的相互作用がそのスピンに依存しないにもかかわらず，系のエネルギーはその全スピンに対して特異な依存性をもつことがある．これも結局のところ同種粒子の無差別性の原理に由来するものである．

全部で二つの同種粒子からなる系を考察しよう．シュレーディンガー方程式を解いた結果，一連のエネルギー準位が得られる．そしてそれには一定の対称または反対称の座標波動関数 $\varphi(\boldsymbol{r}_1, \boldsymbol{r}_2)$ が対応する．実際，粒子の同等性のために系のハミルトニアンは（したがってシュレーディンガー方程式の方も）粒子の互換に対して不変である．そこでもしもエネルギー準位が縮退していなければ，座標 $\boldsymbol{r}_1$ と $\boldsymbol{r}_2$ の互換に対して関数 $\varphi(\boldsymbol{r}_1, \boldsymbol{r}_2)$ は定数因子だけ変わる．さらにもう一度互換を行なうことによって，この因子は ±1 に等しくなければならないことがわかる[1]．

はじめに粒子はゼロのスピンをもつと仮定しよう．このような粒子に対してはスピン因子は一般に存在せず，波動

---

1) 縮退が存在する場合には，与えられた準位に属する関数の適当な線形結合を選んで，やはりこの条件を満足するようにできる．

関数は単に一つの座標関数 $\varphi(\boldsymbol{r}_1, \boldsymbol{r}_2)$ に帰着される．この関数は対称でなければならない（なぜならばスピンがゼロの粒子はボーズ統計に従うからである）．したがってシュレーディンガー方程式を形式的に解いて得られるエネルギー準位のすべてが実際に存在できるわけではない．そのうちの反対称関数 φ に対応する準位は，いま考えている系では起こりえない．

2 個の同種粒子の互換は座標系の反転操作と同等である（その原点は両粒子を結ぶ線分の中点にとる）．他方，反転の結果波動関数 φ には，$(-1)^l$ が掛けられるべきである．ここで l は両粒子の相対運動の軌道角運動量である（§19 参照）．この考察と上述のことを比較すると，スピン・ゼロの 2 個の同種粒子からなる系は偶の軌道角運動量しかもちえないという結論に達する．

つぎに，系が 1/2 のスピンをもつ 2 粒子（たとえば電子）からなるものと仮定しよう．すると系の全波動関数（すなわち関数 $\varphi(\boldsymbol{r}_1, \boldsymbol{r}_2)$ とスピン関数 $\chi(\sigma_1, \sigma_2)$ との積）は両電子の互換に関して必ず反対称でなければならない．したがって，座標関数が対称（反対称）のときはスピン関数は反対称（対称）でなければならない．スピン関数をスピノールの形，すなわちその各添字 1 が電子のスピンに対応するような 2 階のスピノール $\chi^{\alpha\beta}$ の形に書こう．両粒子のスピンに関して対称な関数には対称なスピノール ($\chi^{\alpha\beta} = \chi^{\beta\alpha}$) が対応し，反対称な関数には反対称スピノール ($\chi^{\alpha\beta} = -\chi^{\beta\alpha}$) が対応している．ところが 2 階の対称スピノールは全スピ

ンが1に等しい系を記述し，反対称スピノールはスピン・ゼロに対応するスカラーに帰着されることをわれわれは知っている．

したがってつぎの結果に到達する．シュレーディンガー方程式の対称解 $\varphi(\boldsymbol{r}_1, \boldsymbol{r}_2)$ に対応するエネルギー準位が実現しうるのは，系の全スピンがゼロに等しい場合，つまり両電子のスピンが《反平行に》向いてその和がゼロとなる場合である．また反対称関数 $\varphi(\boldsymbol{r}_1, \boldsymbol{r}_2)$ に関連したエネルギーの値は，全スピンが1であることを要求する．つまり両電子のスピンは《平行》でなければならない．

言いかえると，電子系のとりうるエネルギーの値は，その全スピンに依存している．したがって，この依存性を導き出すような粒子間のある特殊な相互作用について論ずることが可能である．この相互作用は**交換相互作用**と呼ばれている．これは純粋な量子効果を表わしており，（スピンと同じく）古典力学の極限へ移行すると完全になくなる．

§47. 第二量子化．ボーズ統計の場合

多数の同種粒子からなる系の理論では，**第二量子化**の名で知られている特別の研究方法が広く適用される．この方法は，粒子の数それ自身が変数である系をとり扱うことを余儀なくされる相対論的理論では一般に不可欠となる[1]．

---

[1] 第二量子化の方法は，ディラックにより光子に対してその放射理論に適用して展開され（1927），その後ウィグナーとヨルダンによりフェルミ粒子に対して拡張された（1928）．

$\psi_1(\xi), \psi_2(\xi), \cdots$ により一粒子の定常状態の波動関数の規格直交完全系を表わすことにしよう．これらの関数として運動量（およびスピンの射影）の確定値をもつ自由粒子の波動関数である平面波を選ぶのが普通である．この場合，状態のスペクトルを離散的にするために，大きいが有界な空間の領域 Ω に限定された粒子の運動を考察する（§27 の終わりでこれについて説明した）．

自由粒子の系では粒子の運動量は個々に保存される．それによって状態の**占有数** $N_1, N_2, \cdots$ もまた保存される．これは状態 $\psi_1, \psi_2, \cdots$ のおのおのに見いだされる粒子の数を表わしている．相互作用をしている粒子の系では各粒子の運動量はもはや保存されず，したがって占有数も保存されない．このような系に対しては占有数の異なる値の確率分布についてのみ論ずることができる．（粒子の座標およびスピンの射影ではなくて）占有数が独立変数の役割を果たすような数学的方法をつくることを試みよう．

系の状態のこのような記述方法はいわば《占有数空間における波動関数》によってなされる．（普通の座標とスピンの波動関数 $\Psi(\xi_1, \xi_2, \cdots, \xi_N; t)$ と区別するために）それを今 $\Phi(N_1, N_2, \cdots; t)$ と表わそう．絶対値の 2 乗 $|\Phi|^2$ は異なる占有数 $N_1, N_2, \cdots$ の確率分布を決定する．

このような独立変数の選び方に相応して，（系のハミルトニアンも含めて）いろいろな物理量の演算子もまた，占有数の関数に作用するような形に定式化されなければならない．この定式化には，演算子の普通の行列表示から出発し

て到達することができる.この場合,相互作用していない粒子系の定常状態の波動関数に関する演算子の行列要素を考察しなければならない.これらの状態は占有数の確定値を与えることにより記述されるので,そのことにより,これら変数に対する演算子の作用の性質が解明される.

まず初めにボーズ統計に従う粒子から成る系を考察しよう.

$\hat{f}_a^{(1)}$ を a 番目の粒子に関するある物理量の演算子としよう.すなわちそれは ξ_a の関数にだけ作用する.すべての粒子に関して対称な演算子

$$\hat{F}^{(1)} = \sum_a \hat{f}_a^{(1)} \tag{47.1}$$

を導入しよう(和はすべての粒子についてとる).波動関数 (45.3) に関するこの演算子の行列要素を定義しよう.まず最初に行列要素がゼロとならないのは,数 $N_1, N_2, \cdots$ が変化しない遷移(対角要素)およびこれらの数のうちの一つが1だけ増加し他の一つが1だけ減少する遷移の場合だけであることが容易にわかる.実際,演算子 $\hat{f}_a^{(1)}$ はそれぞれ積 $\psi_{p_1}(\xi_1)\psi_{p_2}(\xi_2)\cdots\psi_{p_N}(\xi_N)$ のうちの一つの関数にだけ作用するので,その行列要素は1個の粒子の状態の変化を伴う遷移に対してのみゼロでないことになる.しかしこれはある状態にある粒子数が一つだけ減り,それに伴って他の状態にある粒子数が一つだけふえることを意味している.これらの行列要素の計算は実際は非常に簡単である.その説明を追うよりも,自分でやってみるほうがずっと容易で

ある.したがってわれわれは計算結果のみを記すことにする.非対角要素は

$$\langle N_i, N_k-1|F^{(1)}|N_i-1, N_k\rangle = f_{ik}^{(1)}\sqrt{N_iN_k} \quad (47.2)$$

に等しい.われわれは行列要素の対角でない添字のみを示して,他は簡単のために省略する.ここで $f_{ik}^{(1)}$ は行列要素

$$f_{ik}^{(1)} = \int \psi_i^*(\xi)\hat{f}^{(1)}\psi_k(\xi)d\xi \quad (47.3)$$

である.演算子 $\hat{f}_a^{(1)}$ はそれが作用する変数の記号だけで区別されるので,積分 (47.3) は添字 a に依存せず,この添字は無視される.$F^{(1)}$ の対角行列要素は状態 $\Phi(N_1, N_2, \cdots)$ における量 $F^{(1)}$ の平均値である.計算の結果

$$\overline{F^{(1)}} = \sum_i f_{ii}^{(1)} N_i \quad (47.4)$$

となる.

ここで第二量子化の方法において基本的な演算子 $\hat{a}_i$ を導入しよう.それは座標関数に作用するのではなく占有数の関数に作用する演算子である.定義として演算子 $\hat{a}_i$ は関数 $\Phi(N_1, N_2, \cdots)$ に作用させると添字 N_i を1だけ減少させ,それと同時に波動関数に $\sqrt{N_i}$ を掛ける.すなわち

$$\hat{a}_i\Phi(N_1, N_2, \cdots, N_i, \cdots) = \sqrt{N_i}\Phi(N_1, N_2, \cdots, N_i-1, \cdots) \quad (47.5)$$

である.演算子 $\hat{a}_i$ は i 番目の状態にある粒子の数を一つだけ減少させるということができる.したがって,それは粒子の**消滅演算子**と呼ばれる.それは行列の形に表わすことができて,そのゼロでない唯一の要素は

$$\langle N_i-1|a_i|N_i\rangle = \sqrt{N_i} \qquad (47.6)$$

である．

$\hat{a}_i$ に共役な演算子 $\hat{a}_i^+$ は，定義により（(11.9) 参照）つぎのような唯一の要素をもつ行列によって表わされる：

$$\langle N_i|\hat{a}_i^+|N_i-1\rangle = \langle N_i-1|a_i|N_i\rangle^* = \sqrt{N_i} \qquad (47.7)$$

これは関数 $\Phi(N_1, N_2, \cdots)$ に作用すると添字 N_i を一つだけ増加させることを意味する：

$$\hat{a}_i^+ \Phi(N_1, N_2, \cdots, N_i, \cdots)$$
$$= \sqrt{N_i+1}\,\Phi(N_1, N_2, \cdots, N_i+1, \cdots). \qquad (47.8)$$

言いかえると，演算子 $\hat{a}_i^+$ は i 番目の状態にある粒子の数を一つだけ増大させる．したがってそれは粒子の**生成演算子**と呼ばれる．

演算子の積 $\hat{a}_i^+ \hat{a}_i$ を波動関数に作用させると，明らかにそれに定数が掛かるだけで，すべての変数 $N_1, N_2, \cdots$ は変化しない．すなわち演算子 $\hat{a}_i$ は N_i を一つだけ減少させるが，$\hat{a}_i^+$ がそれをもとの値に戻す．行列 (47.6) および (47.7) を直接掛けると，$\hat{a}_i^+ \hat{a}_i$ は期待されるように N_i なる対角要素をもつ対角行列によって表わされる．それは

$$\hat{a}_i^+ \hat{a}_i = N_i \qquad (47.9)$$

と書くことができる．同様にして

$$\hat{a}_i \hat{a}_i^+ = N_i+1 \qquad (47.10)$$

となることがわかる．

これらの式の差は演算子 $\hat{a}_i$ と $\hat{a}_i^+$ のあいだの交換則を与える：

$$\hat{a}_i \hat{a}_i^+ - \hat{a}_i^+ \hat{a}_i = 1. \tag{47.11}$$

異なる添字 i と k をもつ演算子は異なる変数（N_i と N_k）に作用するので交換する：

$$\hat{a}_i \hat{a}_k - \hat{a}_k \hat{a}_i = 0, \quad \hat{a}_i \hat{a}_k^+ - \hat{a}_k^+ \hat{a}_i = 0 \quad (i \neq k). \tag{47.12}$$

演算子 $\hat{a}_i, \hat{a}_i^+$ の上述の性質から，演算子

$$\hat{F}^{(1)} = \sum_{i,k} f_{ik}^{(1)} \hat{a}_i^+ \hat{a}_k \tag{47.13}$$

は演算子（47.1）と同じであることが容易にわかる．実際，(47.6), (47.7) を用いて計算されるすべての行列要素は，行列要素（47.2）と一致する．この結果は非常に重要である．式（47.13）では量 $f_{ik}^{(1)}$ は単なる数である．したがってわれわれは座標関数に作用する普通の演算子を，新しい変数である占有数 N_i の関数に作用する演算子の形に表わすことに成功したことになる．

得られた結果は別の形の演算子にも容易に一般化される．いま

$$\hat{F}^{(2)} = \sum_{a>b} \hat{f}_{ab}^{(2)} \tag{47.14}$$

とする．ここで $\hat{f}_{ab}^{(2)}$ は粒子の対の双方に関係した物理量の演算子である．したがって ξ_a と ξ_b の関数に作用する．同様の計算を行なうと，このような演算子は演算子 $\hat{a}_i, \hat{a}_i^+$ を用いてつぎのように表わすことができることがわかる：

$$\hat{F}^{(2)} = \frac{1}{2} \sum_{i,k,l,m} (f^{(2)})_{lm}^{ik} \hat{a}_i^+ \hat{a}_k^+ \hat{a}_m \hat{a}_l, \tag{47.15}$$

ここで

$$(f^{(2)})^{ik}_{lm} = \iint \psi_i^*(\xi_1)\psi_k^*(\xi_2)\hat{f}^{(2)}\psi_l(\xi_1)\psi_m(\xi_2)d\xi_1 d\xi_2$$

である.まったく同じようにして,これらの式はすべての粒子に関して対称な任意の他の形の演算子に一般化される.

これらの式を使って,相互作用している N 個の同種粒子からなる実際に研究の対象となる物理系のハミルトニアンを,演算子 $\hat{a}_i, \hat{a}_i^+$ を用いて表わすことができる.このような系のハミルトニアンはもちろんすべての粒子に関して対称である.したがって,もしも系のなかの相互作用が粒子の各対の相互作用に帰着されるならば,ハミルトニアンはつぎの形をもつ:

$$\hat{H} = \sum_a \hat{H}_a^{(1)} + \sum_{a>b} U^{(2)}(\boldsymbol{r}_a, \boldsymbol{r}_b). \tag{47.16}$$

ここで $\hat{H}_a^{(1)}$ はただ一つの粒子の座標に依存するハミルトニアンの部分

$$\hat{H}_a^{(1)} = -\frac{\hbar^2}{2m}\Delta_a \tag{47.17}$$

である.ここで $U^{(2)}(\boldsymbol{r}_a, \boldsymbol{r}_b)$ は 2 粒子の相互作用エネルギーである.式 (47.16) に式 (47.13), (47.15) を適用すると

$$\hat{H} = \sum_{i,k} H^{(1)}_{ik}\hat{a}_i^+\hat{a}_k + \frac{1}{2}\sum_{i,k,l,m}(U^{(2)})^{ik}_{lm}\hat{a}_i^+\hat{a}_k^+\hat{a}_m\hat{a}_l \tag{47.18}$$

を得る.これによって占有数の関数に作用する演算子の形

をしたハミルトニアンの求める表式が得られた.

相互作用していない粒子の系に対しては, 式 (47.18) のうち第1項のみが残る:

$$\hat{H} = \sum_{i,k} H_{ik}^{(1)} \hat{a}_i^+ \hat{a}_k. \qquad (47.19)$$

もしも関数 ψ_i として, (当然ながら) 自由粒子のハミルトニアン $\hat{H}^{(1)}$ の固有関数を選ぶと, 行列 $H_{ik}^{(1)}$ は対角であり, その対角要素は粒子のエネルギー固有値 ε_i である. したがって

$$\hat{H} = \sum_i \varepsilon_i \hat{a}_i^+ \hat{a}_i \qquad (47.20)$$

となる. 演算子 $\hat{a}_i^+ \hat{a}_i$ をその固有値 (47.9) で置き換えると, 系のエネルギー準位を表わす式

$$E = \sum_i \varepsilon_i N_i \qquad (47.21)$$

を得る. これは当然得られるべき単純な結果である.

第二量子化の方法の公式は, ψ 演算子と呼ばれる

$$\hat{\psi}(\xi) = \sum_i \psi_i(\xi) \hat{a}_i, \qquad \hat{\psi}^+(\xi) = \sum_i \psi_i^*(\xi) \hat{a}_i^+ \qquad (47.22)$$

を導入して, さらに簡潔な形に表わすことができる. ここで変数 ξ はパラメータと考える. 演算子 $\hat{a}_i, \hat{a}_i^+$ に関して上に述べたことから明らかなように, 演算子 $\hat{\psi}$ は系の粒子の総数を一つだけ減少させ, $\hat{\psi}^+$ は一つだけ増加させる[1].

---

[1] 式 (47.22) と, ある関数の完全系による任意の波動関数の展開式 $\psi = \sum a_i \psi_i$ とのあいだの類似性に注意せよ. ここではもう

ψ 演算子を用いると, ハミルトニアン (47.18) はつぎの形に書かれる:

$$\hat{H} = \int \hat{\psi}^+(\xi) \hat{H}^{(1)} \hat{\psi}(\xi) d\xi$$
$$+ \frac{1}{2} \iint \hat{\psi}^+(\xi) \hat{\psi}^+(\xi') U^{(2)} \hat{\psi}(\xi') \hat{\psi}(\xi) d\xi d\xi'. \tag{47.23}$$

この式は ψ 演算子 (47.22) を代入すれば容易に確かめられる.

波動関数 ψ をもつ状態にある粒子に対する確率密度を定義する積 $\psi^* \psi$ と類似して, ψ 演算子からつくられる演算子 $\hat{\psi}^+ \hat{\psi}$ は粒子の密度演算子と呼ばれる. 積分

$$\hat{N} = \int \hat{\psi}^+ \hat{\psi} d\xi \tag{47.24}$$

は第二量子化の方法において, 系の粒子の総数の演算子の役を果たす. 実際この式に (47.22) の形の ψ 演算子を代入し, 波動関数 ψ_i の規格性と相互直交性を考慮すれば

$$\hat{N} = \sum_i \hat{a}_i^+ \hat{a}_i \tag{47.25}$$

が得られる. この和の各項は i 番目の状態の粒子数の演算子であって, (47.9) によればその固有値は占有数 N_i に等しい. そしてこれらの数の和は系の粒子の総数となる. 粒子数が与えられている系に対しては (自由粒子の系のハミ

　一度量子化されている. 第二量子化の方法という名称はこのことと関係がある.

ルトニアン (47.19) の性質についても同じであるが) こ
のことは単純なことを表わしているにすぎない。しかしな
がらそれを相対論的理論に一般化すると,けっして単純で
ない新しい結果に到達する.

§48. 第二量子化. フェルミ統計の場合

　第二量子化の方法のすべての主要な側面は,同種のフェ
ルミオンからなる系にも変更なしにあてはまる。しかし諸
量の行列要素と演算子 $\hat{a}_i$ を表わす具体的な式はもちろん異
なってくる.

　ここでは対応する計算の詳細を導くことはやめて,その
なかに含まれる前節の計算と異なる重要な点を強調するだ
けにしよう.

　波動関数 $\Phi(N_1, N_2, \cdots)$ は今度は (45.5) の形をもつ.
すでに述べたように,占有された状態の番号を表わす数
$p_1, p_2, \cdots$ のうちで同じものはありえない。なぜならばそのよ
うな場合があると行列式はゼロとなるからである。言い
かえると,占有数 N_i は 0 および 1 のどちらかの値しかと
りえない.

　関数 (45.5) の反対称性に関連して,まずはじめにその
符号を選ぶ問題が生じる。ボーズ統計の場合にはこの問題
は起こらない。なぜならば波動関数の対称性のために,一
度選ばれたその符号は粒子のあらゆる置換に対して保存さ
れるからである。関数 (45.5) の符号を確定するために,
それをつぎのようにして定めることにする。すべての状態 ψ_i

を一連の番号によって一度だけ番号づけしよう．それ以後は行列式（45.5）の行を，いつも $p_1 < p_2 < p_3 < \cdots < p_N$ となるように埋めることにし，また列には異なる変数の関数を $\xi_1, \xi_2, \cdots, \xi_N$ なる順序に並べることにする．したがって波動関数の符号は数 $p_1, p_2, \cdots$ の全部の組，すなわちすべての占有数に依存することになる．

その結果粒子の消滅および生成演算子の行列要素の符号もまた同じくすべての占有数に依存することがわかる．すなわちこれらの演算子はつぎのようなゼロでない行列要素をただ一つもつ行列によって決定されなければならない．それは

$$\langle 0_i | a_i | 1_i \rangle = \langle 1_i | a_i^+ | 0_i \rangle = (-1)^{\sum_{k=1}^{i-1} N_k} \tag{48.1}$$

である．

行列を掛けあわすと，積 $\hat{a}_i^+ \hat{a}_i$ および $\hat{a}_i \hat{a}_i^+$ が対角的であることがわかり，

$$\hat{a}_i^+ \hat{a}_i = N_i, \quad \hat{a}_i \hat{a}_i^+ = 1 - N_i \tag{48.2}$$

が得られ，それらの和から

$$\hat{a}_i \hat{a}_i^+ + \hat{a}_i^+ \hat{a}_i = 1 \tag{48.3}$$

となる．$N_i = 0$ のときに積 $\hat{a}_i^+ \hat{a}_i$ がゼロとなり，$N_i = 1$ のとき積 $\hat{a}_i \hat{a}_i^+$ がゼロとなることがまったく自然であることに特に注目せよ．これらの積では右側にある演算子が最初に作用する．ところがもしも i 番目の状態に粒子がなければ（$N_i = 0$）そこで粒子を消滅させることはできない．またパウリの原理により，もしも i 番目の状態がすでに占有され

ていると,すなわち $N_i = 1$ ならば,その状態に電子を生成することはできない. このような理由によってあらかじめ

$$\hat{a}_i \hat{a}_i = 0, \quad \hat{a}_i^+ \hat{a}_i^+ = 0 \qquad (48.4)$$

であることがわかる.

異なる i と k をもつ演算子のあらゆる対に対しては,

$$\hat{a}_i \hat{a}_k + \hat{a}_k \hat{a}_i = 0, \quad \hat{a}_i^+ \hat{a}_k^+ + \hat{a}_k^+ \hat{a}_i^+ = 0,$$
$$\hat{a}_i \hat{a}_k^+ + \hat{a}_k^+ \hat{a}_i = 0 \qquad (i \neq k) \qquad (48.5)$$

が得られる. すなわちこれらはすべていわゆる**反可換**である. つまり積はその因子を互換すると符号が変わる. このことはボーズ統計の場合と異なるが,それはまったく自然である. ボーズ統計の場合には,演算子 $\hat{a}_i$ と $\hat{a}_k$ は完全に独立であった. 各演算子 $\hat{a}_i$ はただ一つの変数 N_i に作用するだけであり,したがって作用の結果は他の占有数の値に依存しなかった. ところがフェルミ統計の場合には,演算子 $\hat{a}_i$ の作用の結果はその数 N_i 自身に依存するだけでなく,それに先立つすべての状態の占有数にも依存している. したがって異なる演算子 $\hat{a}_i, \hat{a}_k$ の作用は独立と考えることはできない.

演算子 $\hat{a}_i, \hat{a}_i^+$ の性質をこのように定義してしまうと,残りのすべての公式 (47.13)〜(47.25) は完全に有効である.

第7章 原　　子

§49. 原子のエネルギー準位

　非相対論的近似では原子の定常状態は，原子核のクーロン場のなかを運動しながら，互いに電気的に相互作用している電子の体系のシュレーディンガー方程式によって決定される．この方程式のなかには電子スピン演算子はまったく含まれていない．よく知られているように，中心対称の外場のなかの粒子系では，全軌道角運動量 L と状態の偶奇性が保存される．それゆえ原子の各定常状態は角運動量 L の確定値とその偶奇性によって特徴づけられるであろう．それだけではなく，§46 で述べた交換相互作用の効果のために原子の各定常状態はまた電子の全スピン S によって特徴づけられるであろう．

　したがって，非相対論的近似では原子のエネルギー準位は L と S の値と偶奇性によって分類される（しかしもちろん逆は真ならずであるから，これらの量子数を与えただけではまだ状態のエネルギーは一義的には決まらない）．これらの各エネルギー準位は，空間におけるベクトル $\boldsymbol{L}$ と $\boldsymbol{S}$ のいろいろの可能な方向に応じて縮退している．L と S の方向に関する縮退度はそれぞれ $2L+1$ および $2S+1$ であ

§49. 原子のエネルギー準位

る．したがって一定の L と S をもつ準位の縮退度は全部で積 $(2L+1)(2S+1)$ に等しい．

しかし実際は，電子の電磁的相互作用のなかにはつねにそのスピンにも依存する相対論的効果が存在する（これについては§51でより詳細に考察する）．この効果のため原子のエネルギーはベクトル L と S の値に依存するだけでなく，その相互の配向にも依存することになる．厳密に言えば，相対論的相互作用を考慮すると，原子の軌道角運動量 L とスピン S はもはや別々には保存されなくなる．保存されるのは全角運動量 $J=L+S$ だけである．全角運動量の保存は，閉じた系に関する空間の等方性に直接に由来するユニバーサルな厳密な法則である．したがって原子の厳密なエネルギー準位は全角運動量の値 J によって指定されなければならない．

しかしもしも相対論的効果が比較的小さければ（多くの場合このようになっている），これを摂動としてとり入れることができる．この摂動の影響によって，与えられた L と S をもつ縮退した準位は，全角運動量 J の値の異なる一連の（互いに接近した）異なる準位に《分裂する》．これらの準位は（1次近似では）適当な永年方程式（§33）によって決められる．また，その（ゼロ次近似の）波動関数は与えられた L と S をもつはじめの縮退した準位の波動関数の一定の線形結合となる．したがってこの近似では従来どおり軌道角運動量とスピンの絶対値は保存される（しかしそれらの方向は保存しない）と考えることができて，準位を

L と S の値で指定することもできる.

こうして相対論的効果の結果,一定の L と S の値をもつ準位は J の値の異なる一連の準位に分裂する.このような分裂のことを準位の**微細構造**(あるいは**多重項分裂**)と呼ぶ.すでによく知っているように,J は $L+S$ から $|L-S|$ までの値をとる.それゆえ一定の L と S をもつ準位は($L>S$ のとき)$2S+1$ 個あるいは($L<S$ のとき)$2L+1$ 個の異なる準位に分裂する.これらの各準位はベクトル J の方向に関して縮退が残っている.この縮退度は $2J+1$ に等しい[1]$.

原子のエネルギー準位(あるいはいわゆる原子の**スペクトル項**)は,個別粒子が一定の角運動量をもつ状態を指定するために用いた記号(§29)と類似の記号で指定される.すなわち異なる全軌道角運動量の値 L をもつ状態は,つぎの対応関係にある大きいローマ字によって指定される:

$$L = 0 \quad 1 \quad 2 \quad 3 \quad 4 \quad 5 \quad \cdots,$$
$$ \; S \quad P \quad D \quad F \quad G \quad H \quad \cdots.$$

この記号の左肩にはスペクトル項の**多重度**と呼ばれる数 $2S+1$ を記入する(ただし,この数は $L \geqq S$ の場合にのみ準位の微細構造の成分の数を与えることを知っておかなくてはならない[2].右下には全角運動量の値 J を記入する.した

---

1) 水素原子のエネルギー準位の微細構造はある特異性をもっている(§94参照).
2) $2S+1 = 1, 2, 3, \cdots$ のとき,それぞれ準位の1重項,2重項,3重項,…等と呼ばれる.

がって記号 $^2P_{1/2}, {}^2P_{3/2}$ は $L=1, S=1/2, J=1/2, 3/2$ の準位を表わしている.

§50. 原子内の電子状態

1個より多い電子をもつ原子は，原子核の場のなかを運動しながら互いに相互作用している電子の複雑な系である．このような系では，厳密には全体としての系の状態しか考えることができない．それにもかかわらず原子内では個別電子の状態という概念，すなわち原子核と残りのすべての電子によってつくられる中心対称なある有効場のなかの電子の定常運動の状態という概念を，よい近似で導入することができる．この場は原子内の電子が異なれば一般には異なっている．そしてそれぞれが残りのすべての電子の状態に依存するので，これらはすべて同時に決められなければならない．このような場のことを**自己無撞着の場**と呼ぶ．

自己無撞着の場は中心対称であるから，各電子の状態はその軌道角運動量 l の確定値によって指定される．l が与えられると個別電子の状態は，値 $n=l+1, l+2, \cdots$ をとる**主量子数** n によって（そのエネルギーが増す順序に）番号づけされる．このような番号順は水素原子で採用されたものと一致するように選ばれている．しかしながら複雑な原子におけるいろいろな l をもつエネルギー準位の増加する順序は，水素原子で見られるものと一般には異なっていることに注意しなければならない．水素原子ではエネルギーは一般に l に依存しない．したがって大きい n をもつ状態が

つねに高いエネルギーをもっている．複雑な原子ではたとえば $n=5, l=0$ の準位が $n=4, l=2$ の順位よりも低い位置にあることが知られている（もっと詳しくは§52参照）．

いろいろな n と l をもつ個別電子の状態は，主量子数の値を示す数字と l の値を表わす文字からなる記号によって指定するのがならわしである[1]．したがって $4d$ は $n=4, l=2$ の状態を示す．原子の状態を完全に記述するためには，全 L, S, J の値を指定するとともに，すべての電子の状態を列挙する必要がある．したがって記号 $1s2p^3P_0$ は $L=S=1, J=0$ で二つの電子が $1s$ と $2p$ 状態にあるヘリウム原子の状態を指定している．もしもいくつかの電子が同じ l と n の状態にあれば，これは簡単にベキ数の形に示すのがならわしである．たとえば $3p^2$ は $3p$ 状態にある2個の電子を表わしている．原子内電子のいろいろな l, n をもつ状態への分布のことを**電子配位**と呼んでいる．

n と l の値を与えても，電子は軌道角運動量の z 軸への射影 (m) とスピンの z 軸への射影 (σ) のいろいろな値をとりうる．l を与えたとき数 m は $2l+1$ 個の値をとり，数 σ の方は二つの値 $\pm 1/2$ に押えられている．したがって同じ n, l をもつ異なった状態は全部で $2(2l+1)$ 個ある．このような状態を**同等な状態**と呼んでいる．これらの状態にはパウリの原理に従って一つずつ電子が入る．したがって，原子内で同時に同じ n, l をもつことができる電子の数は

---

[1] 主量子数 $n=1,2,3,\cdots$ をもつ電子を，それぞれ K-, L-, M-, $\cdots$ 殻の電子と呼ぶ命名法も一般によく用いられている．

$2(2l+1)$ を越えることはない. 一定の n, l をもつすべての状態を占有した電子集団のことを, その型の**閉殻**と呼ぶ.

同じ電子配位ではあるが異なる L, S をもつ原子準位のエネルギーの差は電子の静電的相互作用と関係している (各多重項の微細構造のことはここでは考えない). 通常このエネルギー差は比較的小さい——その大きさは異なる電子配位をもつ準位間の開きの数分の1である. 同じ電子配位をもつが L, S の異なる準位相互の位置に関しては, つぎのような経験的な規則 (フントの規則) がある:

与えられた電子配位において許される最大の S 値をもち, しかも (この S において許される) 最大の L 値をもつ項が最低のエネルギーをもつ.

与えられた電子配位に許される原子項をどうしたら求められるかを示すことにしよう. もしも電子が同等でなければ, 可能な L, S の値の決定は角運動量の合成則に従って直接になされる. したがって, たとえば配位 $np, n'p$ (n と n' は異なる) の場合には, 合成角運動量 L は 2, 1, 0 という値をとり, 合成スピンは $S = 0, 1$ である. これらを互いに組み合わせるとスペクトル項 $^{1,3}S, ^{1,3}P, ^{1,3}D$ が得られる.

同等な電子からなる電子配位に対して可能な項の数は本質的にパウリの原理に基づく制限により減少する. たとえば np^2 なる配位を考えよう. $l = 1$ (p 状態) の場合には, 軌道角運動量の射影 m は $m = 1, 0, -1$ という値をとりうる. したがって, つぎのような数 m, σ の対をもつ6個の状態が可能である:

a) 1, 1/2, b) 0, 1/2, c) -1, 1/2,

a′) 1, $-1/2$, b′) 0, $-1/2$, c′) -1, $-1/2$.

2個の電子はこれらのうちの任意の二つの状態に一つずつ分布できる．その結果つぎのような全軌道角運動量とスピンの射影値 $M_L = \sum m$, $M_S = \sum \sigma$ をもつ原子状態が得られる：

a+a′)	2,0,	a+b)	1,1,	a+c)	0,1,
		a+b′)	1,0,	a+c′)	0,0,
		a′+b)	1,0,	a′+c)	0,0,
				b+b′)	0,0

(負の M_L, M_S 値をもつ状態はなにも新しいものを生まないので，ここには書く必要がない)．$M_L = 2, M_S = 0$ の状態の存在は ^1D 項がなければならないことを示している．またこの項には状態 $(1,0)$ の一つと $(0,0)$ の一つも対応しなければならない．つぎに $(1,1)$ の状態がもう一つ残されている．したがって ^3P 項がなければならない．この項には状態 $(0,1), (1,0), (0,0)$ が対応する．最後にまだ $(0,0)$ の状態が残されており，これは ^1S 項に対応する．こうして2個の同等な p 電子からなる配位では $^1S, ^3P, ^1D$ 型の項が1個ずつ可能である．

許される最多数の同等な電子からなる配位では，この殻内で電子の角運動量が互いに相殺されるので項はつねに ^1S である．ある配位で殻を埋めるのに不足している電子数とちょうど同じ電子数を他の配位がもっている場合，この2

種の配位に対応する項の型は一致することに注意しよう（たとえば配位 np^4 は配位 np^2 に対して見いだされたものと同じ型の項をもつ）．これは殻のなかの電子の不在は，その不在電子の状態と同じ量子数で定義される**空孔**とみなすことができることからの自明な結果である．

§51. 原子準位の微細構造

すでに見たように，原子のハミルトニアンの電子スピン演算子への依存性は相対論的効果を考えることによってのみ現われる．この効果は $c \to \infty$ の極限移行で消える．ハミルトニアンにおける相対論的項の起源については §94 で触れることにして，ここでは結果に従ってこれらの項の一般的な形を書くことにしよう．

原子のハミルトニアンのなかの相対論的項は二つのカテゴリーに分類されることが知られている．その一つは電子のスピン演算子について1次，他の一つは2次の項である．第一の項は電子の固有磁気モーメントと軌道運動の磁気モーメントとの相互作用に対応し，**スピン-軌道相互作用**と呼ばれている．第二の項は電子の磁気モーメント間の相互作用に対応する（**スピン-スピン相互作用**）である．この二つの型の相互作用は v/c ——電子速度の光速度に対する比——について同じ次数（2次）の量である．しかし実際には，重い原子ではスピン-軌道相互作用の方がスピン-スピン相互作用を大幅に上回る．これはスピン-軌道相互作用が原子番号の増加とともに急激に増大するのに，スピ

ン-スピン相互作用の方は一般にほとんど Z に依存しないことと関連している．この後者の結果は，スピン-スピン相互作用の性質自体が，核の場に無関係に電子どうしの直接の相互作用によることから明らかである．

スピン-軌道相互作用の演算子はつぎの形をしている：

$$\hat{V}_{sl} = \sum_a \alpha_a \hat{\boldsymbol{l}}_a \cdot \hat{\boldsymbol{s}}_a \tag{51.1}$$

(和は原子内の全電子について行なう)．ここで $\hat{\boldsymbol{s}}_a$ および $\hat{\boldsymbol{l}}_a$ は電子のスピンおよび軌道角運動量演算子，また α_a は電子の座標の関数である．

原子準位の微細構造のエネルギーの計算は，電子殻の非摂動状態に関して摂動演算子 $\hat{V}_{sl}$ を平均することである．このような平均は2段階に分けて行なわれる．まず始めに原子の全軌道角運動量とスピンの与えられた値 L と S をもつ原子の電子状態で平均する．しかしそれらの方向については平均しない．このような平均をしても $\hat{V}_{sl}$ はもちろんまだ演算子である．しかしながらそれは（原子のなかの個々の電子ではなくて）原子全体を指定する量の演算子によってのみ表わさなければならない．$\hat{\boldsymbol{S}}$ と $\hat{\boldsymbol{L}}$ がそのような演算子である[1]．

---

[1] ここに言う演算子の意味をよりよく理解するには，平均とは一般に量子力学では適当な対角行列要素をとることを意味することを想起すべきである．部分的な平均とは，系の状態を決定する全量子数のうちの一部についてのみ対角的な行列要素をつくることである．したがってこの場合，演算子 (51.1) の平均は，すべての可能な M_L, M_L' と M_S, M_S' をもち，また残りのす

このように平均化されたスピン – 軌道相互作用の演算子を $\hat{V}_{SL}$ で表わそう. $\hat{S}$ に関して線形なので, それはつぎの形をしている:

$$\hat{V}_{LS} = A\hat{\boldsymbol{L}}\cdot\hat{\boldsymbol{S}}. \tag{51.2}$$

ここで A は与えられた (分裂していない) 項に特有な定数である. すなわち, A は S と L に依存するが原子の全角運動量 J には依存しない.

エネルギーの分裂を計算するためには, 演算子 (51.2) の行列要素からつくられた永年方程式を解かなくてはならない. しかし今の場合, われわれは行列 V_{LS} を対角にする正しいゼロ次近似の関数をすでに知っている. これは全角運動量 J が確定値をもつ状態の波動関数である. この状態で平均することは, 演算子 $\hat{\boldsymbol{L}}\cdot\hat{\boldsymbol{S}}$ をその固有値で置き換えることである. そしてこれは (17.3) によって

$$\boldsymbol{L}\cdot\boldsymbol{S} = \frac{1}{2}[J(J+1) - L(L+1) - S(S+1)]$$

に等しい. 多重項のなかのすべての成分の L と S の値は同じであり, またわれわれにはその相対的な位置だけが問題なので, エネルギーの分裂はつぎの形に書くことができる:

べての量子数 (これを合わせて n で表わす) について対角な行列要素 $\langle nM_L' M_S'|V_{sl}|nM_L M_S\rangle$ から行列をつくることを意味している. したがって演算子 $\hat{\boldsymbol{S}}$ と $\hat{\boldsymbol{L}}$ は行列 $\langle M_S'|\boldsymbol{S}|M_S\rangle$ および $\langle M_L'|\boldsymbol{L}|M_L\rangle$ と理解すべきであり, その行列要素は公式 (15.11) で与えられる. このような段階的平均は今後一度ならず便利に用いられるであろう.

$$\frac{1}{2}AJ(J+1). \tag{51.3}$$

したがって，（J と $J-1$ で指定される）相隣る成分の間隔は

$$\Delta E_{J,J-1} = AJ \tag{51.4}$$

に等しい．この公式はいわゆる**ランデの間隔規則**を表わしている．

定数 A は正のこともあるし負のこともある．$A>0$ の場合は，多重項成分の最低準位は許される最小の J，すなわち $J=|L-S|$ をもつ準位である．このような多重項を**順多重項**という．もしも $A<0$ ならば，$J=L+S$ の準位が最低である（**逆多重項**）．

平均化されたスピン-スピン相互作用演算子としては，公式 (51.2) と類似の $\hat{S}$ について 2 次の式が得られなければならない．$\hat{S}$ について 2 次の式は $\hat{S}^2$ と $(\hat{S}\cdot\hat{L})^2$ である．このうち第一のものは J に依存しない固有値をもっている．それゆえ項の分裂には効かない．したがってこれを落とすことができて

$$\hat{V}_{SS} = B(\hat{S}\cdot\hat{L})^2 \tag{51.5}$$

と書くことができる．ここで B は定数である．この演算子の固有値には J に依存しない項，$J(J+1)$ に比例する項，最後に $J^2(J+1)^2$ に比例する項が含まれている．このうち第 1 項は分裂を与えないので興味がない．第 2 項は式 (51.3) のなかにくり込むことができる．これは単に定数 A をいくらか変えることと同等である．最後に第 3 項は多

重項のエネルギーに表式

$$\frac{B}{4}J^2(J+1)^2 \tag{51.6}$$

を加える.

すでに述べられた原子準位の組み立て方式は，電子の軌道角運動量はまとめられて原子の全軌道角運動量 L になり，電子のスピンは全スピン S になるという仮定に基づいている．すでに指摘したように，このような見方は相対論的効果が小さいという条件の下でのみ可能である．もっと正確には，微細構造の間隔が異なる L, S をもつ準位の差にくらべて小さくなければならない．このような近似はラッセル‐ソーンダーズの場合と呼ばれている．また **LS 結合**とも言う．

しかし実際には，この近似の適用範囲は限られている．軽い原子の準位は LS 方式で組み立てられるが，電子番号がふえるに従って原子内の相対論的相互作用が強くなり，ラッセル‐ソーンダーズの近似は適用できなくなる．

逆に極限の場合には，静電的相互作用にくらべて相対論的相互作用は大きい．この場合には軌道角運動量とスピンを別々に語ることはできない．それらは保存しないからである．個別電子はそれ自身の全角運動量 j によって指定され，この j がまとまって原子の全角運動量 J になる．このような原子準位の組み立て方式を **jj 結合**という．現実にはこの結合方式は純粋な形では存在しない．非常に重い原子の準位のなかには，LS 型と jj 型の中間のさまざまな型の

原子のエネルギー準位の（微細構造のあとに）さらに実現される分裂は電子と原子核の磁気モーメントの相互作用の結果生じるものであり，**超微細分裂**と呼ばれる．（電子の磁気モーメントにくらべて）核の磁気モーメントが小さいため，この相互作用は比較的非常に小さく，したがってその分裂によってつくられる間隔は微細構造の間隔にくらべて非常に小さい．したがって超微細構造は微細構造の各成分に対して別々に考察されなければならない．

（原子分光学の習慣に従って）核スピンを i と書くことにする．（核と一緒にした）原子の全角運動量は $\boldsymbol{F}=\boldsymbol{J}+\boldsymbol{i}$ である．ここで $\boldsymbol{J}$ は前と同じく電子殻の全角運動量である．超微細構造の各成分は確定値 F によって指定される．角運動量の合成の一般則に従って，量子数 F はつぎの値をとる：

$$F = J+i, J+i-1, \cdots, |J-i|. \tag{51.7}$$

§52. メンデレーエフの元素の周期系

D.I. メンデレーエフによって確立された，原子番号の増加する順序に並べた一連の元素に見られる性質変化の周期性を説明するためには原子の電子殻を逐次占有していく場合の特異性を研究する必要がある．これは N. ボーアによってなされた（1922）．

ある原子からつぎの原子に移ると，電荷が一つふえ，殻には1個の電子が加えられる．ちょっと考えると順次加え

られる電子の各結合エネルギーは原子番号の増加とともに単調な変化を示すことが期待されそうだが,実状はそうではない.

水素原子の基底状態ではたった1個の電子が $1s$ 状態にある.つぎの元素であるヘリウム原子ではもう一つの電子が同じ $1s$ 状態に加わる.しかしヘリウム原子内の各 $1s$ 電子の結合エネルギーは水素原子内の電子の結合エネルギーよりもいちじるしく大きい.このことは H 原子内の電子が感ずる場と,He^+ イオンに付け加えられた電子が感ずる場との相違からくる自然な帰結である.これらの場は遠方では大体一致するが核の近傍では電荷 $Z=2$ をもつ He^+ イオンの場は $Z=1$ の水素原子の核の場よりも強力である.

リチウム ($Z=3$) 原子では第3の電子は $2s$ 状態に入る.なぜならば $1s$ 状態には同時に2個より多くの電子は入れないからである.Z が一定のとき $2s$ 準位は $1s$ 準位より上にある.また核電荷が増すに従ってどちらの準位も低下する.しかし $Z=2$ から $Z=3$ へ移るときには第1の効果の方が第2の効果よりいちじるしく優っている.それゆえ Li 電子内の第3の電子の結合エネルギーはヘリウム原子内の電子の結合エネルギーよりもいちじるしく小さい.つぎに Be ($Z=4$) から Ne ($Z=10$) までの原子では,はじめに $2s$ 電子がもう一つ,それから $2p$ 電子が6個順次加えられる.この系列に加えられる電子の結合エネルギーは,核電荷が増大するため大体において大きくなる.つぎの Na 原子 ($Z=11$) に移るときに加えられる電子は $3s$ 状態に

入る．このとき高位の殻へ移る効果の方が核電荷の増える効果より優っているため，結合エネルギーはふたたび大きく低下する．

電子殻の占有の仕方に関するこのような描像は，元素の全系列にわたる特徴である．すべての電子状態は逐次占有される群に分類される．各群の元素の系列のなかで占有が進むに従って結合エネルギーは大きくなる．しかしつぎの群の状態が占有されはじめると，結合エネルギーは大きく

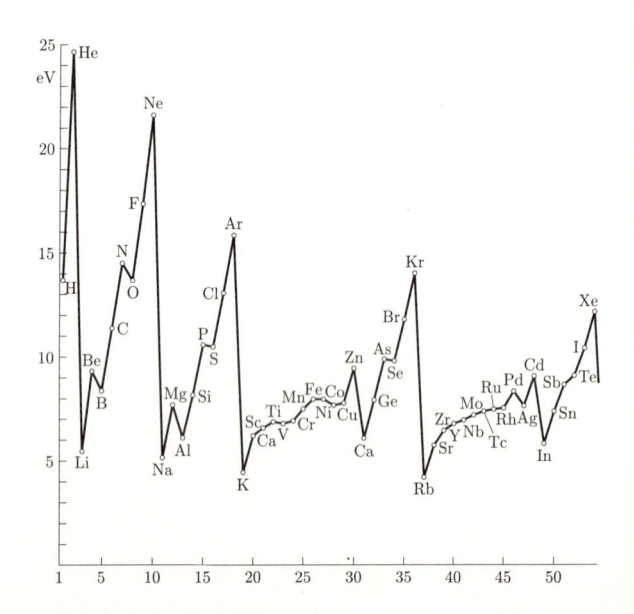

低下する．

　第11図には分光学のデータから知られている元素のイオン化ポテンシャルを引用してある．これは，ある元素からつぎの元素へ移るときに加えられる電子の結合エネルギーを与えている．

　種々の状態は順次に占有されるつぎのような群に分類される：

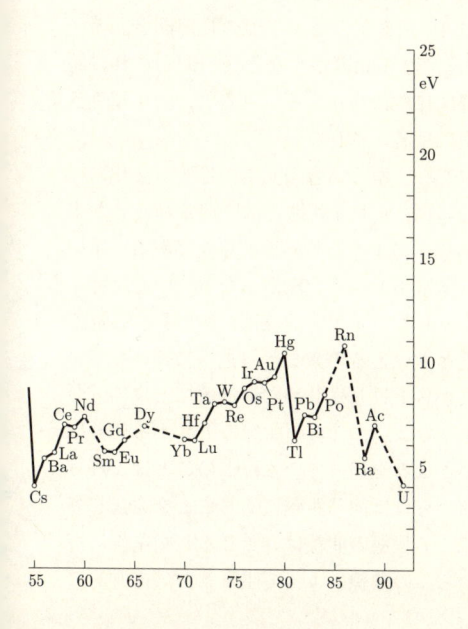

第11図

$1s$	2 電子	
$2s, 2p$	8 電子	
$3s, 3p$	8 電子	
$4s, 3d, 4p$	18 電子	(52.1)
$5s, 4d, 5p$	18 電子	
$6s, 4f, 5d, 6p$	32 電子	
$7s, 6d, 5f, \cdots$		

第1群は H と He で満たされる.第2および第3群の占有は周期系のはじめの8元素を含む二つの(短)周期に対応している.つぎに18元素からなる二つの長周期と,希土類元素を含めて合計32の元素からなる長周期がこれに続く.最後の状態群は自然に存在する(あるいは人工超ウラン)元素では完全には満たされない.

各群の状態を占有してゆく場合の元素の性質の変化の様子を理解するためには,s や p 状態とは区別される d および f 状態の性質の以下のような特異性が重要である.重い原子内の電子の(静電場と遠心力場からなる)中心対称な場の有効ポテンシャルエネルギー曲線は,座標原点の近くでのほとんど垂直ともいえる急激な落ち込みに続いて深い極小をもち,それから上昇しはじめて漸近的にゼロに近づく.s および p 状態では,これらの曲線の上昇する部分は互いに非常に近いところを通っている.このことはこれらの状態の電子が核からほぼ同じ距離にあることを意味している.d そして特に f 状態の曲線はいちじるしく左側に寄っている.すなわちこの曲線によって限られた《古典的に

許される》領域は，同じくらいのエネルギーをもつ s や p 状態よりもずっと内側で終わっている．言いかえれば，d および f 状態の電子は s や p 状態よりもいちじるしく核に近いところに主に滞在する．

原子の多くの性質（そのなかには元素の化学的性質も含まれる．§58 参照）は電子殻の外側の部分に主として依存している．この点できわめて重要なのが d および f 殻の上記の特異性である．たとえば $4f$ 状態を埋めてゆく場合（希土類元素——後出参照），加えられた電子はすでに満たされている状態の電子よりもいちじるしく核に近いところを占有する．その結果これらの電子は化学的性質にほとんど影響を与えず，したがってすべての希土類元素は化学的にきわめて似通っている．

閉じた d 殻と f 殻をもつ（あるいはそれらをまったくもたない）元素は**主族**の元素と呼ばれる．またこれらの状態の占有がちょうど進行しつつある元素は，**中間（遷移）族**の元素と呼ばれている．この 2 族の元素は別々に考察する方が都合がよい．

主族の元素から始めよう．水素，ヘリウムはつぎの基底状態をもっている：

$$_1\mathrm{H} : 1s\,^2S_{1/2},$$

$$_2\mathrm{He} : 1s^2\,^1S_0$$

（化学記号の左下の添字はつねに原子番号を示す）．主族の残りの元素の電子配位は第 1 表に示してある．各原子にとってこの表の同じ行とそれより上の行の右端に示された殻

	s	s^2	s^2p	s^2p^2	s^2p^3	s^2p^4	s^2p^5	s^2p^6	
$n=2$	$_3$Li	$_4$Be	$_5$B	$_6$C	$_7$N	$_8$O	$_9$F	$_{10}$Ne	$1s^2$
3	$_{11}$Na	$_{12}$Mg	$_{13}$Al	$_{14}$Si	$_{15}$P	$_{16}$S	$_{17}$Cl	$_{18}$Ar	$2s^22p^6$
4	$_{19}$K	$_{20}$Ca							$3s^23p^6$
4	$_{29}$Cu	$_{30}$Zn	$_{31}$Ga	$_{32}$Ge	$_{33}$As	$_{34}$Se	$_{35}$Br	$_{36}$Kr	$3d^{10}$
5	$_{37}$Rb	$_{38}$Sr							$4s^24p^6$
5	$_{47}$Ag	$_{48}$Cd	$_{49}$In	$_{50}$Sn	$_{51}$Sb	$_{52}$Te	$_{53}$I	$_{54}$Xe	$4d^{10}$
6	$_{55}$Cs	$_{56}$Ba							$5s^25p^6$
6	$_{79}$Au	$_{80}$Hg	$_{81}$Tl	$_{82}$Pb	$_{83}$Bi	$_{84}$Po	$_{85}$At	$_{86}$Rn	$4f^{14}5d^{10}$
7	$_{87}$Fr	$_{88}$Ra							$6s^26p^6$
	$^2S_{1/2}$	$^1S_0$	$^2P_{1/2}$	$^3P_0$	$^4S_{3/2}$	$^3P_2$	$^2P_{3/2}$	$^1S_0$	

第1表 主族元素の電子配位

は完全に満たされている．満たされつつある殻の電子配位は上方に示してある．またこの状態にある電子の主量子数は，この表の同じ行の左端にある数字によって示されている．下方には原子の全体としての基底状態が示してある．したがって Al 原子は電子配位 $1s^22s^22p^63s^23p\ ^2P_{1/2}$ をもっている．

希ガス原子（He, Ne, Ar, Kr, Xe, Rn）はこの表のなかで特別な位置を占めている．このそれぞれのところで（52.1）に列挙した状態群の占有が完成している．その電子配位は特別な安定性をもっている（イオン化ポテンシャルは対応する系列中の最高である）．これらの元素の化学的不活性はこのことと関係している．

主族の一連の元素では，種々の状態の占有は規則正しく行なわれていることがわかる．はじめは各主量子数 n の s

状態が，ついで p 状態が占有される．同様にこれら元素のイオンの電子配位も（イオン化の際に d 殻や f 殻の電子が冒されない限り）規則的である——各イオンはそれに先行する原子に対応する電子配位をもっている．たとえば Mg^+ イオンは Na 原子の配位をもち，Mg^{++} イオンは Ne の配位をもっている．

つぎに中間族の元素に進もう．$3d, 4d, 5d$ 殻の占有はそれぞれ**鉄族**，**パラジウム族**，**白金族**と呼ばれる元素族において行なわれる．第 2 表には分光学的実験データから知られているこれらの族の原子の電子配位と項を与えてある．この表からわかるように，d 殻の占有は主族元素の原子内の s 殻や p 殻の占有よりはずっと不規則に行なわれる．ここで特徴的なことは s 状態と d 状態のあいだの《競争》である．これは p を増大する整数として，$d^p s^2$ 型の首尾一貫した規則的配位よりも，$d^{p+1}s$ あるいは d^{p+2} 型の配位の方がしばしば有利になる現象である．たとえば鉄族では Cr 原子は配位 $3d^5 4s$ をとり，$3d^4 4s^2$ にはならない．また 8 個の d 電子をもつ Ni のつぎには完全に閉じた d 殻をもつ Cu 原子がすぐ続く（それゆえこれは主族に属する）．

このような規則性の欠如はイオンの項に関しても観測されている——イオンの電子配位はそれに先行する原子の配位とは一致しないのがふつうである．たとえば V^+ イオンは $3d^4$ 配位をもつ（Ti と同じ $3d^2 4s^2$ ではない）．Fe^+ イオンは（Mn 原子の $3d^5 4s^2$ 配位の代りに）$3d^6 4s$ 配位をもつ．結晶や溶液のなかに自然な形で見いだされるすべてのイオ

ンはd電子だけをその不飽和殻に含んでいる（sやpは含まない）ことを強調しておこう．したがって鉄は結晶や溶液のなかではそれぞれ$3d^6$および$3d^5$配位をもつFe^{++}およびFe^{+++}イオンの形でしか見いだされない．

同じような事情は希土類という名前で知られる一連の元素のなかで進行する$4f$殻の占有の際にも起こる（第3表）．$4f$殻の占有は$4f$, $5d$および$6s$状態間の《競争》を反映して完全には規則的でない方法によって行なわれる．

元素の最後の中間族はアクチニウムから始まる．この族では一連の希土類元素での占有と類似した$6d$と$5f$殻の占有が行なわれる．

§53. X 線 項

原子の内殻電子の結合エネルギーは非常に大きいので，もしもこのような電子が不飽和外殻に遷移すると（あるいは一般にその原子からとり去られると），励起された原子（あるいはイオン）はイオン化に関して力学的に不安になり，それに伴って電子殻の再編成と安定イオンの形成が起こる．しかし原子内の電子相互作用は比較的小さいので，このような遷移の確率は比較的小さく，したがって励起状態の寿命τは長い．それゆえ準位の幅$\hbar/\tau$（§38参照）は十分に狭く，そのため励起された内殻電子をもつ原子のエネルギーを，原子の《準定常》状態の離散的エネルギー準位と考えることができる．このような準位は**X線項**と呼ば

§53. X 線項

Ar 殻+	$_{21}$Sc	$_{22}$Ti	$_{23}$V	$_{24}$Cr	$_{25}$Mn	$_{26}$Fe	$_{27}$Co	$_{28}$Ni
	$3d4s^2$	$3d^24s^2$	$3d^34s^2$	$3d^54s$	$3d^54s^2$	$3d^64s^2$	$3d^74s^2$	$3d^84s^2$
	$^2D_{3/2}$	$^3F_2$	$^4F_{3/2}$	$^7S_3$	$^6S_{5/2}$	$^5D_4$	$^4F_{9/2}$	$^3F_4$

鉄　族

Kr 殻+	$_{39}$Y	$_{40}$Zr	$_{41}$Nb	$_{42}$Mo	$_{43}$Tc	$_{44}$Ru	$_{45}$Rh	$_{46}$Pd
	$4d5s^2$	$4d^25s^2$	$4d^45s$	$4d^55s$	$4d^55s^2$	$4d^75s$	$4d^85s$	$4d^{10}$
	$^2D_{3/2}$	$^3F_2$	$^6D_{1/2}$	$^7S_3$	$^6S_{5/2}$	$^5F_5$	$^4F_{9/2}$	$^1S_0$

パラジウム族

Xe 殻+	$_{57}$La
	$5d6s^2$
	$^2D_{3/2}$

Xe 殻+ $4f^{14}$+	$_{71}$Lu	$_{72}$Hf	$_{73}$Ta	$_{74}$W	$_{75}$Re	$_{76}$Os	$_{77}$Ir	$_{78}$Pt
	$5d6s^2$	$5d^26s^2$	$5d^36s^2$	$5d^46s^2$	$5d^56s^2$	$5d^66s^2$	$5d^76s^2$	$5d^96s$
	$^2D_{3/2}$	$^3F_2$	$^4F_{3/2}$	$^5D_0$	$^6S_{5/2}$	$^5D_4$	$^4F_{9/2}$	$^3D_3$

白金族

第2表 鉄族，パラジウム族，白金族元素の原子の電子配位

Xe 殻+	$_{58}$Ce	$_{59}$Pr	$_{60}$Nd	$_{61}$Pm	$_{62}$Sm	$_{63}$Eu
	$4f5d6s^2$	$4f^36s^2$	$4f^46s^2$	$4f^56s^2$	$4f^66s^2$	$4f^76s^2$
	$^1G_4$	$^4I_{9/2}$	$^5I_4$	$^6H_{5/2}$	$^7F_0$	$^8S_{7/2}$
	$_{64}$Gd	$_{65}$Tb	$_{66}$Dy	$_{67}$Ho	$_{68}$Er	$_{69}$Tu	$_{70}$Yb
	$4f^75d6s^2$	$4f^96s^2$	$4f^{10}6s^2$	$4f^{11}6s^2$	$4f^{12}6s^2$	$4f^{13}6s^2$	$4f^{14}6s^2$
	$^9D_2$	$^6H_{15/2}$	$^5I_8$	$^4I_{15/2}$	$^3H_6$	$^2F_{7/2}$	$^1S_0$

第3表 希土類元素の原子の電子配位

れている[1].

X線項はまずはじめに電子がとり去られた殻，あるいはいわゆる《空孔》のできる殻を指定することによって分類される．このときその電子がどこへ入ったかということは原子のエネルギーにほとんど反映しないため重要でない．

ある殻を満たしている電子集団の全角運動量はゼロに等しい．これから電子を1個とり去れば，殻はある角運動量 j を得る．(n, l) 殻では明らかに，角運動量 j は値 $l \pm 1/2$ をとることができる．したがって，$1s_{1/2}, 2s_{1/2}, 2p_{1/2}, 2p_{3/2}$, ... によって表わされる準位を得る．ここで j の値は《空孔》の所在を示す記号に添字の形で記入してある．しかしつぎのような対応関係にある特殊記号の使用が一般には行なわれている：

$1s_{1/2}, 2s_{1/2}, 2p_{1/2}, 2p_{3/2}, 3s_{1/2}, 3p_{1/2}, 3p_{3/2}, 3d_{3/2}, 3d_{5/2}, ...$
$K, \quad L_\mathrm{I}, \quad L_\mathrm{II}, \quad L_\mathrm{III}, \quad M_\mathrm{I}, \quad M_\mathrm{II}, \quad M_\mathrm{III}, \quad M_\mathrm{IV}, \quad M_\mathrm{V}, ...$

同じ n をもつ（同じ大文字で表わされる）準位は互いに近い位置に，また異なる n をもつ準位は離れた位置にある．この原因は内殻電子が比較的核に近いため，ほとんど遮蔽されていない核の場のなかにあるためである．この関係上，その状態は《水素型》となり，そのエネルギーは近似的に Ze の電荷をもつ核の場にある1電子がもつエネルギーに等しい．すなわちこれは主量子数 n だけに依存する（§31）．

---

[1] この名前はこれらの準位間の遷移が，その原子からX線の放出をもたらす事実に由来する．

相対論的効果を考えると，異なった j をもつ項のあいだに違いが生ずる．たとえば，L_I および L_II が L_III と異なり，M_I および M_II が M_III および M_IV と異なる．これらの準位の対は**相対論的2重項**と呼ばれている．

同じ j と異なる l をもつ項（たとえば L_I と L_II，M_I と M_II）のあいだの差は，内殻電子の感ずる場が核のクーロン場からはずれていること，すなわちその電子と他の電子の相互作用を考慮することと関連している．このような2重項のことを**遮蔽2重項**と言う．

X線項の幅は原子の電子殻にできたこの《空孔》を埋めるすべての可能な再編成過程の全確率によって決められる．重い原子ではこのとき，X線量子の放射を伴うある殻からより高い殻への空孔遷移（すなわちこれと逆により高い状態からより低い状態への電子遷移）が重要な役割を果たしている．この《輻射》遷移の確率，およびそれに対応する準位の幅は，原子番号が増えると急激に増大する．

もっと軽い原子では，より高いエネルギーの電子が空孔を埋めるときに解放されるエネルギーを利用して他の内殻電子が原子から飛び出す無輻射遷移（いわゆる**オージェ効果**）が準位の幅を決めるのに重要となり，場合によっては圧倒的に効いてくる．この過程の結果，原子は二つの空孔をもつ状態になる．

§54. 電場のなかの原子

よく知られているように，古典論では粒子系の電気的性

質は粒子の電荷と座標によって表わされる種々の次数の多重極モーメントで記述される（I. §62, §63 参照）．量子論でもこの量の定義はそのままの形で保存されるが，これを演算子と考えなくてはならない．

多重極モーメントの第一はベクトル

$$\boldsymbol{d} = \sum e\boldsymbol{r} \tag{54.1}$$

で定義される双極モーメントである．（核が座標原点に固定されていると考えられる）原子に対して和はすべての電子殻のなかのすべての電子について行なわれる（電子に番号をつける添字は簡単のために省いた）．原子の定常状態において双極モーメントの平均値はこの状態の波動関数によって演算子 (54.1) を平均することにより，すなわち対応する対角行列要素をとることにより得られる．ところが演算子 (54.1) の行列要素は——すべての極性ベクトルと同じように（§19 参照）——同じ偶奇性の状態間の遷移に対してゼロとなる．それゆえ，すべての対角要素はあらゆる場合にゼロである．したがって，定常状態にある原子の双極モーメントの平均値はゼロに等しい[1]．

---

[1] ここでは原子のエネルギー準位は原子の全角運動量の方向に関してのみ縮退していると仮定している．全角運動量の射影値のみが異なるあらゆる状態は同じ偶奇性をもっており，したがってそれらの任意の重ね合わせもまた一定の（同じ）偶奇性をもっている．この意味で除外されるのは，その準位が《偶然》縮退をもつ水素原子である．軌道角運動量 l の異なる値をもつ互いに縮退した状態は異なる偶奇性をもつことがある．それらの波動関数からつくられる重ね合わせは一般に確定した偶奇性をもたない．それに対応する双極モーメントの対角行列要素は必ずしもゼロにならない．

§54. 電場のなかの原子　　　　　265

系の4重極モーメントは，対角項の和がゼロの対称テンソル

$$Q_{ik} = \sum e(3x_i x_k - \delta_{ik} r^2) \qquad (54.2)$$

で定義される．

最初に注目すべきことは，原子の4重極モーメントの平均値は全角運動量 $J=0$ または $J=1/2$ をもつあらゆる状態においてゼロであるということである．このことは§18で示したベクトルおよびテンソルの行列要素に対する選択規則を見いだす方法を用いて確かめられる．この方法に従って，テンソル (54.2) に形式上 $L=2$ の《角運動量》を付与しよう．もしもこの《角運動量》と初期状態および最終状態の角運動量 J_1 および J_2 との合成によって値ゼロを得ることができるならば，行列要素はゼロでない．しかし三つの角運動量 $2,0,0$ または $2,1/2,1/2$ からそのような値を得ることはけっしてできない．したがって $J_1=J_2=0$ または $J_1=J_2=1/2$ をもつ対角行列要素はゼロとなる．

与えられた全角運動量 J をもつ原子の状態に対して，4重極モーメントの平均値はなお角運動量の射影値 M_J にも依存する．この依存性を見いだそう．

演算子 (54.2) を原子の状態に関して平均するには，2段階に分けて行なうと都合がよい (§51参照)．最初に与えられた J 値をもつ状態に関して平均を行なおう．このように平均された演算子 (それを $\hat{Q}_{ik}$ で表わそう) は，全体としての原子の状態に特有の量の演算子によってのみ表わ

すことができる．このような唯一のベクトルは《ベクトル》$\hat{\boldsymbol{J}}$ である．したがって演算子 $\hat{Q}_{ik}$ はつぎの形をもつ：

$$\hat{Q}_{ik} = \frac{3Q}{2J(2J-1)} \left(\hat{J}_i \hat{J}_k + \hat{J}_k \hat{J}_i - \frac{2}{3} \delta_{ik} \hat{\boldsymbol{J}}^2 \right). \quad (54.3)$$

ここで括弧のなかの式は添字 i,k に関して対称であり，$i=k$ についての和をとるとゼロを与える（これは Q の係数の意味をもつ．後出を参照）．ここで演算子 $\hat{J}_i$ は，異なる値 M_J をもつ状態に関してわれわれに知られている行列（§15）であると理解しなければならない．

角運動量ベクトルの 3 成分が同時に確定値をもつことができないために，テンソル成分（54.3）についても同じことが言える．$\hat{Q}_{zz}$ 成分に対しては

$$\hat{Q}_{zz} = \frac{3Q}{J(2J-1)} \left(\hat{J}_z^2 - \frac{1}{3} \hat{\boldsymbol{J}}^2 \right)$$

となる．この演算子を与えられた J および M_J の値をもつ状態に関して平均するには，単に演算子をその固有値に置き換えさえすればよい．したがって

$$\bar{Q}_{zz} = \frac{3Q}{J(2J-1)} \left[M_J^2 - \frac{1}{3} J(J+1) \right] \quad (54.4)$$

が得られ，求めていた依存性が決定された．$M_J=J$ のとき（角運動量は《まったく》z 軸の方向を向いているので）$\bar{Q}_{zz}=Q$ となる．この量もまた普通単に **4 重極モーメント** と呼ばれる．

一様な電場 $\boldsymbol{E}$ のなかに入れられた原子を考察しよう．こ

のような原子ではわれわれは（一様な外場とともに核のつくる場である）軸対称の場のなかにある電子系を扱わなければならない．このことと関連して原子の全角運動量 J はもはや保存せず，対称軸（z 軸）の方向への J の射影が保存されつづける．

空間のなかの特定の方向を指定すると，外場は角運動量の方向に関する準位の縮退をとり除く，すなわち $J_z = M_J$ の異なる値をもち，自由原子のなかで同じエネルギーをもつ状態は，電場のなかで異なるエネルギーをとる（いわゆる**シュタルク効果**である）．しかしながらこのエネルギーの分裂は完全でない．すなわち M_J の符号だけが異なる状態のエネルギーは同じままである．この状況は時間反転に関する対称性の直接の帰結である（§23）．時間反転はあらゆる速度を逆向きに変え，角運動量の射影の符号を変えるが，系のエネルギーは不変のままである．なぜなら電場 E もまた不変のままだからである（I．§44 参照）．

このようなわけで電場のなかの原子のエネルギー準位は，$M_J = 0$ をもつ準位のみを除いて 2 重に縮退したままである．しかしもしも全角運動量 J が半整数ならば，$M_J = 0$ の値は不可能であり，この場合には例外なくすべての準位が 2 重に縮退したままである．この状況はつぎに述べるより一般的な規則の特別の場合である．すなわち（時間反転に関して要求される対称性から）半整数 J をもつ系に対しては（一様であるばかりでなく）勝手な電場のなかでも準位の 2 重縮退が残ると言える（いわゆる**クラマースの定理**

である)[1].

　もしも電場は十分に弱くて，それによって生ずる付加的エネルギーは原子の相隣る非摂動エネルギー準位の間隔よりも小さいとしよう．すると準位のずれを計算するために摂動論を用いることができる．一様な場のなかでの摂動演算子はこのとき，場のなかの原子のポテンシャルエネルギーであり，それは双極モーメントを用いてつぎの式で表わされる：

$$V = -\boldsymbol{E}\cdot\boldsymbol{d} = -|\boldsymbol{E}|d_z. \tag{54.5}$$

1次近似におけるエネルギー準位の変位は，摂動演算子の対応する対角行列要素によって決められる．しかし双極モーメントの平均値は恒等的にゼロになるのでこれらの要素はゼロとなる．したがって電場のなかでの準位の分裂は摂動論の2次近似においてのみ現われ，このため電場の2乗に比例する[2].

　準位 E_n のずれ ΔE_n は，電場について2次の量であるから，つぎのような式で表わされなければならない：

$$\Delta E_n = -\frac{1}{2}\alpha_{ik}^{(n)}E_i E_k. \tag{54.6}$$

---

[1] しかしながら勝手な電場のなかでは原子の状態はもはや角運動量の射影値によって特徴づけることができないことを強調しておこう．なぜなら一様でない場のなかでは角運動量ベクトルの絶対値のみならず，そのあらゆる成分も保存されないからである．

[2] 水素原子は例外である．水素原子の定常状態に対して双極モーメントの平均値はゼロでないことが可能である．したがって水素原子のエネルギー準位の分裂は電場について1次である．

ここで $\alpha_{ik}^{(n)}$ は2階の対称テンソルである。z 軸を場の方向に選ぶと

$$\Delta E_n = -\frac{1}{2}\alpha_{zz}^{(n)}|\boldsymbol{E}|^2 \tag{54.7}$$

が得られる.

この公式に現われる係数はまた別の意味をもっている.それは同時に外部電場のなかの原子の分極率でもある.このことはつぎの一般公式から導かれる:

$$\left(\frac{\partial \hat{H}}{\partial \lambda}\right)_{nn} = \frac{\partial E_n}{\partial \lambda}. \tag{54.8}$$

この公式で左辺は演算子 $\partial \hat{H}/\partial \lambda$ の対角行列要素を表わしている.ここで $\hat{H}$ はあるパラメータ λ に依存する系のハミルトニアンである.ハミルトニアンと同じくその固有値 E_n も同じパラメータ λ の関数である.もしもこの公式でパラメータ λ として場の量 $|\boldsymbol{E}|$ をとり,

$$\hat{H} = \hat{H}_0 + \hat{V} = \hat{H}_0 - |\boldsymbol{E}|d_z$$

と置くと,公式 (54.7) を用いて

$$\bar{d}_z = \alpha_{zz}^{(n)}|\boldsymbol{E}| \tag{54.9}$$

を得る.原子の**分極率**はまた場のなかで得られる原子の双極モーメントと場の量のあいだの比例係数とも呼ばれる.

公式 (54.8) を証明するために,演算子 $\hat{H}$ の固有値を決定する方程式

$$(\hat{H} - E_n)\psi_n = 0$$

から出発しよう.この方程式を λ について微分したのち,その左側から ψ_n^* を掛けると

$$\psi_n^*(\hat{H}-E_n)\frac{\partial \psi_n}{\partial \lambda} = \psi_n^*\left(\frac{\partial E_n}{\partial \lambda} - \frac{\partial \hat{H}}{\partial \lambda}\right)\psi_n$$

が得られる．この等式を q で積分すると左辺はゼロとなる．なぜならば，演算子 $\hat{H}$ のエルミート性によって（(3.10) 参照）

$$\int \psi_n^*(\hat{H}-E_n)\frac{\partial \psi_n}{\partial \lambda} dq = \int \frac{\partial \psi_n}{\partial \lambda}(\hat{H}^*-E_n)\psi_n^* dq$$

となり，$(\hat{H}^*-E_n)\psi_n^* = 0$ だからである．そして右辺は求める等式を与える．

§55. 磁場のなかの原子

一様な磁場 $\boldsymbol{H}$ のなかにある原子を考察しよう．(43.4) によればハミルトニアンは

$$\hat{H} = \frac{1}{2m}\sum_a\left[\hat{\boldsymbol{p}}_a + \frac{|e|}{c}\boldsymbol{A}(\boldsymbol{r}_a)\right]^2 + U + \frac{\hbar|e|}{mc}\boldsymbol{H}\cdot\hat{\boldsymbol{S}} \quad (55.1)$$

である．ここで和はすべての電子についてとられる（電子の電荷は $e=-|e|$ と書かれる）．U は，電子と核および電子どうしの相互作用である．$\hat{\boldsymbol{S}}=\sum\hat{\boldsymbol{s}}_a$ は原子の全（電子の）スピン演算子である．

一様な場のベクトルポテンシャルを

$$\boldsymbol{A} = \frac{1}{2}\boldsymbol{H}\times\boldsymbol{r} \quad (55.2)$$

の形に選ぶことにしよう（I. §46 参照）．容易にわかるように，この選び方では演算子 $\hat{\boldsymbol{p}}=-i\hbar\nabla$ は $\boldsymbol{A}$ と可換である．実際にある任意の関数 $\psi(\boldsymbol{r})$ に作用させると

$$(\hat{\boldsymbol{p}}\cdot\boldsymbol{A}-\boldsymbol{A}\cdot\hat{\boldsymbol{p}})\psi = -i\hbar\nabla\cdot(\boldsymbol{A}\psi)+i\hbar\boldsymbol{A}\cdot\nabla\psi$$
$$= -i\hbar\psi\,\mathrm{div}\,\boldsymbol{A},$$

すなわち

$$\hat{\boldsymbol{p}}\cdot\boldsymbol{A}-\boldsymbol{A}\cdot\hat{\boldsymbol{p}} = -i\hbar\,\mathrm{div}\,\boldsymbol{A}$$

となる.ところがベクトル (55.2) に対して $\mathrm{div}\,\boldsymbol{A} = -(1/2)\boldsymbol{H}\cdot\mathrm{rot}\,\boldsymbol{r}=0$ である.(55.1) 式のなかの2乗を展開するときにこのことを考慮すると,ハミルトニアンはつぎの形に書きかえられる:

$$\hat{H} = \hat{H}_0 + \frac{|e|}{mc}\sum_a \boldsymbol{A}_a\cdot\hat{\boldsymbol{p}}_a + \frac{e^2}{2mc^2}\sum_a \boldsymbol{A}_a^2 + \frac{|e|\hbar}{mc}\boldsymbol{H}\cdot\hat{\boldsymbol{S}}.$$

ここで $\hat{H}_0$ は場が存在しないときの原子のハミルトニアンである.これに (55.2) 式の $\boldsymbol{A}$ を代入すると

$$\hat{H} = \hat{H}_0 + \frac{|e|}{2mc}\boldsymbol{H}\cdot\sum_a(\boldsymbol{r}_a\times\hat{\boldsymbol{p}}_a) + \frac{e^2}{8mc^2}\sum_a(\boldsymbol{H}\times\boldsymbol{r}_a)^2$$
$$+ \frac{|e|\hbar}{mc}\boldsymbol{H}\cdot\hat{\boldsymbol{S}}$$

を得る.ところがベクトル積 $\boldsymbol{r}_a\times\hat{\boldsymbol{p}}_a$ は電子の軌道角運動量演算子であり,これの全電子についての和は原子の全軌道角運動量演算子 $\hbar\hat{\boldsymbol{L}}$ を与える.したがって

$$\hat{H} = \hat{H}_0 + \mu_\mathrm{B}(\hat{\boldsymbol{L}}+2\hat{\boldsymbol{S}})\cdot\boldsymbol{H} + \frac{e^2}{8mc^2}\sum_a(\boldsymbol{H}\times\boldsymbol{r}_a)^2. \quad (55.3)$$

ここで μ_B はボーア磁子である.

電場と同じく外磁場は原子準位を分裂させ,全角運動量の方向に関する縮退をとり除く(ゼーマン効果).量子数 J, L, S の確定値によって指定される原子準位(すなわち

LS 結合の場合を想定している．§51 参照）に対するこの分裂エネルギーを決定しよう．

　磁場は非常に弱く，$\mu_B|\boldsymbol{H}|$ は原子のエネルギー準位間の距離にくらべて小さく，また準位の微細構造の間隔にくらべても小さいと仮定しよう．すると (55.3) のなかの第 2 項および第 3 項は摂動とみなすことができて，非摂動準位は多重項の各成分である．1 次近似では，磁場に関して 2 乗の第 3 項は，1 次の第 2 項にくらべて無視できる．

　摂動論の 1 次近似において分裂エネルギー ΔE は，場の方向への全角運動量の射影値によって区別される（非摂動）状態での摂動の平均値によって決定される．この方向を軸として選ぶと

$$\Delta E = \mu_B |\boldsymbol{H}|(\bar{L}_z + 2\bar{S}_z) = \mu_B |\boldsymbol{H}|(\bar{J}_z + \bar{S}_z) \quad (55.4)$$

となる．平均値 $\bar{J}_z$ は単に与えられた固有値 $J_z = M_J$ と一致する．これに対し平均値 $\bar{S}_z$ は《段階的》平均（§51 参照）によってつぎのように求めることができる．

　まず演算子 $\hat{S}$ を，M_J についてではなく S, L および J の与えられた値をもつ原子の状態について平均しよう．このようにして平均された演算子 $\bar{\hat{S}}$ は，自由原子に特有の唯一の保存される《ベクトル》である $\hat{J}$ に沿った方向しか《向く》ことができない．したがって

$$\bar{\boldsymbol{S}} = \mathrm{const} \cdot \boldsymbol{J}$$

と書くことができる．しかしながらこの形では，この等式は限られた意味しかもっていない．なぜならベクトル $\boldsymbol{J}$ の 3 成分は同時に確定値をとることができないからである．

正確な意味をもつのはその z 成分

$$\bar{S}_z = \text{const} \cdot J_z = \text{const} \cdot M_J,$$

およびこの式の両辺に $\boldsymbol{J}$ を掛けて得られる等式

$$\bar{\boldsymbol{S}} \cdot \boldsymbol{J} = \text{const} \cdot \boldsymbol{J}^2 = \text{const} \cdot J(J+1)$$

である. 保存されるベクトル $\boldsymbol{J}$ を平均記号の下に入れると, $\bar{\boldsymbol{S}} \cdot \boldsymbol{J} = \overline{\boldsymbol{S} \cdot \boldsymbol{J}}$ と書ける. 平均値 $\overline{\boldsymbol{S} \cdot \boldsymbol{J}}$ は固有値

$$\boldsymbol{S} \cdot \boldsymbol{J} = \frac{1}{2}[J(J+1) - L(L+1) + S(S+1)]$$

と一致する. これは確定値 $\boldsymbol{L}^2, \boldsymbol{S}^2, \boldsymbol{J}^2$ をもつ状態と同じである(公式 (17.3) にいおいてこの場合 $\boldsymbol{L}_1, \boldsymbol{L}_2, \boldsymbol{L}$ の代りにそれぞれ $\boldsymbol{S}, \boldsymbol{L}, \boldsymbol{J}$ と置いて得られる). 2番目の等式から定数 const を決定して, 1番目の等式に代入すると

$$S_z = M_J \frac{\boldsymbol{J} \cdot \boldsymbol{S}}{\boldsymbol{J}^2} \tag{55.5}$$

となる.

得られた式をまとめて (55.4) に代入すると, エネルギー分裂に対するつぎのような最終的な表式が求められる:

$$\Delta E = \mu_\text{B} g M_J |\boldsymbol{H}|. \tag{55.6}$$

ここで

$$g = 1 + \frac{J(J+1) - L(L+1) + S(S+1)}{2J(J+1)} \tag{55.7}$$

はいわゆるランデの因子または g 因子である. もしもスピンがなければ ($S=0$, したがって $J=L$ なので) $g=1$ であり, もしも $L=0$ (したがって $J=S$) ならば $g=2$ であることに注目せよ.

公式 (55.6) は $M_J = J, J-1, \cdots, -J$ の全部で $2J+1$ 個の値に対する異なるエネルギー値を与える．言いかえると，$M_J = \pm|M_J|$ をもつ非分裂準位を残す電場とは違って，磁場は角運動量の方向に関する準位の縮退を完全に取り除く[1]．しかしながら (55.6) で決定される 1 次の分裂はもしも $g=0$ ならば存在しないことに注目せよ（これは $J \neq 0$ であっても，たとえば状態 $^4D_{1/2}$ に対して可能である）．

前節で見たように，電場のなかでは原子のエネルギー準位の変化と原子の平均の電気双極モーメントとが関連している．磁場の場合にも同様の関連が存在する．古典論において一様な磁場のなかの電荷系のポテンシャルエネルギーは表式 $-\boldsymbol{\mu}\cdot\boldsymbol{H}$ で与えられる．ここで $\boldsymbol{\mu}$ は系の磁気モーメントである．量子論ではそれは対応する演算子に置き換えられるので，系のハミルトニアンは

$$\hat{H} = \hat{H}_0 - \hat{\boldsymbol{\mu}}\cdot\boldsymbol{H} = \hat{H}_0 - \hat{\mu}_z|\boldsymbol{H}|$$

となる．ここで公式 (54.8) を適用すると（パラメータ λ としては磁場 $|\boldsymbol{H}|$ を用いる），磁気モーメントの平均値は

$$\bar{\mu}_z = -\frac{\partial \Delta E}{\partial |\boldsymbol{H}|} \tag{55.8}$$

となる．ここで ΔE は原子の与えられた状態のエネルギー準位の変化である．これに (55.6) を代入すると，ある方

---

[1] これに関連して前節で電場の場合に適用された議論は磁場に対しては成り立たない．そのわけは，時間反転の演算子は $\boldsymbol{H} \to -\boldsymbol{H}$ の置き換えを伴なわなければならないからである（I. §44 参照）．したがってこの演算子の結果として得られる状態は本質的に，同一の場におけるものでなく異なる場における原子に関するものである．

向 z への全角運動量の射影の確定値 M_J をもつ状態にある原子は，同じ方向につぎのような平均の磁気モーメントをもつことがわかる：

$$\bar{\mu}_z = -\mu_\mathrm{B} g M_J. \qquad (55.9)$$

もしも原子がスピンも軌道角運動量ももたなければ（$S=L=0$），(55.3) の第 2 項は 1 次およびそれ以上の高次の近似においても準位のずれを与えない（$\boldsymbol{L}$ および $\boldsymbol{S}$ のあらゆる行列要素は消えるからである）．したがってこの場合すべての効果は (55.3) の第 3 項に関連しており，摂動論の 1 次近似において準位の変移はつぎの平均値に等しい：

$$\Delta E = \frac{e^2}{8mc^2} \sum_a \overline{(\boldsymbol{H} \times \boldsymbol{r}_a)^2}. \qquad (55.10)$$

$(\boldsymbol{H} \times \boldsymbol{r}_a)^2 = H^2 r_a^2 \sin^2\theta_a$（ここで θ_a は $\boldsymbol{H}$ と $\boldsymbol{r}_a$ とのなす角度）と書いて，$\boldsymbol{r}_a$ の方向に関して平均しよう．$L=S=0$ をもつ原子の状態は球対称である．したがって方向に関する平均は距離 r_a に関する平均とは独立に行なうことができて，$\overline{\sin^2\theta_a} = 1 - \overline{\cos^2\theta_a} = 2/3$ となる．こうして

$$\Delta E = \frac{e^2}{12mc^2} H^2 \sum_a \overline{r_a^2}. \qquad (55.11)$$

(55.8) 式で計算される原子の磁気モーメントはここでは場の量に比例する（$L=S=0$ をもつ原子は磁場がないと，もちろん磁気モーメントをもたない）．それを $\chi|\boldsymbol{H}|$ の形に書くと，係数 χ を原子の磁気感受率[*]とみなすことが

[*) ［訳注］帯磁率とも呼ばれる．

できる．これに対してはつぎのようなランジュバンの公式を得る：

$$\chi = -\frac{e^2}{6mc^2}\sum_a \overline{r_a^2}. \qquad (55.12)$$

この量は負であり，したがって原子は反磁性的である．

第8章 2原子分子

§56. 2原子分子の電子項

分子理論では，電子の質量にくらべて原子核の質量が非常に大きいという事実が重要な役割を果たしている．質量がこのように異なるため，分子内の核の運動速度は電子の速度にくらべて小さい．このため，互いに一定の距離だけ離れて静止している核のまわりの電子の運動を考えることが可能になる．このような系のエネルギー準位 U_n を決定すれば，つまり分子のいわゆる**電子項**を見いだしたことになる．原子ではエネルギー準位が一定の数値で表わされたのに反し，分子では電子項は数値でなく，分子内核間距離であるパラメータの関数である．エネルギー U_n には，核と核とのあいだの静電相互作用のエネルギーも含まれるため，U_n は本質的に静止核の一定の配置に対する分子の全エネルギーを表わすことになる．

2原子分子というもっとも簡単な型の分子についてはもっとも完全な理論的研究がなされている．2原子分子の電子項は唯一のパラメータ，すなわち核間距離 r の関数である．

原子項の分類の基本原理の一つは，全軌道角運動量 L の値によって分類することである．ところが分子では，数個

の核のつくる電場は中心対称をもたないため,全軌道角運動量の保存則は一般には成り立たない.

しかしながら2原子分子では,電場は二つの核を貫く軸のまわりの軸対称をもっている.このためこの軸への軌道角運動量の射影はここでは保存され,したがってわれわれはこの射影の値によって分子の電子項を分類することができる.分子軸への軌道角運動量の射影の絶対値は記号 Λ で表わされ,これは $0, 1, 2, \cdots$ などの値をとる.種々の Λ の値をもつ項はギリシア語の大文字で表わされ,これは種々の L をもつ原子項のラテン語の記号に対応している.したがって,$\Lambda = 0, 1, 2$ はそれぞれ Σ-,Π-,Δ-項と呼ばれる.これ以上大きい Λ は普通考察されない.

さらに分子の各電子状態は,分子内のすべての電子の全スピン S によって区別される.相対論的相互作用(すなわち項の微細構造,§51参照)を無視すれば,スピン S をもつ電子項は全スピンの方向に関して $(2S+1)$ 重に縮退している.量子数 $2S+1$ は,原子の場合と同様に項の**多重度**と呼ばれ,項の記号の添字の形に書かれる.たとえば $^3\Pi$ は $\Lambda = 1, S = 1$ の項を表わす.

軸のまわりの任意の角度の回転とならんで,分子の対称性はこの軸を含む任意の平面での鏡映をも可能にする.このような鏡映を行なったとしても,分子のエネルギーが変化しないことは明らかである.ところがその結果得られる状態は,最初の状態とまったく同一ではない.すなわち,分子軸を含む面での鏡映を行なうと,この軸のまわりの角

運動量の符号は変化するからである[1]．したがって Λ の値がゼロでないすべての電子項は2重に縮退している——つまり，おのおののエネルギー値に対して，分子軸への軌道角運動量の射影の向きが異なる二つの状態が対応するという結果に到達する．これに対して $\Lambda=0$ の場合には，鏡映によって分子の状態はまったく変わらないので，Σ-項は縮退しない．Σ-項の波動関数は，鏡映の結果として定数因子が掛けられるだけである．同一平面での2回の鏡映は恒等変換に帰着されるので，この定数は ± 1 に等しい．したがって，鏡映によって波動関数がまったく変わらない Σ-項と波動関数の符号が変化する Σ-項とを区別しなければならない．前者は Σ^+ で表わされ，後者は Σ^- で表わされる．

もしも分子が二つの同種原子からなる場合には，新しい対称性が現われ，それに伴って電子項に付加的な性質が現われる．すなわち同種核からなる2原子分子は，新たに核を結ぶ線を2等分する点に関する対称中心をもつ（この点を座標原点に選ぶことにしよう）．したがってハミルトニアンは（核の座標を固定したまま），分子内の全電子の座標の符号を同時に変えることに対して不変である．このような変換の演算子は軌道角運動量の演算子とも可換であるので，Λ の確定した値をもつ項をさらに偶奇性によって分類する可能性が得られる．つまり**偶状態**（g）の波動関数は電子座

---

[1] 実際に，鏡映が xz 面で行なわれ，z 軸が分子軸と一致したとする．このとき変換はベクトル r と p の y 成分のみの符号を変える．したがって $(r\times p)_z = xp_y - yp_x$ は符号を変える．

標の符号の変化によって変わらず,**奇状態**(u)の波動関数は符号を変える[*]．偶奇性を表わす指数 u, g は項の記号の下に書かれ，たとえば Π_u, Π_g などとなる．

経験則からつぎのことがわかっている．それは化学的に安定な 2 原子分子の圧倒的多数の基底電子状態は完全な対称性をもつ．つまり電子の波動関数はあらゆる分子の対称変換に関して不変である．基底状態の圧倒的多数の場合において，全スピン S もまたゼロとなる（この事情はすでに §58 で見てきた）．言いかえると，分子の基底項は $^1\Sigma^+$ であり，またもし分子が同種原子からなる場合には $^1\Sigma_g^+$ である．これらの規則の例外は分子 O_2（基底項 $^3\Sigma_g^-$）および NO（基底項 $^2\Pi$）である．

§57. 電子項の交叉

核間距離 r の関数としてエネルギーをプロットすれば，2 原子分子の電子項をグラフで表わすことができる．異なる電子項を表わす曲線が交叉する問題は非常に重要である．

$U_1(r), U_2(r)$ を二つの異なる電子項としよう．もしもそれらがある点で交叉するとすると，この点の近傍で関数 U_1, U_2 は近い値をとるであろう．このような交叉が可能であるかどうかを決めるためには，問題をつぎの形に設定すると便利である．

関数 $U_1(r)$ と $U_2(r)$ とが非常に近いが同一でない値（そ

---

[*] ［訳注］ドイツ語の gerade, ungerade に由来する．

れらを E_1, E_2 と名づけよう)をとる点 r_0 を考え,その点を小さい値 δ_r だけ移動して U_1 と U_2 が同じ値をとることができるかを考察しよう.エネルギー E_1 と E_2 は,互いに距離 r_0 だけ離れた核の場にある電子系のハミルトニアン $\hat{H}_0$ の固有値である.もしも距離 r に増加分 δr を加えると,ハミルトニアンは $\hat{H}_0 + \hat{V}$ となる.ここで $\hat{V} = \delta r \dfrac{\partial \hat{H}_0}{\partial r}$ は小さい補正である.点 $r_0 + \delta r$ における関数 U_1, U_2 の値は新しいハミルトニアンの固有値とみなすことができる.このような観点は,点 $r_0 + \delta r$ における項 $U_1(r), U_2(r)$ の値を摂動論の方法で決定することを可能にする.ここで $\hat{V}$ は演算子 $\hat{H}_0$ に対する摂動とみなされる.

しかしながら,摂動論の一般的方法はここでは適用できない.そのわけは,非摂動状態のエネルギー固有値 E_1, E_2 は互いに非常に接近しており,両者の差は,一般的に言って摂動の値にくらべて大きくないからである(条件 (32.9) は満たされない).差 $E_2 - E_1$ がゼロになる極限では,固有値が縮退した場合を扱うことになるので,§33 で展開されたのと同様の方法を,接近した固有値の場合に適用してみるのが自然である.

エネルギー E_1, E_2 に対応する非摂動演算子 $\hat{H}_0$ の固有関数を ψ_1, ψ_2 としよう.出発点のゼロ次近似として,ψ_1 および ψ_2 自身の代りに
$$\psi = c_1 \psi_1 + c_2 \psi_2 \qquad (57.1)$$
の形をした両者の線形結合をとろう.この式を摂動方程式
$$(\hat{H}_0 + \hat{V})\psi = E\psi \qquad (57.2)$$

に代入すると,
$$c_1(E_1+\hat{V}-E)\psi_1+c_2(E_2+\hat{V}-E)\psi_2=0$$
を得る.この式の左から ψ_1^* と ψ_2^* を別々に乗じて積分すれば,つぎの二つの代数方程式を得る:
$$c_1(E_1+V_{11}-E)+c_2V_{12}=0$$
$$c_1V_{21}+c_2(E_2+V_{22}-E)=0.$$
ここで $\hat{V}_{ik}=\int \psi_i^*\hat{V}\psi_k dq$ である.演算子 $\hat{V}$ のエルミート性のために,V_{11} と V_{22} の値は実であり,$V_{12}=V_{21}^*$ である.これらの方程式の連立条件は
$$\begin{vmatrix} E_1+V_{11}-E & V_{12} \\ V_{21} & E_2+V_{22}-E \end{vmatrix}=0$$
である.これから
$$E=\frac{1}{2}(E_1+E_2+V_{11}+V_{22})$$
$$\pm\sqrt{\frac{1}{4}(E_1-E_2+V_{11}-V_{22})^2+|V_{12}|^2} \quad (57.3)$$
が得られる.この式によって,1次近似における求めるエネルギー固有値が決定される.

もしも二つの項のエネルギー値が点 $r_0+\delta r$ で等しくなる(つまり項が交叉する)なら,このことは式 (57.3) で決められる二つの値 E が一致することを意味する.そのためには (57.3) における根号のなかがゼロとなる必要がある.それは二つの絶対値の2乗の和であるので,項が交叉する点が存在するための条件として,方程式
$$E_1-E_2+V_{11}-V_{22}=0, \quad V_{12}=0 \quad (57.4)$$

が得られる.しかしながら,勝手に選ぶことができるのは摂動 $\hat{V}$ を決定する唯一つの任意のパラメータ,すなわち変位 δr の値だけである.このため,(57.4) の二つの方程式は一般的に言って同時に満たされない(関数 ψ_1, ψ_2 は実に選んであるので,V_{12} をまた実であると考えている).

しかしながら行列要素 V_{12} が恒等的にゼロとなることが起こりうる.その場合には方程式 (57.4) のうちのただ一つが残り,これは δr を適当に選ぶことによって満足することができる.このことは,考えている二つの項が異なる対称性をもつ場合にはいつも起こる.ここで対称性といったのは,あらゆる可能な対称性の形——つまり軸のまわりの回転,平面での鏡映,反転ならびに電子の互換に関する対称性をさしている.2原子分子においてはこのことは,異なる Λ,異なる偶奇性または異なる多重度をもつ項を扱うことをさしており,特に Σ-項に対しては Σ^+ と Σ^- をもつ項をも扱うことをさしている.

これが正しいことは,演算子 $\hat{V}$ が(ハミルトニアンそれ自身と同じように)分子のすべての対称演算子——軸のまわりの角運動量演算子,鏡映および反転演算子,電子の置換演算子と可換であることと関係がある.§18,§19 で示したように,その演算子が角運動量および反転演算子と可換なスカラー量に対しては,同じ角運動量と偶奇性をもつ状態間の遷移に対してのみゼロでない行列要素が存在する.この証明は任意の対称演算子の一般的な場合においても本質的に同じ形で成り立つ.

$U(r)$

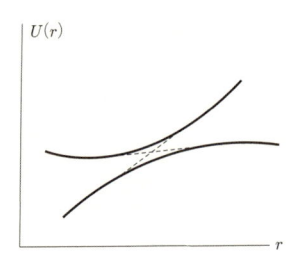

第12図

したがってつぎの結論に達する．すなわち2原子分子においては異なる対称性の項のみが交叉することができて，同じ対称性の項の交叉は不可能である（E.ウィグナーおよびJ.ノイマン，1929）．もしもある近似計算の結果として同じ対称性をもつ交叉する二つの項を得たならば，高次の近似の計算を行なえば，第12図の実線で示すように二つの項は分離することがわかるであろう．

§58. 原 子 価

互いに結合して分子をつくる原子の性質は，**原子価**の概念を用いて記述される．各原子には確定した原子価が与えられていて，原子が結合するとき原子価は互いに満たされなければならない．つまり各原子の原子価結合に対しては，他の原子の原子価結合が対応しなければならない．たとえばメタン分子 CH_4 では，4価の炭素原子の四つの原子価結合が四つの1価水素原子の原子価結合によって満たされている．原子価の物理的な説明を行なうために，もっとも簡

§58. 原子価

単な例として，二つの水素原子が結合した H_2 分子から始めよう．

基底状態 (^2S) にある二つの水素原子を考えよう．両者を近づけると $^1\Sigma_g^+$ または $^3\Sigma_u^+$ の分子状態にある系を得ることができる．1重項は反対称のスピン波動関数に対応し，3重項は対称関数に対応する．ところがこれに反し座標波動関数は，$^1\Sigma$-項のとき対称であり，$^3\Sigma$-項のとき反対称である．H_2 分子の基底項は $^1\Sigma$-項でしかありえないことは明らかである．実際に，反対称波動関数 $\varphi(\boldsymbol{r}_1, \boldsymbol{r}_2)$ ($\boldsymbol{r}_1, \boldsymbol{r}_2$ は両電子の動径ベクトル）はいかなる場合でも節をもち（この関数は $\boldsymbol{r}_1 = \boldsymbol{r}_2$ でゼロとなる），したがって系の最低状態にはなりえない．

数値計算から，電子項 $^1\Sigma$ は安定な H_2 分子の形成に対

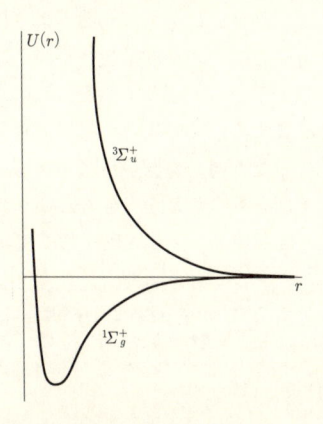

第13図

応する深い極小を実際もつことがわかる．ところが $^3\Sigma$ 状態ではエネルギー $U(r)$ は核間距離の増大とともに単調に減少し，このことは両 H 原子の相互の反発に対応している（第 13 図）[1]．

このようなわけで水素分子の全スピンは基底状態ではゼロである，すなわち $S=0$．主族の元素の化学的に安定な化合物のほとんどすべてはこの性質をもつことがわかる．無機分子のうちで例外となるものは 2 原子分子の O_2（基底状態は $^3\Sigma$）および NO（基底状態は $^2\Pi$）と 3 原子分子の NO_2，ClO_2（全スピンは $S=1/2$）である．中間族の元素についてはあとで論ずるように特殊な性質をもっているが，その前に主族元素の原子価の性質を研究しよう．

このように，原子が互いに結合する能力は原子スピンと関連している（W. ハイトラーと H. ロンドン，1927）．結合は原子のスピンが互いに打ち消しあうように起こる．原子の互いに結合する能力の量的示数として，原子のスピンを 2 倍した整数を用いると便利である．この数が原子の化学的原子価と一致する．この場合考慮に入れなければならないことは，まったく同一の原子がどの状態にあるかによって異なる原子価をもつことができるということである．

この観点から周期律表の主族元素を考慮する．第 1 族元

---

[1] ここでは原子間のファン・デル・ワールスの引力を無視している（§61 参照）．この力が存在すると（遠距離において）$^3\Sigma$-項の $U(r)$ 曲線上にも極小が現われる．しかしながらこの極小は $^1\Sigma$ 曲線上の極小にくらべて非常に浅いので，第 13 図に示したスケールでは認知されにくい．

素（258頁の第1表の最初の縦欄，アルカリ金属類）は基底状態でスピン $S=1/2$ をもつので，その原子価は1である．より大きいスピンをもつ励起状態は，完全殻からの電子の励起によってのみ得ることができる．したがって，励起状態は非常に高いので，励起原子は安定な分子を形成することができない．

第2族元素（258頁の第1表，第2の縦欄，アルカリ土類金属類）の原子は基底状態でスピン $S=0$ をもつ．したがって，基底状態ではこれらの原子は化合物をつくることができない．しかし基底状態の比較的近くに励起状態があり，それは電子配位 s^2 の代りに sp を不完全殻にもち，全スピンは $S=1$ である．この状態における原子の原子価は2である．これが第2族元素の主な原子価である．

第3族元素は基底状態で，電子配位 s^2p とスピン $S=1/2$ をもっている．しかし完全 s 殻からの電子励起によって，電子配位 sp^2 およびスピン $S=3/2$ をもつ励起状態が得られて，これは基底状態の近くにある．これによりこの族の元素は1価としても，また3価としても振舞う．この族の最初の元素 (B, Al) は3価としてのみ振舞う．1価の原子価が出現する傾向は，原子番号の増加とともに増大し，Tlでは同じ程度に1価および3価元素として振舞うようになる（たとえば，化合物 $TlCl$, $TlCl_3$ においてである）．このことは，第3族の最初の元素においては3価元素の化合物における結合エネルギーが（1価元素の化合物にくらべて）大きく，このエネルギー差が原子の励起エネルギーを

越えているためである.

　第4族元素では基底状態は電子配位 s^2p^2 とスピン1をもち, その近くに電子配位 sp^3 とスピン2をもつ励起状態がある. これらの状態には原子価2および4が対応する. 第3族におけると同様, 第4族の最初の元素 (C, Si) は主として高い方の原子価を示す (例外は, たとえば化合物 CO である) が, 原子番号の増大とともに低い方の原子価を示す傾向が増加する.

　第5族元素の原子では基底状態は電子配位 s^2p^3 およびスピン $S=3/2$ をもち, したがって対応する原子価は3である. より大きいスピンをもつ励起状態は, 主量子数がつぎに大きい値をもつ殻に電子一つが遷移することによってのみ得ることができる. もっとも近いこのような状態は電子配位 sp^3s' およびスピン $S=5/2$ をもつ (ここでは便宜上 s' によって, s 状態よりも主量子数が1だけ大きい電子の s 状態を表わすことにする). この状態の励起エネルギーは比較的大きいにもかかわらず, それで励起原子は安定な化合物をつくることができる. このようなわけで第5族元素は3価および5価として振舞う (たとえば NH_3 における窒素は3価, HNO_3 においては5価である).

　第6族元素では基底状態 (電子配位 s^2p^4) でスピンが1であるので, 原子は2価である. p 電子の一つが励起してスピン2をもつ状態 s^2p^3s' がつくられるが, さらにもう一つ s 電子が励起してスピン3をもつ状態 $sp^3s'p'$ がつくられる. 両方の励起状態で原子は安定な分子をつくることができ

て，それぞれ4価および6価を示す．その際第6族の最初の元素（酸素）は2価のみを示し，同じ族のそれに続く元素はより高い原子価をも示す（したがって H_2S, SO_2, SO_3 におけるイオウはそれぞれ2価, 4価, 6価である）．

第7族（ハロゲン族）では基底状態（電子配位 s^2p^5, スピン $S=1/2$）で原子は1価である．それらの元素はまた，電子配位が $s^2p^4s', s^2p^3s'p', sp^3s'p'^2$, スピンがそれぞれ $3/2, 5/2, 7/2$ である励起状態においても安定な化合物をつくることができるので，これらは原子価 3, 5, 7 に対応する．その際この族の最初の元素（F）はいつも1価であるが，それに続く元素はより高い原子価を示す（したがって $HCl, HClO_2, HClO_3, HClO_4$ における塩素はそれぞれ 1, 3, 5, 7 価である）．

最後に希ガス族元素の原子は基底状態で安全殻をもち（したがってスピンは $S=0$），それらの励起エネルギーは大きい．このようなわけで原子価はゼロであり，これらの元素は化学的に不活性である．

原子が結合して分子をつくるとき，原子の完全電子殻はあまり変わらない．ところが不完全殻における電子密度の分布はかなり変わりうる．いわゆる**有極（イオン）結合**と呼ばれるもっとも顕著な場合には，すべての原子価電子が一つの原子から他の原子へ移り，その結果，分子は（e を単位として）原子価と同じ電荷をもつイオンからなるということができる．第1族の元素は電気的陽性である．つまり有極結合においてそれらの元素は電子を与え，陽イオン

を形成する．つぎの族へ進むにしたがって電気的陽性度はしだいに衰えていって電気的陰性に変わり，これは第7族元素でもっとも顕著になる．しかしながら，有極結合に関して，つぎの注意を述べる必要がある．

もしも分子が有極的であっても，このことは原子をひき離したときに必ず二つのイオンを得るということをけっして意味しない．たとえば，CsF 分子からは実際に Cs$^+$ および F$^-$ イオンを得るであろうが，NaF 分子は極限において Na および F の中性原子を与える（弗素の電子に対する親和力はセシウムのイオン化ポテンシャルより大きいが，ナトリウムのイオン化ポテンシャルより小さいからである）．

いわゆる**等極**（共有）結合と呼ばれる反対の極限の場合には分子中の原子は平均的に中性のままである．等極性分子は，有極性分子と違って双極モーメントをほとんどもたない．有極結合と等極結合のあいだの差違は純粋に量的なものであって，あらゆる過渡的な場合が存在しうる．

つぎに中間族元素に移ろう．パラジウム族および白金族元素はそれらの原子価の性質に関して主族元素とあまり変わらない．相違点は，原子中の d 電子が比較的深い位置にあるために，d 電子は分子中の他の原子とあまり強く相互作用しないということである．このためにこれらの元素の化合物のうちには，ゼロとは異なる（実際には 1/2 を越えない）スピンをもつ分子の《非飽和》化合物が比較的多く見うけられる．各元素はいろいろな値の原子価を示すことができて，主族元素のように単に2だけ異なるばかりでな

く，1 だけ異なっていてもよい（主族元素では原子価が変わるのは，打ち消しあったスピンをもつある電子の励起と，その結果同時に電子対のスピンが開放されるためである）．

希土類元素は不完全 f 殻が存在するという特徴をもつ．f 電子は d 電子よりもはるかに深い位置にあり，このために原子価に対して何ら関与しない．したがって希土類元素の原子価は不完全殻の s および p 電子によってのみ決定される[1]．しかしながら，原子が励起するとき f 電子は s および p 状態に遷移することができて，それにより原子価を1 だけ増大させることを考慮しなければならない，このため希土類元素も 1 だけ異なる原子価を示す（実際にはそれらは 3 価および 4 価ばかりである）．

鉄族元素はその原子価の性質に関して，希土類元素とパラジウム・白金族元素とのあいだの中間的な位置を占めている．鉄族元素の原子中で d 電子は比較的深い位置にあり，多くの化合物において原子価結合にまったく関与しない．したがって，これらの化合物において鉄族元素は希土類元素のように振舞う．ここで言っているのは，金属原子が単純に陽イオンの形で入っているイオン結合型の化合物のことである（たとえば $FeCl_2$，$FeCl_3$）．希土類元素のように，鉄族元素はこれらの化合物のなかで，まったくいろいろな値の原子価を示すことができる．

---

[1] ある希土類元素の原子の不完全殻にある d 電子は重要でない．というわけは，これらの原子は，d 電子が存在しないような励起状態において化合物をつくるからである．

鉄族元素の別の型の化合物は，いわゆる**錯化合物**と呼ばれるものである．それらの特徴は，中間族元素の原子が単純なイオンの形で分子に入っているのではなく，合成された錯イオンの部分をなしているという点にある（たとえば $KMnO_4$ 中の MnO_4^- イオン，$K_4Fe(CN)_6$ 中の $Fe(CN)_6^{----}$ イオン）．このような錯イオンでは原子は単純なイオン化合物におけるよりも，互いにより接近しており，このため d 電子は原子価結合に関与する．このようなわけで，錯化合物では鉄族元素はパラジウムおよび白金族元素のように振舞う．

　最後に，§52 で主族に分類された Cu, Ag, Au 元素はいくつかの化合物中で中間族のように振舞うことを述べる必要がある．これらの元素は，d 殻からエネルギーの近い p 殻へ電子が遷移するために（たとえば Cu では $3d$ から $4p$ へ），1 よりも大きい原子価を示すことができる．これらの化合物では原子は不完全 d 殻をもち，このため中間族のように振舞う（Cu は鉄族元素のように，また Ag, Au は Pd および Pt 族元素のように振舞う）．

§59. 2原子分子の項の振動構造および回転構造

　すでに本章の最初で述べたように，核と電子の質量の差が大きいために分子のエネルギー準位を決定する問題は二つの部分に分けることができる．最初に静止核に対する電子系のエネルギー準位が核間距離の関数として決定される（電子項）．その後で与えられた電子状態に対して核の運動

を考察することができる.この場合核は法則 $U_n(r)$ に従って互いに相互作用する粒子とみなされる.ここで U_n は対応する電子項である.分子の運動は全体としての並進移動と分子の重心に関する核の運動とから成り立つ.並進運動はもちろん興味がないので,重心は静止しているとみなすことができる.

最初に分子の全スピン S がゼロである電子項(1重項)の研究に限ることにしよう.この最も簡単な問題でも,2原子分子のエネルギー準位の構造の基本的特性のすべてを担っている.

相互作用 $U(r)$ が相互の距離だけに依存する二つの(核)粒子の相対運動の問題は,中心対称場 $U(r)$ にある質量 M(両粒子の換算質量)をもつ1粒子の問題に帰着される.ところでこの問題はつぎに,$U(r)$ と遠心エネルギーの和に等しい有効ポテンシャルエネルギーをもつ場のなかの1次元運動の問題に帰着される(§29 参照).

スピンがゼロに等しいとき分子の全角運動量 $\boldsymbol{J}$ は電子の軌道角運動量 $\boldsymbol{L}$ および核の回転の角運動量からなる.後者は演算子 $\hat{\boldsymbol{J}} - \hat{\boldsymbol{L}}$ に対応し,核の遠心エネルギー演算子は

$$\frac{\hbar^2}{2Mr^2}(\hat{\boldsymbol{J}} - \hat{\boldsymbol{L}})^2$$

となる.有効ポテンシャルエネルギーは

$$U_J(r) = U(r) + \frac{\hbar^2}{2Mr^2}\overline{(\boldsymbol{J} - \boldsymbol{L})^2} \tag{59.1}$$

で定義される.ここで平均は r の値を一定にしたときの分

子状態について行なわれる.

分子が全角運動量の平方の確定値 $\boldsymbol{J}^2 = J(J+1)$ をもち,電子の角運動量の分子軸（z 軸）への射影の確定値 $L_z = \Lambda$ をもつ状態で平均しよう．(59.1) の括弧を展開して

$$U_J(r) = U(r) + \frac{\hbar^2}{2Mr^2}J(J+1) - \frac{\hbar^2}{Mr^2}\bar{\boldsymbol{L}}\cdot\boldsymbol{J} + \frac{\hbar^2}{2Mr^2}\overline{\boldsymbol{L}^2} \tag{59.2}$$

となる．最後の項は電子状態にのみ依存し，量子数 J はまったく含まない．この項は $U(r)$ に含ませることができる．まったく同じことがその前の項についても成り立つことを示そう．

角運動量のある軸への射影が確定値をもてば，角運動量ベクトルの平均値はこの軸に平行になることを思い起こそう（§15 末尾参照）．z 軸の方向の単位ベクトルを $\boldsymbol{n}$ とすると $\bar{\boldsymbol{L}} = \Lambda\boldsymbol{n}$ となる．さらに古典力学では 2 粒子（核）系の回転角運動量は $\boldsymbol{r}\times\boldsymbol{p}$ に等しい．ここで $\boldsymbol{r}=r\boldsymbol{n}$ は 2 粒子間の動径ベクトルで $\boldsymbol{p}$ はその相対運動量である．したがってこの量は $\boldsymbol{n}$ の方向に垂直である．量子力学でも核の回転角運動量に関してまったく同じことが成り立つ．すなわち $(\hat{\boldsymbol{J}} - \hat{\boldsymbol{L}})\cdot\boldsymbol{n} = 0$ あるいは $\hat{\boldsymbol{J}}\cdot\boldsymbol{n} = \hat{\boldsymbol{L}}\cdot\boldsymbol{n}$ である．この演算子の等式から，もちろん，固有値の等式が出る．$\boldsymbol{n}\cdot\boldsymbol{L} = L_z = \Lambda$ であるから

$$J_z = \Lambda. \tag{59.3}$$

こうして (59.2) のなかの後から 2 番目の項では $\bar{\boldsymbol{L}}\cdot\boldsymbol{J} = \boldsymbol{n}\cdot\boldsymbol{J}\Lambda = \Lambda^2$ である，すなわち J には依存しない．関数 $U(r)$

を定義し直して結局，有効ポテンシャルエネルギーをつぎの形に書くことができる：

$$U_J(r) = U(r) + \frac{\hbar^2}{2Mr^2}J(J+1). \qquad (59.4)$$

このポテンシャルエネルギーをもつ1次元のシュレーディンガー方程式を解くと，一連のエネルギー準位が得られる．（与えられた各 J に対して）これらの準位をその増大する順に，数字 v を用いて番号づけることにする．ここで v は値 $v = 0, 1, 2, \cdots$ をとり，$v = 0$ が最低準位に対応する．このようにして核の運動は各電子項を一連の準位に分裂させ，それらの準位は，二つの量子数 J, v の値で特徴づけられる．

エネルギー準位の量子数依存性は一般的な形で完全な計算を行なうことができない．このような計算は，基底準位の上のあまり高くない位置にある，比較的弱く励起された準位に対してのみ可能である．このような準位には量子数 J および v の大きくない値が対応している．分子スペクトルの研究ではたいていこのような準位を扱うことになるので，このような準位が特に興味がある．

弱く励起された状態にある核の運動は，平衡位置のまわりの微小振動によって特徴づけられる．これにより $U(r)$ を差 $\xi = r - r_e$ のベキ級数で展開することができる．ここで r_e は $U(r)$ が極小値をとる r の値である．$U'(r_e) = 0$ となるので，2次の項までとって

$$U(r) = U_e + \frac{M\omega^2}{2}\xi^2$$

を得る.ここで $U_e = U(r_e), \omega = \sqrt{U''(r_e)/M}$ は振動数である(I.§17参照).(59.4) 式の遠心エネルギーを表わす第2項においては $r = r_e$ と置いても十分である.こうして

$$U_J(r) = U_e + BJ(J+1) + \frac{M\omega^2}{2}\xi^2 \tag{59.5}$$

を得る.ここで $B = \hbar^2/2Mr_e^2 = \hbar^2/2I$ は**回転定数**と呼ばれるものである($I = Mr_e^2$ は分子の慣性モーメントである).

(59.5) の最初の2項は定数であるが,第3項は1次元の調和振動に対応している.したがって求めているエネルギー準位はただちにつぎのように書ける:

$$E = U_e + BJ(J+1) + \hbar\omega(v+1/2). \tag{59.6}$$

このようなわけで,考えている近似において,エネルギー準位は三つの独立な部分から成る:

$$E = E^{el} + E^r + E^v. \tag{59.7}$$

第1項($E^{el} = U_e$)は電子エネルギーである($r = r_e$ における核のクーロン相互作用のエネルギーを含んでいる).第2項

$$E^r = BJ(J+1) \tag{59.8}$$

は分子の回転による**回転エネルギー**である[1].角運動量の

---

[1] 互いに固く結合した2粒子から成る回転する系はしばしば**回転子**と呼ばれる.式 (59.8) は回転子の量子力学的エネルギー準位を決定する.

射影はその大きさ J を越えないから，(59.3) から量子数 J はつぎの値だけをとることがわかる：

$$J = \Lambda, \Lambda+1, \Lambda+2, \cdots. \qquad (59.9)$$

最後に (59.7) の第3項

$$E^v = \hbar\omega(v+1/2) \qquad (59.10)$$

は分子内部の核の振動エネルギーである．番号 v は定義に従って，与えられた J の値をもつ準位をその増大する順序で番号づける．この数 v は**振動量子数**と呼ばれる．

ポテンシャルエネルギー曲線 $U(r)$ の与えられた形に対して，振動数 ω は $\sqrt{M}$ に逆比例する．したがって振動準位間の間隔 ΔE^v もまた $1/\sqrt{M}$ に比例する．回転準位間の間隔 ΔE^r は分母に慣性モーメント I を含んでいるので，$1/M$ に比例する．ところが電子準位間の間隔 ΔE^{el} は，これらの準位自身と同様まったく M を含まない．m/M (m は電子質量) は2原子分子理論の小さいパラメータであるので，

$$\Delta E^{el} \gg \Delta E^v \gg \Delta E^r \qquad (59.11)$$

となることがわかる．これらの不等式は分子のエネルギー準位の分布の特別の性質に反映している．核の振動運動により電子項は互いに比較的接近した準位に分裂する．これらの準位はつぎに，分子の回転運動の影響によってなおいっそう微細な分裂をひき起こす．

例として，$U_e, \hbar\omega$ および B の値を (eV の単位で) いくつかの分子について示す：

	H_2	N_2	O_2
$-U_e$	4.7	7.5	5.2
$\hbar\omega$	0.54	0.29	0.20
$10^3 B$	7.6	0.25	0.18

§60. パラ水素とオルソ水素

§56 ではすでに，2原子分子の状態のいくつかの対称性を考察した．これらの性質は電子項に関するものである．すなわち核の座標に関係しない変換の際の電子の波動関数の振舞いにより特徴づけられた．分子状態の概念のなかに核の運動（振動と回転）を含めると，分子全体に関する新しい対称性が現われる．ここでは同一原子から成る2原子分子の対称状態と関係する興味ある現象を詳論しよう（原子は同じ元素に属するだけでなく，同じ同位元素に属し，したがって原子核が同一であることを意味している）．

簡単のために，基底電子状態（1重項状態 $^1\Sigma_g^+$）にある水素分子を扱おう．

同一原子からなる分子のハミルトニアンは原子核の互換に対して不変である．この関係で状態の新しい対称性が現われる．すなわち，分子の波動関数は，一方の核から他の核へ向かう動径ベクトル $\boldsymbol{r}$ の符号の変化に対して対称か反対称である．

分子の波動関数は電子と核の波動関数の積で表わされる．§59 によると後者は中心対称場 $U(r)$ のなかの軌道角運動量 J をもつ1粒子運動の波動関数と一致する．この観点か

ら，変換 $r \to -r$ は場の中心に対する座標の反転であり，(19.5) によるとこの変換は波動関数に $(-1)^J$ を掛ける．電子波動関数もまた核の座標に依存するが，パラメータとしてである．分子の基底電子項に対してはこの関数は核の変換に対して対称である[1]．したがって，因子 $(-1)^J$ は，核部分だけでなく分子全体の波動関数の対称あるいは反対称を決定する．

§46 で，スピン $i=1/2$ の二つの同種粒子の系に対しては粒子の全スピン I がゼロに等しいときにだけ（粒子状態に対する）対称状態が，$I=1$ のときにのみ反対称状態が存在しうるという一般定理が確立された．この規則を（スピン 1/2 の陽子の）水素分子の二つの核に適用しよう．核のスピンが平行（$I=1$）なとき基底電子状態にある分子は回転角運動量 J が奇数値だけを，核のスピンが反平行（$I=0$）なとき J は偶数値だけをとることができるという結論に到達する．これは量子力学の交換効果の顕著な例である．すなわち，核スピンのエネルギー値に対する直接の影響（超微細構造項）はまったく取るに足りないのに，分子項への間接の影響は強いことがわかる．

陽子の磁気モーメントが非常に小さく，したがってその

---

[1] この性質は §56 で示された一般的な経験則に対応している．それによると大部分の 2 原子分子では基底電子状態は完全対称性をもっている．また直接の考察からも，$^1\Sigma_g^+$ 状態の他の対称性，すなわち分子軸を含む平面での鏡映および原子核の座標を変えないで全電子の座標の符号変更に対する対称性から，自動的に核の変換に対する対称性が出てくることを示すことができる．

スピンと分子内電子との相互作用が小さいので，分子衝突の際でもIが変わる確率は小さい．したがって，$I=1$および$I=0$の分子は実際には物質の異なる形態のように振舞う．これらをそれぞれ**オルソ水素**および**パラ水素**と呼ぶ．

パラ水素分子の基底準位は回転量子数$J=0$に対応する．オルソ水素分子に対しては，Jの奇数値のみが可能で，$J=1$の準位が基底となり，パラ水素の基底準位よりも高い所にある．

§61. ファン・デル・ワールス力

（原子の大きさにくらべて）遠距離の位置にあるS状態の2原子を考察し，それらの相互作用エネルギーを決定しよう．言いかえると，大きい核間距離に対する電子項$U_n(r)$の形を決定する議論を行なおう．

この問題を解くには摂動論を適用し，二つの孤立原子を非摂動系とみなし，それらの電気的相互作用のポテンシャルエネルギーを摂動演算子とみなすことにする．よく知られているように（I. §64参照），互いに遠距離rの位置にある二つの電荷系の電気相互作用は$1/r$のベキで展開することができて，この展開の項は逐次，両電荷系の全電荷，双極モーメント，4重極モーメント等々の相互作用に対応する．中性原子では全電荷はゼロである．展開はまず，双極子-双極子相互作用（$\sim 1/r^3$）から始まる．そのあとに双極子-4重極子項（$\sim 1/r^4$），4重極子-4重極子項（$\sim 1/r^5$）等々が続く．

始めに,両原子がS状態にあったものと仮定しよう.容易にわかるように,このときは摂動論の1次近似では,原子の相互作用は存在しない.実際に,摂動論の1次近似において,求めている原子の相互作用エネルギーは摂動演算子の対角行列要素として決定され,これは(二つの原子の非摂動関数の積の形で表わされる)系の非摂動波動関数を用いて計算される.しかしS状態においては,双極モーメント,4重極モーメント等々の対角行列要素すなわち平均値はゼロである.このことは対称性を考慮して直接導かれる.つまりS状態にある原子内の電荷分布は平均的に球対称だからである.

2次近似においては摂動演算子における双極子相互作用に限るだけで十分である.そのわけは,これはrの増大とともにもっともゆっくり減衰する項

$$V = \frac{-\boldsymbol{d}_1 \cdot \boldsymbol{d}_2 + 3(\boldsymbol{d}_1 \cdot \boldsymbol{n})(\boldsymbol{d}_2 \cdot \boldsymbol{n})}{r^3} \tag{61.1}$$

だからである($\boldsymbol{n}$は両原子間の方向の単位ベクトル).双極モーメントの非対角行列要素は,一般的に言ってゼロではないので,摂動論の2次近似においてゼロでない結果を得る.これはVに関して2次であるので,$1/r^6$に比例する.最低固有値に対する2次近似の補正は,すでに知っているようにいつも負である(§32).したがって基底状態にある原子の相互作用エネルギーに対してつぎの形の式を得る:

$$U(r) = -\frac{\text{const}}{r^6} \tag{61.2}$$

ここで const は正の定数である（F. ロンドン，1928）．

このようなわけで，互いに遠くへだたった基底 S 状態にある 2 原子は，距離の 7 乗に反比例した力（$-dU/dr$）で引っぱりあう．遠距離にある原子間の引力は普通，ファン・デル・ワールス力と呼ばれる．この力は，安定分子を形成しない原子の電子項のポテンシャルエネルギー曲線の上にもくぼみをつくる．しかしながらこれらのくぼみは非常に浅く（その深さは eV の 10 分の 1 あるいは 100 分の 1 の程度である），その位置は安定分子における原子間距離よりも数倍大きい距離にある．

公式（61.2）が重要なのは，任意の（必ずしも S とは限らない）基底状態の原子間でも，原子の可能なすべての向きについて平均すれば，遠距離の相互作用の力がこのような法則になることである．すなわち，問題のこのような設定は，たとえば，気体中の原子の相互作用である[1]．

実際に，定常状態ではいつも平均双極モーメントはゼロに等しいが，ゼロと異なる角運動量 J をもつ原子に対しては 4 重極モーメントの平均値はゼロと異なる（§54）．したがって，相互作用演算子のなかの 4 重極 – 4 重極の項は，摂動の 1 次近似ですでに 0 と異なる結果を与えることが可能になる．しかし 4 重極モーメントの平均値は（もっと高

---

[1] しかしながら，非相対論的理論に基づいて得られたこの法則は，電磁相互作用の遅延効果が重要でないときだけ正しいことを強調しておこう．このためには原子間距離 r は c/ω_{0n} にくらべて小さくなければならない．ここで ω_{0n} は原子の基底状態と励起状態のあいだの遷移の振動数である．

次の多重極モーメントと同様に）その角運動量 $\boldsymbol{J}$ の方向に依存する．そして対称性の考察からその方向について平均すると 0 になる．

問　題

S 状態にある二つの同種原子に対して，それらの双極モーメントの行列要素を用いてファン・デル・ワールス力を決定する式を求めよ．

解　答は摂動論の一般公式 (32.10) を演算子 (61.1) に適用して得られる．S 状態にある原子の等方性を考慮すると，あらゆる中間状態に関する和に対して，ベクトル $\boldsymbol{d}_1$ および $\boldsymbol{d}_2$ のおのおのの 3 成分の行列要素の 2 乗は同一の寄与を与え，また異なる成分の積を含む項はゼロとなることが，あらかじめ明らかである．

その結果次式を得る：
$$U(r) = -\frac{6}{r^6} \sum_{n,n'} \frac{(d_z)_{0n}^2 (d_z)_{0n'}^2}{2E_0 - E_n - E_{n'}}.$$
ここで E_0, E_n は原子の基底状態および励起状態のエネルギーの非摂動値である．

第9章 弾性衝突

§62. 散乱振幅

 古典力学において2粒子の衝突は，それらの速度および《衝突パラメータ》(つまり2粒子が相互作用のないときに互いにすれちがうであろう距離)によって完全に決定される．量子力学においては，確定した速度をもつ運動では軌道の概念は意味を失い，それに伴って《衝突パラメータ》の概念も意味を失うので，問題の設定がまったく変わってくる．理論の目的となるものは，ここでは単に衝突の結果粒子がある角度だけ曲げられる(あるいは，いわゆる**散乱**される)確率を計算することだけである．ここでわれわれは，いわゆる**弾性衝突**，つまり粒子のいかなる変換も起こらず，また(もしこれらの粒子が複合粒子であるとすると)それらの粒子の内部状態も変化しない衝突を扱うことにする．

 弾性衝突の問題は，あらゆる2体問題と同じく，動かない中心力の場 $U(r)$ 中にある換算質量をもつ1粒子の散乱の問題に帰着される[1]．このような帰着を実現するには，

---

 1) ここで(粒子がスピンをもっている場合に)粒子のスピン-軌道相互作用を無視することにする．ここで場が中心対称であるこ

両粒子の重心が静止している座標系への変換を行なえばよい．この系での散乱角を θ で表わすことにしよう．それは，2 粒子のうちの一つ（2 番目）の粒子が衝突の前まで静止している《実験室》系における両粒子の偏角 ϑ_1 および ϑ_2 とつぎの簡単な式

$$\tan\vartheta_1 = \frac{m_2\sin\theta}{m_1+m_2\cos\theta}, \quad \vartheta_2 = \frac{\pi-\theta}{2} \qquad (62.1)$$

で結ばれている．

ここで m_1, m_2 は粒子の質量である（I.§14 参照）．特に，もし両粒子の質量が等しい（$m_1=m_2$）と，つぎの簡単な式を得る：

$$\vartheta_1 = \frac{\theta}{2}, \quad \vartheta_2 = \frac{\pi-\theta}{2}. \qquad (62.2)$$

和 $\vartheta_1+\vartheta_2=\pi/2$，つまり両粒子は直角をなして飛び去る．

以下において（特に前もって反対の断りがない場合），重心が静止した座標系をいつも用い，m を衝突粒子の換算質量と考えることにする．

z 軸の正方向に運動している粒子は平面波で記述され，$\psi=e^{ikz}$ の形に書ける．これは粒子の速度が v に等しい流れの密度に対応している（(21.6) の 1 個の流れの規格化と比較せよ）．散乱された粒子は，散乱中心から遠く離れたところで $f(\theta)e^{ikr}/r$ の形をした発散する球面波で記述される．ここで $f(\theta)$ は散乱角（z 軸と散乱粒子の方向との

とを仮定して，たとえば分子による電子の散乱のような過程をも同様に考察から除外することにする．

成す角) θ のある関数である[1]．こうして，場 $U(r)$ のなかでの散乱過程を記述するシュレーディンガー方程式の解は，遠距離で漸近形

$$\psi \approx e^{ikz} + \frac{f(\theta)}{r} e^{ikr} \qquad (62.3)$$

をもたなければならない．関数 $f(\theta)$ は**散乱振幅**と呼ばれる．

散乱粒子が単位時間あたり表面要素 $dS = r^2 do$ (do は立体角要素) を通過する確率は，$vr^{-2}|f|^2 dS = v|f|^2 do$ である[2]．これの入射波の流れの密度に対する比は

$$d\sigma = |f(\theta)|^2 do \qquad (62.4)$$

である．この量は面積の次元をもっており，立体角 do 内への散乱の**有効断面積**（あるいは単に**断面積**）と呼ばれる．もし $do = 2\pi \sin\theta d\theta$ と置くと，θ および $\theta + d\theta$ のあいだの角度の散乱に対して，断面積

$$d\sigma = 2\pi \sin\theta |f(\theta)|^2 d\theta \qquad (62.5)$$

を得る．

中心場での散乱を記述するシュレーディンガー方程式の

---

1) §30 で考察された《定在》球面波の三角関数因子の代りに，発散球面波は指数関数因子 e^{ikr}（そして中心に収束する波は同様に因子 e^{-ikr}）を含んでいる．

2) この議論では，散乱に関する実際の実験ではいつも満たされているように，入射粒子束は（回折効果を避けるために）幅広く，しかも有限のスリットによって仕切られていることを暗に意味している．このようなわけで，式（62.3）の両項間の干渉は存在しない．絶対値の2乗 $|\psi|^2$ は入射波の存在しない点でとることができる．

解は，z 軸のまわりで軸対称である．このような解の一般形はつぎの展開の形で表わされる．すなわち，

$$\psi = \sum_{l=0}^{\infty} A_l P_l(\cos\theta) R_{kl}(r). \qquad (62.6)$$

ここで R_{kl} は方程式 (29.8)（エネルギー $E=\hbar^2 k^2/2m$）を満足する動径関数である．この関数の遠方での漸近形は定在波 (30.10) である．散乱振幅がこれらの関数の位相のずれ δ_l によってどのように表わされるかをこれから示そう．

(30.10) を (62.6) に代入して波動関数の漸近形をつぎの形に書く：

$$\psi \approx \sqrt{\frac{2}{\pi}} \frac{1}{r} \sum_{l=0}^{\infty} A_l P_l \sin\left(kr - \frac{l\pi}{2} + \delta_l\right)$$
$$= \frac{i}{2}\sqrt{\frac{2}{\pi}} \frac{1}{r} \sum_{l=0}^{\infty} A_l P_l \left\{ \exp\left[-i\left(kr - \frac{l\pi}{2} + \delta_l\right)\right] \right.$$
$$\left. - \exp\left[i\left(kr - \frac{l\pi}{2} + \delta_l\right)\right] \right\}.$$

係数 A_l は，この関数が (62.3) の形をもつように選ばなければならない．このため，§30 で得られた平面波の球面波による展開式を用いる．この展開式の漸近形は (30.16)

$$e^{ikz} \approx \frac{i}{2kr} \sum_{l=0}^{\infty} i^l (2l+1) P_l \left\{ \exp\left[-i\left(kr - \frac{l\pi}{2}\right)\right] \right.$$
$$\left. - \exp\left[i\left(kr - \frac{l\pi}{2}\right)\right] \right\}$$

である．差 $\psi - e^{ikz}$ は発散波を表わさなければならないの

で，e^{-ikr} を含むすべての項はこの差から落とさなければならない．このためには

$$A_l = \frac{1}{k}\sqrt{\frac{\pi}{2}}(2l+1)i^l e^{i\delta_l}$$

と置かなければならない．したがって，波動関数は

$$\psi \approx \frac{i}{2kr}\sum_{l=0}^{\infty}(2l+1)P_l(\cos\theta)[(-1)^l e^{-ikr} - e^{2i\delta_l}e^{ikr}]$$

(62.7)

となる．差 $\psi - e^{ikz}$ のなかの e^{ikr}/r の係数に対して，すなわち散乱振幅に対して

$$f(\theta) = \frac{1}{2ik}\sum_{l=0}^{\infty}(2l+1)(e^{2i\delta_l}-1)P_l(\cos\theta) \qquad (62.8)$$

を得る．この式は散乱振幅を位相 δ_l で表わす問題の解である（G.ファクセン，I.ホルツマーク，1927）．この和の各項を，軌道角運動量 l をもつ粒子の散乱**部分振幅**と呼ぶ．

いま $d\sigma$ をすべての角度について積分すると，全有効散乱断面積 σ が得られる．これは，（単位時間に）粒子が散乱される全確率の入射波中の確率の流れの密度に対する比を表わしている．(62.8) を積分

$$\sigma = 2\pi\int_0^{\pi}|f(\theta)|^2\sin\theta d\theta$$

に代入する．$P_l(\cos\theta)$ は互いに直交するので，積分では和 (62.8) の各項の平方だけが残る．規格化積分 (30.13) の知られた値を考慮して

$$\sigma = \frac{4\pi}{k^2} \sum_{l=0}^{\infty} (2l+1) \sin^2 \delta_l \qquad (62.9)$$

を得る.

§63. 準古典散乱の条件

前節で得られた散乱理論の正確な量子力学の公式から古典論の公式への極限移行は膨大なのでここでは行なわない.この移行を許す条件についての若干の注意に限ることにする.

粒子が衝突パラメータ ρ で通過するときに,角度 θ の古典的散乱を問題にすることができるためには,それらの値の量子力学的不確定性が相対的に小さい必要がある.すなわち $\Delta\rho \ll \rho, \Delta\theta \ll \theta$ である.散乱角の不確定性は大きさの程度が $\Delta\theta \sim \Delta p/p$ である.ここで p は粒子の運動量で Δp はその横成分の不確定性である. $\Delta p \sim \hbar/\Delta\rho \gg \hbar/\rho$ であるから, $\Delta\theta \gg \hbar/p\rho$ であり,したがっていつも

$$\theta \gg \frac{\hbar}{\rho m v} \qquad (63.1)$$

である.運動量のモーメント $mv\rho$ を $\hbar l$ に置き換えて $\theta l \gg 1$ を得る.これから,もちろん $l \gg 1$ でなければならない.これは準古典的な場合には量子数の大きい値が対応するという一般則に対応している (§27).

古典散乱角は,《衝突時間》 $\tau \sim \rho/v$ のあいだの運動量の横成分の増加 Δp と,始めの運動量 mv との比として見積もることができる.場 $U(r)$ のなかで距離 ρ にある粒子に

働く力は $F = -dU(\rho)/d\rho$ である.したがって $\Delta p \sim F\rho/v$ であり,$\theta \sim \rho F/mv^2$ である.この見積もりは,角 $\theta \ll 1$ である限り厳密に成り立つ.しかし $\theta \sim 1$ まで拡張することができる.この式を (63.1) に代入すると,準古典的散乱の条件がつぎの形になる:

$$F\rho^2 \gg \hbar v. \tag{63.2}$$

もしも場 $U(r)$ が $1/r$ よりも急速に減衰すれば,条件 (63.2) は,ρ の十分大きい値ではいつも満足されなくなる.大きい ρ は小さい θ に対応する.したがって,十分小さい角の散乱はどの場合でも古典的ではない.特に小さい角の散乱の量子論的性質が原因となり,散乱全断面積が有限になることができる.これに関連して,$r \to \infty$ でのみ 0 になる(すなわち有限距離ではっきりとなくならない)すべての場で,古典力学では,任意の大きいが有限の衝突係数で通過する粒子は,小さいが 0 と異なる角度の散乱を受けることを思い起こそう.したがって,全断面積は無限大になる.上に述べたことから,量子力学ではこのような考察は適用できない.それは散乱角が粒子の運動方向の不確定性より小さいときには散乱の概念が意味を失うからである.

§64. 散乱振幅の極としての離散エネルギー準位

与えられた場での(正エネルギー E の)粒子の散乱の法則と,同じ場の負のエネルギー準位(もしも存在すれば)の離散スペクトルとのあいだには一定の関係がある.

式の記述を簡単にするために軌道角運動量 $l=0$ をもつ

粒子の運動について述べよう. 正のエネルギーの波動関数の, 場の中心から離れた所の漸近形を, 収束および発散球面波の和の形に書く:

$$\psi = \frac{1}{r}\{a(k)e^{ikr} + b(k)e^{-ikr}\}. \tag{64.1}$$

係数 $a(k)$ および $b(k)$ は k のある関数で, これは $r=0$ で波動関数が有限であることを考慮して, 原点の近くでシュレーディンガー方程式を解くことによってのみ決めるべきものである. ここで二つの関数は独立ではなく簡単な関係で互いに結びついている. その一つは, 縮退のない状態の波動関数である関数 ψ は実数でなければならないことから出てくる:

$$b(k) = a^*(k). \tag{64.2}$$

今もし k の値を形式的に任意の, もちろん複素数とみなすと, $a(k)$ と $b(k)$ は, 前と同様に等式 (64.2) の他につぎの等式

$$a(-k) = b(k) \tag{64.3}$$

で結ばれた複素変数関数である. 後者は式 (64.1) の a と b の定義自身から導かれる (k を $-k$ に換えると係数 a と b の役割が変わる). 複素数 k の関数 ψ は, 実数の k をもつシュレーディンガー方程式の解の解析接続であり, 前と同じく同じ方程式の原点で有界な解である. しかしながら, それはもはや全空間で有界であるという条件は満足しないはずである. すなわち $r \to \infty$ とすると (64.1) の第1項, あるいは第2項 (k の虚部の符号にしたがって) が無限大

になる.

特に k が純虚数の場合においては,式 (64.1) は負エネルギーをもつシュレーディンガー方程式の解の漸近形を与える.しかしこの解が離散固有値の定常状態に対応するためには,関数 ψ は $r \to \infty$ のときに有限でなければならない.E の負の値のおのおのに純虚数値の対 $k = \pm i\sqrt{2m|E|}/\hbar$ が対応する.上の符号は $r \to \infty$ のときに (64.1) の第2項が有限の条件を満足しない.したがってエネルギーの離散準位に対応する E の値に対しては

$$b(i|k|) = 0 \qquad (64.4)$$

でなければならない(同様に $k = -i|k|$ のとき関数 $a(k)$ が0にならなければならない).

他方エネルギー $E > 0$ をもつ粒子の波動関数の漸近形は (30.10) の形に書かれる:

$$\psi = \sqrt{\frac{2}{\pi}} \frac{1}{2ir}(e^{i(kr+\delta_0)} - e^{-i(kr+\delta_0)}).$$

これと (64.1) をくらべて,比 a/b が位相 δ_0 と関係式

$$e^{2i\delta_0(k)} = a(k)/b(k) \qquad (64.5)$$

で結ばれることがわかる.この式は,$b(k)$ が0になる点に極をもつ.ここで s-散乱の部分振幅が

$$f_0 = \frac{1}{2ik}(e^{2i\delta_0} - 1)$$

であることを思い起こし,この振幅が複素変数 k の解析関数として,この変数の上半平面上でその場の粒子の結合 s-状態のエネルギー準位に対応する純虚数値 k に極をもつこ

とがわかる．

 $l \neq 0$ の結合状態のエネルギー準位と，対応する散乱部分振幅の対応する極のあいだにも同様な関係が成り立つ．

§65. 遅い粒子の散乱

散乱粒子の速度が小さい極限の場合の弾性散乱の性質を考察しよう．つまり，速度が十分小さくて，粒子のド・ブロイ波長が散乱場の作用半径 a にくらべて大きく[1]，そのエネルギーがこの半径内の場の大きさとくらべて小さいと仮定する．すなわち $ak \ll 1$ および $k^2\hbar^2/2m \ll |U|$ である．

粒子を場の中心近く（その波長とくらべて小さい距離）に見いだす確率は，軌道角運動量 l が大きくなるにつれて急速に小さくなる（§29 末尾参照）．したがって，遅い粒子の散乱での基本的役割は $l=0$ の散乱（s-散乱）が果たしている．この場合の散乱の性質を明らかにするには，波数ベクトル k の小さい値のときの位相 δ_0 のそれへの依存性を決定する必要がある．

s-状態の波動関数は r だけに依存する．$r \lesssim a$ のとき（場の作用半径のなかでは）正確なシュレーディンガー方程式

$$\Delta \psi + k^2 \psi = \frac{2m}{\hbar^2} U(r) \psi \qquad (65.1)$$

---

[1] a は場 U が実質的に 0 と異なるような空間領域のさしわたしと理解する．したがって，核による中性子の散乱ではパラメータ a の役割は核半径が果たし，電子の中性原子による散乱では原子半径が果たしている．

で，k^2 の項だけは無視できる．

$$\Delta\psi \equiv \frac{1}{r}(r\psi)'' = \frac{2m}{\hbar^2}U(r)\psi \quad (r \lesssim a) \qquad (65.2)$$

(ここでダッシュは r についての微分を意味する)．すこし遠い領域，$a \ll r \ll 1/k$ では，$U(r)$ の項もまた落とすことができる．したがって

$$(r\psi)'' = 0 \qquad (65.3)$$

が残る．方程式の一般解は

$$\psi = c_1 + \frac{c_2}{r} \quad \left(a \ll r \ll \frac{1}{k}\right) \qquad (65.4)$$

である．実定数 c_1, c_2 の値は，原理的には，具体的な関数 $U(r)$ をもつ方程式 (65.2) を解くことによってのみ決定することができる．

さらに遠い領域，$r \gtrsim 1/k$ では方程式 (65.1) は $U(r)$ の項を落とすことができるが k^2 の項は無視できない．したがって

$$\frac{1}{r}(r\psi)'' + k^2\psi = 0,$$

すなわち自由運動の方程式である．この方程式の解は

$$\psi = \frac{c_1}{k}\frac{\sin kr}{r} + c_2\frac{\cos kr}{r} \quad \left(r \gtrsim \frac{1}{k}\right) \qquad (65.5)$$

である．このなかの係数は，$kr \ll 1$ で解が (65.4) に移るように選ばれる．それにより $kr \ll 1$ と $kr \sim 1$ の領域の解の《継ぎ合わせ》が行なわれる．

和 (65.5) を

$$\psi = \frac{c_1}{kr}\sin(kr+\delta_0)$$

の形に表わし,位相 δ_0 に対して

$$\tan\delta_0 \approx \delta_0 = \frac{c_2}{c_1}k \tag{65.6}$$

を得る.k が小さいので位相 δ_0 もまた小さい.最後に散乱振幅に対しては,和 (62.8) で第1項だけを残し

$$f = \frac{1}{2ik}(e^{2i\delta_0}-1) \approx \frac{\delta_0}{k} = \frac{c_2}{c_1} \tag{65.7}$$

を得る.

このようにして,散乱振幅は散乱角にも粒子の速度にもよらない定数であることがわかる.言いかえれば,遅い粒子の散乱はあらゆる方向に等方的であり,その断面積 $\sigma = 4\pi(c_2/c_1)^2$ はエネルギーによらない[1].

問 題

1. 深さ U_0,半径 a ($r<a$ のとき $U(r)=-U_0$, $r>a$ のとき $U(r)=0$) の球状ポテンシャル井戸による遅い粒子

---

[1] 上述の考察では,場 $U(r)$ が遠距離 ($r \gg a$) で十分急速に減少することが暗々裏に了解されているものとしている.要求される減少の速さがどのくらいのものかは容易に明らかになる.r が大きいとき,関数 (65.4) の第2項は第1項にくらべて小さい.それにもかかわらずこれを残しておくことが正しいためには,方程式 (65.2) に残った $\sim c_2/r^3$ の小さい項がすべて (65.2) から (65.3) に移るときに落とされた $U\psi \sim Uc_1$ の項にくらべて大きくなければならない.これから U が $1/r^3$ より急速に減少しなければならないことが出てくる.

の散乱断面積を求めよ.

解 粒子の波数ベクトルは条件 $ka \ll 1$ および $k \ll \kappa$ (ここで $\kappa = \sqrt{2mU_0}/\hbar$) を満足していると仮定する.方程式 (65.2) は,関数 $\chi = r\psi$ に対して $r < a$ のとき

$$\chi'' + \kappa^2 \chi = 0$$

の形になる.$r = 0$ のとき有限という条件を満足するこの方程式の解は

$$\chi = A \sin \kappa r \quad (r < a).$$

$r > a$ のとき関数 χ は方程式 $\chi'' + k^2 \chi = 0$ を満足し,これから

$$\chi = B \sin(kr + \delta_0) \quad (r > a).$$

$r = a$ における χ'/χ の連続性の条件により

$$\kappa \cot \kappa a = k \cot(ka + \delta_0) \cong \frac{k}{ka + \delta_0}.$$

これから δ_0 が決められる.この結果散乱振幅に対して次式を得る:

$$f = \frac{\tan \kappa a - \kappa a}{\kappa}. \tag{1}$$

もしも $ka \ll 1$ だけでなく $\kappa a \ll 1$ (つまり $U_0 \ll \hbar^2/ma^2$) のとき,

$$f = \frac{1}{3} a (\kappa a)^2. \tag{2}$$

もしも U_0 と a が,κa が $\pi/2$ の奇数倍の近くになるような値だと公式 (1) は使えない.κa がこのような値のとき,井戸型ポテンシャル内の負エネルギー準位の離散スペクト

ルは 0 に近い準位をもち[1]，散乱は次節で得られる公式で記述される．

2. 《ポテンシャルの山》すなわち，$r<a$ で $U(r)=U_0$，$r>a$ で $U=0$ による散乱に対して同じことを行なえ．

解 ポテンシャルの井戸による場合からこの場合への移行は，$U_0 \to -U_0$ の置換，すなわち $\kappa \to i\kappa$ により行なわれる．このとき (1) から

$$f = \frac{\tanh \kappa a - \kappa a}{\kappa}$$

が得られる（ここで前と同じく $\kappa = \sqrt{2mU_0}/\hbar$ である）．特に（U_0 の値が大きい）$\kappa a \gg 1$ の極限の場合には

$$f = -a, \quad \sigma = 4\pi a^2$$

となる．この結果は半径 a の不透過球による散乱に対応している．古典力学はこの 4 分の 1 の値（$\sigma = \pi a^2$）を与えるであろうということを強調しておく．

§66. 小さいエネルギーにおける共鳴散乱

つぎに述べるような引力場における遅い（$ka \ll 1$）粒子の散乱は特別の考察を必要とする．すなわち，負のエネルギー準位の離散スペクトルのなかに s-状態があり，そのエネルギーは場 U の作用半径の領域のなかの U の値に

---

[1] §30の問題参照．そこで得られる方程式(1)は，$\sin(a\sqrt{2mU_0}/\hbar) \approx \pm 1$ ならばエネルギー準位が $|E| \ll U_0$ であることを示している．

くらべて小さいような場合の引力場である．この準位を $-\varepsilon$ ($\varepsilon > 0$) で表わすことにしよう．散乱される粒子のエネルギー E は小さい量であるが，準位 ε に近く，いわば ε にほとんど**共鳴**している位置にある．この結果，あとでわかるように有効散乱断面積がかなり増大する．

浅い準位の存在は，散乱理論においてつぎのような議論に基づく形式的な方法により考慮できる．

§65 と同様に，ふたたび場のいろいろの領域でのシュレーディンガー方程式を考察しよう．ψ の代りに $\chi = r\psi$ に対して書かれた正確な方程式は

$$\chi'' + \frac{2m}{\hbar^2}[E - U(r)]\chi = 0.$$

場の《内部》領域 ($r \lesssim a$) では $(2mE/\hbar^2)\chi = k^2\chi$ を χ'' にくらべて無視して

$$\chi'' - \frac{2m}{\hbar^2}U(r)\chi = 0, \quad r \sim a. \tag{66.1}$$

ところが《外の》領域 ($r \gg a$) では，反対に U を無視できる：

$$\chi'' + \frac{2m}{\hbar^2}E\chi = 0, \quad r \gg a. \tag{66.2}$$

方程式 (66.2) の解は境界条件 $\chi(0) = 0$ を満足する方程式 (66.1) の解と，($1/k \gg r_1 \gg a$ であるような) ある r_1 で《継ぎ合わ》さなければならない．継ぎ合わせの条件は比 χ'/χ が連続となるようなものであって，波動関数の一般的な規格化因子に依存しないということになる．

しかしながら $r \sim a$ の領域における運動を考察する代りに，外の領域における解に，r が小さいときの χ'/χ に対する適当な境界条件を課すことにしよう．すなわち外の解は $r \to 0$ のときゆっくり変化するので，点 $r=0$ にこの条件を形式的にあてはめることができる．$r \sim a$ の領域における方程式 (66.1) は E を含まない．したがって，それに代る境界条件もまた粒子のエネルギーに依存してはならない．言いかえると，それはつぎの形をもたなければならない：

$$\left[\frac{\chi'}{\chi}\right]_{r \to 0} = -\kappa. \tag{66.3}$$

ここで κ はある定数である．しかし κ は E に依存しないので，同じ条件 (66.3) は小さい負のエネルギー $E=-\varepsilon$ に対するシュレーディンガー方程式の解に対しても成り立たなければならない．つまり粒子の定常状態に対応する波動関数に対しても成り立たなければならない．$E=-\varepsilon$ のとき，(66.2) より

$$\chi = \text{const} \cdot \exp(-r\sqrt{2m|\varepsilon|}/\hbar)$$

が得られ，この関数を (66.3) に代入すると，κ は

$$\kappa = \frac{\sqrt{2m\varepsilon}}{\hbar} \tag{66.4}$$

で与えられる正の量であることがわかる．

さて境界条件 (66.3) を自由運動の波動関数

$$\chi = \text{const} \cdot \sin(kr + \delta_0)$$

に適用しよう．これは $E>0$ における方程式 (66.2) の厳密な一般解を表わしている．その結果，求めている位相 δ_0

は

$$\cot\delta_0 = -\frac{\kappa}{k} = -\sqrt{\frac{\varepsilon}{E}} \qquad (66.5)$$

となる.エネルギー E はここでは条件 $ka \ll 1$ によってのみ制限されているが,しかし ε にくらべて小さい必要はないので,位相 δ_0 および,それとともに s-散乱の振幅は小さい量でなくてもよい.

ところが $l \neq 0$ をもつ位相 δ_l は,前と同様小さい.したがって,全散乱振幅は前と同じく s-散乱振幅と一致すると考えてよい:

$$f = \frac{1}{2ik}(e^{2i\delta_0} - 1) = \frac{1}{k(\cot\delta_0 - i)}.$$

これに (66.5) を代入すると,

$$f = -\frac{1}{\kappa + ik}. \qquad (66.6)$$

この式は,§64 で得られた一般的結果に対応して $k = i\kappa$ に極をもつことを指摘しよう.全有効断面積 $\sigma = 4\pi|f|^2$ に対する式は,

$$\sigma = \frac{4\pi}{\kappa^2 + k^2} = \frac{2\pi\hbar^2}{m}\frac{1}{E + \varepsilon}. \qquad (66.7)$$

このようなわけで,散乱は前と同じく等方的で(振幅 (66.6) が方向に依存しない),その断面積はエネルギーに依存し,共鳴領域 ($E \sim \varepsilon$) において場の作用半径の2乗 a^2 にくらべて大きいことがわかる(なぜなら $1/k \gg a$).式 (66.7) の形は近距離での粒子間の相互作用の詳細に依存せず,共

鳴準位の値により完全に決定される[1]．

上に得られた式は，その導出にあたって行なった仮定よりももっと一般的な性質をもっている．関数 $U(r)$ をすこし変化させよう．このとき境界条件（66.3）のなかの定数 κ の値も変化する．$U(r)$ の適当な変化によって κ をゼロにすることができ，つづいて負の小さい値にすることができる．このとき散乱振幅に対しては（66.6）と同じ式が得られ，断面積に対しては（66.7）と同じ式が得られる．しかしながら後者において，量 $\varepsilon = \hbar^2\kappa^2/2m$ は場 $U(r)$ に対して特徴的な単なる定数であって，この場のなかのエネルギー準位ではけっしてない．このような場合に，場のなかに**仮想準位**があると言い，このことは，実際にはゼロに近いいかなる準位も存在しないにもかかわらず，場に小さい変化を与えさえすればそのような準位が現われるのに十分であることを意味している[2]．

§67. ボルンの公式

散乱場が（非散乱粒子の運動への作用については）弱い

---

[1] 式（66.7）は E. ウィグナーによって初めて導かれた（1933）．ここに記述した導出の考えは H. A. ベーテおよび R. E. パイエルスによるものである（1935）．

[2] 例として，（真の準位と仮想準位による）共鳴の二つの場合が陽子による中性子の散乱に対して起こることを示そう．スピンが平行の中性子と陽子の相互作用に対してはエネルギー $\varepsilon = 2.23$ MeV の真の準位（重陽子の基底状態）が存在する．スピンが反平行の中性子と陽子の相互作用は $\varepsilon = 0.067$ MeV の仮想準位の存在により特徴づけられる．

摂動とみなすことができるような,非常に重要な場合には,散乱断面積は一般的な形で計算することができる.散乱理論へのこの近似の適用可能の条件に関する問題へは,この節の終わりでたちもどることにする.

散乱中心に向かって運動量 $p = \hbar k$ をもって入射する粒子の非摂動運動は,平面波 $\psi^{(0)} = e^{i k \cdot r}$ で記述され,これはつぎのシュレーディンガー方程式を満足する:
$$\Delta \psi^{(0)} + k^2 \psi^{(0)} = 0.$$
正確な方程式
$$\Delta \psi + \left(k^2 - \frac{2m}{\hbar^2} U \right) \psi = 0$$
の解を,$\psi = \psi^{(0)} + \psi^{(1)}$ の形で求めよう.ここで $\psi^{(1)}$ は散乱波を記述し,つぎの($\psi^{(1)}$ についての)非斉次方程式を満足する:
$$\Delta \psi^{(1)} + k^2 \psi^{(1)} = \frac{2m}{\hbar^2} \psi^{(0)} = \frac{2m}{\hbar^2} e^{i k \cdot r}. \qquad (67.1)$$
ここで2次の微小量 $(\sim \psi^{(1)} U)$ は落とした.

この方程式の解は,電気力学で知られた遅延ポテンシャルの方程式
$$\Delta \varphi - \frac{1}{c^2} \frac{\partial^2 \varphi}{\partial t^2} = -4\pi \rho$$
の類推から直接に書き下すことができる.ここで ρ は座標と時間のある関数である(I.§77 参照).この解は
$$\varphi(r, t) = \int \frac{1}{R} \rho \left(r', t - \frac{R}{c} \right) dV', \quad dV' = dx' dy' dz'$$

である．ここで，$R = r - r'$ は体積要素 dV' から φ の値を求める《観測点》r への動径ベクトルである．もしも ρ の時間依存性が e^{-ikct} で与えられれば，
$$\rho = \rho_0(r)e^{-ikct}, \quad \varphi = \varphi_0(r)e^{-ikct}$$
と書いて，φ_0 に対して方程式
$$\Delta\varphi_0 + k^2\varphi_0 = -4\pi\rho_0 \tag{67.2}$$
の解に対しては
$$\varphi_0(r) = \int \rho_0(r')e^{ikR}\frac{dV'}{R} \tag{67.3}$$
が得られる．

方程式 (67.2) と (67.1) の明白な類似性から，後者の解はつぎの形に表わされる：
$$\psi^{(1)}(r) = -\frac{m}{2\pi\hbar^2}\int U(r')e^{i(\mathbf{k}\cdot\mathbf{r'}+kR)}\frac{dV'}{R}. \tag{67.4}$$

今は，散乱中心から遠距離 r でのこの式の漸近式を容易に書き下すことができる．$r \gg r'$ のとき $R = |\mathbf{r}-\mathbf{r'}| \approx r - \mathbf{r'}\cdot\mathbf{n'}$ となる．ここで $\mathbf{n'}$ は $\mathbf{k'}$ 方向の単位ベクトルである．(67.4) の被積分関数中の因子 $1/R$ は単に $R \approx r$ と置けば十分である．このとき
$$\psi^{(1)} = -\frac{m}{2\pi\hbar^2}\frac{e^{ikr}}{r}\int U(r')e^{i(\mathbf{k}-\mathbf{k'})\cdot\mathbf{r'}}dV'$$
を得る．ここで $\mathbf{k'} = k\mathbf{n'}$ は散乱後の粒子の波動ベクトルである．(62.3) の定義に従ってこの関数のなかの e^{ikr}/r の係数は求める散乱振幅を与える．積分変数のダッシュを落としてつぎの形に書こう：

$$f = -\frac{m}{2\pi\hbar^2}\int U(\boldsymbol{r})e^{-i\boldsymbol{q}\cdot\boldsymbol{r}}dV. \qquad (67.5)$$

ここでベクトル

$$\boldsymbol{q} = \boldsymbol{k}' - \boldsymbol{k} \qquad (67.6)$$

が導入された．絶対値は

$$q = 2k\sin\frac{\theta}{2} \qquad (67.7)$$

に等しい．ここで θ は $\boldsymbol{k}$ と $\boldsymbol{k}'$ とのあいだの角，すなわち散乱角である．粒子の運動量の変化 $\hbar\boldsymbol{q}$ を伴う散乱振幅は $U(\boldsymbol{r})$ のそれに相当するフーリエ成分により与えられることがわかる．立体角要素 do' 内への散乱断面積

$$d\sigma = \frac{m^2}{4\pi^2\hbar^4}\left|\int Ue^{-i\boldsymbol{q}\cdot\boldsymbol{r}}dV\right|^2 do' \qquad (67.8)$$

に等しい．この公式はマックス・ボルン（1926）が最初に求めた．衝突理論における対応する近似を**ボルン近似**と呼ぶ．

式（67.8）はまた別の方法によって，すなわち連続スペクトルの二つの状態間の遷移確率を決定する摂動論の一般式（35.6）から直接に求めることができる．この場合には運動量 $\boldsymbol{p}$ および $\boldsymbol{p}'$ をもつ粒子の自由運動のあいだの遷移が問題になり，摂動演算子の役割は関数 $U(\boldsymbol{r})$ が果たしている．状態の《間隔》$d\nu_f$ としては，運動量空間の体積要素 $dp'_x dp'_y dp'_z$ をとる．こうすると公式（35.6）はつぎの形になる．

$$dw = \frac{2\pi}{\hbar}|U_{p'p}|^2 \delta\left(\frac{p'^2}{2m} - \frac{p^2}{2m}\right) dp'_x dp'_y dp'_z. \qquad (67.9)$$

ここで終状態の波動関数は運動量空間での δ-関数で規格化されていなければならない（(35.1) の前の注意を参照のこと）．(12.10) に従って，このようにして規格化された波動関数は

$$\psi_{p'} = \frac{1}{(2\pi\hbar)^{3/2}} \exp(i\boldsymbol{p}'\cdot\boldsymbol{r}/\hbar) \qquad (67.10)$$

である．始状態の波動関数は，流れの密度が 1 になるように規格化される．すなわち

$$\psi_p = \sqrt{\frac{m}{p}} e^{i\boldsymbol{p}\cdot\boldsymbol{r}/\hbar} \qquad (67.11)$$

である．((21.6) 参照)．ここで《確率》(67.9) は面積の次元をもち，散乱の微分断面積を表わしている．

(67.9) のなかに因子の形で現われている δ-関数は弾性散乱の際のエネルギー保存則を表わし，このために運動量の大きさは変わらない：$p' = p$．運動量空間の《球面座標》へ移って（$dp'_x dp'_y dp'_z$ を $p'^2 dp' do' = (p'/2) d(p'^2) do'$ に換えて）$d(p'^2)$ について積分して，この δ-関数は除くことができる．積分は絶対値 p' を p に換える（そして式全体を $2m$ 倍する）ことに帰着する．そして

$$d\sigma = \frac{2\pi mp}{\hbar}\left|\int \psi_{p'}^* U \psi_p dV\right|^2 do' \qquad (67.12)$$

を得る．ここに関数 (67.10) と (67.11) を代入して，ふたたび (67.8) の結果にもどることになる．しかしながら，

ただちに散乱断面積に導く導き方は，その振幅の位相に不確定性を残すことになる．

公式（67.5）および（67.8）で散乱場 $U(\boldsymbol{r})$ は中心対称を仮定しなかった．もしも $U=U(r)$ ならば，この積分を行なうと，一般形でもうすこし先まで行なうことができる．そのためには，ベクトル $\boldsymbol{q}$ の方向を極軸とする空間球面座標 r, ϑ, φ を使う（極角は散乱角 θ と区別して ϑ を使う）．このとき

$$\int U(r) e^{-i\boldsymbol{q}\cdot\boldsymbol{r}} dV$$
$$= \int_0^\infty \int_0^{2\pi} \int_0^\pi U(r) e^{-iqr\cos\vartheta} r^2 \sin\vartheta d\vartheta d\varphi dr.$$

ϑ と φ の積分は行なうことができ，その結果中心対称場での散乱振幅に対してつぎの式を得る：

$$f = -\frac{2m}{\hbar^2 q} \int_0^\infty U(r) \sin qr \cdot r dr. \tag{67.13}$$

a を場の作用半径としよう．積 ka が小さい極限と大きい極限において式（67.13）を考察しよう．

$ka \ll 1$（小さい速度）のとき $\sin qr \approx qr$ と置くことができる．したがって散乱振幅は

$$f = -\frac{2m}{\hbar^2} \int_0^\infty U(r) r^2 dr \tag{67.14}$$

となる．この場合の散乱は方向について等方的であり，粒子の速度には依存しない．これは§65 で得られた一般的な効果と一致する．

速度が大きい他の極限の場合には $ka \gg 1$ であり,散乱は鋭い異方性を示し前方の頂角 $\Delta\theta \sim 1/ka$ の鋭い円錐内に向かっている.実際に,この円錐の外では q という量は大きく ($q \gg 1/a$),因子 $\sin qr$ は場の作用領域 ($r \lesssim a$) では急激に振動する符号を変える関数で,それとゆっくり変化する関数 U との積の積分は 0 に近い.

今,考察された近似の適用性の条件を明らかにしよう.

公式 (67.5) の導出は,シュレーディンガー方程式の $\psi = \psi^{(0)} + \psi^{(1)}$ の形の近似解に基づいている.このとき $\psi^{(1)} \ll \psi^{(0)}$ と仮定した.散乱中心の近くの最も《危ない》領域でこの条件が満足されることを要求すれば十分である.$|\psi^{(0)}| = 1$ であるから,$\psi^{(1)} \ll 1$ を要求しなければならない.他方,積分 (67.4) のなかで $\boldsymbol{r} = 0$ のときは $R = r'$ となる.したがって

$$\psi^{(1)}(0) = -\frac{m}{2\pi\hbar^2} \int U(\boldsymbol{r}') \exp\{i(\boldsymbol{k}\cdot\boldsymbol{r}' + kr')\} \frac{dV'}{r'}. \tag{67.15}$$

ka の値が小さい場合と大きい場合にこの積分の値を見積もろう.

$ka \ll 1$ のとき,被積分式のなかの指数関数因子は 1 で置き換えることができる.このとき積分の評価は

$$\psi^{(1)}(0) \sim \frac{m|U|}{\hbar^2 a} a^3$$

となる.ここで $|U|$ はその作用半径の限界内の場の大きさの程度である.その結果つぎの条件が得られる:

$$|U| \ll \frac{\hbar^2}{ma^2}, \quad ka \ll 1. \tag{67.16}$$

$ka \gg 1$ のとき積分の評価のためには,始めに(場を中心力と考えて)$\boldsymbol{r}'$ の方向についての積分を行なう.式 (67.13) の導き方と同様に

$$\begin{aligned}\psi^{(1)}&(0)\\&=-\frac{m}{2\pi\hbar^2}\int_0^\infty\int_0^\pi U(r')e^{ikr'(\cos\vartheta+1)}2\pi\sin\vartheta d\vartheta\cdot r'dr'\\&=-\frac{m}{\hbar^2 ik}\int_0^\infty U(r')(e^{2ikr'}-1)dr'\end{aligned}$$

となる.$ka \gg 1$ のとき,振動因子 $\exp(2ikr')$ をもつ項は 0 に近く,第 2 項の積分は $\sim |U|a$ になる.その結果つぎの条件が得られる:

$$|U| \ll \frac{\hbar^2 ka}{ma^2} = \frac{\hbar v}{a}, \quad ka \gg 1. \tag{67.17}$$

場が条件 (67.16) を満足すると,それは $ka \gg 1$ のときもっとゆるやかな条件 (67.17) を満足することは明らかである.このようにして,この場合にはボルン近似は速度が小さいときにも大きいときにも適用できる.しかし非常に大きい速度のときには (67.17) のために,速度が小さいときの適用条件 (67.16) が満足されないときにさえボルン近似はいつでも適用可能である.

問　題

1. 球状のポテンシャル井戸($r < a$ に対して $U = -U_0$,

$r > a$ に対して $U = 0$）による有効散乱断面積をボルン近似で求めよ．

解 （67.13）のなかの積分を計算すると，つぎの結果に到達する：

$$d\sigma = 4a^2 \left(\frac{mU_0 a^2}{\hbar^2}\right)^2 \frac{(\sin qa - qa \cos qa)^2}{(qa)^6} do.$$

全角度にわたる積分（それを行なうには，変数 $q = 2k \sin(\theta/2)$ への変換を行ない，do を $2\pi q dq/k^2$ に置き換えると便利である）の結果，全散乱断面積は

$$\sigma = \frac{2\pi}{k^2}\left(\frac{mU_0 a^2}{\hbar^2}\right)^2 \left[1 - \frac{1}{(2ka)^2} + \frac{\sin 4ka}{(2ka)^3} - \frac{\sin^2 2ka}{(2ka)^4}\right]$$

となる．極限の場合には，この式は

$$ka \ll 1 \text{ に対して} \quad \sigma = \frac{16\pi a^2}{9}\left(\frac{mU_0 a^2}{\hbar^2}\right)^2,$$

$$ka \gg 1 \text{ に対して} \quad \sigma = \frac{2\pi}{k^2}\left(\frac{mU_0 a^2}{\hbar^2}\right)^2$$

となる．これらの式のなかの始めのものは，§65 の問題 1 で別の方法で見いだされた振幅 (2) に対応する．

2. 場 $U = \dfrac{\alpha}{r} e^{-r/a}$ に対して前問と同様の計算を行なえ．

解 （67.13）のなかの積分の計算を行なうと

$$d\sigma = 4a^2 \left(\frac{\alpha m a}{\hbar^2}\right)^2 \frac{do}{(q^2 a^2 + 1)^2} \tag{1}$$

を得る．また全断面積は

$$\sigma = 16\pi a^2 \left(\frac{\alpha m a}{\hbar^2}\right)^2 \frac{1}{4k^2 a^2 + 1}$$

となる．これらの式の適用条件は (67.16), (67.17) で U の代りに α/a と置いたものにより得られる：$\alpha m a/\hbar^2 \ll 1$ または $\alpha/\hbar v \ll 1$．

いま考察されているポテンシャルは遮蔽半径 a の《遮蔽された》クーロン場である．$a \to \infty$ とすると純クーロン場になり，微分断面積 (1) はラザフォードの公式に移る（§68）．

§68. ラザフォードの公式

クーロン場での散乱にボルンの公式を適用しよう．事柄を限定するために，電荷 Ze の原子核による電荷 e の粒子の散乱を問題にしよう．このとき $U = Ze^2/r$ である．

(67.5) によると問題は関数 $1/r$ のフーリエ成分の計算に帰着する．直接計算する代りに，関数 $1/r$ が満足する微分方程式（I.(59.10) 参照）

$$\Delta \frac{1}{r} = -4\pi \delta(\boldsymbol{r}) \tag{68.1}$$

から出発して求めた方が便利である[1]．しかしまた他の応用のことも考慮して，はじめに右辺の $4\pi \rho(\boldsymbol{r})$ が与えられた方程式

---

[1] 他の計算法は，あらかじめクーロン場に《遮蔽》を入れておき，つぎに遮蔽の半径を無限大にもってゆく方法である（§67，問題2参照）．

§68. ラザフォードの公式

$$\Delta\varphi = -4\pi\rho(\boldsymbol{r}) \tag{68.2}$$

を満足する関数 $\varphi(\boldsymbol{r})$ の一般的な場合を考える．

その関数 $\varphi(\boldsymbol{r})$ をフーリエ積分に展開する：

$$\varphi(\boldsymbol{r}) = \int e^{i\boldsymbol{q}\cdot\boldsymbol{r}} \varphi_q \frac{d^3q}{(2\pi)^3}, \quad d^3q = dq_x dq_y dq_z. \tag{68.3}$$

ここで

$$\varphi_q = \int \varphi(\boldsymbol{r}) e^{-i\boldsymbol{q}\cdot\boldsymbol{r}} dV \tag{68.4}$$

である．(68.3) の両辺にラプラス演算子を掛け，積分記号内で微分すると

$$\Delta\varphi = -\int q^2 e^{i\boldsymbol{q}\cdot\boldsymbol{r}} \varphi_q \frac{d^3q}{(2\pi)^3}$$

を得る．これは式 $\Delta\varphi$ のフーリエ成分が $(\Delta\varphi)_q = -q^2\varphi_q$ であることを意味している．他方，(68.2) の両辺のフーリエ成分をとると $(\Delta\varphi)_q$ を求めることができる．すなわち $(\Delta\varphi)_q = -4\pi\rho_q$．この二つの式をくらべて

$$\varphi_q = \frac{4\pi}{q^2}\rho_q = \frac{4\pi}{q^2}\int \rho(\boldsymbol{r}) e^{-i\boldsymbol{q}\cdot\boldsymbol{r}} dV \tag{68.5}$$

が得られる．関数 $\varphi = 1/r$ に適用するためには $\rho = \delta(\boldsymbol{r})$ とすると，(68.5) の右辺の積分は 1 になる．したがって

$$\left(\frac{1}{r}\right)_q = \frac{4\pi}{q^2} \tag{68.6}$$

を得る．(67.5),(67.7) に従って，クーロン場での散乱振幅は

$$f(\theta) = -\frac{mZe^2}{2\pi\hbar^2}\frac{4\pi}{q^2} = -\frac{Ze^2}{2mv^2}\frac{1}{\sin^2\dfrac{\theta}{2}} \tag{68.7}$$

となる．ここで散乱粒子の速度 v が導入された．すなわち $\hbar k = mv$ である．これから散乱断面積に対して公式

$$d\sigma = \left(\frac{Ze^2}{2mv^2}\right)^2 \frac{do}{\sin^4\dfrac{\theta}{2}} \tag{68.8}$$

を得る．これは古典論のラザフォードの式と一致する．

クーロン場の減少がゆっくりしているので，有限の空間をとり，その外側にくらべて内部では U がいちじるしく大きいように分けることはできない．この場に対してボルン近似を適用できる条件は (67.17) から得られる．ここでパラメータ a の代りに距離の変数 r と書くと，つぎの不等式に帰着する：

$$\frac{Ze^2}{\hbar v} \ll 1. \tag{68.9}$$

クーロン場の散乱の準古典性の条件として，ちょうど逆の不等式が (63.2) から得られる．すなわち $Ze^2/\hbar v \gg 1$ である．その場合には散乱はもちろんラザフォードの式で記述されたはずである．したがって，この公式は速度が大きい極限と小さい極限で得られることがわかる．この事情から，正確なシュレーディンガー方程式に基づいた散乱の量子論が導くところの当然の結果が出たわけである．散乱断面積に対する正確な量子論の式は，ラザフォードの古典

的な式と一致する（N.F.モット，W.ゴルドン，1928）[1]．

§69. 同種粒子の衝突

二つの同種粒子が衝突する場合は特別の考察を必要とする．§46で見たように，粒子の同等性は量子力学において同種粒子のあいだに働く独特の交換相互作用をもたらす．このことは散乱に対しても重要な効果を与える（N.F.モット，1930）．

スピンが1/2の2粒子（2個の電子）の衝突に話を限定しよう．このような2粒子系の軌道波動関数は粒子の交換に対して，もしも系の全スピンが$S=0$なら対称，$S=1$なら反対称でなければならない（§46）．したがって，普通のシュレーディンガー方程式を解いて得られる，散乱を記述する波動関数は粒子に関して対称化あるいは反対称化されなければならない．粒子の互換は，それらの粒子を結ぶ動径ベクトルの方向を反転することと同等である．重心を静止したままの座標系では，このことはrを不変のまま角度θを$\pi-\theta$に変えることを意味する（それに伴って$z=r\cos\theta$は$-z$に変わる）．したがって，波動関数の漸近式（62.3）の代りにつぎのように書かなければならない：

---

[1] しかしながら，誤解を避けるために，散乱振幅に対する式（68.7）についてはこうならないことを強調しよう．$f(\theta)$に対する正確な式は（68.7）と，θおよびvに依存し，（68.9）の条件のときに1になるような位相因子だけ異なっている．

$$\psi = e^{ikz} \pm e^{-ikz} + \frac{1}{r}e^{ikr}[f(\theta) \pm f(\pi-\theta)]. \qquad (69.1)$$

粒子の同等性のために,もちろんそれらのうちのどちらが散乱し,どちらが散乱されるかということはできない.重心系では,互いに反対方向に伝播する二つの同一の入射平面波が存在する（((69.1) のなかの e^{ikz} および e^{-ikz}).ところが (69.1) のなかの発散波は両粒子の散乱を考慮しており,それを用いて計算される確率の流れは与えられた立体角要素 do のなかへどちらかの粒子が散乱される確率を与える.有効断面積は,この流れと各入射平面波の流れの密度との比で与えられる.すなわち前と同様,波動関数 (69.1) のなかの e^{ikr}/r の係数の絶対値の2乗で与えられる.

このようにして,もしも衝突粒子の合成スピンが $S=0$ ならば,散乱断面積はつぎの形をもつ:

$$d\sigma_0 = |f(\theta) + f(\pi-\theta)|^2 do. \qquad (69.2)$$

そしてもしも $S=1$ ならばつぎの形をもつ:

$$d\sigma_1 = |f(\theta) - f(\pi-\theta)|^2 do. \qquad (69.3)$$

《干渉》項 $f(\theta)f^*(\pi-\theta) + f^*(\theta)f(\pi-\theta)$ が現われることが交換相互作用に対して特徴的である.もしも古典力学におけるように粒子が互いに異なっているとすると,与えられた立体角要素 do へ粒子のどちらかが散乱される確率は,粒子の一つが角度 θ だけ散乱され,それに反対に運動している粒子が角度 $\pi-\theta$ だけ散乱される確率の単なる和に等しいはずである.言いかえると,有効断面積はつぎの

ようになる：

$$\{|f(\theta)|^2 + |f(\pi-\theta)|^2\} do. \qquad (69.4)$$

式 (69.2), (69.3) においては，衝突粒子の合成スピンが確定した値をもつことが仮定されている．しかしながら通常は，確定したスピン状態にない粒子の衝突を扱わなければならないことがある．このような場合に有効断面積を決定するためには，あらゆる可能なスピン状態に関して，それらがすべて同じ確率をもつとみなして平均を行なわなければならない．§62 で示したように，スピン 1/2 をもつ 2 粒子系の $2\cdot 2=4$ 個の異なるスピン状態の総数のうちで，1 個の状態が全スピン $S=0$（粒子のスピンの投影は $1/2, -1/2$ である）に，3 個の状態が全スピン $S=1$（粒子のスピンの投影が，$1/2, 1/2; -1/2, -1/2; -1/2, 1/2$ の状態）に対応する．したがって，系が $S=0$ あるいは $S=1$ をもつ確率は，それぞれ 1/4 あるいは 3/4 である．こうして断面積は

$$d\sigma = \frac{1}{4} d\sigma_0 + \frac{3}{4} d\sigma_1 = \{|f(\theta)|^2 + |f(\pi-\theta)|^2 \\ - \frac{1}{2}[f(\theta)f^*(\pi-\theta) + f^*(\theta)f(\pi-\theta)]\} do. \qquad (69.5)$$

一例として，クーロン則 ($U = e^2/r$) に従って相互作用をしている二つの高速電子の衝突を考察しよう．条件 (68.9)，すなわち $e^2/\hbar v \ll 1$ (v は粒子の相対運動の速度である) が満足されているときは，振幅としてボルン近似の式 (68.7) を使ってもよい．このとき，この式のなかの m は 2 粒子の換算質量で今の場合には $m_e/2$ に等しい．ここで m_e は電

子の質量である．(68.7) を (69.5) に代入して

$$d\sigma = \left(\frac{e^2}{m_e v^2}\right)^2 \left[\frac{1}{\sin^4\frac{\theta}{2}} + \frac{1}{\cos^4\frac{\theta}{2}} - \frac{1}{\sin^2\frac{\theta}{2}\cos^2\frac{\theta}{2}}\right] do \tag{69.6}$$

を得る．

この式は 2 電子の重心系で成り立つものである．衝突までは一方の粒子が静止している実験室系への移行は ((62.2) 式に従って) 単に θ を 2ϑ に置き換えるだけでよい．そうすると

$$d\sigma = \left(\frac{2e^2}{m_e v^2}\right)^2 \left[\frac{1}{\sin^4\vartheta} + \frac{1}{\cos^4\vartheta} - \frac{1}{\sin^2\vartheta\cos^2\vartheta}\right]\cos\vartheta\, do \tag{69.7}$$

となる．ここで do は新しい系の立体角要素である (θ を 2ϑ に置き換えるとき do は $4\cos\vartheta do$ に換えなければならない．それは $\sin\theta d\theta d\varphi = 4\cos\vartheta\sin\vartheta d\vartheta d\varphi$ だからである)．(69.6), (69.7) の最後の項は古典的な式と異なっている (I. §16 参照)．

問　題

スピン 1/2 で，互いに角度 α をなす方向に偏った，2 個の同一粒子の散乱断面積を求めよ．

解　断面積の粒子の偏りへの依存性は，2 粒子のスピンベクトルの平均値の積であるスカラー $\bar{s}_1 \cdot \bar{s}_2$ に比例する項で表わされる．互いに角度 α だけ偏っている粒子に対してこの積

は $\bar{s}_1 \cdot \bar{s}_2 = (1/4)\cos\alpha$ である．σ を $\sigma = a + 4b\bar{s}_1 \cdot \bar{s}_2$ の形に書こう．偏りのない粒子に対して第 2 項はなくなる（$\bar{s}_1 = \bar{s}_2 = 0$）．そして（69.5）に従って $\sigma = a = (\sigma_0 + 3\sigma_1)/4$ である．もしも 2 粒子が同一方向に偏っていれば（$\alpha = 0$），すなわち同一の方向へ同じ射影をもてば，系はもちろん $S = 1$ の状態にある．この場合には $\sigma = a + b = \sigma_1$ である．この二つの等式から a と b とを決めて次式を得る：

$$\sigma = \frac{1}{4}\{(\sigma_0 + 3\sigma_1) + (\sigma_1 - \sigma_0)\cos\alpha\}.$$

§70. 高速電子と原子との弾性衝突

高速電子と原子との弾性衝突は，もしも入射電子の速度が原子内電子の速度にくらべて大きければ，ボルン近似を用いて考察することができる．

電子と原子との質量差が大きいため，衝突に際して原子は静止していると考えることができ，原子と電子の重心系は原子が静止している実験室と一致する．すると §67 の公式のなかの p および p' は衝突の前と後の電子の運動量を表わし，m は電子の質量，角度 θ は電子の散乱角 ϑ と一致する．

§67 では衝突の前と後の自由粒子の波動関数に関して相互作用エネルギーの行列要素 $U_{p'p}$ を計算した．原子との衝突では原子の内部状態を記述する波動関数をも考慮する必要がある．したがって，式 (67.8) の $U_{p'p}$ の代りに電子と原子の相互作用のエネルギー U の，電子と原子の波動関

数についての行列要素をつくる必要がある．弾性散乱では原子は変化しないので，それに対しては行列要素は対角型である．こうして断面積に対する式はつぎの形に書く必要がある：

$$d\sigma = \frac{m^2}{4\pi^2\hbar^4}\left|\iint \psi_0^* U e^{-i q \cdot r} \psi_0 d\tau dV\right|^2 do. \qquad (70.1)$$

ここで ψ_0 は原子の波動関数であり（これは原子内の Z 個の全電子の座標に依存する），そして $d\tau = dV_1 \cdots dV_Z$ は原子内電子の位相空間の要素である．

積分

$$\int \psi_0^* U \psi_0 d\tau$$

は，原子状態について平均された，電子と原子の相互作用のエネルギーである．これを $e\varphi(r)$ の形に表わしてもよい．ここで $\varphi(r)$ は原子内の平均電荷分布によりつくられた電場のポテンシャルである．

この分布の密度を $\rho(\boldsymbol{r})$ でもって表わして，φ に対するポアソン方程式

$$\Delta\varphi = -4\pi\rho(\boldsymbol{r})$$

を得る．求める (70.1) のなかの行列要素はフーリエ成分 $e\varphi_q$ である．(68.5) に従ってこの計算は電荷密度 ρ のフーリエ成分の計算に帰着する．後者は電子の電荷および核の電荷から成っている：

$$\rho = -|e|n(r) + Z|e|\delta(\boldsymbol{r}).$$

ここで $n(r)$ は原子中の電子数の密度である．上の式に e^{-iqr}

を掛けて積分すれば，次式を得る：

$$\int \rho e^{-i\boldsymbol{q}\cdot\boldsymbol{r}}dV = -|e|\int n e^{-i\boldsymbol{q}\cdot\boldsymbol{r}}dV + Z|e|.$$

このようにしてわれわれに興味のある積分に対して，式

$$\iint \psi_0^* U e^{-i\boldsymbol{q}\cdot\boldsymbol{r}}\psi_0 d\tau dV = -\frac{4\pi e^2}{q^2}[Z-F(q)] \quad (70.2)$$

が得られる．ここで量 $F(q)$ は式

$$F(q) = \int n e^{-i\boldsymbol{q}\cdot\boldsymbol{r}}dV \quad (70.3)$$

で与えられ，**原子形状因子**と呼ばれる．それは散乱角および入射電子の速度の関数である．

最後に，(70.2) を (70.1) に代入すると，最終的に高速電子の原子による弾性散乱の有効断面積に対するつぎのような式が得られる[1]．

$$d\sigma = \frac{4m^2 e^4}{\hbar^4 q^4}[Z-F(q)]^2 do. \quad (70.4)$$

変数 $\hbar q$ は電子から原子に与えられる運動量の大きさである．これは電子の速度 v および散乱角 ϑ と，つぎの式で結ばれている：

---

[1] 散乱される高速電子と原子内電子のあいだの交換効果は無視している．つまり系の波動関数の対称化を行なっていない．このような無視が行なえる妥当性は明らかである．すなわち原子内電子のゆるやかな波動関数がひろがっている，原子の体積内での入射電子の波動関数の急激な振動のために，断面積中の干渉項が消されてしまうからである．

$$q = \frac{2mv}{\hbar} \sin \frac{\vartheta}{2} \tag{70.5}$$

((67.7) 参照).

q が小さい値の極限の場合を考察しよう.$1/a$ にくらべて小さい場合で,a は原子の差しわたしの程度である $(qa \ll 1)$.小さい q は小さい散乱角に対応する.すなわち $\vartheta \ll v_0/v$ である.ここで $v_0 \sim \hbar/ma$ は原子内電子の速度の大きさである.

$F(q)$ を q のベキ級数で展開しよう.ゼロ次の項は $\int n dV$,つまり原子内電子の総数 Z である.

1次の項は $\int \boldsymbol{r} n(r) dV$,つまり原子の双極モーメントの平均値に比例する.この値は恒等的にゼロとなる(§54参照).したがって展開を2次の項まで行なわなければならず,その結果

$$Z - F(q) = \frac{1}{2} \int (\boldsymbol{q} \cdot \boldsymbol{r})^2 n dV = \frac{q^2}{6} \int n r^2 dV$$

を得る;(70.4) に代入すると

$$d\sigma = \left| \frac{me^2}{3\hbar^2} \int n r^2 dV \right|^2 do \tag{70.6}$$

を得る.このようにして小さい角度範囲では有効断面積は散乱角に依存せず,原子内電子の核からの距離の2乗平均によって与えられる.

大きい q $(qa \gg 1)$ の逆の極限の場合には,(70.3) のなかの被積分関数にある因子 $e^{-i\boldsymbol{q}\cdot\boldsymbol{r}}$ は急速に振動する関数であり,したがって全積分はほとんどゼロとなる.それゆ

え，われわれは Z にくらべて $F(q)$ を無視できて，

$$d\sigma = \left(\frac{Ze^2}{2mv^2}\right)^2 \frac{do}{\sin^4\frac{\vartheta}{2}} \tag{70.7}$$

となる．言いかえると，原子核によるラザフォード散乱が得られる．

問　題

基底状態にある水素原子による高速電子の弾性散乱の有効断面積を計算せよ．

解 水素原子の基底状態の波動関数は（普通の単位で）$\psi = \pi^{-1/2} e^{-r/a_B}$ である（31.15）．ここで $a_B = \hbar^2/me^2$ はボーア半径である．電子密度は $n = |\psi|^2$ である．(70.3) の積分は角度について行ない（67.13）を導いたときと同じようにして求められる．その結果

$$F = \frac{4\pi}{q}\int_0^\infty n(r)\sin(qr)r\,dr = \left(1 + \frac{a_B^2 q^2}{4}\right)^{-2}$$

となる．これを (70.4) に代入すると

$$d\sigma = 4a_B^2 \frac{(8 + a_B^2 q^2)^2}{(4 + a_B^2 q^2)^2} do$$

が得られる．全有効断面積を計算するには

$$do = 2\pi\sin\vartheta\,d\vartheta = 2\pi(\hbar/mv)^2 q\,dq$$

と置いて，q に関して積分するのが便利である（ボルン近似）．このとき，もちろん $1/v$ に関して最低次のベキの項だけを保持しなければならない．その結果次式を得る：

$$\sigma = \frac{7\pi}{3}\left(\frac{\hbar}{mv}\right)^2.$$

第10章　非弾性衝突

§71. 個別つりあいの原理

衝突粒子の内部状態の変化を伴う衝突を**非弾性衝突**と呼ぶ．この変化をここではもっとも広い意味に考える．たとえば，粒子の種類自身も変わってもよい．したがって原子の励起あるいはイオン化でもいいし，また原子核の励起あるいは崩壊その他でもよい．衝突（たとえば原子核反応）が種々の物理的過程を伴ってもよい場合に，それらをその**反応チャネル**という．

時間反転についての対称性の理論から出発して，種々の非弾性過程の確率や断面積を結ぶ一般的関係式をつくることができる．事柄を限定するために，ここでは $a+b \to c+d$ の形の反応だけを問題にしよう．始状態も終状態も粒子が2個ずつある場合である．

考察を便利にするために，始めは粒子の運動が，大きいが有限の体積 Ω で起こると考える（あとで $\Omega \to \infty$ の極限移行することを考えている）．こうすると自由粒子のスペクトルは連続のものが離散的になり，そのエネルギー準位間の間隔が非常に小さく，$\Omega \to \infty$ のときに0に近づく（§27末尾参照）．

衝突される粒子系の，ある状態 i から状態 f への遷移確率を w_{fi} としよう[1]．これらの状態はいずれも（粒子の種類の他に）またその一定の速度ベクトルおよび一定のスピン射影で指定される[2]．時間反転はまず第一に速度とスピン射影の符号を変える[3]．この変更で i および f から区別される状態を i^* および f^* とする．これらの状態のことを，状態 i および f に対して**時間反転された状態**という．この他，始状態は終状態に，終状態は始状態になる．量子力学の方程式が時間反転に関して対称なので，遷移 $i \to f$ と $f^* \to i^*$ の確率は同じでなければならない：

$$w_{fi} = w_{i^*f^*}. \tag{71.1}$$

この命題が**個別つりあいの原理**の内容をなしている．

確率から反応断面積に移ろう．二つの始めの粒子と，二つの終りの粒子の相対運動の運動量と速度を $\boldsymbol{p}_i, \boldsymbol{v}_i$ および $\boldsymbol{p}_f, \boldsymbol{v}_f$ としよう．衝突の結果（2粒子の重心系で）$\boldsymbol{v}_f$ が立体角要素 do_f 内に向いているような衝突断面積を $d\sigma_{fi}$ とする．2粒子の全エネルギーは，もちろん，衝突の前後で同

---

[1] 遷移行列要素の添字の配列順の一般の慣習に合わせて，終状態の添字は始状態の添字の左に置くことにする．
[2] 《複合》粒子（原子，原子核）に対しては《スピン》は全固有角運動量と考える必要がある．これは構成粒子（電子，核子）のスピンおよび内部運動の軌道角運動量から成っている．
[3] 時間反転の際の一定の振舞いは各物理量の特性であり，どの力学が適用できるかどうかにはよらない．角運動量の振舞いは古典式 $\boldsymbol{r} \times \boldsymbol{p} = m(\boldsymbol{r} \times \boldsymbol{v})$ からきている．これは速度と一緒に符号を変える．

じである $(E_i = E_f)$. しかしながら,終状態のエネルギーを変数と見て,形式的にそのエネルギー値の間隔 dE_f についての断面積を導入しよう. この断面積はつぎのように書く必要がある:

$$d\sigma_{fi} \cdot \delta(E_f - E_i) dE_f. \qquad (71.2)$$

ここにある δ-関数はエネルギー保存則が成り立つことを保証している.

衝突断面積の概念の定義に従って,これは与えられた過程の確率を入射粒子の流れの密度で割ることによって得られる. 後者は v_i/Ω に等しい(因子 $1/\Omega$ は体積 Ω あたり1個に対応する粒子数の密度である). この他,断面積 (71.2) が間隔 do_f および dE_f に関するものであること,ところが確率 w_{fi} はきちっと定義された v_f および E_f に関するものであることも考慮する必要がある. したがって,断面積 $d\sigma_{fi}$ を得るためには w_{fi} にさらに,速度 $\boldsymbol{v}_f$ (あるいは運動量 $\boldsymbol{p}_f$) の与えられた方向と大きさの間隔内に現れる量子状態の数を掛けなければならない. この数は

$$\frac{\Omega p_f^2 dp_f do_f}{(2\pi\hbar)^3}$$

に等しい((27.8) 参照).

これらの考察をまとめて,断面積と確率とのあいだのつぎのような関係式を書くことができる:

$$d\sigma_{fi} \cdot \delta(E_f - E_i) dE_f = \frac{w_{fi}}{v_i/\Omega} \frac{\Omega p_f^2 dp_f do_f}{(2\pi\hbar)^3}.$$

これから

$$w_{fi} = \frac{(2\pi\hbar)^3}{\Omega^2} \frac{v_i d\sigma_{fi} \delta(E_f - E_i) dE_f}{p_f^2 dp_f do_f}$$

$$= \delta(E_f - E_i) \frac{(2\pi\hbar)^3 v_i v_f}{\Omega^2} \frac{d\sigma_{fi}}{p_f^2 do_f}$$

(ここで等式 $dE_f/dp_f = v_f$ に従って速度 v_f を導入した. この式は粒子の相対運動の運動エネルギーが E_f のなかに項として入っていることから明らかである). 最後に, 確率 $w_{f^*i^*}$ を同じ形に書き, 二つの式をくらべ共通因子を約して

$$\frac{d\sigma_{fi}}{p_f^2 do_f} = \frac{d\sigma_{i^*f^*}}{p_i^2 do_i}. \tag{71.3}$$

この関係式は個別つりあいの原理を断面積を使って表わしている. これからは体積 Ω は落ちている. したがって, これは $\Omega \to \infty$ の極限でも同じ形をしている.

等式 (71.1) あるいは (71.3) は, 二つの過程 $i \to f$ および $f^* \to i^*$ の確率あるいは断面積を結びつけている. この2過程は文字どおりの意味の正および逆過程 ($i \to f$ および $f \to i$) ではないが, 物理的意味はそれに近いものである.

もしもこのときは, $\boldsymbol{p}_f$ の方向について積分され, 終りの粒子のスピン $\boldsymbol{s}_{1f}, \boldsymbol{s}_{2f}$ の方向について加えあわされ, 始めの粒子の運動量 $\boldsymbol{p}_i$ およびスピン $\boldsymbol{s}_{1i}, \boldsymbol{s}_{2i}$ の方向について平均された積分断面積を考えると, 遷移 $i \to f$ と $i^* \to f^*$ との差はまったくなくなる. この断面積を $\bar{\sigma}_{fi}$ と書くと

$$\bar{\sigma}_{fi} = \frac{1}{4\pi(2s_{1i}+1)(2s_{2i}+1)} \sum_{(m_s)} \iint d\sigma_{fi} do_i \tag{71.4}$$

となる．和は全粒子のスピンの射影について行なう．和と積分記号の前の因子は，始めの状態に関する量については，和でなくて平均をすることに関係している．(71.3) をつぎの形に書く：

$$p_i^2 d\sigma_{fi} do_i = p_f^2 d\sigma_{i^* f^*} do_f.$$

そして上述の操作を行なって，求める関係式が得られる：

$$g_i p_i^2 \bar{\sigma}_{fi} = g_f p_f^2 \bar{\sigma}_{if}. \tag{71.5}$$

ここでは g_i と g_f はつぎの量にとる：

$$g_i = (2s_{1i}+1)(2s_{2i}+1),$$
$$g_f = (2s_{1f}+1)(2s_{2f}+1). \tag{71.6}$$

これは始めの粒子対と終りの粒子対のスピンの可能な向きの数を与える．これらの数は状態 i および f の**スピンの統計的重み**と呼ばれる．

問　題[1)]

1. 光電効果（光子 $\hbar\omega$ 吸収の際の原子の電離）の断面積 $\sigma_{光子}$ と輻射性再結合（自由電子がイオンに吸収され中性原子をつくり，同時に光子を放出する）の断面積 $\sigma_{再結}$ との関係を述べよ．

解　今の場合 (71.5) のなかの状態 i および f はイオン＋電子および電子＋光子の状態である．求める関係式はつぎの形になる：

---

1) これらの問題では，第 11 章で導入される（光子に関する）ある概念が使われる．

$$(2J_{イオン}+1)p^2\bar{\sigma}_{再結} = 2(2J_{原子}+1)\left(\frac{\hbar\omega}{c}\right)^2\bar{\sigma}_{光子}.$$

ここで $J_{イオン}$ および $J_{原子}$ はイオンおよび原子の角運動量である．$p=mv$ は静止イオンに入射する電子の運動量で，$\hbar\omega/c$ は光子の運動量である．因子 2 は光子の統計的重み（二つの偏りの方向）である．

2. 重陽子の光分解と中性子による陽子の輻射性捕獲の断面積のあいだの関係を求めよ．

解 中性子＋陽子系のスピンの統計的重みは $2 \cdot 2 = 4$ に等しく，($S=1$ の基底状態にある）重陽子と光子の統計的重みは $3 \cdot 2 = 6$ である．したがって

$$4p^2\bar{\sigma}_{捕獲} = 6\left(\frac{\hbar\omega}{c}\right)^2\bar{\sigma}_{光分解}$$

である．ここで p は衝突する陽子と中性子の相対運動の運動量である．この運動量は重陽子の結合エネルギー I と，捕獲の際に放出される γ-量子 $\hbar\omega$ と，エネルギー保存則によって結ばれている．$I+p^2/M=\hbar\omega$ である（M を核子の質量とすると，換算質量は $M/2$ に等しい）．最終的には

$$2Mc^2(\hbar\omega-I)\bar{\sigma}_{捕獲} = 3(\hbar\omega)^2\bar{\sigma}_{光子}.$$

§72. 非弾性過程があるときの弾性散乱

非弾性チャネルの存在は，弾性散乱の性質にある影響を与えることになる．

弾性散乱の波動関数 ψ は，入射平面波と発散球面波から重ね合わされる．これはまた，§62 で行なわれたように，

収束と発散《部分》(すなわち一定の軌道角運動量 l で区別される) 波の和の形に表わすことができる. しかし, そこで得られた式 (62.7) で収束および発散部分波の各対の振幅は同じであった. すなわち和 (62.7) の各項のなかの各括弧のなかで e^{-ikr} および e^{ikr} の因子は同じである (1 に等しい). 純弾性散乱のときには, これは問題の物理的意味に対応している. しかし非弾性チャネルが存在するときには, 発散波の振幅は収束波の振幅よりも小さくならなければならない. したがって, ψ の漸近式はつぎのような形になる:

$$\psi = \frac{i}{2kr}\sum_{l=0}^{\infty}(2l+1)P_l(\cos\theta)[(-1)^l e^{-ikr} - S_l e^{ikr}]. \tag{72.1}$$

(62.7) との相違点は, e^{ikr} の係数として ($\exp(2i\delta_l)$ の代りとして) 絶対値が 1 より小さいある複素量 S_l が現われる. したがって弾性散乱の振幅は, これらの置き換えだけ (62.8) と違った式

$$f(\theta) = \frac{1}{2ik}\sum_{l=0}^{\infty}(2l+1)(S_l - 1)P_l(\cos\theta) \tag{72.2}$$

で表わされる. 弾性散乱の全断面積 σ_e に対しては, (62.9) の代りに公式

$$\sigma_e = \sum_{l=0}^{\infty}\frac{\pi}{k^2}(2l+1)|1 - S_l|^2 \tag{72.3}$$

を得る.

非弾性散乱の全断面積, あるいはすべての可能なチャネ

ルの，いわゆる**反応断面積** σ_r はまた，量 S_l を使って表わすことができる．このためにはつぎの点に気づけばよい．l のおのおのの値に対して発散波の強度は，収束波の強度にくらべて，$|S_l|^2$ の比で弱められる．この減少は非弾性散乱のせいである．したがって

$$\sigma_r = \sum_{l=0}^{\infty} \frac{\pi}{k^2}(2l+1)(1-|S_l|^2) \tag{72.4}$$

となることは明らかであり，全断面積は

$$\sigma_t = \sigma_e + \sigma_r = \sum_{l=0}^{\infty} \frac{\pi}{k^2}(2l+1)(2-S_l^* - S_l) \tag{72.5}$$

となる．

(72.3) および (72.4) の和の各項はそれぞれ角運動量 l をもった弾性および非弾性散乱の部分断面積である．$S_l = 1$ は（与えられた l をもつ）散乱がまったくないことを意味している．$S_l = 0$ の場合は与えられた l の粒子の完全《吸収》に対応する（(72.1) でこの l をもつ部分発散波が存在しない）．このとき弾性および非弾性散乱の断面積は同じである．また，弾性散乱は非弾性散乱がなくても存在しうる（$|S_l| = 1$ のとき）が，その逆は不可能であることも注意しよう．非弾性散乱の存在から必ず同時に弾性散乱の存在が導かれる．

$\theta \to 0$ のとき弾性散乱の振幅 (72.2) はつぎの値に近づく：

$$f(0) = \frac{1}{2k} \sum_{l=0}^{\infty} (2l+1)i(1-S_l).$$

この式と (72.5) をくらべて，0 度方向の弾性散乱の振幅の虚部と，全チャネルの散乱全断面積とのあいだの，つぎのような関係式が求められる：

$$\mathrm{Im}\, f(0) = \frac{k}{4\pi}\sigma_t \qquad (72.6)$$

(これは散乱に対する**光学定理**と呼ばれる).

§73. 遅い粒子の非弾性散乱

§65 で述べられた小さいエネルギーの弾性散乱の極限法則は，非弾性過程が存在する場合にも容易に一般化される.

前と同様に，低エネルギーのときの主要な役割は，s-散乱 ($l=0$) が演ずる．§65 で得られた結果に従って，k が小さいとき $S_0 = \exp(2i\delta_0)$ は

$$S_0 \approx 1 + 2i\delta_0 = 1 + 2ik\beta \qquad (73.1)$$

に等しい．$\beta = c_2/c_1$ は実定数である ((65.6) 参照)．c_1, c_2 が実数であることは，これが実の方程式（シュレーディンガー方程式）の，$r \to \infty$ で漸近形が定在波であるという実の境界条件のときの解 ψ の係数だからである．非弾性過程が存在するときの波動関数 ψ の性質はつぎの点だけが変わってくる．それは無限遠でこれに課される条件が今は複素数である．すなわち (72.1) の漸近式が収束波と発散波の振幅が異なっていて，もはや実の定在波にはならない.

この関係で定数 β は複素数である．$\beta = \beta' + i\beta''$ とする．ここで絶対値 $|S_0|$ はもはや 1 に等しくない．$|S_0| < 1$ の条件は，β という量の虚部が負であることを意味している：

$\beta'' < 0$.

(72.3), (72.4) で第 1 項だけを残し, それに (73.1) を代入して, 弾性および非弾性散乱の断面積が得られる:

$$\sigma_e = 4\pi|\beta|^2, \tag{73.2}$$

$$\sigma_t = \frac{4\pi}{k}|\beta''|. \tag{73.3}$$

このように, 弾性散乱の断面積は前と同じく速度にはよらない. だが非弾性過程の断面積は粒子の速度に逆比例する. これはいわゆる $1/v$ 法則である (H. A. ベーテ, 1935). したがって, 速度が小さくなるとき, 非弾性過程の役割は弾性散乱にくらべて増大する.

$1/v$ 法則は, 厳密さは欠けるがより直観的な別の方法で基礎づけることができる. すなわち, 衝突の際に反応が起こる確率は入射波の $r=0$ における波動関数の絶対値の平方に比例すると考えよう. 物理的にこの仮定は, 原子核に入射する遅い中性子は, 核内《侵入》したときにだけ反応を起こすことができることを表わしている. $|\psi_{入射}(0)|^2$ を入射流の密度で割る (あるいは, 単位入射流に規格化された $\psi_{入射}$ を選ぶ) と, 反応断面積を得る. 平面波を単位流に規格化するために $|\psi_{入射}|^2 \sim 1/v$ とする. すなわち求める結果である.

この考察は, $\psi_{入射}(0)$ が場の摂動を受けない波動関数 (平面波) について計算できることを暗に認めている. このために, したがって $1/v$ 法則が成立するためには, 入射粒子に働く場 $U(r)$ が距離とともに十分に急速に減少すること

が必要である[1]．特に $1/v$ 法則がクーロンの法則により相互作用をする荷電粒子間の反応に対しては正しくないことを強調しよう．

§74. 高速粒子と原子との非弾性衝突

高速粒子と原子との衝突の際には，弾性散乱とともに種々の非弾性過程，すなわち原子の励起あるいは電離もまた起こりうる．これらの過程は，§70 で高速電子の弾性散乱に対して行なったのと同様に，ボルン近似で考察することができる．このとき高速粒子の速度は原子内電子の速度にくらべて大きいと仮定される．

すでに §70 で示されているように，電子と原子の衝突の際には，重心系は原子が静止している実験室系と一致すると考えてよい．ふたたび p と p' を電子の始めと終わりの運動量，m をその質量としよう．また電子から原子への運動量授受のベクトル $\hbar q = p' - p$ を導入しよう．q という量はこの過程で重要な役割を果たし，衝突の特性を大部分決定してしまう．二つの極限の場合を考察しよう．すなわち $\hbar/a$ にくらべて大きいかあるいは小さい場合である．ここで a は原子の差しわたしである．

不等式 $qa \ll 1$ は，原子内電子の始めの固有運動量にくらべて大きい運動量が原子に与えられることを意味する．物理的には，この場合原子内電子は自由と考えてよく，高

---

[1] U が $1/r^2$ よりも急速に減少することが必要であると言ってもよい．

速電子と原子との衝突は,始めに静止していた原子内電子の一つとの弾性衝突と考えることができる.Z 個の電子のおのおのによる散乱断面積はラザフォードの式で与えられる(あるいは,もしも入射電子および原子内電子の双方が結果として大きさが同じくらいの速度を得れば,交換効果が重要になり断面積は式 (69.7) で与えられる).

今度は運動量授受が小さいような逆の場合を考えよう.$qa \gg 1$ である.これは,電子が非常にわずかしか曲げられないこと,電子から原子に与えられたエネルギーが,その始めのエネルギーにくらべて非常に小さいことを意味している.この性質があるので $p \approx p'$ と置いてよい.このときベクトル q は p がその大きさを変えずに小さい角度 ϑ だけ回転した結果となる:

$$\hbar q \approx p\vartheta. \tag{74.1}$$

この式は非常に小さい角度のときだけ役に立たない.$\vartheta \to 0$ の極限で q という量は $q_{\min} = (p-p')/\hbar$ に近づく.この値は小差 $p-p'$ によって決定される.衝突の際のエネルギー保存の条件は

$$E_n - E_0 = \frac{1}{2m}(p^2 - p'^2) \approx \frac{p}{m}(p-p') = v(p-p')$$

で与えられる.ここで $E_n - E_0$ は原子が基底状態から n 番目の状態に遷移するときの励起エネルギーで,v は入射電子のエネルギーである.したがって,運動量授受の極小値は

$$\hbar q_{\min} = \frac{E_n - E_0}{v} \tag{74.2}$$

である.

このような簡略化のあとでは,いま考察している過程と弾性散乱の唯一の相違は,原子の始めと終りの状態が違っている点だけになる.したがって,断面積に対しては以前の公式 (70.1) で,積分中の ψ_0 と ψ_*^0 の代りに異なる波動関数 ψ_0 と ψ_n^* と書いた式が得られる:

$$d\sigma = \frac{m^2}{4\pi^2\hbar^4}\left|\iint Ue^{-i\boldsymbol{q}\cdot\boldsymbol{r}}\psi_n^*\psi_0 d\tau dV\right|^2. \tag{74.3}$$

エネルギー U のなかには,入射電子と原子核との相互作用も含まれる.したがって Z 個の原子内電子があると

$$U = -\frac{Ze^2}{r} + \sum_{a=1}^{Z}\frac{e^2}{|\boldsymbol{r}-\boldsymbol{r}_a|} \tag{74.4}$$

となる($\boldsymbol{r}$ は入射粒子の動径ベクトルで,$\boldsymbol{r}_a$ は原子内電子の動径ベクトルである.座標原点は原子核のある点である).

非弾性過程に対しては,(74.4) を (74.3) に代入すると,核との相互作用 Ze^2/r を含む項は消える.この項で $d\tau$ についての積分は $\int \psi_n^*\psi_0 d\tau$ の形の積分に分離され,ψ_0 と ψ_n が互いに直交するので 0 になる.dV の積分の残りの項は公式

$$\int\frac{e^{-i\boldsymbol{q}\cdot\boldsymbol{r}}}{|\boldsymbol{r}-\boldsymbol{r}_a|}dV = \frac{4\pi}{q^2}e^{-i\boldsymbol{q}\cdot\boldsymbol{r}_a} \tag{74.5}$$

を使って求められる(これを導くためには,$\boldsymbol{r}=\boldsymbol{r}_a+\boldsymbol{r}'$ の置き換えをすると積分が

$$e^{-i\boldsymbol{q}\cdot\boldsymbol{r}_a}\int e^{-i\boldsymbol{q}\cdot\boldsymbol{r}'}\frac{dV'}{r'} \equiv e^{-i\boldsymbol{q}\cdot\boldsymbol{r}_a}\left(\frac{1}{r}\right)_q$$

の形になり,$1/r$ のフーリエ成分は公式 (68.6) で与えられることに気付けばよい).その結果

$$d\sigma_n = \left(\frac{2me^2}{\hbar^2}\right)^2 |(\sum e^{-i\boldsymbol{q}\cdot\boldsymbol{r}_a})_{n0}|^2 \frac{do'}{q^4}$$

を得る.ここで行列要素は原子の波動関数についての行列要素である.すなわち

$$(\sum_a e^{-i\boldsymbol{q}\cdot\boldsymbol{r}})_{n0} = \sum_a \int e^{-i\boldsymbol{q}\cdot\boldsymbol{r}_a}\psi_n^*\psi_0 d\tau \qquad (74.6)$$

である.

ここで q が小さいことを使う.積分 (74.6) のなかの変数 $\boldsymbol{r}_a$ は,差しわたしがちょうど $\sim a$ の体積内の値をとる.したがって $qa \ll 1$ のときは,この領域全体にわたって $\boldsymbol{q}\cdot\boldsymbol{r}_a$ という量もまた小さく,

$$e^{-i\boldsymbol{q}\cdot\boldsymbol{r}_a} \approx 1 - i\boldsymbol{q}\cdot\boldsymbol{r}_a = 1 - iqx_a \qquad (74.7)$$

と置くことができる(ベクトル $\boldsymbol{q}$ の方向を x 軸にとった).ここで

$$(\sum_a e^{-i\boldsymbol{q}\cdot\boldsymbol{r}_a})_{n0} = -iq(\sum_a x_a)_{n0} = -i\frac{q}{e}(d_x)_{n0}$$

である.ここで $d_x = \sum ex_a$ は原子の 2 重極モーメントの座標成分である(関数 ψ_0 と ψ_n が直交するので 1 の項は 0 になる).また

$$do' = 2\pi \sin\vartheta d\vartheta \approx 2\pi\vartheta d\vartheta = 2\pi\left(\frac{\hbar}{mv}\right)^2 qdq$$

と置き,この過程の断面積に対して次式を得る.

$$d\sigma_n = 8\pi\left(\frac{e}{\hbar v}\right)^2 |(d_x)_{n0}|^2 \frac{dq}{q}. \tag{74.8}$$

原子の2重極モーメントの行列要素の2乗によって断面積が決定されることがわかる[1].

---

[1] もちろんここではこの行列要素が0でないと仮定している.そうでない場合には,(74.7)の展開はもっと高次の項までのばさなければならない.

第2部 相対論的理論

第11章 光　子

§75. 相対論的領域での不確定関係

　第1部で述べられている量子論は，本質的に非相対論的性格をもち，光速度にくらべて非常に小さくない速度の運動の結果起こる現象には適用できない．一見，非相対論的量子力学の方法の多少とも直接の一般化によって，相対論的理論への移行が可能であることを期待してよさそうである．しかし，注意深く考察するとそうでないことがわかる．

　われわれはまた，電子[1]の異なる力学変数が同時に値をもつ可能性が量子力学によって強く制限されることを見てきた．すなわち座標と運動量の値を同時に測定するときの不確定性 Δq と Δp は関係式 $\Delta q \Delta p \sim \hbar$ で結ばれる．これらの量のうちの一方が精度よく測られると，同時に測られた他の量の精度はそれだけ悪くなる．

　しかしながら，電子のどの力学変数も個々には，どんなに短い時間のあいだにも，どんな精度でも測定できることが重要である．この事情が非相対論的量子力学全般に対して基本的な役割を演じている．すなわちこの事情のために

---

[1] §1と同様に，任意の量子的対象を言外に含ませて簡単に電子と呼ぶことにする．

§75. 相対論的領域での不確定関係

波動関数 $\psi(q)$ の概念，すなわちこの絶対値の 2 乗が（ある与えられた時刻に行なわれた測定の結果として）電子の座標がある確定値をもつ確率を与えるという概念を導入することができる．明らかに，このような確率の概念を導入するための前提は，十分な精度と迅速さをもった座標の測定が原理的に実行可能なことである．そうでない場合はこの概念には実体がなくなり，物理的意味は失われてしまう．

極限速度（光速 c）の存在は，異なる物理量の測定可能性に対して，新たな原理的制限をもたらすことになる（L.D. ランダウ，R. パイエルス，1930）．

§37 では，電子の運動量の測定の不確定性 Δp とその測定操作の継続時間 Δt とを結ぶ関係式

$$(v'-v)\Delta p \Delta t \sim \hbar \tag{75.1}$$

が得られた．v と v' は測定の前後の電子の速度である．この関係式から，十分に短い時間での運動量の精密な（すなわち Δt が小さいときに Δp も小さい）測定は，その測定の結果の速度変化が十分大きいときにのみ可能ということになる．非相対論的理論では，この事情は短時間内での運動量の測定の非反復性として現われていて，差 $v'-v$ をいくらでも大きくできるので，運動量の 1 回限りのいくらでも正確な測定の原理的可能性とすこしも抵触するものではない．

極限速度の存在は事態を根本的に変える．差 $v-v'$ もまた速度であり，いまや c（正確には $2c$）を越えることはできない．(75.1) 式において $v'-v$ を c に置き換えて，測

定時間 Δt が与えられた際の，運動量測定の原理的に可能な最良の精度を決める式

$$\Delta p \Delta t \sim \hbar/c \qquad (75.2)$$

が得られる．こうして相対論的理論では，任意の精度と迅速さをもつ運動量の測定は原理的に不可能であることがわかる．運動量の正確な測定（$\Delta p \to 0$）は，測定時間が無限大の極限でのみ可能である．

座標の測定可能性もまた少なからず深刻な変化を受ける．相対論的理論では，座標は一定の極小の限界を越えない精度でのみ測定可能であることがわかる．これにより電子の局所化の概念もその物理的意味をさらに制限されることになる．

理論の数学的定式化の上からは，この事情は座標の精密測定と自由粒子のエネルギーが正であるという命題とは両立しないという形をとって現われる．われわれは先へいって，自由粒子の相対論的波動方程式の固有関数の全系のなかに，（《正しい》時間依存性を示す解と並んで）《負の周波数》の解もまた含まれることを知るだろう．これらの関数は一般に，空間の小部分に局所化された電子に対応する波束の展開のなかに含まれる．

《負の周波数》の波動関数は反粒子，すなわち陽電子の存在と結びついていることが示される．波束の展開のなかにこの関数が現われることは，電子の座標の測定の過程での電子–陽電子対の生成が一般に不可避であることを示している．この測定の過程では不可避の新粒子の発生は，明ら

かに電子の座標の測定の意味を奪っている．

電子の静止系では，その座標の測定の最小の誤差は

$$\Delta q \sim \hbar/mc \tag{75.3}$$

である．（ディメンションの考察からただ一つ許される）この値に運動量の不確定性 $\Delta p \sim mc$ が対応する．後者は対生成の最小のしきりのエネルギーに対応している．

電子がエネルギー ε で運動している基準系では，(75.3) の代りに

$$\Delta q \sim \hbar c/\varepsilon \tag{75.4}$$

を得る．特に超相対論的極限の場合には，エネルギーは運動量と，関係式 $\varepsilon = cp$ で結ばれ，そこでは

$$\Delta q \sim \hbar/p \tag{75.5}$$

となる．すなわち，誤差 Δq は粒子のド・ブロイ波長と一致する．

すでに述べたことから，首尾一貫した相対論的量子力学では粒子の座標は，一般には，本来正確な意味をもつはずの力学変数の役割を演じることはできない．粒子の運動量もまた以前の意味をもってはいない．運動量の精密な測定は十分長い時間を要し，その過程でその変化の具合を追跡することは不可能である．

この節の始めに述べたことを思い出しながら，われわれは非相対論的量子力学のすべての方法は，相対論的領域へ移行するときには不適当であるという結論に達する．以前の意味で隠れた情報の保持者と理解される波動関数 $\psi(q)$ は，首尾一貫した相対論的理論の方法のなかには現われな

いと考えてよい.

　首尾一貫した理論で運動量は，自由粒子にのみ用いることができる．この場合には，運動量は保存され，任意の精度で測定できる．したがって，これからの理論は，粒子の相互作用の過程の時間的進行の考察を放棄すると考えてよい．自由粒子，すなわち相互作用をする前の始めの粒子，およびその過程の結果生じる最終の粒子の特性（運動量，偏り）が唯一の観測しうる量である．

　相対論的量子力学に特徴的な問題の設定は，与えられた粒子系の始めおよび終わりの状態を結ぶ遷移確率振幅を決定することである．可能なすべての状態間のこのような振幅の集まりが**散乱行列**，または **S-行列**[1] を構成する．この行列が粒子の相互作用の過程に関する，すべての測定可能な物理的意味をもった情報の保持者である（W.ハイゼンベルク，1938）．

　このような理論では粒子の《素粒子性》や《複合性》の概念，すなわち，何からつくられているかという問題は以前のような意味を失ってしまうことを指摘しておこう．この問題は粒子間の相互作用の過程の考察なしには定式化できないし，このような考察をやめると，それによりこの問題の実体がなくなってしまう．なんらかの物理的な衝突現象の，始めあるいは終わりに現われてくるすべての粒子は理論のなかに平等に登場する必要がある．この意味で《複

---

[1] 英語の scattering あるいはドイツ語の Streuung, すなわち "散乱" からとった.

§75. 相対論的領域での不確定関係

合粒子》とか《素粒子》とか言われる粒子間の相違は純粋に定量的性質をもつだけであり,それぞれの《組成部分》への崩壊に対する質量欠損の相対的大きさの問題に帰してしまう.したがって,重陽子が(陽子と中性子への崩壊に対する比較的小さい結合エネルギーをもっていて)複合粒子であるという命題と,中性子が陽子と π-中間子とから《構成される》という命題とは,ただ量的に異なるだけである.

現在,完全に論理的に閉じた相対論的量子論はまだ存在しない.現存する理論は,場の理論のいくつかの特徴をとり入れた粒子状態の記述法の特質に,新しい物理的な側面を見せていることがわかる.しかしながら,その大部分は普通の量子力学の概念を雛型とし,そしてそれを使うことからなっている.理論のこのような構成は量子電気力学の領域では成功をもたらした.この理論に論理的首尾一貫性がないことは,その数学的方法を直接に適用すると発散する表式が現われることに見られ,しかもその発散を除くためにはまったく同等ないくつかの方法がある.それにもかかわらず,これらの方法は半経験的な性質をかなり含んでいる.そしてこのような方法で得られた結果の正当性に対するわれわれの確信は,最終的にはそれが実験とみごとに一致することに依拠しているのであって,理論の基礎原理の内部無矛盾性や論理的調和に依拠しているわけではない.

粒子の強い相互作用(核力)と呼ばれるものと関連した現象の理論の分野での事情はまったく別の性質をもっていた.ここでは,この同じ方法に基礎を置いた理論をつくる

試みは，多少とも現実性のある物理的結果を導かなかった．強い相互作用を含むような完全な理論の建設は，たぶん原理的に新しい物理的概念の導入を必要とするだろう．

§76. 自由電磁場の量子化[1]

電磁場の古典的記述から量子力学的記述へと自然に移行するには，古典的な方法で場を振動子に展開する．この展開の本質がどこにあるかを思い起こそう（I. §76 参照）．

スカラーポテンシャルがゼロになり，ベクトルポテンシャル $\boldsymbol{A}$ だけが残るようなゲージに選んだポテンシャルで自由電磁場（電磁波）を記述しよう．十分大きいが有限な体積 Ω のなかで場を考えると，それを進行平面波に分解することができる．すなわち，ポテンシャルは級数の形に書き表わされる：

$$\boldsymbol{A} = \sum_{k} \sqrt{\frac{2\pi}{\omega \Omega}} (\boldsymbol{c}_k e^{i\boldsymbol{k}\cdot\boldsymbol{r}} + \boldsymbol{c}_k^* e^{-i\boldsymbol{k}\cdot\boldsymbol{r}}). \tag{76.1}$$

ここで係数 $\boldsymbol{c}_k$ の時間依存性は

$$\boldsymbol{c}_k \sim e^{-i\omega t}, \quad \omega = |\boldsymbol{k}| \tag{76.2}$$

で，いずれもその対応する波数ベクトルと直交する：

---

[1] ここから 11～14 章では（特に断った場所は除いて），いわゆる**相対論的単位系**を使う．そして光速 c と量子定数 $\hbar$ は 1 に等しいとされる．こうすると公式の記述が非常に簡潔になる．この単位系によるとエネルギー，運動量および質量は同じ次元となり，長さの逆数の次元と一致する．この単位で基本電荷の 2 乗は（普通の単位で）次元なしの定数 $e^2/\hbar c$ すなわち 1/137 と一致する．

$c_k \cdot k = 0$[1]. (76.1) 式の和は波数ベクトル(その三つの成分は k_x, k_y, k_z)の無限個であるが非常に近接した離散値の組について行なわれる.和から連続分布での積分への移行は,許される k の値に対して k-空間の体積要素に当たる式

$$\Omega \frac{dk_x dk_y dk_z}{(2\pi)^3} \tag{76.3}$$

を使って行なうことができる.

ベクトル c_k を与えると,上述の体積中の場は完全に決定される.これらの量は,こうして古典的な《場の変数》の離散的な組を表わしている.しかしながら,量子論への移行法を明確にするためには,これらの変数になおいくつかの変換を施さなければならない.その結果,場の方程式は古典力学の正準方程式(ハミルトン方程式)と似た形になる.すなわち,場の正準変数は実の量として定義される:

$$\begin{aligned} Q_k &= \frac{1}{\sqrt{2\omega}}(c_k + c_k^*), \\ P_k &= -\frac{i\omega}{\sqrt{2\omega}}(c_k - c_k^*) = \dot{Q}_k. \end{aligned} \tag{76.4}$$

場のハミルトン関数(エネルギー)はこれらの変数を使って

$$H = \frac{1}{2} \sum_k (P_k^2 + \omega^2 Q_k^2)$$

[1) (76.1) 式の係数 c_k の定義は,I.(76.1) 式の係数 a_k の定義と因子 $c_k = a_k \sqrt{\omega \Omega / 2\pi}$ だけ違っている.このような定義が量子論への移行に好都合なことはあとで明らかになる.

のように表わされる．ベクトル $\boldsymbol{P}_k$ および $\boldsymbol{Q}_k$ はいずれも波数ベクトル $\boldsymbol{k}$ に垂直である．すなわち二つの独立な成分をもっている．これらのベクトルの方向はその波の偏りの方向を決定する．ベクトル $\boldsymbol{P}_k, \boldsymbol{Q}_k$ の（$\boldsymbol{k}$ に垂直な平面内の）成分を $P_{k\sigma}, Q_{k\sigma}$ ($\sigma=1,2$) で表わして，ハミルトン関数をつぎの形に書き直す：

$$H = \sum_{k\sigma} H_{k\sigma}, \qquad H_{k\sigma} = \frac{1}{2}(P_{k\sigma}^2 + \omega^2 Q_{k\sigma}^2). \qquad (76.5)$$

こうしてハミルトン関数は，それぞれ変数 $P_{k\sigma}, Q_{k\sigma}$ の1対だけを含む独立な項の和に分解される．この各項は決まった波数ベクトルと偏りをもつ進行波に対応する．そして1次元の調和振動子のハミルトン関数の形になっている．

場のこのような古典的記述法は量子論へのはっきりした移行法を与えてくれる．今は正準変数つまり一般化座標 $Q_{k\sigma}$ と一般化運動量 $P_{k\sigma}$ を座標と運動量に対する普通の交換則をもつ演算子とみなす必要がある．その交換則は

$$\hat{P}_{k\sigma}\hat{Q}_{k\sigma} - \hat{Q}_{k\sigma}\hat{P}_{k\sigma} = -i \qquad (76.6)$$

である（添字 $k\sigma$ が異なる演算子はすべて交換する）．これとともに場のポテンシャル $\boldsymbol{A}$ もまた演算子である．

場のハミルトニアンは (76.5) のなかで正準変数を対応する演算子に置き換えれば得られる．

$$\hat{H} = \sum_{k\sigma} \hat{H}_{k\sigma}, \qquad \hat{H}_{k\sigma} = \frac{1}{2}(\hat{P}_{k\sigma}^2 + \omega^2 \hat{Q}_{k\sigma}^2). \qquad (76.7)$$

このハミルトニアンの固有値を決めるのに特別な計算の必要はない．これは線形調和振動子のエネルギー準位の問題

で，その解はすでにわかっている（§25）．したがって場のエネルギー準位はただちに書けて

$$E = \sum_{k\sigma}\left(N_{k\sigma} + \frac{1}{2}\right)\omega \tag{76.8}$$

となり，$N_{k\sigma}$ は整数である．場の運動量に対する古典的表式は

$$\boldsymbol{P} = \sum_{k\sigma} \boldsymbol{n} H_{k\sigma}$$

である．ここで $\boldsymbol{n} = \boldsymbol{k}/k$ である（I.(76.12) 参照）．対応する演算子は $H_{k\sigma}$ を $\hat{H}_{k\sigma}$ に置き換えて得られる．その固有値は，したがって

$$\boldsymbol{P} = \sum_{k\sigma} \boldsymbol{k}\left(N_{k\sigma} + \frac{1}{2}\right). \tag{76.9}$$

公式 (76.8), (76.9) の考察は次節で行なうことにして，いまは量 $Q_{k\sigma}$ の行列要素を求めよう．これは振動子の座標の行列要素に対する式 (25.4) を使えばすぐに行なえる．ゼロと異なる行列要素は

$$\langle N_{k\sigma}|Q_{k\sigma}|N_{k\sigma}-1\rangle = \langle N_{k\sigma}-1|Q_{k\sigma}|N_{k\sigma}\rangle = \sqrt{\frac{N_{k\sigma}}{2\omega}}$$
$$\tag{76.10}$$

に等しい．$P_{k\sigma} = \dot{Q}_{k\sigma}$ の行列要素は $Q_{k\sigma}$ の行列要素（一般則 (11.8) に従って）とは因子 $\pm i\omega$ だけ違っている：

$$\langle N_{k\sigma}|P_{k\sigma}|N_{k\sigma}-1\rangle = -\langle N_{k\sigma}-1|P_{k\sigma}|N_{k\sigma}\rangle = i\omega\sqrt{\frac{N_{k\sigma}}{2\omega}}.$$

しかし，先へいって明らかになるが演算子 $\hat{Q}_{k\sigma}$ および

$\hat{P}_{k\sigma}$ 自身ではなくて，その 1 次結合の方が深い意味をもっている．すなわち

$$\hat{c}_{k\sigma} = \frac{1}{\sqrt{2\omega}}(\omega\hat{Q}_{k\sigma} + i\hat{P}_{k\sigma}),$$

$$\hat{c}_{k\sigma}^{+} = \frac{1}{\sqrt{2\omega}}(\omega\hat{Q}_{k\sigma} - i\hat{P}_{k\sigma}) \qquad (76.11)$$

である．ちょうど古典論の展開（76.1）のなかの係数 $c_{k\sigma}$ の定義に対応する．これらの演算子のゼロと異なる唯一の要素は

$$\langle N_{k\sigma}-1|c_{k\sigma}|N_{k\sigma}\rangle = \langle N_{k\sigma}|c_{k\sigma}^{+}|N_{k\sigma}-1\rangle = \sqrt{N_{k\sigma}} \qquad (76.12)$$

に等しい．定義（76.11）と法則（76.6）から演算子 $\hat{c}_{k\sigma}$ および $\hat{c}_{k\sigma}^{+}$ の交換則を見いだすことができる：

$$\hat{c}_{k\sigma}\hat{c}_{k\sigma}^{+} - \hat{c}_{k\sigma}^{+}\hat{c}_{k\sigma} = 1. \qquad (76.13)$$

このようにして，つぎの形の電磁場の演算子の式に到達する．

$$\hat{A} = \sum_{k\sigma}\sqrt{\frac{2\pi}{\omega\Omega}}(\hat{c}_{k\sigma}\boldsymbol{e}^{(\sigma)}e^{i\boldsymbol{k}\cdot\boldsymbol{r}} + \hat{c}_{k\sigma}^{+}\boldsymbol{e}^{(\sigma)*}e^{-i\boldsymbol{k}\cdot\boldsymbol{r}}). \qquad (76.14)$$

ここで振動子の偏りを決める単位ベクトル記号 $\boldsymbol{e}^{(\sigma)}$ が導入された．ベクトル $\boldsymbol{e}^{(\sigma)}$ は波数ベクトル $\boldsymbol{k}$ と垂直であり，おのおのの $\boldsymbol{k}$ に対して二つの独立な偏りがあり，指数 $\sigma = 1, 2$ で番号づけられる[1]．

---

1) 直線偏光に対して単位ベクトル $\boldsymbol{e}$ は実であり，そのまま偏りの方向を示すことを思い起こそう（I.§70 参照）．円偏光（そして一般の楕円偏光）の場合には偏りのベクトル $\boldsymbol{e}$ は複素数で，実部

§76. 自由電磁場の量子化

(76.14)は非相対論的量子論では普通の演算子の表わし方であり，この本の第1部全体にわたってそのつもりで使われてきた．この表わし方（**シュレーディンガー表示**と呼ぶ）では種々の物理量の演算子自身はあらわな時間依存性は含まない．系の時間的展開は波動関数の時間依存性によって記述される．しかしながら，量子力学の方法はいくぶん違った，しかも同等な形に定式化することができる．それではあらわな時間依存性が波動関数から演算子に移される．このような表わし方を**ハイゼンベルク表示**と呼ぶ．このような定式化は，相対論的量子力学での場の記述には，特に目的に適っている．演算子の座標と時間への依存性が対等なので，理論の相対論的時空間不変性をいっそうあらわに示すことができる（特にシュレーディンガーの定式化では，空間座標と時間とがきわめて非対称的に現われている）．

演算子 $\hat{A}$ に対してハイゼンベルク描像への移行は，和 (76.14) の各項に，《場の振動子の定常状態》の時間依存性に対応する因子 $e^{-i\omega t}$（あるいはその共役複素数）を掛けることに帰してしまう．演算子 $\hat{A}$ の最終的な表式は

$$\hat{\boldsymbol{A}}(\boldsymbol{r},t) = \sum_{\boldsymbol{k}\sigma}(\hat{c}_{\boldsymbol{k}\sigma}\boldsymbol{A}_{\boldsymbol{k}\sigma} + \hat{c}^+_{\boldsymbol{k}\sigma}\boldsymbol{A}^*_{\boldsymbol{k}\sigma}) \qquad (76.15)$$

と書かれる．ここで

$$\boldsymbol{A}_{\boldsymbol{k}\sigma} = \boldsymbol{e}^{(\sigma)}\sqrt{\frac{2\pi}{\omega\Omega}}e^{-i(\omega t - \boldsymbol{k}\cdot\boldsymbol{r})}. \qquad (76.16)$$

と虚部のあいだに一定の関係がある．このときベクトルが単位ベクトルであることは $\boldsymbol{e}\boldsymbol{e}^* = 1$ という等式で示さなければならない．

これから先（電磁場を粒子場とみなすとき）いつも場の演算子のハイゼンベルク描像が暗々裏に約束されているものとする．

§77. 光　子

得られた場の量子論の公式の考察に移ろう．

特に，場のエネルギーに対する公式（76.8）にはつぎのような困難があることがわかる．すべての振動子の量子数 $N_{k\sigma}$ が 0 に等しい状態は，場のエネルギーの最低準位に対応する（この状態は**電磁場の真空**と呼ばれる）．しかしこの状態でも各振動子は 0 と異なる《零点エネルギー》$\omega/2$ をもつ．無限個の振動子のすべてにわたって加えると無限大の結果を得る．こうして《発散》の一つにつき当たったわけで，これは現存する理論が，完全に論理的に首尾一貫していないための帰結である．

ただ，場のエネルギーの固有値についてのみ言えば，零点振動のエネルギーを引き去るだけでこの困難を除くことができる．すなわち，場のエネルギーと運動量を（普通の単位で）

$$E = \sum_{k\sigma} N_{k\sigma} \hbar\omega, \qquad \boldsymbol{P} = \sum_{k\sigma} N_{k\sigma} \hbar\boldsymbol{k} \qquad (77.1)$$

と書けばよい．

これらの公式は，すべての量子電磁力学の基礎になる**光量子**あるいは**光子**の概念[1]へと導いている．すなわち，われわれは自由電磁場をエネルギー $\hbar\omega$ と運動量 $\hbar\boldsymbol{k} = \boldsymbol{n}\hbar\omega/c$

をもつ粒子の集まりと考えることができる．光子のエネルギーと運動量の関係は，静止質量が0で光速度で運動する粒子に対する相対論的力学における関係式と同じである．量子数 $N_{k\sigma}$ は与えられた運動量 $\boldsymbol{k}$ と偏り $e^{(\sigma)}$ をもつ光子の数という意味をもっている．光子の偏りの本質は他の粒子のスピンの概念と似ている（これに関係した光子の特殊性はつぎの節で考察される）．

すぐわかるように，次節で展開される数学的定式化は，光子の集まりとしての自由電磁場の表わし方に対応している．これは光子系に適用されたいわゆる第二量子化の方法にほかならない．この方法では，状態の占有数（この場合には数 $N_{k\sigma}$）が独立変数の役割を演じ，演算子はこれらの数の関数に作用する（§47）．このとき粒子の《消滅》および《生成》演算子が基礎的な役割を果たす．これらはそれぞれ占有数を一つだけ増減する．これらの演算子は $\hat{c}_{k\sigma}, \hat{c}_{k\sigma}^+$ である．演算子 $\hat{c}_{k\sigma}$ は $\boldsymbol{k}_\sigma$ の状態の光子を一つ消滅する（それは遷移 $N_{k\sigma} \to N_{k\sigma} - 1$ に対してのみ行列要素をもっている——（76.12）参照）．演算子 $\hat{c}_{k\sigma}^+$ はその状態に光子を生成する——その行列要素は遷移 $N_{k\sigma} \to N_{k\sigma} + 1$ に対してのみ0と異なる．

演算子（76.15）のなかで光子の消滅演算子の係数の役割を果たしている平面波（76.16）は，一定の運動量 $\boldsymbol{k}$ と偏り $e^{(\sigma)}$ をもつ光子の波動関数として扱ってよい．これら

---

[1] 光子の考えはアルベルト・アインシュタインによって，光電効果の理論のなかで初めて導入された（1905）.

の関数は《体積 Ω 中に 1 光子》で規格されている．このような扱いは第二量子化の非相対論的方法で，粒子の定常状態の波動関数での ψ-演算子の展開 (47.22) に対応している[1]．

これに関連して，光子の《波動関数》をその空間的局在の確率振幅とみなしてはいけないこと，すなわち非相対論的量子力学での波動関数の基礎的な意味とは違っていることを繰り返し強調しよう．光子の場合にはこの事情がことさら鮮明に表わされる．光子に対してはいつも超相対論的な場合が成り立ち，したがってその座標の不確定さの極限は (75.5) によって $\Delta q \sim 1/k \sim \lambda$ である．これは問題の特徴的な大きさが波長にくらべて大きい場合だけ光子の座標について語ることが意味をもっている．それは幾何光学に対応する《古典的》極限というものにほかならない．幾何光学では光は一定の軌道，すなわち光線に沿って伝播すると言ってもよい．量子的な場合には，波長は小さいとみなすことができないで，光子の座標の概念は実体のないものとなる．

光子の生成および消滅の演算子の交換則 (76.13) は，ボーズ統計に従う粒子の場合 ((47.11) 参照) に対応する．したがって光子はボソンである．この統計の性質にしたがって，任意の状態に同時に存在する光子の数はいくつあっ

---

[1] (47.22) と違って展開 (76.15) は同時に粒子の消滅演算子も生成演算子も現われる．この違いの意味は第 13 章になって明らかになる．

てもよい．

　場を光子の集まりとする記述は，量子論での自由電磁場の物理的意味にまったく適当な唯一の記述である．これは場をポテンシャル（とともに場の強さ）を使う古典的記述にとって代わった．ポテンシャルは光子像の数学的方法では第二量子化の演算子として現われる．

　量子系の性質は，その定常状態を決定する量子数が大きい場合には古典系に近づく（§27）．（きまった体積内の）自由電磁場に対しては，振動子の量子数，すなわち光子の数 $N_{k\sigma}$ が大きくなければならないということである．この意味では光子がボーズ統計に従うことは非常に深い意味をもっている．理論の数学的定式化では，ボーズ統計と古典場の性質との結びつきは演算子 $\hat{c}_{k\sigma}$ と $\hat{c}_{k\sigma}^+$ の交換則に現われてくる．$N_{k\sigma}$ が大きいときはこれらの演算子の行列要素が大きく，交換関係（76.13）の右辺の 1 を無視することができ，その結果 $\hat{c}_{k\sigma}\hat{c}_{k\sigma}^+ = \hat{c}_{k\sigma}^+\hat{c}_{k\sigma}$ が得られる．すなわち，これらの演算子は，古典的ポテンシャル場を決定する互いに可換な量 $c_{k\sigma}, c_{k\sigma}^*$ へと移っていく．

§78. 光子の角運動量と偶奇性

　光子も他のすべての粒子と同様に一定の角運動量をもつ．しかしながら，光子の場合のこの量は他の粒子の場合といくぶん異なっている．この相違の由来を明らかにするために，量子力学の数学的定式化のなかで粒子の波動関数とその角運動量がどんな関係にあるかを思い起こそう．

粒子の全角運動量 j はその軌道角運動量 l とその固有角運動量——スピン s とから合成される．スピン s をもつ粒子の波動関数は $2s$ 階の対称スピノールである．すなわち $2s+1$ 個の成分の集まりで表わされて，その成分は座標系の回転に際して一定の規則で互いに変換される（§41）．軌道角運動量は波動関数の座標依存性と関係している．軌道角運動量 l をもつ状態には l 次の球関数を使って（線形結合として）表わされる波動関数が対応する．

　ベクトル $\boldsymbol{A}$ は光子の波動関数の役割を果たしている．ベクトルは 2 階のスピノールと同値である．この意味で光子にはスピン 1 が付けられる．この値が整数なので，今度は光子の全角運動量が整数値だけをとることが出てくる．すなわち $j=1,2,3,\cdots$ である．光子に対しては $j=0$ は存在しない．角運動量が 0 に等しい状態の波動関数は球対称でなければならず，これは横波に対しては絶対不可能である．

　光子の全角運動量の概念は正確な意味をもっているが，光子のスピンの概念は限られた意味しかもたない．光子に対してその全角運動量の構成部分としてスピンと軌道角運動量を完全に分離することは不可能である．分離できるということは波動関数の《スピンの》性質と《座標の》性質が独立であるということである．すなわちスピノール（この場合はベクトル）の成分の座標依存性がいかなる付加条件によっても制限されてはいけない．しかし光子のベクトル波動関数 $\boldsymbol{A}$ は付加的な横波条件に従い，その結果すべての成分に対する座標依存性は同時に任意に与えることはで

§78. 光子の角運動量と偶奇性

きない.また,光速で動く光子に対しては静止系は存在しないので,スピンを静止粒子の角運動量としての定義を光子に対して使うこともできない.

他の粒子と同様に光子は,座標軸の反転の際の波動関数の振舞いに関係した偶奇性で特徴づけることができる.ベクトル波動関数 $A(r)$ が反転で不変のときはその状態は偶,$A(r)$ が符号を変えるときには奇と言う[1].一定の角運動量と偶奇性をもつ光子の状態によって一定の述語が使われる.すなわち,角運動量 j と偶奇性 $(-1)^j$ をもつ状態の光子を**電気的 2^j-極**(あるいは Ej-光子)と呼び,偶奇性が $(-1)^{j+1}$ のとき**磁気的 2^j-極**(あるいは Mj-光子)と呼ぶ[2].粒子の角運動量と偶奇性はしばしば統一した記号で書かれる.それによると数字が j を示し,上の添字 + あるいは − は偶奇性 $P = +1$ あるいは -1 を示す.このようにして,電気型光子は状態 $1^-, 2^+, 3^-, 4^+, \cdots$ となり,磁気型光子は状態 $1^+, 2^-, 3^+, 4^-, \cdots$ となる.電気的 2 重極光子には状態 1^- が,磁気的 2 重極光子には状態 1^+ が対応する.

---

[1] スカラー関数 $\varphi(r)$ への反転演算の作用は,その引数の符号を変えることである.すなわち $\hat{P}\varphi(r) = \varphi(-r)$ である.ベクトル関数 $A(r)$ に作用すると,座標軸の方向が変わるので,ベクトルのすべての成分の符号が変わることも考慮に入れる必要がある.言いかえれば,反転演算は $\hat{P}A(r) = -A(-r)$ である.したがって,たとえば偶状態に対しては $\hat{P}A(r) = A(r)$ になるように $A(-r) = -A(r)$ でなければならない.

[2] この呼び方は輻射論の述語に対応する.すなわち,電気型および磁気型の光子の輻射はその電荷系の電気的および磁気的多重極モーメントに対応している(§98 参照).

j の確定値をもつ光子の状態は球面波で表わされ，定まった運動方向はない．逆に光子が定まった運動方向をもつならば（すなわち，定まった運動量ベクトルをもつならば），j の確定値をもたない．定まった方向 $\boldsymbol{k}$ をもつ光子は，しかしながら，全角運動量のその方向への射影が確定値をもつ．運動量の方向への角運動量の射影をその粒子のらせん度と呼ぶ（それを λ という文字で書く）[1]．

らせん度の保存は角運動量のすべての射影の保存と同様に，自由粒子に対する空間対称性と関係がある．運動量 $\boldsymbol{k}$ は空間で特定の方向をもっている．この方向があるので座標系の任意の回転に関する対称性が壊される（その結果，角運動量ベクトルは保存しなくなる）．しかしながら，この特定の軸，すなわち $\boldsymbol{k}$ 方向のまわりの回転に関する軸対称が残る．この対称性の現われがらせん度の保存である．

軌道角運動量演算子の定義 $\hat{\boldsymbol{l}} = \boldsymbol{r} \times \hat{\boldsymbol{p}}$ に従って，この角運動量の運動量の方向への投影（したがってその投影の固有値）は恒等的に 0 に等しい．したがって，らせん度は粒子のスピンのその運動方向への射影に等しい．したがって，スピン 1 の普通の粒子に対しては，らせん度は $0, \pm 1$ の値をとる．光子に対してはいま示したように $\lambda = \pm 1$ だけが可能である．ここにも光子のスピンの概念が制限されていることが姿を見せている．

容易にわかるように，一定のらせん度をもつ光子の状態は

---

[1] 空間の特に設定された方向（z 軸）への角運動量の射影 m と混同しないこと！

§78. 光子の角運動量と偶奇性

円偏光の状態と一致する．ξ, η, ζ を ζ 軸が光子の運動量の方向になっている座標系としよう（粒子の方向と無関係な z 軸とは違う）．例として，らせん度 $\lambda = \pm 1$ の光子の状態を考察しよう．（スピン 1 の粒子の）ベクトル波動関数の成分と 2 階スピノール成分との対応を与える式（41.9）に従って，このような状態には成分間に $A_\eta = iA_\xi, A_\zeta = 0$ が成り立つような波動関数 $\boldsymbol{A}$ が対応する．実際にスピノールの 3 成分のなかで ψ^{11} だけが 0 と異なり，ちょうどスピンの ζ-成分が $+1$ に対応する．同様に成分が $A_\eta = -iA_\xi, A_\zeta = 0$ であるような波動関数は $\lambda = -1$ に対応する．ベクトル $\boldsymbol{A}$ とともに式（76.16）の因子である偏りのベクトル $\boldsymbol{e}$ も同じ関係を満足する．$e_\eta = \pm ie_\xi$ はちょうど円偏光に対応する（I. §70 参照）．

$\lambda = 0$ が不可能なことは明らかである．ζ-成分のこのような値には $A_\xi = A_\eta = 0, A_\zeta \neq 0$ を成分とする波動関数が対応するはずである．これは（(41.9) に従って）スピノール成分 ψ^{12} に対応する．しかしこのような関数は $\boldsymbol{A}$ が方向 $\boldsymbol{k}$ に対して横波であるという要求から除かれる．

第12章 ディラック方程式

§79. クライン-フォックの方程式

粒子の相対論的量子論の記述は,粒子を記述する波動関数の性質を調べ,その関数が満足する波動方程式をつくることから始まる.非相対論的量子論では,いろいろなスピンをもつ粒子の波動関数はいろいろの階数のスピノールであったが,自由粒子の波動関数は同じ方程式,すなわち自由運動に対するシュレーディンガー方程式を満足したことを思い起こそう.相対論的理論では以下でわかるように,自由運動の波動方程式の形が粒子のスピンによってまったく異なっている.

当然のことながら最も簡単なのはスピン0をもつ粒子の場合である.非相対論的理論ではスカラー波動関数で記述される.相対論的理論では4次元スカラーが3次元スカラーにとって代わる.これは空間座標に関してだけではなくローレンツ変換に関して不変である.

相対論的力学では,粒子のエネルギー ε とその運動量 $\boldsymbol{p}$ は 4-ベクトル $p^\mu = (\varepsilon, \boldsymbol{p})$ を構成する[1].したがって 4-ベ

---

[1] 第12〜16章では静止エネルギーを含んだ,独立粒子のエネルギーを ε という記号で表わすことにする.

クトル $\hat{p}^\mu$ はこれに対応する演算子である．3次元運動量 $\boldsymbol{p}$ には演算子 $\hat{\boldsymbol{p}} = -i\nabla$ が対応するが，波動方程式のなかのエネルギー（ハミルトン関数）は時間微分の演算子 $i\partial/\partial t$ が対応する（(8.1) 参照）．

こうして 4-運動量の演算子は

$$\hat{p}^\mu = \left(i\frac{\partial}{\partial t}, -i\nabla\right), \qquad \hat{p}_\mu = \left(i\frac{\partial}{\partial t}, i\nabla\right) \quad (79.1)$$

あるいは（4次元記法で）

$$\hat{p}_\mu = i\frac{\partial}{\partial x^\mu}. \quad (79.2)$$

波動関数 Ψ にスカラー演算子 $\hat{p}_\mu \hat{p}^\mu$，すなわち 4-ベクトル $\hat{p}^\mu$ の2乗を掛けよう．また4-運動量の2乗は定数，すなわち粒子の質量 m の2乗になる．したがって，任意の波動関数 Ψ に上記の演算子を掛けたものは m^2 を掛けたものになる．こうして方程式

$$\hat{p}_\mu \hat{p}^\mu \Psi = m^2 \Psi, \quad (79.3)$$

あるいは（展開した形で）

$$\left(-\frac{\partial^2}{\partial t^2} + \Delta\right)\Psi = m^2 \Psi \quad (79.4)$$

が得られる（O. クライン，V. A. フォック，1926）．

スピン 0 の相対論的粒子に対しては，非相対論的理論で定義されたようなハミルトニアンは存在しないことに注意しよう．実際に，方程式 (79.4) は時間について 2 次である．それにひきかえハミルトニアン $\hat{H}$ の意味は $i\partial\Psi/\partial t = \hat{H}\Psi$ に従って波動関数の1次微係数で定義されるべきものだか

らである.

また，スピン 0 の粒子に対しては，空間における局所化の確率密度は絶対値の 2 乗 $|\Psi|^2$ では定義できないことも注意しよう．これは式の上での考察からもわかる（§75 で述べられた一般の物理的考察には触れない．それは粒子の空間的局在の情報の担い手としての波動関数の考察をさまたげるものである）．相対論的理論では粒子の分布密度とその流れの密度は 4-ベクトルを形成することが肝要である（I. §54 で流れの密度の 4-ベクトルについて述べられたことを参照）．粒子の密度はその 4-ベクトルの時間成分で，けっしてスカラーではない．したがって，それはいかなる場合にもスカラー関数の絶対値の 2 乗であるようなスカラー量で定義してはいけない．

先へいって（§92）示されるような原因に従って，スカラー波動方程式（79.4）を使った粒子の記述は，一般には非常に制限された意味しかもたない．したがって，この方程式に対して粒子のエネルギーの流れの密度と密度との 4-ベクトルの役をする量の数学的構造を明らかにするためにとどまることはやめよう．

§80. 4次元スピノール

非相対論的理論では，任意のスピン s をもつ粒子は，座標系の回転に対し一定の法則にしたがって互いに変換される $(2s+1)$ 個の量の集まり，すなわち $2s$ 階の対称スピノールで記述された．この法則は空間の等方性と結びついた粒子

§80. 4次元スピノール

の対称性である．

相対論的理論では空間座標系の回転はより大きい 4 次元回転，すなわち 4 次元時空座標系の回転の特殊な場合にすぎない．このような変換の可能なすべての集まりを**ローレンツ群**と呼ぶ．3 次元回転（時間軸を変えない）とならんで普通のローレンツ変換がある．これは xt, yt あるいは zt 面のいずれかのなかでの回転である（I. §36 参照）．一般の場合に 4 次元回転は空間座標系の回転を含むローレンツ変換である．

相対論的量子論でスピンをもつ粒子の記述には，こうして，**4 次元スピノール（4-スピノール）**の理論を組み立てる必要性が生じる．これは空間の回転群に対して普通の（3 次元）スピノールが演ずるのと同じ役割を，ローレンツ群の変換に対して演ずる量である[1]．

1 階の 4-スピノール

$$\xi = \begin{pmatrix} \xi^1 \\ \xi^2 \end{pmatrix} \tag{80.1}$$

は 2-成分量であり，それはローレンツ群のすべての変換に際して，(41.3) に似た公式

$$\xi^{1\prime} = \alpha \xi^1 + \beta \xi^2, \qquad \xi^{2\prime} = \gamma \xi^1 + \delta \xi^2 \tag{80.2}$$

に従って変換される．ここで複素係数 $\alpha, \beta, \gamma, \delta$ は 4-座標の回転角（一般の場合はこのような角が六つある．すなわ

---

[1] 別の言い方をすると，4-スピノールはローレンツ群の既約表現をつくる．3 次元スピノールが回転群の既約表現をつくるのと同様である．

ち，六つの座標面 xy, xz, yz, tx, ty, tz 内の回転である）の関数である．スピン 1/2 の粒子の波動関数と同様に ξ^1 と ξ^2 はスピンの z-成分の固有値 $+1/2$ と $-1/2$ にそれぞれ対応する．

3 次元スピノールの場合とまったく同じ理由で，(80.2) の変換係数のあいだには関係式 (41.5) が成り立つ．ここにふたたび書くと

$$\alpha\delta - \gamma\beta = 1. \tag{80.3}$$

この等式は任意の二つのスピノール ξ と Ξ の成分の反対称双 1 次結合

$$\xi^1 \Xi^2 - \xi^2 \Xi^1 \tag{80.4}$$

の不変性を保証している．3 次元スピノールの場合と同様に，式 (80.4) は二つのスピノールのスカラー積をつくる規則を表わしている．

しかしながら，スピノールの複素共役を考察するときに 3 次元の場合との違いが生じる．3 次元スピノールの理論（§41）では複素共役スピノールの変換則は，粒子の空間的局在性を決定する和

$$\xi^1 \xi^{1*} + \xi^2 \xi^{2*} \tag{80.5}$$

がスカラーになるという要請によって決められる．そこから係数 $\alpha, \beta, \gamma, \delta$ のあいだの関係式 (41.6) が出る．しかし，相対論的理論の場合には粒子の密度はスカラーではない．それは（すでに前節で注意したように）4-ベクトルの時間成分である．この関係で上記の要求はなくなり，変換 (80.2) の係数には（(80.3) を除いては）いかなる付加条

件も課されない．4個の複素量は唯一の条件（80.3）で結ばれているので，$8-2=6$ 個の実の量と等価である．これはローレンツ群の変換パラメータの数に対応している．

こうして変換（80.2）とそれに複素共役な変換はまったく違うことがわかる．これは相対論的理論では二つの型のスピノールが存在することを意味している．これら二つの型を区別するために特殊の記号を採用する．（80.2）の複素共役の式にしたがって変換されるスピノール成分の添字は，その上に点をつけた数字（点のある添字）の形で書かれる：

$$\eta = \begin{pmatrix} \eta^1 \\ \eta^{\dot{2}} \end{pmatrix}. \tag{80.6}$$

ここでこれらのスピノールとスピノール ξ^* の変換則のあいだの対応はつぎのような規則になる：

$$\eta^{\dot{1}} \sim \xi^{2*}, \quad \eta^{\dot{2}} \sim -\xi^{1*} \tag{80.7}$$

（$\sim$ という記号は，この節のこれから先では《と同様に変換される》ことを意味している）．

すでに述べたように，ローレンツ群のなかには純空間回転，3次元座標系の回転が含まれる．これらの変換に対しては，4-スピノールは3次元スピノールと同様に振舞う．当然のことながら，このときに点のあるスピノールと点のないスピノールとのあいだの相違はなくなる．（80.7）の規則による点のある4-スピノールの定義の意味もまさにここにあるわけで，実際に，複素共役の3次元スピノールは（§41で見たように）$\xi^{1*} \sim \xi^2, \xi^{2*} \sim -\xi^1$ の規則に従って

変換される.したがって (80.7) とくらべると,空間回転に関しては
$$\eta^{\dot{1}} \sim \xi^1, \qquad \eta^{\dot{2}} \sim \xi^2 \tag{80.8}$$
であることがわかる.

高階の 4-スピノールは,いくつかの 1 階のスピノールの成分の積と同じ変換を受ける量の集まりとして定義される.このとき高階のスピノールの添字のなかには点のある添字も点のない添字もあってよい.こうして 2 階のスピノールには三つの型がある[1]:
$$\xi^{\alpha\beta} \sim \xi^\alpha \Xi^\beta, \quad \zeta^{\alpha\dot{\beta}} \sim \xi^\alpha \eta^{\dot{\beta}}, \quad \eta^{\dot{\alpha}\dot{\beta}} \sim \eta^{\dot{\alpha}} H^{\dot{\beta}}. \tag{80.9}$$
2 階のスピノールは $2 \cdot 2 = 4$ 個の成分をもつ.これの二つの添字が同種(二つの点のある添字,あるいは二つの点のない添字)ならば,スピノールは対称部分と反対称部分に分かれる.すなわち $(\xi^{\alpha\beta}+\xi^{\beta\alpha})/2$ および $(\xi^{\alpha\beta}-\xi^{\beta\alpha})/2$ である.後者は唯一つの成分 $(\xi^{12}-\xi^{21})/2$ をもつスカラーである(スカラー(80.4)とくらべる).対称部分は三つの独立な量の集まりで $(\xi^{11}, \xi^{22}, (\xi^{12}+\xi^{21})/2)$,ローレンツ群の変換の際に互いに変換される.

《混合》スピノール $\zeta^{\alpha\dot{\beta}}$ に対しては,添字の配列順序は決められている.これらの添字には異なった変換則が対応するからである.このスピノールの四つの成分がすべて互いに変換され,その数はその 1 次結合をどう選んでも減らない.4-ベクトルもまた四つの成分をもち,それらの成分

---

[1] §80〜§82 ではギリシア語のアルファベットの始めの文字 ($\alpha, \beta, \cdots$) を 1, 2 の値をとるスピノール添字にする.

はローレンツ群の変換により互いに変換される．したがって，2 階の混合 4-スピノールの成分と 4-ベクトルの成分のあいだには一定の対応があるはずである．

この対応はつぎの法則で表わされる：
$$\zeta^{1\dot{2}} = a^3 + a^0, \qquad \zeta^{2\dot{1}} = a^3 - a^0,$$
$$\zeta^{1\dot{1}} = -a^1 + ia^2, \qquad \zeta^{2\dot{2}} = a^1 + ia^2. \qquad (80.10)$$
ここで $a^\mu = (a^0, \boldsymbol{a})$ は 4-ベクトルである．これらの式が正しいことはつぎのような考察から明らかである．

前に注意したように，空間回転に関しては点のあるスピノールと点のないスピノールのあいだの差はなくなる．このときは両方とも同様に振舞う．したがって三つの量

$$\zeta^{1\dot{1}} = -a^1 + ia^2, \quad \zeta^{2\dot{2}} = a^1 + ia^2, \quad \frac{1}{2}(\zeta^{1\dot{2}} + \zeta^{2\dot{1}}) = a^3$$

は，2 階の 3 次元スピノールとして振舞うはずである．上記の公式は，§41 で導いたこのスピノールの成分と 3 次元ベクトルの成分のあいだの対応と一致しなければならない．公式 (41.9) とくらべるとこの条件が実際に満たされていることがわかる．

反対称結合 $\zeta^{1\dot{2}} - \zeta^{2\dot{1}}$ は（すべてのローレンツ群の変換に際して）差 $\xi^1\eta^2 - \xi^2\eta^1$ と同様な変換を受ける．定義 (80.7) と一致してこれはつぎの対応と同等である：
$$\zeta^{1\dot{2}} - \zeta^{2\dot{1}} \sim \xi^1\xi^{1*} + \xi^2\xi^{2*}.$$
この和は 4-ベクトルの時間成分に他ならない．これは (80.5) のところですでに示されている．この制限もまた満足されている．(80.10) に従って次式を得る：

$$\frac{1}{2}(\zeta^{1\dot{2}} - \zeta^{2\dot{1}}) = a^0.$$

§81. スピノールの反転

スピノールの3次元の理論の説明の際に（§41），3次元反転演算に対する振舞いは考えなかった．非相対論的理論ではそれは何も新しい物理的結果をもたらさないはずである．しかしながら，つぎに述べる4-スピノールの反転の性質の考察をいっそう明解にするために，ここでこの問題に取り組むことにする．

反転は空間座標軸 x, y, z 軸の向きを逆向きにすることである．反転を2回行なうともとの座標系にもどる．しかしながらスピノールの場合には，もとの位置にもどることを二つの異なる意味に理解することができる．つまり系の $0°$ の回転と $360°$ の回転である．スピノールに対してはこの二つの定義は同等ではない．それはスピノール $\psi = \begin{pmatrix} \psi^1 \\ \psi^2 \end{pmatrix}$ は $360°$ の回転で符号を変えるからである．したがって，スピノールの反転の二つの概念のいずれかが可能である．すなわち2回の反転はスピノールの符号を変えないか変えるかである．これら二つの定義のなかのいずれの一つを選択しても，これから述べる物理的結果には影響は与えない．事柄をはっきりさせるために，前者をとろう．こうして

$$\hat{P}^2 = +1 \tag{81.1}$$

と置くことにしよう．

座標反転は極性ベクトルの符号を変えるが，軸性ベクト

§81. スピノールの反転

ルはそのままである．角運動量ベクトルは後者に属し，そのなかにはスピンベクトルが含まれる．したがって，スピンの z-成分の値は不変である．これから，反転に際して3次元スピノールの（s_z の確定値に対応する）成分 ψ^1, ψ^2 のおのおのは自分自身にのみ変換されることが言える．定義 (81.1) に対応して，これは

$$\hat{P}\psi^\alpha = \pm \psi^\alpha \qquad (\alpha = 1, 2) \qquad (81.2)$$

を意味している．

しかしながら，スピノールに偶奇性の確定値（+1 あるいは −1）を与えることは絶対的な意味をもたないことは強調しなければならない．それはスピノールは 2π の回転で符号を変え，この回転はいつも反転と同時に行なうことができるからである．しかし二つのスピノール ψ と φ の《相対的偶奇性》は，これらからつくったスカラー $\psi^1\varphi^2 - \psi^2\varphi^1$ の偶奇性で定義されるが，絶対的な性質をもっている．2π の回転は同時にすべてのスピノールの符号を変えるので，この関係の不定性は上記のスカラーの偶奇性（−1 あるいは +1）には影響しない．

4次元スピノールに移ろう．

s_z が同じ値をとる量のあいだだけで変換されるという要請はもちろんここでも有効である．しかし，たとえばつぎのような考察からもわかるように，これは単に変換 (81.2)（および点のあるスピノールに対する同様な変換）ではありえない．(81.2) の結果として，高階4-スピノールの成分もまた自分自身にのみ変換される．しかしこれは公式

(80.10) とは矛盾するはずである. すなわち, 空間座標を反転すると（極性）ベクトル a の成分 a^1, a^2, a^3 は符号が変わるが a^0 は変わらない. したがって $\zeta^{\dot{1}\dot{2}}$ と $\zeta^{2\dot{1}}$ はけっして自分自身には変換されない.

こうして反転は4-スピノール ξ^α の成分を他の量に変換する. 別のスピノール $\eta^{\dot{\alpha}}$ の成分だけがこういう量である. これの変換性は ξ^α とは一致しない. ここであらたに反転は (81.1) の条件を満たす演算であると考えて, その作用を公式

$$\hat{P}\xi^\alpha = \eta^{\dot{\alpha}}, \qquad \hat{P}\eta^{\dot{\alpha}} = \xi^\alpha \qquad (81.3)$$

で定義することができる. この演算を2度繰り返すと, ξ^α および $\eta^{\dot{\alpha}}$ は自分自身に移り定義 (81.1) と一致する.

こうして, 反転を許される対称変換のなかに含めるにはスピノールの対 $(\xi^\alpha, \eta^{\dot{\alpha}})$ を考察することが必要になる. この対を**双スピノール**と呼ぶ.

§82. ディラック方程式

スピン 1/2 の場合が一番重要である. 大部分の素粒子がこれに属している. すでに述べたことから明らかなように, 相対論的理論でこのような粒子を記述する波動関数は双スピノールである. 非相対論的理論の2成分スピノール波動関数の代りに, 四つの成分の集まりである, 自由粒子の双スピノール波動関数が満足する波動方程式をつくろう.

§79 で述べた考察から明らかなように, 波動関数の各成分に演算子 $\hat{p}_\mu \hat{p}^\mu$ を掛けると m^2 を掛けることになる. す

§82. ディラック方程式

なわち，クライン-フォックの方程式を満足する．しかし，すでに明らかなように，今の場合にこの方程式ではもちろん不十分である．実際に，双スピノール波動関数の四つの成分のなかで二つだけが線形独立である．これはスピン 1/2 の射影がとりうる値の数に対応している．したがって波動方程式の全系は双スピノール成分の線形微分結合である．これは演算子 $\hat{p}_\mu = i\partial/\partial x^\mu$ からつくられる．もちろん，この結合は相対論的不変な関係式で表わされる．

波動関数は二つのスピノール（これらを ξ^α と $\eta^{\dot{\alpha}}$ とする）の一緒になったものであるから，設定された目的を完成するためには4-ベクトル $\hat{p}^\mu$ の代りに，((80.10) 式に従って）これと同等な2階のスピノール $\hat{p}^{\alpha\dot{\beta}}$ を導入するのが自然である．これらは

$$\hat{p}^{1\dot{2}} = \hat{p}^3 + \hat{p}^0, \qquad \hat{p}^{2\dot{1}} = \hat{p}^3 - \hat{p}^0, \qquad (82.1)$$
$$\hat{p}^{1\dot{1}} = -\hat{p}^1 + i\hat{p}^2, \qquad \hat{p}^{2\dot{2}} = \hat{p}^1 + i\hat{p}^2$$

を成分としている．

演算子 $\hat{p}^{\alpha\dot{\beta}}$ をスピノール ξ^α に掛け，((80.4) の規則に従って）点のない添字対についてのスカラー積をつくる：

$$\hat{p}^{1\dot{\beta}}\xi^2 - \hat{p}^{2\dot{\beta}}\xi^1.$$

このスカラー積は，点のある添字についてはまだ1階のスピノールである．したがってこれは点のあるスピノール $\eta^{\dot{\beta}}$ だけを使って表わすことができる．このようにして，方程式

$$\hat{p}^{1\dot{\beta}}\xi^2 - \hat{p}^{2\dot{\beta}}\xi^1 = m\eta^{\dot{\beta}} \qquad (82.2\text{a})$$

を得る．ここで m は定数である（先へいって粒子の質量で

あることがわかる). 同様に, 演算子 $\hat{p}^{\alpha\dot{\beta}}$ をスピノール $\eta^{\dot{\beta}}$ に掛け, 点のある添字対についてのスカラー積をつくり, 方程式

$$\hat{p}^{\alpha\dot{2}}\eta^{\dot{1}} - \hat{p}^{\alpha\dot{1}}\eta^{\dot{2}} = m\xi^{\alpha} \tag{82.2b}$$

を得る. スピノール形式の記法から, これらの方程式の相対論的不変性が証明される. どちらの方程式も両辺は同種の (点のある, あるいは点のない) スピノールである. ローレンツ変換の際は同じ規則で変換される.

(82.2) の方程式系で記述される相対論的波動方程式は自由粒子の**ディラック方程式**と呼ばれる (これはポール・ディラックにより 1928 年につくられた).

方程式 (82.2) に演算子 $\hat{p}^{\alpha\beta}$ の成分の式 (82.1) を代入して展開し

$$\left.\begin{array}{l}\hat{p}_0\xi^1 - \hat{p}_x\xi^2 + i\hat{p}_y\xi^2 - \hat{p}_z\xi^1 = m\eta^{\dot{1}} \\ \hat{p}_0\xi^2 - \hat{p}_x\xi^1 - i\hat{p}_y\xi^1 + \hat{p}_z\xi^2 = m\eta^{\dot{2}} \\ \hat{p}_0\eta^{\dot{1}} + \hat{p}_x\eta^{\dot{2}} - i\hat{p}_y\eta^{\dot{2}} + \hat{p}_z\eta^{\dot{1}} = m\xi^1 \\ \hat{p}_0\eta^{\dot{2}} + \hat{p}_x\eta^{\dot{1}} + i\hat{p}_y\eta^{\dot{1}} - \hat{p}_z\eta^{\dot{2}} = m\xi^2\end{array}\right\} \tag{82.3}$$

を得る. ここで $\hat{p}_0 = i\partial/\partial t$ であり, $\hat{p}_x, \hat{p}_y, \hat{p}_z$ はベクトル演算子 $\hat{\boldsymbol{p}} = -i\nabla$ の三つの成分である.

一定の運動量 $\boldsymbol{p}$ とエネルギー ε をもって運動する自由粒子に対しては, 波動関数のすべての成分は因子 $e^{i(\boldsymbol{p}\cdot\boldsymbol{r}-\varepsilon t)}$ に比例する (平面波). 演算子 $\hat{p}_0$ の作用はこの関数に ε を掛け, 演算子 $\hat{\boldsymbol{p}}$ の作用は $\boldsymbol{p}$ を掛ける. 結果として, 微分方程式系 (82.3) は線形斉次代数方程式系に帰着する:

$$\left.\begin{array}{r}(\varepsilon-p_z)\xi^1-(p_x-ip_y)\xi^2=m\eta^{\dot{1}},\\-(p_x+ip_y)\xi^1+(\varepsilon+p_z)\xi^2=m\eta^{\dot{2}},\end{array}\right\}$$
$$\left.\begin{array}{r}(\varepsilon+p_z)\eta^{\dot{1}}+(p_x-ip_y)\eta^{\dot{2}}=m\xi^1,\\(p_x+ip_y)\eta^{\dot{1}}+(\varepsilon-p_z)\eta^{\dot{2}}=m\xi^2.\end{array}\right\} \quad (82.4)$$

これらの方程式の二つの対はいずれも,双スピノールの二つの成分を他の二つの成分で表わしている.これら二つの方程式の対が同時に成立するためには,たとえば,始めの対から $\eta^{\dot{1}}$ と $\eta^{\dot{2}}$ を第2の対に代入した結果一つの恒等式が出る.容易にわかるように

$$\varepsilon^2-p_x^2-p_y^2-p_z^2=\varepsilon^2-\boldsymbol{p}^2=m^2$$

にならねばならない.m を粒子の質量とすると,これは粒子のエネルギーとその運動量の相対論の式である.これから方程式 (82.2) で導入された定数 m の意味が明らかになる.

自由粒子の双スピノール波動関数の四つの成分のうち二つだけを任意に与えることができるという事実は,与えられた運動量では粒子の状態はスピンの射影で区別され,二つの異なる値をとることができることと対応していることがわかる.

非相対論的な速度の小さい場合には,粒子は2成分量,すなわち3次元スピノールで記述されるはずである.速度が $\boldsymbol{v}\to 0$ のときには運動量 $\boldsymbol{p}$ もまた 0 に近づくがエネルギー ε は静止エネルギー m(普通の単位で mc^2)に近づく.方程式 (82.4) から $\xi^\alpha=\eta^{\dot{\alpha}}$ となる.すなわち双スピノール

を構成する二つのスピノールは実際上同じになる.

二つの方程式対 (82.3) は (すでに§40で導入された) パウリ行列

$$\sigma_x = \begin{pmatrix} 0 & 1 \\ 1 & 0 \end{pmatrix}, \quad \sigma_y = \begin{pmatrix} 0 & -i \\ i & 0 \end{pmatrix}, \quad \sigma_z = \begin{pmatrix} 1 & 0 \\ 0 & -1 \end{pmatrix} \tag{82.5}$$

を使ってもっと簡単な形にすることができる. これら三つの行列を《行列ベクトル》$\boldsymbol{\sigma}$ にまとめると, 二つの方程式対 (82.3) は

$$(\hat{p}_0 - \hat{\boldsymbol{p}}\cdot\boldsymbol{\sigma})\xi = m\eta, \quad (\hat{p}_0 + \hat{\boldsymbol{p}}\cdot\boldsymbol{\sigma})\eta = m\xi \tag{82.6}$$

となる. パウリ行列を2成分量 ξ あるいは η に掛けるときはいつものように普通の行列演算則に従うものとする. 行列の列が ξ あるいは η の行に掛けられる. たとえば

$$\sigma_y \xi = \begin{pmatrix} 0 & -i \\ i & 0 \end{pmatrix} \begin{pmatrix} \xi^1 \\ \xi^2 \end{pmatrix} = \begin{pmatrix} -i\xi^2 \\ i\xi^1 \end{pmatrix}$$

等である.

§83. ディラック行列

ディラック方程式のスピノール記法は, 相対論的不変性を直接に表わしている意味では自然である. しかし方程式の形がこのように決まってしまえば, これと同等にはじめの4成分のある1次結合を波動関数の4成分として選ぶことができる. ディラック方程式を変形するのに, 実際には最も一般的な記法を用いるのが都合がよい. それは波動関数の成分の選び方をあらかじめ決めないようなものである.

4成分波動関数を記号 Ψ とし,その成分を Ψ_i としよう.添字は $i=1,2,3,4$ である.これは縦行列[1]

$$\Psi = \begin{pmatrix} \Psi_1 \\ \Psi_2 \\ \Psi_3 \\ \Psi_4 \end{pmatrix} \tag{83.1}$$

の形に書いてもよい.

ディラック方程式の系をつぎの形に書く

$$\hat{p}_\mu \gamma^\mu_{ik} \Psi_k = m\Psi_i. \tag{83.2}$$

ここで γ^μ ($\mu=0,1,2,3$) はある4次元行列でその成分は γ^μ_{ik} ($i,k=1,2,3,4$) である.(83.2) の左辺の和は行列(双スピノール)添字 k についても 4-ベクトル添字 μ についても行なう[2].行列添字は普通は省略して,方程式を記

---

[1] 表現の便宜上われわれは4成分量 Ψ を,スピノール表示でも他の任意の表示でも双スピノールと呼ぶことにする.したがって,その成分を番号づける添字もまた双スピノール添字と呼ぶ.

[2] 説明のために,波動関数のスピノール表示に対応する行列 γ^μ の式を書こう.もし $\Psi_1=\xi^1, \Psi_2=\xi^2, \Psi_3=\eta^{\dot{1}}, \Psi_4=\eta^{\dot{2}}$ とすれば

$$\gamma^0 = \begin{pmatrix} 0 & 0 & 1 & 0 \\ 0 & 0 & 0 & 1 \\ 1 & 0 & 0 & 0 \\ 0 & 1 & 0 & 0 \end{pmatrix}, \quad \gamma^1 = \begin{pmatrix} 0 & 0 & 0 & -1 \\ 0 & 0 & -1 & 0 \\ 0 & 1 & 0 & 0 \\ 1 & 0 & 0 & 0 \end{pmatrix},$$

$$\gamma^2 = \begin{pmatrix} 0 & 0 & 0 & i \\ 0 & 0 & -i & 0 \\ 0 & -i & 0 & 0 \\ i & 0 & 0 & 0 \end{pmatrix}, \quad \gamma^3 = \begin{pmatrix} 0 & 0 & -1 & 0 \\ 0 & 0 & 0 & 1 \\ 1 & 0 & 0 & 0 \\ 0 & -1 & 0 & 0 \end{pmatrix}.$$

号的につぎの形に書く：
$$[\gamma^\mu \hat{p}_\mu - m]\Psi = 0. \tag{83.3}$$
ここで
$$\gamma^\mu \hat{p}_\mu = \hat{p}_0 \gamma^0 - \hat{\boldsymbol{p}} \cdot \boldsymbol{\gamma} = i\left(\gamma^0 \frac{\partial}{\partial t} + \boldsymbol{\gamma} \cdot \nabla\right) \tag{83.4}$$
である．$\boldsymbol{\gamma}$ は $\gamma^1, \gamma^2, \gamma^3$ を成分とする 3 次元《行列ベクトル》である．Ψ の縦行列 (83.1) の形の記法に対応して，(83.3) のなかの行列 γ^μ と Ψ の掛け算は普通の行列の乗算則に従って行なわれる．行列 γ^μ の各列が縦ベクトル Ψ に掛けられる．すなわち
$$(\gamma^\mu \Psi)_i = \gamma^\mu{}_{ik} \Psi_k. \tag{83.5}$$

行列 γ^μ をディラック行列と呼ぶ．波動関数が任意の表示をとるような一般の場合でも，これはつぎの等式
$$(\hat{p}^\mu \hat{p}_\mu)\Psi = m^2 \Psi$$
が成立するための条件だけは満足する必要がある．すなわち，Ψ の各成分がクライン-フォックの方程式を満足しなければならない．

この条件を明確にするため方程式 (83.3) に左から $\gamma^\nu \hat{p}_\nu$ を掛けると
$$(\gamma^\nu \hat{p}_\nu)(\gamma^\mu \hat{p}_\mu)\Psi = (\gamma^\nu \hat{p}_\nu) m \Psi = m^2 \Psi.$$
を得る．演算子 $\hat{p}_\mu$ はすべて可換であるので，積 $\hat{p}_\mu \hat{p}_\nu$ は対称テンソルである．すなわち $\hat{p}_\mu \hat{p}_\nu = \hat{p}_\nu \hat{p}_\mu$ である．積 $\gamma^\nu \gamma^\mu$ は対称部分と反対称部分に分かれる：
$$\gamma^\nu \gamma^\mu = \frac{1}{2}(\gamma^\nu \gamma^\mu + \gamma^\mu \gamma^\nu) + \frac{1}{2}(\gamma^\nu \gamma^\mu - \gamma^\mu \gamma^\nu).$$

$\hat{p}_\nu \hat{p}_\mu$ を掛けると後者は 0 になる. そして

$$\frac{1}{2}(\gamma^\nu \gamma^\mu + \gamma^\mu \gamma^\nu)\hat{p}_\nu \hat{p}_\mu \Psi = m^2 \Psi$$

が残る. 等式の左辺演算子が $\hat{p}_\mu \hat{p}^\mu$ になるには, $\mu \neq \nu$ の行列の対は反可換 ($\gamma^\mu \gamma^\nu = -\gamma^\nu \gamma^\mu$) でなければならない. また行列の 2 乗は

$$(\gamma^1)^2 = (\gamma^2)^2 = (\gamma^3)^2 = 1, \qquad (\gamma^0)^2 = -1 \qquad (83.6)$$

でなければならない (等式の右辺の 1 は単位行列と考える必要がある). すべてこれらの条件をまとめてつぎの形に書くことができる:

$$\gamma^\mu \gamma^\nu + \gamma^\nu \gamma^\mu = 2g^{\mu\nu}. \qquad (83.7)$$

ここで $g^{\mu\nu}$ は計量テンソルで, その成分は

$$g^{\mu\nu} = g_{\mu\nu} = \begin{pmatrix} -1 & 0 & 0 & 0 \\ 0 & 1 & 0 & 0 \\ 0 & 0 & 1 & 0 \\ 0 & 0 & 0 & 1 \end{pmatrix} \qquad (83.8)$$

のようになる.

等式 (83.7) はディラック行列を使った演算をするのに必要なすべての性質を決定する. 何かある具体的な表示をとったときのこれらの行列の具体的な表式に頼ることは普通は不適当である.

ディラック方程式は時間微分について解いた形に表わすことができ, それによりスピン 1/2 をもつ粒子に対してはハミルトニアンの概念を導入することができる. 実際には方程式

$$(\gamma^\mu \hat{p}_\mu - m)\Psi = i\gamma^0 \frac{\partial \Psi}{\partial t} - \boldsymbol{\gamma} \cdot \hat{\boldsymbol{p}}\Psi - m\Psi = 0$$

に左から γ^0 を掛け，$i\partial\Psi/\partial t$ の係数を1に（正確には単位行列に）する．こうして

$$i\partial\Psi/\partial t = (\gamma^0 \boldsymbol{\gamma} \cdot \hat{\boldsymbol{p}} + m\gamma^0)\Psi$$

を得る．この方程式の右辺の Ψ にかかる演算子が粒子のハミルトニアンになる．普通これをつぎの形に書く：

$$\hat{H} = \boldsymbol{a} \cdot \hat{\boldsymbol{p}} + m\beta. \tag{83.9}$$

ここで行列に対する特殊な記号を導入した．$\boldsymbol{a} = \gamma^0 \boldsymbol{\gamma}, \beta = \gamma^0$ である．（関係式（83.7）を使い）演算子（83.9）の平方が，当然のことながら

$$\hat{H}^2 = \hat{\boldsymbol{p}}^2 + m^2$$

になることがわかる．この意味で，表式（83.9）は和 $\hat{\boldsymbol{p}}^2 + m^2$ の平方根に他ならないということができる！

前節の終りに，速度の小さい極限の場合には双スピノール Ψ を構成する二つのスピノール ξ と η が同じになることを注意しておいた．しかしここではディラック方程式のスピノール形式のいくつかの短所が現われる．すなわち，極限移行の際に，実際には二つしか独立でないのに波動関数の四つの成分がすべて0と異なることである．したがって，極限ではその成分中の二つが0になるような波動関数の表示の方がずっと便利である．

この目的を達するためには，ξ や η の代りにその1次結合

$$\varphi = \frac{1}{\sqrt{2}}(\xi+\eta), \qquad \chi = \frac{1}{\sqrt{2}}(\xi-\eta) \qquad (83.10)$$

あるいは（もっと詳しく書いて）

$$\varphi = \begin{pmatrix} \varphi_1 \\ \varphi_2 \end{pmatrix} = \frac{1}{\sqrt{2}} \begin{pmatrix} \xi^1 + \eta^{\dot{1}} \\ \xi^2 + \eta^{\dot{2}} \end{pmatrix},$$

$$\chi = \begin{pmatrix} \chi_1 \\ \chi_2 \end{pmatrix} = \frac{1}{\sqrt{2}} \begin{pmatrix} \xi^1 - \eta^{\dot{1}} \\ \xi^2 - \eta^{\dot{2}} \end{pmatrix}$$

を導入すればよい．こうすると静止粒子に対しては $\chi=0$ である．4成分が $\varphi_1, \varphi_2, \chi_1, \chi_2$ になるような Ψ の表示を**標準表示**と呼ぶ．われわれは §93 で外場中の電子の運動を調べる際にこれを用いるが，今は自由電子に対するこの表示のディラック方程式を書こう．方程式 (82.6) を辺々加えたり引いたりして

$$\hat{p}_0\varphi - \hat{\boldsymbol{p}}\cdot\boldsymbol{\sigma}\chi = m\varphi, \qquad -\hat{p}_0\chi + \hat{\boldsymbol{p}}\cdot\boldsymbol{\sigma}\varphi = m\chi \qquad (83.11)$$

を得る．

§84. ディラック方程式の電流密度

ディラック方程式で，粒子の密度 ρ と電流密度 $\boldsymbol{j}$ の役割を演じる量をつくろう．相対論的理論ではこれらの量は 4-ベクトル $j^\mu = (\rho, \boldsymbol{j})$ を形成する．これは連続方程式を満足し，これは4次元形式では

$$\partial j^\mu / \partial x^\mu = 0 \qquad (84.1)$$

と書かれる（I．§55 参照）．この方程式は

$$Q = \int \rho dV \qquad (84.2)$$

という量の保存則を表わしている．非相対論的理論ではこれは単に粒子数の保存則である．相対論的理論では方程式 (84.1) によって表わされた法則の意味は変わり，それは §86 で明らかになる．

j^μ という量は，波動関数 Ψ とその共役複素数 Ψ^* との双 1 次形式で表わされる．したがって，これらの式を求めるためにはあらかじめ，関数 Ψ^* が従う方程式の形がわかっている必要がある．波動関数自身はディラック方程式を満足する．

$$(\hat{p}_\mu \gamma^\mu - m)\Psi = (i\gamma^0 \partial/\partial t + i\boldsymbol{\gamma}\cdot\nabla - m)\Psi = 0. \quad (84.3)$$

複素共役をとると

$$(-i\gamma^{0*}\partial/\partial t - i\boldsymbol{\gamma}^*\cdot\nabla - m)\Psi^* = 0$$

となる．395 頁脚注2)に導入された行列 γ^μ の式から

$$\gamma^{0+} \equiv \tilde{\gamma}^{0*} = \gamma^0, \qquad \boldsymbol{\gamma}^+ = -\boldsymbol{\gamma} \qquad (84.4)$$

であることがわかる．すなわち行列 γ^0 はエルミートであるが行列 $\gamma^1, \gamma^2, \gamma^3$ は《反エルミート》である（記号 ~ は転置行列，すなわち行列の行と列の交換を表わすことを思い起こそう）[1]．したがって $\gamma^{0*} = \tilde{\gamma}^0, \boldsymbol{\gamma}^* = -\tilde{\boldsymbol{\gamma}}$ であり

$$(-i\tilde{\gamma}^0 \partial/\partial t + i\tilde{\boldsymbol{\gamma}}\cdot\nabla - m)\Psi^* = 0$$

となる．もとの（転置しない）行列にもどすためには

$$\tilde{\gamma}^\mu \Psi^* \equiv \tilde{\gamma}^\mu_{ik}\Psi^*_k = \Psi^*_k \gamma^\mu_{ki} \equiv \Psi^* \gamma^\mu$$

---

[1] 396 頁の式は行列の具体的な（スピノール）表示のものであるが (84.4) の性質は実際には表示にはよらない．

であることを思い起こそう．記号的（行列添字のない）記法 $\Psi^*\gamma^\mu$ では，Ψ^* は横ベクトル
$$\Psi^* = (\Psi_1^*, \Psi_2^*, \Psi_3^*, \Psi_4^*)$$
で，行列 γ^μ の行と掛けあわせるものと考える必要がある．こうして
$$\Psi^*(-i\gamma^0\partial/\partial t + i\boldsymbol{\gamma}\cdot\nabla - m) = 0$$
を得る．ここで微分演算子はその左にある Ψ^* に作用するものと了解されるものとする．括弧内の第1項と第2項の符号が違うのでこれはもはや4次元形式には書けない．この欠点をなくすためにこの方程式に右から γ^0 を掛け，$\boldsymbol{\gamma}\gamma^0 = -\gamma^0\boldsymbol{\gamma}$ で置き換え
$$\Psi^*\gamma^0(i\gamma^0\partial/\partial t + i\boldsymbol{\gamma}\cdot\nabla + m) = 0$$
を得る．関数 $\Psi^*\gamma^0$ は関数 Ψ の**ディラック共役**と呼ばれ，上線をつけた記号で書く．
$$\overline{\Psi} = \Psi^*\gamma^0, \quad \Psi^* = \overline{\Psi}\gamma^0 \tag{84.5}$$
である．こうして最終的に
$$\overline{\Psi}(\hat{p}_\mu\gamma^\mu + m) = 0 \tag{84.6}$$
を得る．

今や，連続方程式 (84.1) を満足する4-ベクトルの電流密度に対する式を求めるのは容易である．そのためには方程式 (84.6) に右から Ψ を，方程式 (84.3) に左から Ψ^* を掛け辺々加え合わせる．このとき $\pm m\Psi^*\Psi$ は打ち消しあい
$$i\frac{\partial\overline{\Psi}}{\partial x^\mu}\gamma^\mu\Psi + i\overline{\Psi}\gamma^\mu\frac{\partial\Psi}{\partial x^\mu} = i\frac{\partial}{\partial x^\mu}(\overline{\Psi}\gamma^\mu\Psi) = 0$$

が残る．この等式は実際に連続方程式の形をしていて，4-ベクトル

$$j^\mu = \overline{\Psi}\gamma^\mu\Psi \tag{84.7}$$

（行列添字をつけた完全な記法では $j^\mu = \overline{\Psi}_i \gamma^\mu_{ik} \Psi_k$）が電流密度の役割を果たしている．

4-ベクトル（84.7）の時間成分は粒子の密度

$$\rho = \overline{\Psi}\gamma^0\Psi = \Psi^*\Psi \equiv |\Psi_1|^2 + |\Psi_2|^2 + |\Psi_3|^2 + |\Psi_4|^2 \tag{84.8}$$

で，三つの空間成分は3次元電流ベクトル

$$\boldsymbol{j} = \overline{\Psi}\boldsymbol{\gamma}\Psi = \Psi^*\boldsymbol{\alpha}\Psi \tag{84.9}$$

を形成する．ここで $\boldsymbol{\alpha} = \gamma^0\boldsymbol{\gamma}$ は（83.9）ですでに導入した《行列ベクトル》である．ここでは $\boldsymbol{\alpha}$ が粒子の速度の演算子の役割を果たしていることに注意しよう．

一定の運動量 $\boldsymbol{p}$ とエネルギー ε をもつ自由粒子の波動関数である平面波の規格化に（84.7）を使う．《体積 Ω に1粒子》の規格化ということを考慮して，波動をつぎの形に書こう：

$$\Psi = \frac{1}{\sqrt{\Omega}} u(p) e^{-i(\varepsilon t - \boldsymbol{p}\cdot\boldsymbol{r})}. \tag{84.10}$$

波動振幅 $u(p) \equiv u(\varepsilon, \boldsymbol{p})$ は粒子の4-運動量に依存する定スピノールである．この双スピノールの成分は代数方程式系

$$(\gamma^\mu p_\mu - m)u = 0 \tag{84.11}$$

を満足する．これはディラック方程式（84.3）に（84.10）を代入して（これはその方程式のなかで演算子 $\hat{p}_\mu$ を量 p_μ に置き換えるだけでよい）得られる．求める関数（84.10）

の規格化は，振幅 $u(p)$ を条件

$$\overline{u}u = m/\varepsilon \tag{84.12}$$

で規格化すれば得られる．実際に方程式（84.11）に左から $\overline{u}$ を掛けて

$$(\overline{u}\gamma^\mu u)p_\mu = m(\overline{u}u) = m^2/\varepsilon$$

を得る．これから，$\overline{u}\gamma^\mu u = p^\mu/\varepsilon$ ならば電流 4-ベクトルが

$$j^\mu = \overline{\Psi}\gamma^\mu\Psi = \frac{1}{\Omega}\overline{u}\gamma^\mu u = \frac{p^\mu}{\Omega\varepsilon} \tag{84.13}$$

となることがわかる．このとき粒子の密度は $\rho = p^0/\varepsilon\Omega = 1/\Omega$ となり求める規格化に対応する．3次元電流密度は $\boldsymbol{j} = \boldsymbol{p}/\varepsilon\Omega = \boldsymbol{v}/\Omega$ である．ここで $\boldsymbol{v}$ は粒子の速度である．

第13章 粒子と反粒子

§85. $\mathit{\Psi}$-演算子

第11章には,古典的極限の場の既知の性質を出発点とし,普通の量子力学の表現法に立脚した,自由電磁場の量子論的記述法をどのように組み立てればよいかが示されている.このようにして得られた,光子系としての場の記述方式は量子論での粒子の相対論的記述に使用できるたくさんの特徴をもっている.

電磁場は無限の自由度をもつ系である.粒子(光子)の保存則は存在しないで,一連の可能な状態は粒子数が任意である状態である[1].相対論的理論では,任意の粒子系も,一般にはこのような性質はもっている.非相対論的理論での粒子数の保存は,質量保存則と結びついている.粒子の質量(静止質量)の和は相互作用の際に変わらない.粒子系の質量の和の保存はまたその数の不変性を意味していた.相対論的理論では質量の保存則は存在しない.系の全エネルギー(そのなかには粒子の静止エネルギーもまた一部分として含まれる)の保存だけが存在する.したがって粒子

---

[1] もちろん実際に光子数はいろいろの相互作用の過程の結果として変化する.

数もまた保存しなくてもよい．それにより粒子の相対論的理論はすべて，無限の自由度をもつ理論でなければならない．言いかえれば，このような理論は場の理論の性格をもっている．

粒子数の変化を伴う系を記述するのに適した数学的手段は第二量子化である．これの独立変数はいろいろの状態の粒子数である．電磁場の量子論的記述では，場のポテンシャル $\hat{A}$ が第二量子化の演算子の役割を演じる．それは個々の光子の波動関数とその生成消滅の演算子を使って表わされる．粒子系の記述には量子化された粒子の波動関数が同様な役割を演じる．

この節で述べられる考察は，任意のスピンをもつ粒子に同等に成り立つ．したがって，波動関数の数学的性質には深く立ち入らない．その平面波をつぎの形に書く：

$$\Psi_p = \frac{1}{\sqrt{\Omega}} u(p) e^{-i(\varepsilon t - \boldsymbol{p}\cdot\boldsymbol{r})}. \tag{85.1}$$

波動振幅 $u(p)$（4-運動量の関数）はスカラー（スピン0の粒子に対し）であっても，双スピノール（スピン1/2の粒子に対し）その他であってもよい．

第二量子化を行なう一般則に従って，任意の波動関数を自由粒子の可能な状態の完全な組の固有関数，すなわち平面波 Ψ_p[1] による展開をしよう：

---

1) スピンをもつ粒子に対しては和は粒子の偏りについても行なわなければならない．対応する添字は簡単のために省略してある．

$$\Psi = \sum_p a_p \Psi_p, \qquad \Psi^* = \sum_p a_p^* \Psi_p^*.$$

こうしておいて係数 a_p, a_p^* は対応する状態にある粒子の生成および消滅演算子 $\hat{a}_p, \hat{a}_p^+$ と考える．

しかしながらここでわれわれは，つぎのような（非相対論的理論にくらべて）新しい障害につき当たることになる．平面波（85.1）が波動方程式を満足するには，エネルギーの 2 乗に対する条件 $\varepsilon^2 = \boldsymbol{p}^2 + m^2$ だけを満足する必要がある．ε には二つの値をとることができる．すなわち $\varepsilon = \pm\sqrt{\boldsymbol{p}^2 + m^2}$ である．ε の正の値だけが自由粒子のエネルギーという物理的な意味をもつことができる．しかし簡単に負の値を捨てることは許されない．波動方程式の一般解は，その独立なすべての特解の重ね合わせからできているからである．この事情は，第二量子化にあたって Ψ と Ψ^* の展開係数の解釈に若干の変更が必要なことを示している．

展開をつぎのように書こう：

$$\Psi = \frac{1}{\sqrt{\Omega}} \sum_p a_p^{(+)} u(\varepsilon, \boldsymbol{p}) e^{-i(\varepsilon t - \boldsymbol{p}\cdot\boldsymbol{r})}$$
$$+ \frac{1}{\sqrt{\Omega}} \sum_p a_p^{(-)} u(-\varepsilon, \boldsymbol{p}) e^{i(\varepsilon t + \boldsymbol{p}\cdot\boldsymbol{r})}. \qquad (85.2)$$

ここで始めの和では正の，後の和では負の《周波数》をもつ平面波である．ε はいつも正の量である．すなわち $\varepsilon = +\sqrt{\boldsymbol{p}^2 + m^2}$ である．第二量子化の際に，第一の和の係数 $a_p^{(+)}$ を普通のように粒子の消滅演算子 $\hat{a}_p$ に換える．

第二の和のなかではまず第一に，和をとる変数の記号 $\boldsymbol{p}$

を $-\boldsymbol{p}$ に換える．和は $\boldsymbol{p}$ の可能なすべての値について行なわれるので，和の大きさはこのような変更によってもちろん変わらない．変更をしたあとで和の記号のなかの指数因子は $e^{i(\varepsilon t - \boldsymbol{p}\cdot\boldsymbol{r})}$ の形となり，形の上からは《正の》周波数をもつ複素共役波動関数 $\Psi_{\boldsymbol{p}}^{*}$ と一致する．第二量子化の際に，このような関数は粒子の生成演算子に掛けられねばならない．したがって係数 $a_{-\boldsymbol{p}}^{(+)}$ を何か別の粒子の生成演算子 $b_{\boldsymbol{p}}^{+}$ に換える．この粒子は一般には $\hat{a}_{\boldsymbol{p}}$ と関係のある粒子とは違ったものである．その結果 Ψ-演算子はつぎの形になる：

$$\hat{\Psi} = \frac{1}{\sqrt{\Omega}} \sum_{\boldsymbol{p}} \{\hat{a}_{\boldsymbol{p}} u(p) e^{-i(\varepsilon t - \boldsymbol{p}\cdot\boldsymbol{r})} + \hat{b}_{\boldsymbol{p}}^{+} u(-p) e^{i(\varepsilon t - \boldsymbol{p}\cdot\boldsymbol{r})}\},$$

$$\hat{\Psi}^{+} = \frac{1}{\sqrt{\Omega}} \sum_{\boldsymbol{p}} \{\hat{a}_{\boldsymbol{p}}^{+} u^{*}(p) e^{i(\varepsilon t - \boldsymbol{p}\cdot\boldsymbol{r})} + \hat{b}_{\boldsymbol{p}} u^{*}(-p) e^{-i(\varepsilon t - \boldsymbol{p}\cdot\boldsymbol{r})}\}$$

(85.3)

$(u(-p) \equiv u(-\varepsilon, -\boldsymbol{p})$ とする)．

このようにして，すべての演算子 $(\hat{a}_{\boldsymbol{p}}, \hat{b}_{\boldsymbol{p}}$ は《正規の》時間依存性 $(\sim e^{-i\varepsilon t})$ をもつ関数に掛かり，演算子 $\hat{a}_{\boldsymbol{p}}^{+}, \hat{b}_{\boldsymbol{p}}^{+}$ はそれに複素共役な関数に掛かる．そこで一般的な規則に従って，$\hat{a}_{\boldsymbol{p}}, \hat{b}_{\boldsymbol{p}}$ は運動量 $\boldsymbol{p}$，エネルギー ε をもつ粒子の消滅演算子，$\hat{a}_{\boldsymbol{p}}^{+}, \hat{b}_{\boldsymbol{p}}^{+}$ はその生成演算子としての解釈が可能である．

われわれは，二つ同時にかつ対等の立場で出現した2種類の粒子の観念に到達する．これらを**粒子**および**反粒子**と呼ぶ（この命名の意味は次節で明らかになる）．これらのうちの一つは第二量子化の方法で演算子 $\hat{a}_{\boldsymbol{p}}, \hat{a}_{\boldsymbol{p}}^{+}$ に対応し，も

う一方は $\hat{b}_p, \hat{b}_p^+$ に対応する．同じ波動方程式を満足する同じ Ψ-演算子に含まれる二つの型の粒子は同じ質量をもつ．

§86. 粒子と反粒子

粒子と反粒子の相互関係および性質をよりいっそう明らかにするためには，系の全エネルギーと全粒子数の演算子の式をつくる必要がある．これらの式の導き方は粒子のスピンに依存する．スピン 1/2 の粒子の場（あるいは，よく使われるように**スピノール場**）を考察しよう．

しかしこの場合に求める式を導くためには，ディラック方程式で記述される粒子に対してはハミルトニアンが存在することと，粒子の密度の役割は積 $\Psi^*\Psi$ が演じることを知れば十分である．こういう事情からただちに，§47，§48 で非相対論的理論の枠内で得られた結果を利用することができる（その枠内では上記の二つの性質は任意の粒子に対して成立する)[1]．

第二量子化の数学的方法では粒子系のハミルトニアン $\hat{H}$ は，1粒子のハミルトニアン $\hat{H}^{(1)}$ から積分[2]

$$\hat{H} = \int \hat{\Psi}^+ \hat{H}^{(1)} \hat{\Psi} dV \tag{86.1}$$

として得られることを見てきた．非相対論的理論ではこれ

---

[1] クライン-フォックのスカラー方程式で記述される相対論的粒子には，これらの性質はいずれも正しくないことを同時に思い起こそう（§79）．
[2] ここでは全系のハミルトニアンと区別するために粒子のハミルトニアンの添字 (1) を付けた．

§86. 粒子と反粒子

はあたりまえの結果しか与えない. Ψ-演算子

$$\hat{\Psi} = \sum_p \hat{a}_p \Psi_p, \qquad \hat{\Psi}^+ = \sum_p \hat{a}_p^+ \Psi_p^* \tag{86.2}$$

を代入して, 演算子 $\hat{a}_p, \hat{a}_p^+$ の交換則への依存性なしに

$$\hat{H} = \sum_p \varepsilon_p \hat{a}_p^+ \hat{a}_p \tag{86.3}$$

が得られる. ここで ε_p はハミルトニアン $\hat{H}^{(1)}$ すなわち自由粒子のエネルギーの固有値である. 演算子の積 $\hat{a}_p^+ \hat{a}_p$ の固有値は状態の占有数である. したがって系の全エネルギーの固有値は, よく知られた式 $E = \sum \varepsilon_p N_p$ になる.

同様に系の全粒子数に対するあたりまえの式が得られ, その演算子は積分

$$\hat{N} = \int \hat{\Psi}^+ \hat{\Psi} dV \tag{86.4}$$

で与えられる. ここに Ψ-演算子 (86.2) を代入すると

$$\hat{N} = \sum_p \hat{a}_p^+ \hat{a}_p \tag{86.5}$$

を得る. したがって固有値は $N = \sum N_p$ である.

相対論的理論では粒子のハミルトニアン $\hat{H}^{(1)}$ に負の固有値が存在し事情が根本的に変わってくる. (86.3) の代りに今は

$$\hat{H} = \sum_p \varepsilon_p \hat{a}_p^+ \hat{a}_p - \sum_p \varepsilon_p \hat{b}_p \hat{b}_p^+ \tag{86.6}$$

が得られる. 一番目の和は正の固有値 $\varepsilon_p = +\sqrt{\boldsymbol{p}^2 + m^2}$ に対応する. これは和 (86.3) と同じ形をしている. 二番目

の和は $-\varepsilon_p$ に等しい負の固有値に対応する．それで和の記号の前に負号がついている．（一番目の和とくらべて）二番目の和の因子 $\hat{b}_p$ と $\hat{b}_p^+$ の順序が逆になっているが，これは，Ψ-演算子 (85.3) のなかでは $\hat{a}_p$ と $\hat{a}_p^+$ とともにそれぞれ $\hat{b}_p^+$ と $\hat{b}_p$ が現われることと関係がある．同様に演算子 (86.4)（今これを $\hat{Q}$ とする）は (86.5) の代りに

$$\hat{Q} = \sum_p \hat{a}_p^+ \hat{a}_p + \sum_p \hat{b}_p \hat{b}_p^+ \tag{86.7}$$

を得る．

演算子 (86.6) と (86.7) の固有値を決定するためには，あらかじめ二番目の和のなかの因子の順序を標準型，すなわち $\hat{b}_p^+ \hat{b}_p$ にする必要がある．この積の固有値はもちろん占有数に等しい．しかし，粒子の生成および消滅演算子が満足する交換則がここで重要である．

容易にわかるように，これらの演算子がフェルミ交換則

$$\hat{a}_p \hat{a}_p^+ + \hat{a}_p^+ \hat{a}_p = 1, \qquad \hat{b}_p \hat{b}_p^+ + \hat{b}_p^+ \hat{b}_p = 1 \tag{86.8}$$

を満足したとするような場合にだけハミルトニアン (86.6) の固有値に対する合理的な結果が得られる．実際に，この場合にはハミルトニアン (86.6) はつぎの形になる：

$$\hat{H} = \sum_p \varepsilon_p (\hat{a}_p^+ \hat{a}_p + \hat{b}_p^+ \hat{b}_p - 1).$$

積 $\hat{a}_p^+ \hat{a}_p$ と $\hat{b}_p^+ \hat{b}_p$ の固有値は正整数 N_p と $\overline{N}_p$ とに等しい．これらは対応する状態の粒子数と反粒子数である．無限大の付加定数 $-\sum \varepsilon_p$（《真空エネルギー》）は光子の場合（§77）と同じ理由で省略する．そのときは系のエネルギーと

して正に定まった式

$$E = \sum_p \varepsilon_p (N_p + \overline{N}_p) \tag{86.9}$$

が得られる．これもまた 2 種類の実在粒子の概念に対応する．系の全エネルギーはそれを構成するすべての粒子と反粒子のエネルギーの和である．

もしも (86.8) の代りにボーズ交換則（反交換則でなく交換則）をとると，

$$\hat{H} = \sum_p \varepsilon_p (\hat{a}_p^+ \hat{a}_p - \hat{b}_p^+ \hat{b}_p + 1)$$

を得る．また (86.9) の代りに，物理的に意味のない式 $\sum \varepsilon_p (N_p - \overline{N}_p)$ が得られる．これは正に定まった量ではなく自由粒子系のエネルギーではありえない．

このように粒子の消滅・生成演算子の交換則を確立して，今は演算子 (86.7) にかかろう．(86.8) を使って 2 番目の和の順序を変えて

$$\hat{Q} = \sum_p (\hat{a}_p^+ \hat{a}_p - \hat{b}_p^+ \hat{b}_p + 1)$$

を得る．この演算子の固有値は（ふたたび重要でない付加定数 $\sum 1$ を引き去って）

$$Q = \sum_p (N_p - \overline{N}_p) \tag{86.10}$$

となる．すなわちこれは全粒子数と全反粒子数の差に等しい．

この結果は重要である．演算子 $\hat{Q}$ は (84.2) に対応し，

その保存則は連続方程式（84.1）で表わされる．この法則は，粒子数と反粒子数が個々にあるいはその和が保存することは要求しないことがわかる．これらの数の差だけが保存しなければならない．言いかえれば，いろいろな相互作用の過程で《粒子-反粒子》対が生成しても消滅してもよい[1]．もちろん，これらの過程は，すべて相互作用をする全系のエネルギーと運動量の保存則に従って起こらねばならない．特に，粒子と反粒子との衝突の際の対消滅は，エネルギーと運動量の保存を保証するような何か他の粒子の発生を伴うはずである．光子がこれである．この場合は**対消滅**という．

もしも粒子が帯電していれば，反粒子は逆符号の電荷をもっている．もしも二つが同じ電荷をもつならば，対の発生・消滅は厳密な自然法則である全電荷の保存に矛盾することになる．

Q という量はいつも与えられた粒子の**場の電荷**と呼ばれる．荷電粒子に対しては Q は系の（素電荷 e を単位として測った）全電荷を定義する．しかしながら，粒子と反粒子は電気的中性[2]であってもよいことを強調しよう．

こうして，相対論的なエネルギー運動量依存性（方程式

---

1) この際，相互作用が量 Q の保存を破らないものと暗に了解している．自然界で知られているすべての相互作用はこの条件を満足している．
2) フェルミオンのなかで中性子と中性微子（スピン 1/2）がこれである．ボソンのなかでは中性 K-中間子（スピン 0）がこれである．

$\varepsilon^2 = \boldsymbol{p}^2 + m^2$ の根が二つ値をもつこと）と相対論的不変の要求が一緒になって，量子論において粒子に対する新しい分類の原理をもたらすことがわかることになる．すなわち，互いに前述のような対応のある異なる粒子対（粒子と反粒子）の存在の可能性をもたらした．この注目すべき予言は1930年にディラックによりなされた．これは最初の反粒子，すなわち陽電子（反電子）[1] の実際の発見に先立つものである．

§87. スピンと統計の関係

前節で説明された結果はほかにも重要な一面をもっている．自然の物理的要請は自動的にスピン 1/2 の粒子はフェルミ統計に従うという結果に導くことを見た．

このことから，今度は，半整数スピンの粒子はすべてフェルミ統計に従い，整数スピン（そのなかにスピン 0 も含む）の粒子はボーズ統計に従うという一般的命題が出てくる[2]．

スピンの性質に関しては，0 と異なるスピン s をもつす

---

[1] ディラック自身は，電子で満たされた負エネルギー状態の連続体のなかの《空孔》として陽電子の概念に到達した．しかしながら，このような概念は明らかに文字通りの意味をもたないだけでなく，粒子と反粒子の概念が実際にはスピンが半奇数でパウリ原理が成り立つ粒子だけでなく任意のスピンの粒子に成立するので不適当である．

[2] 光子も整数スピンの粒子に属する．光子がボソンであることは，すでに §77 で明らかである．これは振動子の類推から，すなわち，古典的極限での電磁場の性質からきている．

べての粒子は $2s$ 個の平行な $1/2$ スピンの粒子から（ただしスピン 0 の粒子は反平行なスピン $1/2$ の粒子から）《合成された》ものとして表わすことができることに気づけばこれは自明である．s が半整数だと $2s$ は奇数で，s が整数だと $2s$ は偶数である．そして奇数個のフェルミオンから合成された《複合》粒子はフェルミオンで，偶数個のフェルミオンから合成されたのはボソンである（これはすでに §45 で述べられた）．実際にどちらの統計に従うかの規準は，そのなかの任意の粒子対を交換したときの粒子系の波動関数の振舞いである．フェルミオンの交換により波動関数は符号を変え，ボソンの交換では不変のままである．半整数スピンをもつ 2 粒子の交換は，上に述べたように，スピン $1/2$ をもつフェルミオンの奇数個の対の交換と同等で，波動関数の符号を変える．整数スピンをもつ 2 粒子の交換はフェルミオンの偶数個の対の交換と同等である．したがって波動関数の符号は不変のままである．

前節の導出に使われた，スピン $1/2$ をもつ粒子の特殊性は，そのハミルトニアンが存在し，粒子密度に対し $\Psi^*\Psi$ という式が存在することであった．両方ともこの粒子の波動関数のスピノールの性質と関係がありこれらの波動関数が従うディラック方程式の性質に関係がある．そして今度は，これらの性質は本質的には一つの相対論的不変性の要求と空間の等方性の結果である（すなわち，ローレンツ群の変換に対する対称性の結果である）．この意味でスピンと統計の関係は粒子に属することだが，またこれらの要求の

直接の結果であるということもできる[1]. この関係の由来はパウリ（1940）が初めて明らかにした．

§88. 真正中性粒子

波動関数（85.2）の第二量子化の際，係数 $a_p^{(+)}$ と $a_p^{(-)}$ は別の粒子の消滅・生成の演算子に変えられる．しかし，必ずしもこうしなければならないわけではない．特別な場合，$\hat{\Psi}$ のなかに含まれる消滅と生成の演算子が同一粒子のものでもよい．しかし《正の周波数の》波動関数には粒子の消滅演算子が，《負の周波数の》波動関数には生成演算子がつくことは必要である．この場合に上に示した演算子を $\hat{c}_p$ と $\hat{c}_p^+$ として Ψ-演算子をつぎの形に書こう：

$$\hat{\Psi} = \frac{1}{\sqrt{\Omega}} \sum_p \{\hat{c}_p u(p) e^{-i(\varepsilon t - \boldsymbol{p}\cdot\boldsymbol{r})} + \hat{c}_p^+ u^*(-p) e^{i(\varepsilon t - \boldsymbol{p}\cdot\boldsymbol{r})}\}. \tag{88.1}$$

このような Ψ-演算子で記述される場は同一粒子の系に対応し，《自分の反粒子と一致する》ということができる．

このような粒子の電荷はいつでもゼロに等しくなければならないことは明らかである．これらは**真正中性**と言われ，反粒子をもつ電気的中性粒子と区別される．

真正中性粒子に対しては場の《電荷》Q の保存則は存在

---

[1] スピン 1/2 の場合のスピンと統計との関係の任意のスピンをもつ粒子への一般化は，上述の《複合》粒子の考察により基礎づけられる．しかし，これらの粒子の場に対して演算子 $\hat{H}$ と $\hat{Q}$ の役割を果たし，相対論的不変性の要求にしたがってつくられた式の数学的構造を研究することによっても同じ結果に到達する．

しない．粒子と反粒子が同一である結果，粒子数 N_p と $\overline{N_p}$ が一致する．したがって（86.10）という量は恒等的に 0 になる．この禁止則がないので真正中性粒子は必ずしも対でなく単独で生成され（光子に変わって）消滅されることができる．

スピン 0 をもつ《素》粒子中では π^0-中間子が真正中性である．真正中性《複合》粒子の例はポジトロニウムである．これは陽電子と電子から成る水素類似の系である．ポジトロニウムのスピンは 0 か 1 に等しい．半整数スピンをもつ真正中性粒子は自然界では知られていない．

Ψ-演算子（88.1）の構造は電磁場の演算子（76.15）の構造と同じである．いずれの場合も粒子の消滅および生成演算子は同一の場の演算子に属する．この意味で，光子自身真正中性粒子であると言うことができる．その生成と消滅は荷電粒子の系による普通の光子の放出と吸収である．

新しい対称性は粒子に，非相対論的理論に類似がないような新しい特殊な指標をもたらすことになる．いわゆる**荷電共役変換**であるが，これは粒子・反粒子相互間の取り替えである．この変換の演算子は記号 $\hat{C}$ とする．もしも粒子（あるいは粒子系）が真正中性でなければ，その荷電共役は別の物理系に置き換えることを意味する．たとえば，電子系は陽電子系に変わる．粒子の何らかの新しい指標はこれからは出てこない．もしも粒子（あるいは粒子系）が真正中性であれば，荷電共役では不変のままである．この関係で，この変換に対する系の波動関数の振舞い，したがっ

て演算子 $\hat{C}$ の固有値を問題にすることができる．荷電共役を2回繰り返すと恒等変換になる．すなわち $\hat{C}^2 = 1$ である．この性質をもつすべての演算子と同様に，その固有値は $C = \pm 1$ である．この値は**荷電偶奇性**という．もしも系が一定の荷電偶奇性をもつならば，荷電共役の際に波動関数は不変のままか符号が変わる（第一の場合を荷電偶，第二の場合を荷電奇の系という）．

例として上述のポジトロニウムの荷電偶奇性を決めよう．系の荷電対称性の記述には，粒子と反粒子を同一粒子の《荷電量子数》の値 $Q = \pm 1$ で区別される二つの異なる《荷電状態》と考える必要がある．系の波動関数は軌道（すなわち粒子の座標に依存する）因子，スピン因子および《荷電》因子の積，すなわち $\Psi = \Psi_{軌道} \Psi_{スピン} \Psi_{荷電}$ である．

この場合に荷電共役は2粒子の交換と同等である．2粒子の座標の交換は，それ自身が粒子間のへだたりを2等分する点に対する反転と同等である．このとき $\Psi_{軌道}$ には $(-1)^l$ が掛けられる．ここで l はポジトロニウムの軌道角運動量である（(19.5) 参照）．さらにそのスピンが平行（全スピン $S = 1$）ならば，粒子の交換に対してスピン関数は対称であり，スピンが反平行（$S = 0$）ならば反対称である（§46を参照のこと）．こうして $\Psi_{スピン}$ には $(-1)^{S+1}$ が掛けられる．最後に $\Psi_{荷電}$ には求める C が掛けられる．

他方二つのフェルミオンの交換は波動関数 Ψ の符号を変えなければならない．言いかえれば $(-1)^l (-1)^{S+1} C = -1$ である．これから

$$C = (-1)^{l+S} \tag{88.2}$$

である.スピン $S=0$ の準位をパラ・ポジトロニウム準位,スピン $S=1$ の準位をオルソ・ポジトロニウム準位と言う.基底状態では軌道角運動量は $l=0$ である.したがってパラ・ポジトロニウムの基底状態は荷電偶 ($C=1$) であり,オルソ・ポジトロニウムの基底状態は荷電奇 ($C=-1$) である.

ポジトロニウムは不安定な構造である.それを構成する電子と陽電子はいつかはお互いどうしで消滅する.ポジトロニウムの荷電偶奇性は,このような可能な消滅の仕方に一定の制限を課する(443頁脚注参照).したがって,たとえばパラ・ポジトロニウム ($C=1$) の基底状態では2光子(2光子の荷電偶奇性は $C=(-1)(-1)=1$)を生じる消滅が可能である.逆にオルソ・ポジトロニウムの基底状態 ($C=-1$) では,2光子崩壊は不可能で,3光子を生じる消滅をする[1].

前述の素粒子 π^0-中間子はまた不安定であって2光子に崩壊する.これから,荷電偶であることが出る.この理由で奇数個の光子への崩壊は禁止される[2].

---

[1] パラ・ポジトロニウムの寿命(すなわち,その崩壊確率の逆数である量)は,$1.2\cdot 10^{-10}$sec である.光子数が大きいほど崩壊確率が小さいので,オルソ・ポジトロニウムの寿命はかなり大きい ($1.4\cdot 10^{-7}$sec).

[2] これらの考察では,系の荷電偶奇性が保存されることを暗に了解している.§90でこの問題にもどることにしよう.

§89. 粒子の内部偶奇性

すでに非相対論的理論の説明の際に，空間座標の反転に対する対称性から，どのようにして粒子状態の新しい指標，すなわちその偶奇性が現われるかを見てきた．相対論的理論はその概念にさらに新しい内容をもたらすことになる．

最初にスピン 0 をもちスカラー波動関数で記述される粒子を扱おう．ところでスカラーには 2 種類あり，その違いは反転に対する振舞いである．反転は関数の引数である座標の符号を変え，その他に共通符号を変えるか，あるいは変えない．すなわち

$$\hat{P}\Psi(t, \boldsymbol{r}) = \pm \Psi(t, -\boldsymbol{r}) \tag{89.1}$$

である．右辺の符号 + あるいは − はそれぞれ真正スカラーあるいは擬スカラーに対応する．

これから，反転に対する波動関数の振舞いの二つの側面を区別する必要があることがわかる．そのなかの一つは波動関数の座標依存性と関係がある．非相対論的量子力学ではこの側面だけが考察され，これから粒子の運動の対称性を特徴づける状態の偶奇性の概念が出てきた（これを今は**軌道偶奇性**と呼ぼう）．もしも状態が一定の軌道偶奇性 +1 あるいは −1 をもつと，それは

$$\Psi(t, -\boldsymbol{r}) = \pm \Psi(t, \boldsymbol{r})$$

を意味している．

他の側面は空間の与えられた点（これを座標原点にとると便利である）の波動関数の（座標軸の反転に対する）振舞いである．これからは粒子の**内部偶奇性**の概念が出てく

る．内部偶奇性 +1 あるいは −1 は（スピン 0 の粒子に対して）定義（89.1）の二つの符号に対応する．粒子系の全偶奇性はその内部偶奇性とその運動に対する軌道偶奇性の積で与えられる．

種々の粒子の《内部》対称性は，もちろん，その相互転換の過程でのみ姿を現わす．非相対論的量子力学での内部偶奇性の類似物は，複合系（たとえば，原子核）の結合状態の偶奇性である．複合粒子と素粒子のあいだに原則的な区別がない相対論的理論の観点からは，このような内部偶奇性は非相対論的理論では素粒子となる粒子の内部偶奇性と区別されない．非相対論的領域では素粒子は変化しないものとして振舞い，その内部対称性は観測されない．したがってその考察は物理的意味を失っているはずである．

内部偶奇性の概念は粒子の静止系で定式化するのが自然である．この系では波動関数は座標に依存しない量（関数（85.1）のなかの振幅 u）である．スピン 0 の粒子に対してはこの量はスカラーか擬スカラーであり，反転に対する変換は単に +1 あるいは −1 を掛けることになる．

スピン 1/2 の粒子に対しては波動関数は静止系では 3 次元スピノールになる（§82 末尾参照）．粒子の内部偶奇性の概念は反転の際のスピノールの振舞いと関係がある．しかし §81 ですでに 3 次元スピノールの二つの可能な変換則（(81.2) の二つの符号）は互いに同等でないが，スピノールにつけられる一定の偶奇性は絶対的な意味をもたないことを見てきた．したがってスピン 1/2 の粒子の内部偶奇性

そのものを問題にすることは意味がない．しかしながら，このような粒子2個の相対的偶奇性を問題にすることは意味がある．

この観点から粒子と反粒子の相対的内部偶奇性の問題を考察しよう．スピン0の粒子についてこの問題は意味がない，すなわちこのような粒子と反粒子は同一の（スカラーや擬スカラー）波動関数で記述され，したがって明らかに内部偶奇性が同じである．

スピン 1/2 の粒子（たとえば電子）を記述する双スピノール $\Psi = \begin{pmatrix} \xi \\ \eta \end{pmatrix}$ を構成している二つのスピノール $\xi = \begin{pmatrix} \xi^1 \\ \eta^2 \end{pmatrix}$ と $\eta = \begin{pmatrix} \eta^{\dot{1}} \\ \eta^{\dot{2}} \end{pmatrix}$ は，粒子の静止系では同一の3次元スピノールになる．これを

$$\xi = \eta = \Phi^{(\text{電})}, \quad \text{ただし} \quad \Phi^{(\text{電})} = \begin{pmatrix} \Phi^1 \\ \Phi^2 \end{pmatrix} \quad (89.2)$$

とする．(81.3) に従って定義される反転演算は ξ を η に変える．(89.2) からこの定義は3次元スピノール $\Phi^{(\text{電})}$ のつぎの変換に対応することがわかる：

$$\hat{P}\Phi^{(\text{電})} = \Phi^{(\text{電})}. \quad (89.3)$$

陽電子は 4-運動量 p^μ の符号を変えたディラック方程式（Ψ-演算子 (85.3) のなかで陽電子の演算子 $\hat{b}_p, \hat{b}_p^+$ は振幅 $u(-p)$ の波動関数の係数として含まれることを思い起こそう）の《負の周波数》の波動関数に対応する．静止系の電子に対する等式 (89.2) は $p=0, \varepsilon=m$ としたディラック方程式 (82.4) から得られる．これらの方程式で (ε, p) を

$(-\varepsilon, -\boldsymbol{p})$ に変え,そのあとで $\boldsymbol{p}=0, \varepsilon=m$ と置くと

$$\xi = -\eta \equiv \varPhi^{(陽)} \tag{89.4}$$

を得る. ξ を η に変える反転演算は今は3次元スピノール $\varPhi^{(陽)}$ に対する変換

$$\hat{P}\varPhi^{(陽)} = -\varPhi^{(陽)} \tag{89.5}$$

を意味し,(89.3) と符号が逆である.したがって,$\varPhi^{(電)}$ と $\varPhi^{(陽)}$ の積からつくられるスカラーは反転の際符号を変える.こうしてスピン 1/2 の粒子と反粒子の内部偶奇性は逆であるという結果に到達する(V.B.ベレステツキー,1948).

§90. $\boldsymbol{CPT}$-定理

物理現象の時空対称性は,それを記述する方程式の,4次元座標系の何らかの変換に対する不変性で表わされる.

自然界の普遍的法則は相対論的不変性,すなわちローレンツ群の変換に対する不変性である[1].§80で明らかにしたように,そのなかには普通の3次元回転も,ローレンツ変換,すなわち時間軸の方向を変えるような4次元座標系の回転も含まれる.

これらの変換とならんでまたいかなる回転にも帰さない別の変換もある.すなわち,三つの空間軸の方向を逆向きにする空間反転と時間軸の向きを逆にする時間反転である.空間反転に対する不変性(P-不変性)は空間の鏡映で表わ

---

[1] 誤解を避けるために,重力場と無関係な現象を問題にしていることを強調しよう.

§90. CPT-定理

される.時間反転に対する不変性(T-不変性)は時間の二つの向きの同等性として表わされる.非相対論的理論で記述される現象の枠内ではこの二つの法則は守られる.

相対論的理論で記述される現象では,空間反転に対する対称性(およびそれと関連した空間偶奇性)は不遍性を失う.現存の実験事実は,電磁相互作用およびいわゆる**強い相互作用**(核力)ではこの対称性が守られる.しかしながら,いわゆる**弱い相互作用**(たとえば β-崩壊のような,比較的遅く進行する素粒子の崩壊の大部分をひき起こす相互作用)では破られる[1].

弱い相互作用ではまた荷電共役変換で表わされる粒子と反粒子のあいだの対称性(C-不変性)もまた守られない.しかしまた,電磁相互作用と強い相互作用ではこの対称性がはっきり破られるような実験データは何も存在しない.

何かある相互作用で空間反転に対する対称性が破れても,空間の鏡映対称性が破れることを意味しない.同時に反転と荷電共役をする変換(CP-変換あるいは**結合反転**)に対する不変性が自然界の普遍法則とすれば,空間の対称性は《救われる》[2].この変換は空間反転と一緒に粒子を反粒子に置き換える.CP-不変性が守られるとき,粒子を伴う過程と反粒子を伴う過程とは空間反転だけの違いである.このような考え方では空間は完全に対称のままで,非対称性

---

[1] 弱い相互作用で偶奇性非保存の可能性の考えはリー・ツェン・ダオとヤン・チェン・ニンが 1956 年に初めて提唱した.

[2] この考えは L.D. ランダウが初めて提出した (1957).

は粒子の電荷に移される．分子の立体異性体（ある分子とその鏡映のような相互関係にある分子）の存在がそうであるように，この非対称は空間の対称性とは抵触しない．

しかしながら実験はこの考え方を完全に支持しているわけではない．弱い相互作用の過程の大部分は実際には CP-不変であるが，この不変性が破れるような現象もまた存在する．将来の理論のなかでこの破綻がどのような位置を占めるかは，現在のところ明らかでない．

このように，変換 C, P（また同様に T）のいずれかに対する対称性の要求は個々には自然界の普遍的法則ではない．この普遍性が実験により支持されないだけでなく，現存する理論の基本原理の論理的必然の帰結でないことも強調しよう．しかしながらこれら三つの変換の同時適用に対する不変性は，この基本原理の帰結である．相対論的不変性の要求の自然の結果として，この対称性がどのようにして生じるかを示そう．

以下の考察をより明らかにするために，あらかじめ3次元空間に対するある概念を思い起こそう．

座標軸 x, y, z のなかの一つの向きを変えることは，ある面での鏡映である．したがって，変換 $x \to -x, y \to y, z \to z$ は yz 面に対する鏡映である．この変換は，座標系のいかなる回転にも帰することはできない．逆に二つの軸の向きを変えることはある回転と同等である．すなわち変換 $x \to -x, y \to -y, z \to z$ は z 軸のまわりの $180°$ の回転である．最後に，3軸全部の向きを変えること（座標系の反

転)は回転に帰せられない変換である.反転と面での鏡映は互いに同等である.それらは,これらのなかの一つと他との違いは座標軸のある回転だけであるという意味である[1].

4 次元の時空座標系に対しても同様な事情になっている.しかし一つ,二つ,あるいは三つの軸の向きの変更に加えてここでは同時に 4 軸全部の向きの変更(4 次元反転)が可能である.純数学的関係からはこの変換は 4-座標系の回転である.4-反転とローレンツ群をつくっている回転とのあいだには,4 次元時空の幾何の擬ユークリッド性と関係した特殊な相違点がある.この性質のために,いかなる基準系の物理的変換(ローレンツ変換)も時間軸は光円錐(I. §34 で導入された光円錐の概念)の内腔の境界を超えて取り出すことはできない.物理的にはこれによって二つの基準系の光速を超える速度の相対運動が不可能であることを表わしている.しかしながら 4-反転の際,時間軸(正確にはその二つの半軸のいずれか)は光円錐の一つの腔から他の腔に移される.

この事情は 4-反転は物理的基準系の変換としては実現しえないことを意味するが,方程式の数学的不変性に関する限りはほかの 4 次元回転(ローレンツ変換)との違いは,重要でないと考えるのが自然である.このようにして,す

---

[1] 数学的には,座標の 1 次変換 $x'_i = \sum_k \alpha_{ik} x_k$ (ここで $x_1 = x, x_2 = y, x_3 = z$) の二つの型のあいだの違いは,その係数からなる判別式の値に現われる.座標系の回転に対してはすべて判別式 $|\alpha_{ik}| = 1$ である.回転に帰せられない鏡映に対しては $|\alpha_{ik}| = -1$ である.

べての相対論的不変な自然法則はすべて 4-反転に対しても不変でなければならないという結論に到達する．この主張が粒子場の量子論の観点から何を意味するかを明らかにしなければならない．スピン 0 の粒子場の最も簡単な例についてこれを行なおう．

この場合に Ψ-演算子（85.3）のなかで波動振幅 $u(p)$ はスカラーで，それ自身は引数である 4-運動量 p^μ の符号には依存しない．これを括弧の外へ出して，簡単に

$$\Psi(t, \boldsymbol{r}) = \frac{1}{\sqrt{\Omega}} \sum_{\boldsymbol{p}} u\{\hat{a}_{\boldsymbol{p}} e^{-i(\varepsilon t - \boldsymbol{p} \cdot \boldsymbol{r})} + \hat{b}_{\boldsymbol{p}}^+ e^{i(\varepsilon t - \boldsymbol{p} \cdot \boldsymbol{r})}\} \tag{90.1}$$

と書ける．4-反転では t と $\boldsymbol{r}$ とが $-t$ と $-\boldsymbol{r}$ に変わる．したがってこの式は

$$\Psi(-t, -\boldsymbol{r}) = \frac{1}{\sqrt{\Omega}} \sum_{\boldsymbol{p}} u\{\hat{a}_{\boldsymbol{p}} e^{i(\varepsilon t - \boldsymbol{p} \cdot \boldsymbol{r})} + \hat{b}_{\boldsymbol{p}}^+ e^{-i(\varepsilon t - \boldsymbol{p} \cdot \boldsymbol{r})}\} \tag{90.2}$$

になる．しかしながら，第二量子化の方法では，(90.1) から (90.2) への移行は，粒子の生成と消滅の演算子のある変換という言語を使って表わされる．(90.1) と (90.2) をくらべるとわかるように，この変換は演算子 $\hat{a}_{\boldsymbol{p}}$ と $\hat{b}_{\boldsymbol{p}}^+$ の置換，すなわち，置換

$$\hat{a}_{\boldsymbol{p}} \to \hat{b}_{\boldsymbol{p}}^+, \qquad \hat{b}_{\boldsymbol{p}} \to \hat{a}_{\boldsymbol{p}}^+ \tag{90.3}$$

からなることがわかる．変換 (90.3) の意味は明らかである．反転は運動量ベクトル $\boldsymbol{p}$ の符号を変える，しかしその符号はまた時間反転の際にも変わる（粒子の速度が逆方向

へ変えられる).したがって,変換 P と T を同時に働かせると粒子の運動量は変わらない.したがって同じ p をもつ状態に関する演算子のあいだで変換される.さらに,時間反転は未来を過去に換え,粒子の発生をその消滅に換える.それに応じて粒子の生成演算子と消滅演算子とが互いに置き換えられる.しかも (90.3) では a-演算子と b-演算子とが互いに入れかわっている.これは変換 (90.3) はまた粒子と反粒子の置換も含むことを意味している.

こうして相対論的理論ではごく自然に,空間反転と時間反転と同時に荷電共役もまた行なう変換に対する不変性の要求が生じる.この命題を **CPT-定理**[1] と呼ぶ.

この定理があるので,ある現象で CP-不変性が破れると自動的に T-不変性もまた破れることを意味している.

§91. 中性微子

ディラック方程式は反転に対して不変である.この不変性は何で保たれるかというと,双スピノール波動関数のなかに反転で互いに移りあう二つのスピノールが含まれているからである.そして粒子の記述に二つのスピノールを含む必要性は粒子の質量と関係がある.(82.2) あるいは(82.6) からわかるように,m という量を通して波動関数のなかのこれらスピノール相互の《連結》が生じる.

この必要性は粒子の質量が 0 に等しければなくなる.中

---

[1] これは G. リューダース,W. パウリおよび J. シュヴィンガーによって定式化された (1955).

性微子はスピン 1/2 をもつこのような粒子である．このような粒子を記述する波動方程式はただ 1 個の 4-スピノールを使ってつくられる．すなわち，点のないスピノール

$$\xi = \begin{pmatrix} \xi^1 \\ \xi^2 \end{pmatrix}$$

である．

これはつぎの形になる：

$$(\hat{p}_0 - \hat{\bm{p}} \cdot \bm{\sigma})\xi = 0 \tag{91.1}$$

($m=0$ と置いた方程式 (82.6) の第一式である)．

(運動量 $\bm{p}$ およびエネルギー ε をもった粒子の) 平面波に対しては方程式 (91.1) は代数方程式系

$$(\varepsilon - \bm{p} \cdot \bm{\sigma})\xi = 0$$

になる．しかし質量がゼロに等しい粒子ではエネルギーと運動量は等式 $\varepsilon = |\bm{p}|$ で結ばれる．運動方向の単位ベクトル $\bm{n}$ を導入し

$$(\bm{n} \cdot \bm{\sigma})\xi = \xi \tag{91.2}$$

を得る．この等式は簡単な意味をもっている．2 成分波動関数に対して行列 $\hat{\bm{s}} = \bm{\sigma}/2$ は粒子のスピン演算子である (§40)．積 $\bm{n} \cdot \bm{\sigma}/2$ はしたがって粒子のらせん度 λ の演算子，すなわちスピンの運動量の方向の射影の演算子である．したがって等式 (91.2) は，粒子が一定のらせん度 $\lambda = +1/2$ をもつこと，すなわちスピンは運動方向に向いていることを意味している．

このようにして，ただ一つの (点のない) スピノールで記述される粒子はいつも一定のらせん度 $\lambda = +1/2$ をもつ

§91. 中性微子

という結論に到達する．まったく同様にして，点のあるスピノール

$$\eta = \begin{pmatrix} \eta^{\dot{1}} \\ \eta^{\dot{2}} \end{pmatrix}$$

で記述される粒子に対しては (91.2) の代りに方程式

$$(\boldsymbol{n} \cdot \boldsymbol{\sigma})\eta = -\eta \qquad (91.3)$$

を得る．すなわち，このような粒子はいつもらせん度 $\lambda = -1/2$ をもつ，すなわちそのスピンが運動量と逆向きになっている．

容易にわかるように，粒子と反粒子は逆のらせん度をもつ．実際に，もしもこれらのなかの一方がスピノール ξ で記述されるならば，他方は共役複素スピノール ξ^* で記述される．これは Ψ-演算子 (85.3) の形から明らかである．そこには粒子と反粒子の消滅演算子 $\hat{a}_p$ と $\hat{b}_p$ に複素共役関数がかかって現われている．スピノール ξ に複素共役なスピノール ξ^* は点のあるスピノールと同等である．これで提起された命題が証明されたことになる．らせん度が $-1/2$ の粒子を中性微子，らせん度が $1/2$ の粒子を反中性微子と呼ぶ習慣になっている[1]．

反転はらせん度の符号を変える．事実，スピンの運動方向への射影は粒子の角運動量と運動量ベクトルのスカラー

---

[1] 中性微子（電気的に中性で質量のないスピン 1/2 の粒子）の存在は，パウリ (1931) が β-崩壊の性質を説明するために理論的に予言した．2 成分 4-スピノールで記述される粒子としての中性微子の理論はランダウ，ア・サラムおよびリーとヤンにより 1957 年に定式化された．

積で与えられる．これらのうち一番目は（軸性ベクトルなので）反転で変わらないが，二番目（極性ベクトル）は符号を変える．これから反転に対して中性微子が非対称であることがわかる．反転は中性微子を自然界に存在しない粒子，すなわちらせん度の異なる中性微子に《転換する》．結合反転，すなわち同時に中性微子を反中性微子に変えるような反転に対してのみ対称性が保存される．したがって，中性微子が参加する過程（たとえば中性子の陽子，電子および反中性微子への β-崩壊：$n \to p + e + \bar{\nu}$）では鏡映対称の破壊も当然である．

第14章 外場内の電子

§92. 外場内の電子に対するディラック方程式

自由粒子の波動方程式は，本質的には時空対称性の一般的要求に関連した性質だけを表わしている．粒子を生じる物理的過程はその相互作用の性質に依存する．

相対論的理論では，波動方程式の簡単な一般化に基づいていて，自由粒子の方程式に含まれる知識の枠からはみ出ている強い相互作用に適した粒子の記述が不可能であることがわかる．

しかし，強い相互作用はできない粒子の電磁相互作用を記述するために波動方程式の方法を使おう．これは電子（および陽電子）である．こうして現存の理論で電子の量子電気力学の大部分が理解できる[1]．

この章では1粒子の枠内に限って量子電気力学のいくつかの問題を考察しよう．これは粒子数が変化しないで，相互作用がこの過程の進行中は状態が不変の源によってつく

---

1) 不安定な粒子 μ-中間子も強い相互作用ができない．それは電子と同じスピン（1/2）をもち，その（弱い相互作用による）寿命にくらべて短い時間に起こる現象の領域では同じ電気力学で記述される．

られる外部電磁場を使って記述されるような問題である.

与えられた外場中の電子の波動方程式は, 非相対論的理論 (§43) と同様に求められる. Φ を場のスカラーポテンシャル, $\boldsymbol{A}$ をベクトルポテンシャルとしよう. ディラック方程式のハミルトニアン (83.9) のなかで運動量演算子 $\hat{\boldsymbol{p}} = -i\nabla$ を $\hat{\boldsymbol{p}} - e\boldsymbol{A}$ で置き換え, このほかに粒子のポテンシャルエネルギー $e\Phi$[1] をハミルトニアンに付け加えることにより, 求める方程式が得られる:
$$\hat{H} = \boldsymbol{\alpha} \cdot (\hat{\boldsymbol{p}} - e\boldsymbol{A}) + \beta m + e\Phi \qquad (92.1)$$
である. すべての必要な変更はこれでつくされている. ((43.4) で導入されたような) 人為的に導入された付加項はここでは必要でない. 先へいって電子の磁気モーメントがひとりでに出てくることがわかる.

4次元記法では (83.9) から (92.1) への移行は, 4-運動量演算子 $\hat{p}_\mu = i\partial/\partial x^\mu$ を
$$\hat{p}_\mu \longrightarrow \hat{p}_\mu - eA_\mu \qquad (92.2)$$
のように置き換えることを意味する. ここで $A^\mu = (\Phi, \boldsymbol{A})$, $A_\mu = (\Phi, -\boldsymbol{A})$ は場の4-ポテンシャルである. したがって場のなかの粒子に対するディラック方程式はつぎの形に書くことができる:
$$[\gamma^\mu (\hat{p}_\mu - eA_\mu) - m]\Psi = 0. \qquad (92.3)$$
これは同じ置き換えで (83.3) から得られる.

波動関数を使って表わされる電流密度は, 外場のない場

---

[1] 文字 e は符号つきの電荷を意味する. したがって, 電子に対しては $e = -|e|$ で, 陽電子に対しては $e = +|e|$ である.

合の式 (84.7) と同じ式で与えられる．方程式 (92.3) を二つ重ねて，(84.7) を導いたときに行なわれたのとまったく同一の演算をすると，4-ポテンシャル A_μ は落ち，前と同じ電流の式に対する連続方程式が得られる．

§93. 電子の磁気モーメント[1]

§43 では外部磁場のなかでのスピンをもつ粒子の運動に対する非相対論的ハミルトニアンの形がつくられた．しかしながら，この式には粒子の磁気モーメントは経験的パラメータ，すなわち理論的には計算できない量として含まれる．電磁場のなかでディラック方程式 (92.3) に従って運動する粒子（電子と呼ぼう）に対しては，磁気モーメントの値はこの方程式から自動的に決まる．

この目的を念頭において，どうすればディラック方程式を対応する非相対論的ハミルトニアン (43.4) の近似形にもってゆけるかを示そう．速度 $v \ll c$ の粒子の運動を扱うとき，双スピノール Ψ の標準表示から出発するのが自然である．そのときは成分の対の一方が他方にくらべて小さい．すなわち $\chi \ll \varphi$ である（§83 末尾参照）．

§83 では自由粒子に対して，波動関数の標準表示のディラック方程式が書かれている．すなわち (83.11) である．この方程式に外場を導入するには (92.2) にしたがって演算子の置き換えをすればよい．このようにして

---

[1] ここおよび次節では普通の単位が使われる．

$$(\hat{p}_0 - e\Phi)\varphi - \boldsymbol{\sigma}\cdot\left(\hat{\boldsymbol{p}} - \frac{e}{c}\boldsymbol{A}\right)\chi = mc\varphi,$$
$$-(\hat{p}_0 - e\Phi)\chi + \boldsymbol{\sigma}\cdot\left(\hat{\boldsymbol{p}} - \frac{e}{c}\boldsymbol{A}\right)\varphi = mc\chi \quad (93.1)$$

を得る.ここで

$$\hat{p}_0 = \frac{i\hbar}{c}\frac{\partial}{\partial t}, \quad \hat{\boldsymbol{p}} = i\hbar\nabla$$

である.

しかしながら,非相対論的近似に移行するためには,あらかじめ波動関数にある変換をしておく必要がある.すなわち,粒子のエネルギーの相対論的表式(およびそれとともに相対論的ハミルトニアン)は(非相対論的な式にくらべて)余分な項,すなわち静止エネルギー mc^2 を含んでいるという問題がある.このために波動関数の時間依存性のなかに余分な因子 $\exp(-imc^2t/\hbar)$ が現われる.この因子を消去するために Ψ の代りにつぎのような Ψ' を導入しよう:

$$\Psi = \Psi' e^{-imc^2 t/\hbar}. \quad (93.2)$$

(93.2)を(93.1)に代入して,4成分の Ψ' を構成する2成分量 φ' と χ' に対するつぎのような方程式を得る:

$$\left(i\hbar\frac{\partial}{\partial t} - e\Phi\right)\varphi' = c\boldsymbol{\sigma}\cdot\left(\hat{\boldsymbol{p}} - \frac{e}{c}\boldsymbol{A}\right)\chi', \quad (93.3)$$
$$\left(i\hbar\frac{\partial}{\partial t} - e\Phi + 2mc^2\right)\chi' = c\boldsymbol{\sigma}\cdot\left(\hat{\boldsymbol{p}} - \frac{e}{c}\boldsymbol{A}\right)\varphi' \quad (93.4)$$

(以下 φ' と χ' のダッシュをとることにする.これは別に混乱を起こさない.この節では変換された関数 Ψ' だけし

§93. 電子の磁気モーメント

か使わないからである).

方程式 (93.4) の括弧内で, 1次近似では最大項 $2mc^2$ だけを残そう. このときこの方程式からただちに χ を φ を使って表わすことができる:

$$\chi = \frac{1}{2mc} \boldsymbol{\sigma} \cdot \left(\hat{\boldsymbol{p}} - \frac{e}{c}\boldsymbol{A}\right)\varphi. \tag{93.5}$$

等式の右辺の因子 $1/c$ は今度は φ にくらべて χ が小さいことを表わしている. 今度は (93.5) を (93.3) に代入し, φ だけを含む方程式を得る:

$$\left(i\hbar\frac{\partial}{\partial t} - e\Phi\right)\varphi = \frac{1}{2m}\left(\boldsymbol{\sigma}\cdot\left(\hat{\boldsymbol{p}} - \frac{e}{c}\boldsymbol{A}\right)\right)^2\varphi.$$

この方程式の右辺を展開しよう. このとき, パウリ行列のつぎのような性質が使われる. これはその定義 (82.5) から直接に出てくる:

$$\sigma_x^2 = \sigma_y^2 = \sigma_z^2 = 1,$$
$$\sigma_y\sigma_z = -\sigma_z\sigma_y = i\sigma_x, \qquad \sigma_z\sigma_x = -\sigma_x\sigma_z = i\sigma_y,$$
$$\sigma_x\sigma_y = -\sigma_y\sigma_x = i\sigma_z. \tag{93.6}$$

いま $\hat{\boldsymbol{f}} = \hat{\boldsymbol{p}} - \dfrac{e}{c}\boldsymbol{A}$ と置き

$$(\boldsymbol{\sigma}\hat{\boldsymbol{f}})^2 = (\sigma_x\hat{f}_x + \sigma_y\hat{f}_y + \sigma_z\hat{f}_z)(\sigma_x\hat{f}_x + \sigma_y\hat{f}_y + \sigma_z\hat{f}_z)$$
$$= \hat{f}_x^2 + \hat{f}_y^2 + \hat{f}_z^2 + i\sigma_z(\hat{f}_x\hat{f}_y - \hat{f}_y\hat{f}_x) + \cdots$$

と書く, もしも $\hat{f}_x, \hat{f}_y, \hat{f}_z$ が可換なら, 簡単に $\hat{\boldsymbol{f}}^2$ を得る. しかし今の場合

$$\hat{f}_x\hat{f}_y - \hat{f}_y\hat{f}_x$$
$$= \left(-i\hbar\frac{\partial}{\partial x} - \frac{e}{c}A_x\right)\left(-i\hbar\frac{\partial}{\partial y} - \frac{e}{c}A_y\right)$$
$$-\left(-i\hbar\frac{\partial}{\partial y} - \frac{e}{c}A_y\right)\left(-i\hbar\frac{\partial}{\partial x} - \frac{e}{c}A_x\right)$$
$$= \frac{ie\hbar}{c}\left(\frac{\partial A_y}{\partial x} - \frac{\partial A_x}{\partial y}\right) = \frac{ie\hbar}{c}H_z \quad \text{など}$$

である．ここで $\boldsymbol{H} = \mathrm{rot}\,\boldsymbol{A}$ は磁場である．こうして

$$\left(\boldsymbol{\sigma}\cdot\left(\hat{\boldsymbol{p}} - \frac{e}{c}\boldsymbol{A}\right)\right)^2 = \left(\hat{\boldsymbol{p}} - \frac{e}{c}\boldsymbol{A}\right)^2 - \frac{e\hbar}{c}\boldsymbol{\sigma}\cdot\boldsymbol{H}$$

となる．この結果 2 成分波動関数 φ に対するつぎのような方程式に到達する：

$$i\hbar\frac{\partial\varphi}{\partial t} = \left[\frac{1}{2m}\left(\hat{\boldsymbol{p}} - \frac{e}{c}\boldsymbol{A}\right)^2 - \frac{e\hbar}{2mc}\boldsymbol{\sigma}\cdot\boldsymbol{H} + e\Phi\right]\varphi \equiv \hat{H}\varphi. \tag{93.7}$$

これはいわゆる**パウリ方程式**である．ここに現われたハミルトニアンと (43.4) をくらべると，電子は磁気モーメントをもち，演算子

$$\hat{\boldsymbol{\mu}} = \frac{e\hbar}{2mc}\boldsymbol{\sigma} = \frac{e\hbar}{mc}\hat{\boldsymbol{s}} \tag{93.8}$$

がそれに対応することがわかる．ここで $\hat{\boldsymbol{s}} = \boldsymbol{\sigma}/2$ は電子のスピンの演算子である．このモーメントの大きさは，(43.1) により決定され

$$\mu = e\hbar/2mc \tag{93.9}$$

に等しい．すでに §43 で触れたように，電子の固有磁気

モーメントの磁気回転比 (e/mc) は, その軌道運動と結びついた磁気モーメントに対するものの 2 倍であることがわかる[1].

公式 (93.9) はまた μ-中間子の磁気モーメント (公式の分母の m としてはその質量を使う) にも成り立つ. しかしながら, たとえ同じくスピン 1/2 をもつ粒子ではあるが, 陽子と中性子に対してはまったく役に立たない. 特に中性子の場合には全然見当違いである. すなわち, 電気的に中性なので (93.9) によれば中性子は一般に磁気モーメントをもたないはずである. ここで強い相互作用をする粒子に現存の量子電気力学を使えないことが, 歴然と姿を現わしたわけである.

§94. スピン–軌道相互作用

前節で行なわれた計算は, 本質的にはディラック方程式の正確な解の, 小さい比 v/c についてのベキ展開の初項である. 方程式 (93.7) はこのような展開のなかの 1 次の微小量だけを勘定したものである (ハミルトニアン中に現われる付加項のなかの因子 $1/c$ が掛かっているのは $-\hat{\boldsymbol{\mu}}\cdot\boldsymbol{H}$ である).

つぎの, 2 次近似ではハミルトニアンにはさらに新しい項が付け加えられる. しかしながら, この計算は非常に膨

---

[1] この結果は 1928 年にディラックが出した. 方程式 (93.7) を満足する 2 成分波動関数はディラックが彼の方程式を見いだす前にパウリにより導かれた (1927).

大であり，ここではやらない．ただ外部電場中の電子のハミルトニアンに対する $1/c^2$ の項までの最終結果を紹介しよう：

$$\hat{H} = \frac{\hat{\boldsymbol{p}}^2}{2m} + e\Phi - \frac{\hat{\boldsymbol{p}}^4}{8m^3c^2} - \frac{e\hbar}{4m^2c^2}\boldsymbol{\sigma}\cdot(\boldsymbol{E}\times\hat{\boldsymbol{p}}) - \frac{e\hbar^2}{8m^2c^2}\mathrm{div}\boldsymbol{E}. \tag{94.1}$$

ここで Φ はポテンシャルで，$\boldsymbol{E} = -\mathrm{grad}\,\Phi$ は電場の強さである．(93.7) と同様にこのハミルトニアンは2成分波動関数に作用する．

(94.1) のなかの終わりの3項はわれわれに興味がある $1/c^2$ の大きさの補正項である．このなかの第1項は粒子の運動エネルギーの古典式に対する相対論的補正に対応する．すなわち

$$\sqrt{c^2\boldsymbol{p}^2 + m^2c^4} - mc^2 \approx \frac{\boldsymbol{p}^2}{2m} - \frac{\boldsymbol{p}^4}{8m^3c^2} + \cdots.$$

(94.1) のつぎの補正項は**スピン-軌道相互作用**のエネルギーと呼ばれる．これは運動する磁気モーメントと電場との相互作用のエネルギーである．もしも電場が中心対称であれば

$$\boldsymbol{E} = -\frac{\boldsymbol{r}}{r}\frac{d\Phi}{dr}$$

であり，スピン-軌道相互作用の演算子は

$$\hat{V}_{sl} = \frac{e\hbar}{4m^2c^2r}\boldsymbol{\sigma}\cdot(\boldsymbol{r}\times\hat{\boldsymbol{p}})\frac{d\Phi}{dr} = \frac{\hbar^2}{2m^2c^2r}\frac{dU}{dr}\hat{\boldsymbol{l}}\cdot\hat{\boldsymbol{s}} \tag{94.2}$$

の形になる.ここで $\hbar \hat{\boldsymbol{l}} = \boldsymbol{r} \times \hat{\boldsymbol{p}}$ は電子の軌道角運動量の演算子で,$\hat{\boldsymbol{s}} = \boldsymbol{\sigma}/2$ はそのスピンの演算子である.また $U = e\varphi$ は場のなかの電子のポテンシャルエネルギーである.このような形の相互作用はすでに§51で,原子のエネルギー準位の微細構造の原因の一つとして考察されている[1].

(94.1)の最後の補正項は場をつくっている電荷のある点でのみ0と異なる.すなわち $\mathrm{div}\boldsymbol{E}$ が0と異なる点だけである.

ハミルトニアン(94.1)は,水素原子すなわち静止した核である陽子(電荷 $+|e|$)のクーロン場内の電子のエネルギー準位の相対論的補正を計算するのに使うことができる.

電荷 $+|e|$ の場のポテンシャルは $\varPhi = |e|/r$ であり,その電場の強さの発散は $\mathrm{div}\boldsymbol{E} = -\Delta\varPhi = 4\pi|e|\delta(\boldsymbol{r})$ である(I. (59.10)参照).したがって水素原子のハミルトニアンの補正項は,一まとめにして $\hat{V}^{(2)}$ とすると,つぎの形になる:

$$\hat{V}^{(2)} = \frac{\hbar^2}{8m^3c^2}\Delta^2 + \frac{\hbar^2 e^2}{2m^2c^2r^3}\hat{\boldsymbol{l}}\cdot\hat{\boldsymbol{s}} + \frac{\pi e^2\hbar^2}{2m^2c^2}\delta(\boldsymbol{r}). \quad (94.3)$$

水素原子のエネルギー準位に対する非相対論の式は

$$E_{\text{非相}} = -\frac{me^4}{2\hbar^2 n^2} \quad (94.4)$$

である(§31).これは主量子数 n だけに依存し,電子の軌

---

[1] 別の型の相対論的相互作用であるスピン-スピン相互作用は,もちろん数個の粒子の系でのみ生じ,外場中の1個の電子に対しては存在しない.

道角運動量 l には依存しない．これは（n が与えられると） $l=0,1,\cdots,n-1$ の値をとる．非相対論的準位 (94.4) はまた電子の軌道角運動量に対する電子スピンの向きにも依存しない．すなわち，全角運動量 j にも依存しない．この j は（$l\neq 0$ が与えられると）二つの値 $j=l\pm 1/2$ をとる．

われわれが求める準位 (94.4) に対する補正 ΔE は摂動論の一般論に従って求められる（§32）．(94.3) を微小摂動の演算子と考えて，非摂動波動関数，すなわち，水素原子の普通の非相対論的波動関数についての平均値（対角行列要素）を計算する必要がある．計算の結果はつぎのような結果になる：

$$\Delta E = -\left(\frac{1}{j+1/2} - \frac{3}{4n}\right)\frac{me^4\alpha^2}{2\hbar^2 n^3}. \qquad (94.5)$$

ここで

$$\alpha = \frac{e^2}{\hbar c} = \frac{1}{137.04} \qquad (94.6)$$

（α という量は**微細構造定数**と呼ばれる）[1]．(94.4) にくらべれば補正 (94.5) が小さいが，その程度は因子 α^2 によって表わされている．

準位のずれ (94.5) はもう n だけでなく j にも依存する．この依存性は，準位 (94.4) が微細構造の成分への分裂することを意味している．いわゆる非相対論的近似の縮退が除かれる．しかしながら，これは不完全である．同じ

---

[1] この公式は，まだ量子力学がつくられる前にボーアの古い理論から出発して，アーノルド・ゾンマーフェルトが最初に導いた．

§94. スピン-軌道相互作用

n と j をもち,異なる $l = j \pm 1/2$ の値をもつ 2 重縮退が残る(ここで重い原子にくらべて,水素原子の核の純クーロン場の特殊性が現われている).このようにして,微細構造を勘定に入れた水素原子の一連の準位はつぎのようになる:

$1s_{1/2}$

$\underbrace{2s_{1/2}, 2p_{1/2}}, 2p_{3/2}$

$\underbrace{3s_{1/2}, 3p_{1/2}}, \underbrace{3p_{3/2}, 3d_{3/2}}, 3d_{5/2}$

....

ここで縮退した状態は互いに波括弧でまとめられている.(n が与えられたとき)j の値の最大値をもつ準位だけが縮退していない.

すこし先回りをするが,ここで残された縮退はいわゆる輻射補正(ラム・シフト)で取り除かれる.これは 1 電子問題のディラック方程式では考慮に入れることはできない.この補正は §106 で言及しよう.

第15章 輻　射

§95. 電磁相互作用の演算子

電磁場が運動する粒子に対する外的条件という消極的な役割を演じている問題から，もっと広いカテゴリーの電気力学の現象へと移ろう．荷電粒子の系による光子の放出，吸収あるいは散乱を問題にしよう．

電磁輻射の場と電子との相互作用は，原則として摂動論を使って考察される．これは電磁相互作用が比較的小さいからである．電子と場との相互作用はその電荷で決められる．このときe, cおよび$\hbar$からつくられる次元のない量$\alpha = e^2/\hbar c$，すなわちすでに§94で導入された微細構造定数が，相互作用の尺度となる《結合定数》の役割を演じている．電磁相互作用の弱さはこの定数が小さいことによって表わされる．すなわち$\alpha = 1/137$である．これが小さいことが量子電気力学では基本的な役割を演じる．

まず第一に，摂動演算子の役割を果たす，輻射場と電子との相互作用の演算子の形を明らかにしよう．（第11章のように）スカラーポテンシャル$\Phi = 0$になり，場がベクトルポテンシャル$\boldsymbol{A}$だけで記述されるようなゲージのポテンシャルを選ぶことにしよう．(92.1) により電子と与えら

れた電磁場との相互作用はそのハミルトニアンのなかの項 $\hat{V} = -e\boldsymbol{a}\cdot\boldsymbol{A}$ で記述される. 場の状態の変化を伴う過程のより一般的な場合に移るために, ポテンシャル $\boldsymbol{A}$ はそれに対応する第二量子化の演算子 $\hat{\boldsymbol{A}}$ に変える必要がある. このとき相互作用の演算子は

$$\hat{V} = -e\boldsymbol{a}\cdot\hat{\boldsymbol{A}} \qquad (95.1)$$

になる[1].

演算子 $\hat{\boldsymbol{A}}$ は和

$$\hat{\boldsymbol{A}}(t,\boldsymbol{r}) = \sum_n \{\hat{c}_n \boldsymbol{A}_n(t,\boldsymbol{r}) + \hat{c}_n^+ \boldsymbol{A}_n^*(t,\boldsymbol{r})\} \qquad (95.2)$$

の形に表わされる. これは（添字 n で番号づけられた）種々の状態の光子の消滅および生成演算子を含んでいる. その係数 $\boldsymbol{A}_n(t,\boldsymbol{r})$ はこれらの状態の波動関数の役割を演じる. 場の状態はすべての光子状態の占有数 N_n の組として与えられる. このとき光子状態自身具体的な問題の立て方に応じていろいろな方法で与えられる. たとえば, もしも一定の波数ベクトル $\boldsymbol{k}$ と偏り $\boldsymbol{e}$ とをもつ光子の輻射・吸収に興味があるならば, 波動関数 $\boldsymbol{A}_n(t,\boldsymbol{r})$ は平面波 (76.16) である. もしも一定の角運動量の値 j をもつ光子の輻射の問題が提起されるならば, $\boldsymbol{A}_n$ は §78 で扱った球面波である.

摂動論の 1 次近似では, 何かある過程の確率は 2 乗 $|V_{fi}|^2$

---

[1] 粒子を反粒子に変える荷電共役演算子は相互作用演算子の形を変えてはいけない. 正に帯電した粒子を負に帯電した粒子に変えると, この変換は交換 $e \to -e$ を意味する. $\hat{V}$ の不変性は同時に, 光子場の演算子の交換 $\hat{\boldsymbol{A}} \to -\hat{\boldsymbol{A}}$ を要求する. これは光子が荷電奇の粒子であることを意味する.

で決定される．ここで V_{fi} は電荷と場の系の始状態（添字 i）と終状態（添字 f）のあいだの遷移に対する摂動演算子の行列要素である．演算子 $\hat{c}_n^+, \hat{c}_n$ は，対応する占有数 N_n の1だけの増大あるいは減少（残りの占有数は不変のままで）に対してのみゼロと異なる行列要素をもつ．したがって，演算子 $\hat{A}$ は光子数が1だけ変わる遷移に対してのみ行列要素をもつ．言いかえれば，摂動論の1次近似では，光子1個の輻射あるいは吸収の過程のみが生じる．

(76.12) にしたがって行列要素は

$$\langle N_n - 1|c_n|N_n\rangle = \sqrt{N_n}, \tag{95.3}$$

$$\langle N_n + 1|c_n^+|N_n\rangle = \sqrt{N_n + 1}. \tag{95.4}$$

前者は（n 番目の）光子1個の吸収に対応し，占有数が1だけ減る．後者は光子1個の放出に対応し，占有数が1だけ増す．もしも場の始状態に（n 番目の）光子がなければ $\langle 1|c_n^+|0\rangle = 1$ である．演算子 $\hat{A}$ の行列要素はこの他にまだ因子 $\boldsymbol{A}_n^*$ を含んでいる．これは和 (95.2) のなかに $\hat{c}_n^+$ の係数として現われている．このようにして，光子放出に対する演算子 (95.1) の行列要素は

$$V_{fi}(t) = -e \int (\Psi_f^* \boldsymbol{a} \Psi_i) \cdot \boldsymbol{A}_n^* dV \tag{95.5}$$

となる．ここで Ψ_i と Ψ_f は放出体（電子）[1] の始状態と終

---

[1] 誤解を避けるために，1個の電子は外場中を運動しているときにのみ輻射が可能であることを強調しよう．（等速運動をしている）自由電子が光子を放出できないことは，電子が静止している基準

状態の波動関数である.同様に光子吸収のための行列要素

$$V_{fi}(t) = -e\int (\Psi_f^* \boldsymbol{a}\Psi_i)\cdot \boldsymbol{A}_n dV \qquad (95.6)$$

が得られる.これは (95.5) と $\boldsymbol{A}_n^*$ の代りに $\boldsymbol{A}_n$ が入っている点だけが異なっている.

V_{fi} のなかに引数 t を示すことにより,時間に依存する行列要素であることを強調している.波動関数のなかで時間因子を分離して(法則 (11.4) に対応する)普通のやり方で時間に依存しない行列要素に移ることができる:

$$V_{fi}(t) = V_{fi} e^{-i(E_i - E_f \mp \omega)t}. \qquad (95.7)$$

ここで E_i, E_f は輻射系の始めと終わりのエネルギーで,指数部の2重符号はエネルギー ω の光子の放出と吸収に対するものである.

(95.5) あるいは (95.6) の被積分式に現われる積

$$\boldsymbol{j}_{fi} = \Psi_f^* \boldsymbol{a}\Psi_i \qquad (95.8)$$

はディラック方程式中の電流に対する式 (84.9) つまり $\boldsymbol{j} = \Psi^* \boldsymbol{a}\Psi$ と同様につくられる.このなかには,二つの同じ波動関数の代りに異なる(始めと終わりの)波動関数が含まれる.量 (95.8) を**遷移電流**と呼ぶ.

一定方向の波数ベクトル $\boldsymbol{k}$ と一定の偏り $\boldsymbol{e}$ をもつ光子の放出(あるいは吸収)を問題にするならば,$\boldsymbol{A}_n(\boldsymbol{r})$ としては関数

系で考察すれば非常にはっきりする.すなわち,この系で電子のエネルギーは m であり,これは小さくすることができない.ところが光子の放出の際には小さくならなければならないからである.

$$\boldsymbol{A}_n(\boldsymbol{r}) = \boldsymbol{e}\sqrt{\frac{2\pi}{\omega\Omega}}e^{i\boldsymbol{k}\cdot\boldsymbol{r}} \tag{95.9}$$

を選ぶ必要がある（因子 $e^{-i\omega t}$ のない平面波 (76.16) である）．このような光子の輻射を伴う遷移の行列要素に対しては，

$$V_{fi} = -e\sqrt{\frac{2\pi}{\omega\Omega}}\boldsymbol{e}^*\cdot\boldsymbol{j}_{fi}(\boldsymbol{k}) \tag{95.10}$$

となる．ここで

$$\boldsymbol{j}_{fi}(\boldsymbol{k}) = \int \boldsymbol{j}_{fi}(\boldsymbol{r})e^{-i\boldsymbol{k}\cdot\boldsymbol{r}}dV \tag{95.11}$$

である．積分 (95.11) は関数 $\boldsymbol{j}_{fi}(\boldsymbol{r})$ のフーリエ成分であり，これを**運動量表示の遷移電流**と言う．

光子放出の確率は，行列要素 (95.10) により §35 で求めた摂動論の一般式を使って直接求められる．輻射体の始および終状態が，そのエネルギー準位の離散スペクトルに当たるものと考えよう．しかしながら電子＋場の全系の終状態は，放出される光子のために連続スペクトルになる．それは光子の可能なエネルギー値が連続だからである．このようにして，われわれはここで §35 で考察されたのとちょうど同じ問題を扱うことになる．(35.6) に従って，光子放出を伴う遷移 $i \to f$ の（1秒間の）確率は

$$dw = 2\pi|V_{fi}|^2\delta(E_i - E_f - \omega)d\nu \tag{95.12}$$

となる．ここで光子の状態を示し，一連の連続的な値をとる量全体を ν とする．一定値の波数ベクトルをもつ光子に対しては $\boldsymbol{k}$ の成分が ν という量になる．したがって

$d\nu = dk_x dk_y dk_z = \omega^2 d\omega do$ である（ここで do は $\boldsymbol{k}$ 方向の立体角要素である）．公式 (95.12) で ν という量をこのように選ぶことは，光子の波動関数は $\delta(\boldsymbol{k})$ で規格化されるものと了解されねばならない．ところが関数 (95.9) は体積 Ω あたり 1 個の光子に規格化されている．この規格化では波動関数は，$\delta(\boldsymbol{k})$ の規格化のときの因子 $(2\pi)^{-3/2}$ の代りに因子 $1/\sqrt{\Omega}$ をもっている（(27.9) および (12.10) 参照）．したがって，公式 (95.12) は今後はつぎの形に書く必要がある：

$$dw = 2\pi |V_{fi}|^2 \delta(E_i - E_f - \omega) \frac{\Omega \omega^2 d\omega do}{(2\pi)^3}. \qquad (95.13)$$

ここに現われる δ-関数はエネルギー保存則を表わしている．放出される光子のエネルギーは輻射体の失うエネルギーに等しい．すなわち $\omega = E_i - E_f$ である．公式 (95.13) を ω で積分するとこの δ-関数がなくなり，エネルギー $\omega = E_i - E_f$ をもつ光子を立体角 do の方向に輻射する確率に対するつぎのような最終式に到達する：

$$dw = \frac{\Omega}{4\pi^2} |V_{fi}|^2 \omega^2 do. \qquad (95.14)$$

ここに行列要素 (95.10) を代入しなければならない．

§96. 自発および強制放出[1]

次節では前に得られた公式が，一連の具体的な場合の遷

---

1) この節では普通の単位が使われる.

移確率の計算に使われる．ここでは輻射過程のいろいろな型のあいだの一般的関係を考察しよう．

行列要素（95.5）は，場の始状態に与えられた種類の光子が存在しない条件のもとでの光子放出の過程のものである．もしも始状態にこのような光子がすでに N_n 個あれば，遷移行列要素には（(95.4) に従って）さらに $\sqrt{N_n+1}$ が掛けられる．したがって遷移確率は N_n+1 が掛けられる．この因子のなかの1は $N_n=0$ のときに起こる自発放出に対応する．N_n の項は**強制**（あるいは**誘導**）**放出**を起こさせる．すなわち，場の始状態での光子の存在がこの光子の2重極輻射を促進することがわかる．

もしも遷移 $i \to f$ が，系が準位 E_i からそれより低い準位 E_f に移るような光子の放出とすれば，逆遷移 $f \to i$ は，系が準位 E_f から準位 E_i に移るような同じ光子の吸収である．この逆遷移の行列要素と順遷移の行列要素との違いは，因子（95.4）と因子（95.3）との交換，すなわち $\sqrt{N_n+1}$ と $\sqrt{N_n}$ との交換だけである．これから，（輻射系の与えられた準位対間の遷移の際の）光子の放出と吸収の確率のあいだにはつぎの関係が成り立つことがわかる：

$$\frac{w_\text{放}}{w_\text{吸}} = \frac{N_n+1}{N_n} \tag{96.1}$$

（これは1916年にアインシュタインが初めてつくって，強制放出の現象が予言された）．

系の外から入射する輻射強度と光子数を結びつけよう．

$$I_{k e} d\omega do \tag{96.2}$$

を,1秒間に1cm²の面積に入射する,偏りeをもち振動数が$d\omega$の間隔のなかにあり,波数ベクトルの方向が立体角要素doのなかにあるような輻射エネルギーとしよう.上記の間隔は(体積Ωのなかの)場の振動子の$\Omega k^2 dk do/(2\pi)^3$に対応し,このおのおのに与えられた偏りの$N_{ke}$個の光子が対応する.したがって,つぎの積

$$\frac{c}{\Omega}\frac{\Omega k^2 dk do}{(2\pi)^3}N_{ke}\cdot\hbar\omega = \frac{\hbar\omega^2}{8\pi^3 c^2}N_{ke}d\omega do$$

をつくると,その同じエネルギー(96.2)を得る.これから求める関係が得られる:

$$N_{ke} = \frac{8\pi^3 c^2}{\hbar\omega^3}I_{ke}. \tag{96.3}$$

$dw_{ke}^{(自発)}$を,偏りがeで立体角do内への自発放出の確立とする.添字(誘)と(吸)をそれぞれ誘導放出および吸収の同様な確率を示すとしよう.(96.1)と(96.3)に従ってこれらの確率は互いにつぎの関係で結ばれている:

$$dw_{ke}^{(吸)} = dw_{ke}^{(誘)} = dw_{ke}^{(自発)}\frac{8\pi^3 c^2}{\hbar\omega^3}I_{ke}. \tag{96.4}$$

もしも入射光が等方的(I_{ke}がkとeの方向によらない)であれば,(96.4)をdoについて積分し,偏りについての和をとると(与えられた電荷系間の)全輻射遷移確率間の同様な関係式

$$w^{(吸)} = w^{(誘)} = w^{(自発)}\frac{\pi^2 c^2}{\hbar\omega^3}I \tag{96.5}$$

が出る.ここで$I = 2\cdot 4\pi I_{ke}$は入射光の全スペクトル強度

である．

もしも状態 i および f が縮退した発光系（あるいは吸収系）であれば[1]，与えられた光子の発光（あるいは吸収）の全確率は縮退したすべての終状態について加え，可能な始状態についての平均をとることにより求められる．状態 i および f の縮退度（**統計的重み**）を g_i および g_f とする．自発および誘導放出の過程に対しては，状態 i が，吸収に対しては状態 f が始状態である．どちらの場合にも g_i あるいは g_f 個の始状態すべてが同等であると仮定して，(96.5) の代りにつぎの関係式を得る：

$$g_f w^{(吸)} = g_i w^{(誘)} = g_i w^{(自発)} \frac{\pi^2 c^2}{\hbar \omega^3} I. \qquad (96.6)$$

§97. 双極輻射

光子の波長 λ が発光系 a の大きさにくらべて大きいときが非常に重要な場合である．このような状況は普通粒子の速度が光速にくらべて小さいことと関係がある（I. §80 参照）．

積分 (95.11) のなかの小さい比 a/λ の1次近似では，因子 $e^{-i\boldsymbol{k}\cdot\boldsymbol{r}}$ が系の差しわたしの範囲，すなわち関数 φ_i と φ_f がいちじるしくゼロと異なる領域ではわずかしか変わらないのでこれを1で置き換えることができる．このような置き換えは言いかえれば，系のなかで粒子の運動量にくら

---

[1] たとえば，発光原子の角運動量の向きについて縮退であってもよい．

§97. 双極輻射

べて光子の運動量を無視することである（普通の単位で，後者は $\hbar k$ で，前者は $\hbar/a$ の大きさである）．この近似は輻射の古典論の双極輻射の場合に対応する．

この近似では積分

$$\boldsymbol{j}_{fi}(0) = \int \psi_f^* \boldsymbol{a} \psi_i dV$$

は単にその非相対論的な式，すなわち（非相対論的）シュレーディンガーの波動関数による電子の速度 $\boldsymbol{v}$ の行列要素で置き換えてもよい．行列要素 $\boldsymbol{v}_{fi}$ は今度は，電子の動径ベクトルの同様な行列要素を使って表わされる．すなわち $\boldsymbol{v}=\dot{\boldsymbol{r}}$ であるから，(11.8) 式に従って $\boldsymbol{v}_{fi}=i(E_f-E_i)\boldsymbol{r}_{fi}$ である．差 E_i-E_f は放出される光子の周波数 ω と一致する．したがって

$$\boldsymbol{j}_{fi} = \boldsymbol{v}_{fi} = -i\omega \boldsymbol{r}_{fi} = -\frac{i\omega}{e}\boldsymbol{d}_{fi} \qquad (97.1)$$

である．ここで，$\boldsymbol{d}=e\boldsymbol{r}$ は電子の（軌道運動の）双極モーメントである．(97.1) を (95.10) に代入し

$$V_{fi} = i\sqrt{\frac{2\pi\omega}{\Omega}}\boldsymbol{e}^* \cdot \boldsymbol{d}_{fi} \qquad (97.2)$$

になる[1]．つぎに (95.14) により双極輻射の確率に対してつぎの式が得られる：

---

[1] 光子の吸収を伴う遷移の行列要素に対する同様な式は

$$V_{fi} = -i\sqrt{\frac{2\pi\omega}{\Omega}}\boldsymbol{e} \cdot \boldsymbol{d}_{fi} \qquad (97.2\mathrm{a})$$

である．これは，(97.2) が (95.5) から求められたように (95.6) から求められる．

$$dw = \frac{\omega^3}{2\pi}|e^* \cdot \boldsymbol{d}_{fi}|^2 do \tag{97.3}$$

(ここで k は光子の波数ベクトルの方向はあらわな形では現われない．偏りのベクトル e は k に垂直でなければならない)．

全放出確率は，(97.3) を光子の方向について積分し，その二つの可能な独立な偏りについて加えることによって求められる．e が直線偏光に対応するとしよう．そうすると e は実の単位ベクトルで，積 $e^* \cdot \boldsymbol{d}_{fi}$ はベクトル $\boldsymbol{d}_{fi}$ のデカルト成分の一つである．2乗 $|(d_{fi})_x|^2$ をその平均値 $|\boldsymbol{d}_{fi}|^2/3$ で置き換えて，o に関するつぎの積分は単に 4π を掛けることになり，偏りについての和は2倍することになる．こうして光子の全放出確率は

$$w = \frac{4\omega^3}{3}|\boldsymbol{d}_{fi}|^2,$$

あるいは普通の単位で

$$w = \frac{4\omega^3}{3\hbar c^3}|\boldsymbol{d}_{fi}|^2 \tag{97.4}$$

に等しい．全輻射強度 I は確率に $\hbar\omega$ を掛けることにより求められる：

$$I = \frac{4\omega^4}{3c^3}|\boldsymbol{d}_{fi}|^2. \tag{97.5}$$

行列要素の近似式（97.2）は演算子

$$\hat{V} = -\hat{\boldsymbol{E}} \cdot \boldsymbol{d} \tag{97.6}$$

の行列要素であることに注目しよう．ここで $\hat{\boldsymbol{E}} = -\partial\hat{\boldsymbol{A}}/\partial t$

は電場の強さの演算子で，d は電子の双極モーメントの演算子である．(97.2) は，(95.5) が (95.1) から求められたのとまったく同様に (97.6) から求められる，相互作用の近似の演算子 (97.6) は，準一様電場中の電荷系のポテンシャルエネルギー (I.§64 参照) の非相対論的古典式に対応する．この事情は，この章で求められた公式の適用範囲の拡大を可能にする点で重要である．これは 1 電子性の輻射に使えるだけでなく，任意の非相対論粒子系による輻射に使うことができる．

公式 (97.5) は，周期運動をする粒子系による双極輻射強度に対する古典の公式 (I.(80.12) 参照) との直接の類似性を明らかにしている．すなわち，周波数 $\omega = n\omega_0$（ここで ω_0 は粒子運動の周波数で，n は整数である）の輻射強度は

$$I_n = \frac{4\omega^4}{3c^3}|\boldsymbol{d}_n|^2 \qquad (97.7)$$

に等しい．ここで $\boldsymbol{d}_n$ は系の双極モーメントのフーリエ級数展開の成分である：

$$\boldsymbol{d}(t) = \sum_{n=-\infty}^{\infty} \boldsymbol{d}_n e^{-in\omega_0 t}. \qquad (97.8)$$

量子論の公式 (97.5) はこのフーリエ成分を対応する遷移の行列要素に置き換えることにより (97.7) から求められる．この規則（ボーアの**対応原理**である）は特別の場合には，古典量のフーリエ成分と準古典的な場合 (§27) の量子論の行列要素とのあいだの一般的な対応になっている．

大きい量子数をもつ状態間の遷移に対して輻射は準古典的である．このとき光子のエネルギー $\hbar\omega = E_i - E_f$ は輻射体のエネルギー E_i および E_f にくらべて小さい．しかし正確な（準古典的という仮定とは関係のない）公式 (97.5) は ω が小さくても，任意の値のときも同じ形をもつ．これから，輻射強度に対する対応原理が準古典的な場合だけでなく一般の量子論の場合にも正しいという（ある意味では偶然の）事実が明らかにされた．

§98. 多重極輻射

与えられた運動量（すなわち与えられた方向）をもつ光子の放出を問題にする代りに，今は角運動量 j の一定値をもつ光子の放出を考察しよう．これによってまた双極輻射のいっそう深い量子力学的意味が明らかにされる．

このような光子の放出に対しては，角運動量の保存則の結果として厳密な**選択則**が存在する．輻射系の始めの角運動量は，終わりの系と光子との全角運動量と一致しなければならない．角運動量合成の量子力学の法則に従ってこれは，系の始めの角運動量が J_i に等しければ，角運動量 j の光子を放出したあとで系は

$$J_f = J_i + j, J_i + j - 1, \cdots, |J_i - j| \qquad (98.1)$$

という値だけをとりうることを意味している．

系の始めと終わりの状態の偶奇性 P_i と P_f もまた一定の条件を満足しなければならない．始状態の偶奇性は終状態と光子の全偶奇性と一致しなければならない．すなわち

$P_i P_光 = P_f$ でなければならない. ここで $P_光$ は光子の偶奇性である. すべての偶奇性は ± 1 という値しかとれないので, この条件はまたつぎの形に書くこともできる[1]:

$$P_i P_f = P_光. \tag{98.2}$$

光子の角運動量は1から始まる整数値をとる ($j=0$ という値は不可能である). 任意の値のときに規則 (98.1) は, 系が $J=0$ をもつ二つの状態間の遷移 ($0 \to 0$ 遷移) の際に1個の光子の放出を禁止している. このような状態間の輻射遷移は, 同時に2個の角運動量が反平行な光子の放出を伴うときにのみ可能である (しかしながらこの過程は摂動論の高次近似でのみ起こり, したがって比較的起こりにくい).

1^- 状態の光子 (§78 で導入された述語によると $E1$-光子) の放出に対しては, 選択則 (98.1), (98.2) は偶奇性が逆で輻射体の角運動量 J のつぎのような可能な変化を伴う状態間の遷移のみを許している:

$$J \to J+1, J, J-1 \ (J \geq 1); \quad \frac{1}{2} \to \frac{3}{2}, \frac{1}{2}; \quad 0 \to 1. \tag{98.3}$$

これらの規則は極性ベクトルの行列要素の選択則 (§18, §19) と一致する. すなわち, 系の電気的双極モーメント d はこのようなベクトルであり, その行列要素が確率 (97.4) を決定する. これから, 双極近似が 1^- の光子の放出に対

---

[1] 偶奇性の選択則は O. ラポルテによって初めてつくられた (1924).

応することがわかる．

1^+ 光子（$M1$-光子）の放出に対しては，選択則は電気的双極輻射とは偶奇性の規則だけが異なっている．すなわち始めと終わりの状態は同一の偶奇性をもたねばならない．これは軸性ベクトルの行列要素に対する選択則に対応する．系の磁気的双極モーメントのベクトルがこのようなもので，その行列要素はこの場合の光子放出確率を決定する．これからこのような輻射の名前を磁気的双極輻射という．

同様にして，すべての Ej-光子放出は系の電気的 2^j-重極モーメントの行列要素により Mj-光子放出は磁気的 2^j-重極モーメントの行列要素により決定される．

§99. 原子の輻射[1]

（光学的輻射遷移に関係する）原子の外部電子のエネルギーはごく大ざっぱに見積もって $E \sim me^4/\hbar^2$ の程度の量であり，したがって，輻射される波長は $\lambda \sim \hbar c/E \sim \hbar^2/\alpha me^2$ である．原子の大きさは $a \sim \hbar^2/me^2$ である．したがって原子スペクトルでは当然のことながら不等式 $a/\lambda \sim \alpha \ll 1$ が成り立つ．v を電子の速度とすると比 $v/c \sim \alpha$ も同じ大きさをもっている．

このようにして原子スペクトルでは，（もしも選択則で許されるならば）電気的双極輻射の確率がこれより高次の多重極遷移確率にくらべて非常に大きいような条件がととの

---

[1] この節では普通の単位が使われる．

っている. この関連で原子スペクトルでは $E1$-遷移[1] が最も重要な役割を演じる.

前節で示された, 原子の電子殻の全角運動量と偶奇性についての選択則は厳密である[2]. この選択則と並んで別の, 原子状態のあるカテゴリーを近似的に示すような性質と関係のある近似的な選択則もまた存在する.

たとえば, LS 結合 (§51) の型によってつくられた状態などもこのようなものである. このような状態は全角運動量のほかに, この場合には保存する量である原子の軌道角運動量 L とスピン S の確定値によっても指定される. 電気的双極モーメントは純軌道性の量であるから, その演算子はスピン演算子と交換する. すなわちその行列は S について対角型である. 電子の軌道運動の波動関数に関する双極モーメントの行列要素に対しては, 他の任意の軌道性ベクトル (§18) と同様に L についての選択則もまた存在する. このようにして, LS 結合型につくられた状態間の遷移はつぎの付加的選択則に従う:

$$S_f = S_i, \quad L_f = L_i + 1, L_i, L_i - 1. \tag{99.1}$$

---

[1] 原子スペクトルの光学的領域において双極遷移確率の典型的な大きさは 10^8sec^{-1} の程度である.

[2] 誤解を避けるために, 原子の全角運動量はその電子の角運動量と核スピンとから合成されることを強調しよう (§51 ではこの全角運動量を F とした). より厳密な選択則はこの角運動量に関するものである. しかし電子と核スピンの相互作用が非常に小さいので, その電子遷移確率への影響はまったく無視できる. そして選択則は原子状態の電子の性質だけに関係する.

繰り返し強調することは，この選択則が近似的のもので，軌道およびスピン角運動量個々の保存則を破るスピン-軌道結合の相互作用を無視するときに成立することである．

古典論では系の（I.(66.2) により定義される）磁気モーメントの大きさの程度は，双極モーメントの大きさと $\mu \sim (v/c)d$ で結ばれる．この関係式は原子に対しては量子論でも成立する．事実，原子の磁気モーメントの大きさはボーア磁子すなわち，$\mu \sim e\hbar/mc$ で与えられる．この概算は双極モーメントの大きさの程度 $d \sim ea \sim \hbar^2/me$ と因子 α だけ異なっている．$v/c \sim \alpha$ であるから上記の μ と d とのあいだの関係式が得られたことになる．

磁気的双極（$M1$）輻射の確率は磁気モーメントの2乗に比例する．したがって（同じ周波数の）電気的双極輻射の確率より約 α^2 倍小さい．したがって，磁気的輻射は選択則によって電気的輻射の場合が禁止された遷移に対してのみ役割を果たす．

電気的4重極（$E2$）輻射についても同じことが言える．原子の電気的4重極モーメントの大きさの程度は ea^2 である．これは双極モーメント $d \sim ea$ にくらべて余分な因子 a を含んでいる．したがって，4重極輻射遷移の行列要素は双極遷移にくらべて余分な因子 $ka \sim a/\lambda$ を含んでいる．上記の a および λ の大きさの程度を使うとこれもまた小さい因子 $\sim \alpha$ となる．

しかしながら，輻射 $M1$ および $E2$ の場合にこの因子が別々の生因をもつ（前者は v/c からで後者は a/λ からであ

る）という事実は，特別な条件下には $M1$-遷移の方が $E2$-遷移よりずっと起こり易いという結果をもたらす（もちろん，どちらも選択則で許される条件のもとでである）．事実，これらの確率の比は

$$\frac{w(E2)}{w(M1)} \sim \frac{(a/\lambda)^2}{(v/c)^2} \sim \left(\frac{a\omega}{v}\right)^2 \sim \left(\frac{\Delta E}{E}\right)^2$$

である．ここで $E \sim v\hbar/a$ は原子のエネルギーで $\Delta E = \hbar\omega$ は遷移の際の原子のエネルギーの変化である．$\Delta E \sim E$ ならこの比は ~ 1 であり，$\Delta E \ll E$ なら小さくもなりうることがわかる．

特に同一準位の超微細構造の成分間の遷移に対しては上のような場合が起こる（この周波数はラジオ波の領域に入る）．これらの遷移は電気的双極遷移としては起こらない．なぜかと言うと超微細構造のすべての成分は電子と核の角運動量の和だけが違っていて同じ偶奇性をもつからである．$E2$-および $M1$-遷移は偶奇性の変化なしに起こる．超微細構造の間隔が非常に小さいために，$E2$-遷移は $M1$ にくらべて確率が小さい．したがって，上記の遷移は磁気的双極遷移として起こる．

§100. 赤外破局

二つの荷電粒子の衝突には，一般に光子の放出が伴う（いわゆる**制動輻射**である）．光子の周波数の可能な値は，ゼロから衝突粒子の相対運動の全運動エネルギーまでの一連の連続値をとる．周波数が小さい極限でのこの輻射のいくつ

かの性質を考察しよう.

光子のエネルギーが $\hbar\omega \to 0$ となると量子力学の式は古典式に移るはずである. もちろんこのとき, 光子の概念とは独立な輻射過程の特性の計算を問題にしなければならない. 輻射の全強度, すなわち衝突粒子から輻射で失われる全エネルギーがこのようなものである.

古典論によると, 制動輻射のエネルギーのスペクトル分布は $\omega \to 0$ のときにつぎの形の式に近づく:

$$d\mathcal{E} = \mathrm{const} \cdot d\omega. \tag{100.1}$$

ここで const は ω によらない量である（I. §80 の問題 4 参照. そこでは電荷と質量の比が異なる二つの粒子の非相対論的衝突が考察された）.

上に述べたとおりこの極限法則は量子論でも使えるが, ここでは別の側面ももっている. すなわち, 輻射はその全エネルギーのみならず放出される光子の数によっても特徴づけられる. $d\omega$ の間隔内の周波数をもつ光子の数は $d\mathcal{E}$ を $\hbar\omega$ で割って求められる. したがって, この極限ではつぎの形になる:

$$dN = \mathrm{const} \cdot d\omega/\omega. \tag{100.2}$$

放出される光子の総数は $dN/d\omega$ を ω について積分することにより求められる. この積分は下限 ($\omega = 0$) で（対数的に）発散することがわかる. 言いかえれば, 無限小のエネルギーの光子が無限個放出されるわけである. この事情を**赤外破局**という.

この発散は現実の物理的な状況を反映したもので, 理論

が不完全である結果として生じる人為的な発散とは何等の共通点もないことを強調しよう．赤外発散の原因は光子の質量がゼロに等しいことと関係があり，そのためにエネルギーはいくらでも小さくなりうる．

無限小の周波数の光子は観測されないけれども，赤外発散は原理的な意味をもっている．厳密に言えば，荷電粒子の衝突にはすべて無限個の軟光子の放出を伴う．光子放出をまったく伴わないか，有限個の光子放出を伴う衝突の確率はゼロに等しい．この意味で荷電粒子の衝突は厳密には弾性的でありえないと言える．このような衝突の全確率の正確な計算には，放出される光子のスペクトルの《切断》が必要になる．すなわち，ある小さいが有限の極限を越えない周波数の光子が放出される場合をすべて《弾性的》と考えるようにする．

問　題[1]

電荷 $+Ze$ をもつ静止している原子核の場のなかを電子が通過するときの制動輻射の断面積を決定せよ．$v \ll c$ であるが，同時に $Ze^2/\hbar v \ll 1, Ze^2/\hbar v' \ll 1$ と仮定する．ここで v と v' とは電子の始めと終わりの速度である（あとの不等式はボルン近似の適用条件である．この近似では衝突の前後の電子の波動関数への場の影響が無視される）．

解　(97.4) に従って，エネルギー $\hbar\omega$ の光子を放出し，

---

[1] 普通の単位が使われる．

電子が運動量 $\boldsymbol{p}' = m\boldsymbol{v}'$ をもち,立体角要素 do' の方向に飛び去るような衝突断面は,公式

$$d\sigma = \frac{4\omega^3}{3\hbar c^3} |\boldsymbol{d}_{fi}|^2 p'^2 dp' do' \tag{1}$$

で決定される.付加因子 $d^3 p' = p'^2 dp' do'$ は,終状態(運動量 $\boldsymbol{p}'$ をもつ自由電子)が連続スペクトルであることと関係がある.((97.4) の) 確率から断面積へ移るには始めの電子の波動関数の適当な,すなわち電流密度 1 の規格化をすればよい.すなわち:

$$\psi_i = \frac{1}{\sqrt{v}} \exp\left(\frac{i}{\hbar} \boldsymbol{p} \cdot \boldsymbol{r}\right). \tag{2}$$

ここで $\boldsymbol{p} = m\boldsymbol{v}$ である ((21.6) 参照).終わりの電子の波動関数は平面波で運動量空間の δ-関数で規格化される:

$$\psi_f = \frac{1}{(2\pi\hbar)^{3/2}} \exp\left(\frac{i}{\hbar} \boldsymbol{p}' \cdot \boldsymbol{r}\right). \tag{3}$$

放出される光子の周波数はつぎのエネルギー保存則により $\boldsymbol{p}$ と $\boldsymbol{p}'$ と結ばれる:

$$\hbar\omega = \frac{1}{2m}(p^2 - p'^2). \tag{4}$$

電子の(中心場に対する運動の)双極モーメント $\boldsymbol{d} = e\boldsymbol{r}$ の行列要素の計算はしかしながら,ただちに関数 (2) と (3) により行なうのでなく,この場での運動方程式

$$m\ddot{\boldsymbol{r}} = \nabla \frac{Ze^2}{r}$$

を考察したあとで行なう必要がある.量子力学ではこの方

程式を，対応する演算子のあいだの関係式と考える必要がある（(21.2) 参照）．この演算子の行列要素をとると

$$m(\ddot{\boldsymbol{r}})_{fi} = -m\omega^2 \boldsymbol{r}_{fi} = Ze\left(\nabla\frac{1}{r}\right)_{fi}$$

となる．関数 (2) と (3) についての行列要素 $(\nabla 1/r)_{fi}$ はフーリエ成分

$$\left(\nabla\frac{1}{r}\right)_q = \int\left(\nabla\frac{1}{r}\right)e^{-i\boldsymbol{q}\cdot\boldsymbol{r}}dV = i\boldsymbol{q}\left(\frac{1}{r}\right)_q = \frac{4\pi i\boldsymbol{q}}{q^2}$$

になる．ここで $\hbar\boldsymbol{q} = \boldsymbol{p}' - \boldsymbol{p}$ で公式 (68.6) が使われた．その結果，公式 (1) から

$$d\sigma = \frac{8}{3\pi}Z^2\alpha\left(\frac{e^2}{mc^2}\right)^2\frac{v'c^2do'}{v(\boldsymbol{v}-\boldsymbol{v}')^2}\frac{d\omega}{\omega}$$

となる．$\boldsymbol{v}'$ について積分するために

$$(\boldsymbol{v}-\boldsymbol{v}')^2 = v^2 + v'^2 - 2vv'\cos\theta, \quad do' = 2\pi\sin\theta d\theta$$

と書き，$d\theta$ について積分したあとで，最終的に

$$d\sigma = \frac{16}{3}Z^2\alpha\left(\frac{e^2}{mc^2}\right)^2\frac{c^2}{v^2}\ln\frac{v+v'}{v-v'}\frac{d\omega}{\omega}$$

となる．赤外破局はこの式で $\omega \to 0$ としたときの発散に対応する．

§101. 光の散乱

原子による光子の散乱は，（運動量 $\boldsymbol{k}$ をもつ）始めの光子の吸収と同時に他の光子 $\boldsymbol{k}'$ の放出を伴う．このとき原子は始めの準位あるいは何か別のエネルギー準位にとどまる．一番目の場合には光子の周波数は変わらない（レーリー散

乱あるいはずれない散乱)，また二番目の場合はつぎの量だけ変わる：

$$\omega' - \omega = E_i - E_f. \qquad (101.1)$$

ここで E_i および E_f は原子の始めと終わりのエネルギーである（結合散乱あるいはずれる散乱）. もしも始めに原子が基底状態にあれば，その周波数は減少する方向にのみ変化する. 励起した原子による散乱のときは，終わりの準位は始めよりも高くても低くてもよい. その関係で結合散乱は周波数の減少も増大ももたらすことができる.

電磁相互作用の演算子は光子の占有数を同時に二つ変える遷移に対しては行列要素をもたないので，散乱の効果は摂動論の2次近似にのみ現われる. これは一定の中間状態を経由するものと考える必要がある. これには二つの型がある. すなわち

I. 光子 k が吸収され，原子は始めの準位 E_i から他の可能な励起準位 E_n のなかの一つに移る. つぎの終状態への遷移で光子 k' が放出される.

II. 光子 k' が放出され，原子は状態 E_n に移り，終状態への遷移で光子 k が吸収される.

(36.2) に従って，考察されている過程に対する行列要素の役割を和

$$V_{fi} = \sum_n{}' \left(\frac{V'_{fn} V_{ni}}{\mathscr{E}_i - \mathscr{E}_n^{\mathrm{I}}} + \frac{V_{fn} V'_{ni}}{\mathscr{E}_i - \mathscr{E}_n^{\mathrm{II}}} \right) \qquad (101.2)$$

が演じる. ここで $\mathscr{E}_i = E_i + \omega$ は《原子＋光子》系の始めのエネルギーである. また $\mathscr{E}_n^{\mathrm{I}}$ と $\mathscr{E}_n^{\mathrm{II}}$ は上記の二つの型の

中間状態のエネルギーである．すなわち

$$\mathscr{E}_n^{\mathrm{I}} = E_n, \qquad \mathscr{E}_n^{\mathrm{II}} = E_n + \omega + \omega'$$

である．V_{ni} および V_{fn} は吸収を伴う遷移の，また V'_{fn} および V'_{ni} は光子の放出を伴う遷移の行列要素である．n についての和のなかから原子の始状態は除かれる（これは和の記号につけたダッシュで示される）．

われわれの問題は散乱過程の断面積の計算である．これは自発放出の確率の計算にすでに用いられたのとまったく同じ公式 (95.14) を使って行なうことができる．事実，相違点は今は孤立原子でなくて原子とそれに入射する光子 ω を一緒にした系が光子 ω' を放出する《輻射体》である点である．確率から断面積に移るのは単に確率を原子に入射する電流密度で割ればよい．《体積 Ω に 1 光子》として規格された光子の波動関数は電流密度 c/Ω に対応する，すなわち光子数密度 $1/\Omega$ に速度 c を掛けたものに等しい．相対論的単位では $c=1$ であり，このようにして，断面積は公式

$$d\sigma = \frac{\Omega^2}{4\pi^2} |V_{fi}|^2 \omega'^2 do' \qquad (101.3)$$

によって計算される．ここで do' は散乱された光子の方向に対する立体角要素である．

始めと終わりの光子の波長は，散乱原子の差しわたしとくらべて大きい．このときすべての遷移の行列要素に対し双極近似を利用してよい．(97.2) と (97.2a) に従って

$$V_{ni} = -i\sqrt{\frac{2\pi\omega}{\Omega}}(\boldsymbol{e}\cdot\boldsymbol{d}_{ni}), \quad V'_{fn} = i\sqrt{\frac{2\pi\omega'}{\Omega}}(\boldsymbol{e}'^{*}\cdot\boldsymbol{d}_{fn})$$

となる.V'_{ni} と V_{fn} に対しても同様である(e と e' は光子 ω と ω' の偏りのベクトルである).

これらの式をすべて (101.2) に,つぎに (101.3) に代入して散乱断面積を得る[1]:

$$d\sigma = |A_{fi}|^2 \frac{\omega \omega'^3}{\hbar^2 c^4} do'. \qquad (101.4)$$

ここで**散乱振幅**は,

$$A_{fi} = \sum_n \left\{ \frac{(\boldsymbol{d}_{fn}\cdot\boldsymbol{e}'^*)(\boldsymbol{d}_{ni}\cdot\boldsymbol{e})}{\omega_{ni}-\omega} + \frac{(\boldsymbol{d}_{fn}\cdot\boldsymbol{e})(\boldsymbol{d}_{ni}\cdot\boldsymbol{e}'^*)}{\omega_{nf}+\omega} \right\},$$

$$\hbar\omega_{ni} = E_n - E_i, \qquad \hbar\omega_{nf} = E_n - E_f \qquad (101.5)$$

である.これらの公式は G. クラマースと W. ハイゼンベルクが求めた (1925).n についての和は連続スペクトル状態を含むすべての可能な状態について行なわれる(このとき状態 i および f は自動的に和から落ちる.なぜかというと,対角行列要素 $\boldsymbol{d}_{ii}=\boldsymbol{d}_{ff}=0$ だからである.§54 参照)[2].

容易にわかるように,散乱振幅は(状態 i と f が一致する場合も含めて)同じ偶奇性をもつ状態間の遷移に対してのみゼロと異なっている.事実,ベクトル $\boldsymbol{d}$ の行列要素は偶奇性の異なる遷移に対してのみゼロと異なる.したがって状態 i と f の偶奇性は((101.5) の和の各項では)同一状態 n の偶奇性と逆でなければならない.したがってそれ

---

[1] ここおよび以下では普通の単位が使われる.
[2] 周波数 ω が周波数 ω_{ni} や ω_{fn} の一つに近いような共鳴の場合にはこの公式 (101.4),(101.5) はもはや使えない.この場合(**共鳴蛍光**と呼ばれる)はスペクトル線の自然幅を考慮しなければならない(§102).

らどうしの偶奇性は同じである．この選択則は（電気的双極）輻射の際の偶奇性についての選択則と反対である．そしていわゆる交代禁止が起こっている．すなわち，輻射で許される遷移は散乱では禁止され，散乱で許される遷移は輻射では禁止される．

$\omega \to 0$ のとき散乱振幅は有限の極限値に近づくので，ずれない散乱（$\omega' = \omega$）の断面積は ω が小さいとき ω^4 に比例することがわかる．

逆に周波数 ω が和（101.5）のなかにある周波数 ω_{ni}, ω_{nf} のすべてより大きい（しかしもちろん前と同様に波長が原子の大きさにくらべて大きい）場合には，古典論の公式にもどることになる．

事実，振幅（101.5）の $1/\omega$ についての級数展開の始めの消えない項の計算（これには立ち入らない）から散乱断面積

$$d\sigma = Z^2 \left(\frac{e^2}{mc^2}\right)^2 |e'^* \cdot e|^2 do' \qquad (101.6)$$

が出る．ここで Z は原子内の電子の数である．(101.6) を散乱された光子の偏り e' について加えて，古典的なトムソンの公式 I.(84.10) に到達する．

波長にくらべると小さい体積のなかに置かれた N 個の同一原子の集まりによる光の散乱を考察しよう．このような集まりによる散乱振幅は原子のおのおのの散乱振幅の和である．しかしながら，ここで同時に考察される数個の同一原子に対する波動関数（これは双極モーメントの行列要素

を計算するのに使われるが)は同じでないことを考慮しなければならない.波動関数はその本質から任意の位相因子を除いた精度でのみ決定される.そしてこれらの因子は各原子ごとに独自のものである.散乱断面積をおのおのの原子の位相原子について独立に平均しなければならない.

各原子の散乱振幅 A_{fi} は因子 $\exp\{i(\varphi_i - \varphi_f)\}$ を含んでいる.ここで φ_i, φ_f は始めと終わりの状態の波動関数の位相である.ずれる散乱に対して状態 i と f は異なり,この因子は1と異なる.散乱断面積を決定する絶対値の2乗 $|\sum A_{fi}|^2$(和は N 個の原子すべてについて行なう)のなかで和のなかの異なる原子の項の積は位相因子をもち,原子の位相について平均するとゼロになる.つまり各項の絶対値の2乗だけが残る.これは N 個の原子による全散乱断面積は,1個の原子による散乱断面積を N 倍することにより得られる.すなわち散乱振幅でなく散乱断面積を加えることになる.このような場合の散乱は**非干渉性**である.

もし原子の始めと終わりの状態が一致すると,因子 $\exp\{i(\varphi_i - \varphi_f)\} = 1$ である.この場合には散乱振幅は個々の原子による散乱振幅と因子 N だけ異なり,散乱断面積はしたがって因子 N^2 だけ異なる.この場合に散乱は**干渉性**であるという.

干渉性散乱はいつもずれない散乱である.しかしながら,逆の命題は必ずしも正しくない.ずれない散乱は,散乱する原子が縮退していないエネルギー準位にあるならば,完全に干渉性である.もしもエネルギー準位が縮退していれ

ば,互いに縮退している別の準位間の遷移から生じる非干渉性のずれない散乱もまた存在する.非干渉性のずれない散乱は準量子効果である.古典論では周波数の変化のない散乱は干渉性である(まさに I. §84 の干渉性散乱の概念の定義そのものである).

§102. スペクトル線の自然幅

今までは光の放出と散乱を調べる際に系(たとえば原子)の準位はすべて厳密に離散的とみなしてきた.しかしながら励起状態は光を出す確率をもち,有限の寿命をもっている.これから,準位は準離散的となり小さいながら有限の幅をもつことになる.これは $E - i\Gamma/2$ の形に書かれる.ここで Γ(普通の単位では $\Gamma/\hbar$)は,与えられた状態の(1秒あたりの)あらゆる可能な《崩壊》過程の確率である(§38)[1].

この事情が輻射過程にどう反映するかという問題を考察しよう.前から準位の幅が有限なために放出される光が厳密に単色でないことはわかっていた.すなわち,周波数は $\Delta\omega \sim \Gamma$ の幅にちらばっている.光子の周波数をこの程度の精度で測定するためには $T \gg 1/\Delta\omega \sim 1/\Gamma$ の時間が必要である.この時間をすぎるまでに準位は光を放出してしまっている確率が非常に大きい.したがって,問題にしなければならないのは与えられた周波数の光子の全放出確率

---

1) 輻射幅は,実際には非常に小さい.したがって,崩壊確率 $w \sim 10^8$-$10^9 \,\text{sec}^{-1}$ は幅 $\Gamma \sim 10^{-6}$-10^{-7}eV に対応する.

であり，単位時間あたりの確率ではない．原子のある励起準位 $E_i - i\Gamma_i/2$ から，無限の寿命をもち厳密に離散的な基底状態 (E_f) への遷移に対する確率を計算しよう．考察を簡単にするためにここで，この遷移が今与えられた励起準位の唯一の輻射する道であると仮定しよう．

§35 で行なった遷移確率に対する公式 (35.6)（これを使って§95 で輻射確率を計算した）の導きかたに立ちもどろう．われわれは時間 t が大きいときの関数 $a_{fi}(t)$ を考察し，比 $|a_{fi}|^2/t$ が求める単位時間内の遷移確率を与えたことを思い起こそう．今はこの手続きの意味をより正確にすることができる．すなわち，この手続きは励起準位の寿命にくらべて短い時間に関連したものである．このとき大きい t とは $1/(E_i - E_f)$ という期間にくらべて大きく $1/\Gamma$ にくらべては十分小さい時間を意味している．まさにそのために準位の有限の幅の存在を無視することができるわけである．今は励起準位の幅を無視できないような $1/\Gamma$ と同程度の時間を考察すべきときになっている．

輻射の問題ではわれわれは原子＋光子の系を扱う．したがって式 (35.2) のなかでは遷移周波数 ω_{fi} の役割は差 $E_f + \omega - E_i$ が演じる．今原子の始めの準位を $E_i - i\Gamma_i/2$ の形に書き，

$$a_{fi}(t) = V_{fi}\frac{1-\exp\{i(E_f+\omega-E_i)t-(\Gamma_i/2)t\}}{E_f-E_i+\omega+i\Gamma_i/2}$$

(102.1)

を得る．

求める（全時間にわたっての）全遷移確率は 2 乗 $|a_{fi}(t)|^2$ の $t \to \infty$ の極限値によって決定される．振動数が $d\omega$ 間隔内で方向が立体角 do 内の光子放出に対しては

$$dW = |a_{fi}(\infty)|^2 \frac{\Omega \omega^2 d\omega do}{(2\pi)^3} \tag{102.2}$$

に等しい（ここで Ω は（95.13）と同様に光子の波動関数の規格化の体積である）．ここに（102.1）を代入して

$$dW = \frac{\Omega \omega^2 do}{(2\pi)^3} |V_{fi}|^2 \frac{d\omega}{[\omega - (E_i - E_f)]^2 + \Gamma_i^2/4}$$

を得る．

放出確率のスペクトル分布だけに興味があるので，この式を光子の方向について積分する．（95.14）により積分は

$$\int \frac{\Omega \omega^2}{(2\pi)^3} |V_{fi}|^2 do = \frac{w}{2\pi}$$

となる．ここで w は普通の（単位時間あたりの）全輻射確率で，定義により Γ_i と一致する．このようにして，最終的には

$$dW = \frac{\Gamma_i}{2\pi} \frac{d\omega}{[\omega - (E_i - E_f)]^2 + \Gamma_i^2/4} \tag{102.3}$$

を得る．この式を $-\infty$ から ∞ までの全周波数にわたって積分すると 1 を与える．これは無限の時間が経つと原子はもちろん何らかの周波数の光子を放出してしまっていることに対応する．

公式（102.3）はいわゆる**スペクトル線の形**，すなわちある幅をもつ強度分布を決定する．公式（102.3）によっ

て決定される線の形は孤立原子に固有のもので，**自然の幅**と呼ばれる[1]．

---

1) 輻射する原子と他の原子との相互作用と関係した幅（衝突による幅）や光源内にいろいろの速度で運動する原子があることに関係した幅（ドップラーの拡がり）と区別する．

第16章　ファインマン図形

§103. 散乱行列

相対論的量子論における問題の典型的な設定はいろいろな散乱過程，すなわち自由粒子のいろいろな状態間の遷移の確率振幅を決定することであることはすでに述べてある（§75）．この問題は現時点では量子電気力学の枠内，すなわち電磁相互作用でひき起こされる過程に対しては原理的には解決したと考えることができる．（微細構造定数 α が小さいことで表わされるように）この相互作用が小さいために，これらの過程を摂動論を使って考察することができる．しかしながら（非相対論的量子力学にとって）普通の形式では，この摂動論は相対論的不変性の要求があらわな形で現われないという欠点をもっている．リチャード・ファインマンがつくった相対論的摂動論（1948）ではこの欠点はなくなっている．この理論の方法は，普通の形の摂動論では実際には不可能になるはずの計算を非常に簡単にする．さらに，それは計算の過程で現われる発散積分を一義的に消去する可能性を与える．これについては§75 ですでに言及してある[1]．

---

1) この章の解説は，理論の基礎的な考えと，そこに現われる概念

特に,任意の過程に対する散乱振幅の最も一般的な式をどうしてつくれるかを示そう.

系の第二量子化による記述法を念頭において,自由粒子の状態の占有数が独立変数であるような波動関数を導入しよう.この関数を(普通の座標の波動関数とそれとの区別を強調するために)記号 Φ としよう.系のハミルトニアンは $\hat{H}=\hat{H}_0+\hat{V}$ の形に表わす.ここで $\hat{H}_0$ は自由粒子のハミルトニアンで,$\hat{V}$ は電磁相互作用の演算子である.関数 Φ は波動方程式

$$i\frac{\partial \Phi}{\partial t} = (\hat{H}_0+\hat{V})\Phi \qquad (103.1)$$

に従う.ここでは演算子および波動関数の普通の(シュレーディンガー)表示であると考える.すなわち,演算子は時間に依存せず,系の時間的展開は波動関数の時間依存性で記述される.

§76で,あらわな時間依存性が波動関数から演算子に移されるような,量子力学の方法の別の定式化も可能であることが示された.この(ハイゼンベルク)表示では波動関数は時間には依存しない.しかしながら,現在われわれの前にある問題に対しては,演算子が時間依存性のすべてでなく,その自由粒子系の状態に対応する部分だけを担うよ

や量の由来と意味についての知識を与えることを目的としている.したがって,必要な計算が完全に再現されているわけではない.そのやり方はそのなかにある考えの基礎を明らかにすることだけを目的としている.

うな《中間の》表示が一番自然である．言いかえるとこの表示（**相互作用表示**と呼ぶ）では波動関数も時間に依存する．しかしこの依存性は摂動の作用と完全に結びついている．すなわちこの依存性はわれわれにとって重要な，粒子の相互作用のために生じる散乱過程に対応する．

上述にしたがって，相互作用表示の関数 Φ に対する波動方程式はつぎの形になる．

$$i\frac{\partial \Phi}{\partial t} = \hat{V}(t)\Phi \qquad (103.2)$$

は（103.1）と右辺に $\hat{H}_0$ がない点が異なっている．演算子 $\hat{V}(t)$ に引数 t を示した．これはいま考えられている表示では t に依存することを強調するためである．（103.1）のシュレーディンガー演算子 $\hat{V}$ が時間に依存しないのと反対である．

もしも $\Phi(t)$ と $\Phi(t+\delta t)$ とが二つの無限に接近した二つの時刻の Φ の値とすれば，（103.2）により互いに

$$\Phi(t+\delta t) = [1 - i\delta t \cdot \hat{V}(t)]\Phi(t),$$

あるいは同じ精度で $\Phi(t+\delta t) = \exp\{-i\delta t \cdot \hat{V}(t)\}\Phi(t)$ により結ばれる．この公式をつぎつぎと $t=-\infty$ から $t=+\infty$ までの時間間隔 δt_n に適用すると，最終値 $\Phi(+\infty)$ を始めの値 $\Phi(-\infty)$ を使って表わすことができる．これらの値を結びつける演算子を $\hat{S}$ とすると，$\Phi(+\infty) = \hat{S}\Phi(-\infty)$ を得る．ここで

$$\hat{S} = \prod_n \exp\{-i\delta t_n \cdot \hat{V}(t_n)\} \qquad (103.3)$$

である.また記号 $\prod$ はすべての間隔 δt_n の積の極限を意味している.もしも $V(t)$ が普通の関数であるならば,この極限は単に

$$\exp(-i\sum_n \delta t_n \cdot V(t_n)) = \exp\left(-i\int_{-\infty}^{\infty} V(t)dt\right)$$

になる.しかしこのような性質は異なる時刻の因子の可換性に基づいている.これは (103.3) の積から指数のなかの和に移るときにそうなっているものとされている.演算子 $\hat{V}(t)$ に対しては一般にこのような可換性はなく,普通の積分への移行は不可能である.

(103.3) を記号的に,

$$\hat{S} = \hat{T}\exp\left(-i\int_{-\infty}^{\infty} \hat{V}(t)dt\right) \qquad (103.4)$$

と書こう.ここで $\hat{T}$ は**経時演算子**で,積 (103.3) の一連の因子の一定の (《経時的》) 時間順序を意味する.もちろん,このような書き方自体純記号的性格しかもたない.しかしながら,これを使うと $\hat{S}$ を摂動のベキ展開を表わす級数を容易に書くことができる.すなわち

$$\hat{S} = \sum_{k=0}^{\infty} \frac{(-i)^k}{k!}\int_{-\infty}^{\infty} dt_1 \int_{-\infty}^{\infty} dt_2 \cdots$$
$$\cdots \int_{-\infty}^{\infty} dt_k \hat{T}\{\hat{V}(t_1)\hat{V}(t_2)\cdots\hat{V}(t_k)\} \qquad (103.5)$$

である.ここでおのおのの k 番目の項のなかの積分は k-重積分の形に書かれ,演算子 $\hat{T}$ は,変数 $t_1, t_2, \cdots, t_k$ の値の各領域で因子 $\hat{V}(t_1), \hat{V}(t_2), \cdots, \hat{V}(t_k)$ を経時的順序になら

§103. 散乱行列

べなければならないことを意味している．すなわち，右から左へ t の値が増す順序にならべられる．経時演算子は今は（(103.4) のなかのような指数関数式でなくて）単に積に対するものであるから，和 (103.5) の各項の式は記号的性格ではなく現実の意味をもっている．

演算子 $\hat{S}$ の定義から，もしも衝突前に系が状態 Φ_i（ある自由粒子の集まり）にあれば，それが状態 Φ_f（自由粒子の他の集まり）に遷移する確率振幅は行列要素 S_{fi} である．実際に，演算子の行列要素の定義に従って，関数 $\Phi(\infty) = \hat{S}\Phi_i$ はつぎのような展開型で表わすことができる：

$$\Phi(\infty) = \sum_f S_{fi} \Phi_f$$

((11.11) 参照)．2乗 $|S_{fi}|^2$ は，したがって，$t \to \infty$ で（すなわち，相互作用の過程のあとで）系が終状態 Φ_f にある確率である．演算子 $\hat{S}$ を**散乱演算子**という．またその行列要素の組を**散乱行列**あるいは **S-行列**と呼ぶ（この術語はすでに§75 で触れた）．この行列の非対角 ($i \neq f$) 要素は散乱 $i \to f$ の過程の振幅である[1]．

公式 (103.5) に十分に具体的な意味を与えるためには，そのなかにすべての可能な電気力学的過程を含むような，相互作用演算子 $\hat{V}(t)$ の一般形をつくる必要がある．これは§95 ですでに書かれた公式を直接に一般化することにより容易に行なえる．その節では (95.1) のなかで演算子 $\hat{A}$

---

[1] 展開 (103.5) を使った相対論的理論の導き方は F. ダイソンによる．

で表わされる電磁場だけの第二量子化をする．いまは電子‐陽電子場に対してもまた第二量子化に移る必要がある．この移行は単に，行列要素 (95.5), (95.6) のなかの電子の波動関数を対応する Ψ-演算子に置き換えることにより達成される．このようにして，式

$$\hat{V}(t) = -e\int \hat{\boldsymbol{j}}\cdot\hat{\boldsymbol{A}}d^3x \qquad (103.6)$$

に到達する．ここで $\hat{\boldsymbol{j}}=\hat{\Psi}^*\boldsymbol{\alpha}\hat{\Psi}$ は粒子の電流密度の第二量子化された演算子である（$d^3x = dxdydz$ は体積要素である）．

(103.6) には，3次元ベクトル $\hat{\boldsymbol{j}}$ と $\hat{\boldsymbol{A}}$ が現われるが，これはポテンシャル場の，従来われわれが使ってきた特別のゲージの選択と関係がある．すなわち，スカラーポテンシャルがゼロに等しいようなゲージである．相対論的不変な式を得るためには，4次元形式の記法

$$\hat{V}(t) = e\int \hat{j}^\mu \hat{A}_\mu d^3x \qquad (103.7)$$

に移る必要がある．ここで $\hat{j}^\mu = \hat{\bar{\Psi}}\gamma^\mu\hat{\Psi}$ は電流密度の4-ベクトル演算子で $\hat{A}_\mu$ は4-ポテンシャル演算子で，あらかじめゲージを決めることはしない（$\hat{A}^\mu = (0, \hat{\boldsymbol{A}})$ のときは (103.7) は (103.6) になる）．演算子 $\hat{A}^\mu$ の形は光子の偏りのベクトル $\boldsymbol{e}$ を単位4-ベクトル e^μ（これは特別なゲージのときに $e^\mu = (0, \boldsymbol{e})$ になる）[1] に置き換える点が (76.15) と異なっている：

$$\hat{A}^\mu = \sum_k \sqrt{\frac{2\pi}{\Omega\omega}}(\hat{c}_k e^\mu e^{-i(kx)} + \hat{c}_k^+ e^{\mu *} e^{i(kx)}). \quad (103.8)$$

電子と陽電子の生成と消滅の演算子を使った Ψ-演算子の式は (85.3) で表わされる. それを

$$\Psi = \sum_p (\hat{a}_p \Psi_p + \hat{b}_p^+ \Psi_{-p}), \quad \hat{\bar{\Psi}} = \sum_p (\hat{a}_p^+ \overline{\Psi}_p + \hat{b}_p \overline{\Psi}_{-p})$$
$$(103.9)$$

の形に書こう. ここで関数 Ψ_p は 4-運動量 p をもった平面波である:

$$\Psi_p = (1/\sqrt{\Omega})u(p)e^{-i(px)}. \quad (103.10)$$

演算子 (103.8), (103.9) およびそれに伴って相互作用演算子 (103.7) の時間依存性が粒子の自由運動の波動関数, すなわち平面波を使った演算子に移されていることに注目しよう. 言いかえれば, これらの演算子はわれわれが求めている表示, すなわち相互作用表示で書かれている.

---

1) 簡単のために, どこでも粒子の偏りを示す添字は付けないことにする. この章ではしばしば, 成分を示す添字 $\mu, \nu, \cdots$ を付けない細字体の文字で 4-ベクトルを書き表わす方法が使用される. したがって, x と p は 4-ベクトル $x^\mu = (t, \boldsymbol{r})$ と $p^\mu = (\varepsilon, \boldsymbol{p})$ を表わす. このとき 4-ベクトルのスカラー積も同じ添字なしで書かれる. すなわち $(px) \equiv p_\mu x^\mu = \varepsilon t - \boldsymbol{p} \cdot \boldsymbol{r}$ である. 粒子の 4-運動量と質量 m に対する等式 $p_\mu p^\mu = m^2$ は $p^2 = m^2$ の形に書かれる. また光子の 4-運動量に対する等式 $k_\mu k^\mu = 0$ は $k^2 = 0$ の形になる. その他…である. このような書き方は現代の文献でひろく使われている. アルファベットの種類と物理学者の要求とのあいだのこのような約束は, もちろん, 読者に高度の注意を要求することになる.

§104. ファインマン図形

具体的な例を使って，散乱の行列要素の計算法を説明しよう．

摂動論の2次近似で起こる過程を考察しよう．これは展開（103.5）の2番目の項（$k=2$）に対応する．これを代入してこの項をつぎの形に書こう：

$$\hat{S}^2 = -\frac{e^2}{2} \iint d^4x d^4x' \hat{T} \{\hat{i}^\mu(x)\hat{A}_\mu(x)\hat{j}^\nu(x')\hat{A}_\nu(x')\}. \tag{104.1}$$

ここで $d^4x = dt d^3x$ は4-体積の要素である．この式の相対論的不変性に注目しよう．積 $(\hat{j}\hat{A})$ は4-スカラーである．4-体積[1]の積分もスカラー演算子である．

最初の例として2個の電子の弾性散乱を考察しよう．すなわち，始状態には4-運動量 p_1 と p_2 をもつ2個の電子があり，終状態には4-運動量 p_3 と p_4 をもつ2個の電子がある．光子と電子の演算子は別々の変数（光子および電子の占有数）に働くので，その行列要素は独立に計算される．与えられた場合に始めと終わりの状態に光子はない．したがって，光子演算子 $\hat{A}_\mu(x)\hat{A}_\nu(x')$ についてはわれわれに必要な行列要素は対角要素 $\langle 0|\cdots|0 \rangle$ である．ここで $|0\rangle$ は光子がない電磁場の状態あるいはいわゆる**光子真空**を意味している．この行列要素は4-座標 x と x' の決まった関数である．空間および時間の一様性のために，この関数は空間

---
[1] 相対論的不変性は経時化演算によっても破れないことを示すような考察にかかわりあわないことにする．

間隔 $(\boldsymbol{r}-\boldsymbol{r}')$ と時間間隔 $(t-t')$, すなわち差 $x-x'$ にのみ依存し,個々の x と x' の値には依存しない. このようにして,上述の理論の基礎的な新しい考えの一つ,すなわちいわゆる**光子伝播関数**あるいは**光子プロパゲータ**[1] が現われる. これは

$$D_{\mu\nu}(x-x') = \begin{cases} i\langle 0|A_\mu(x)A_\nu(x')|0\rangle & (t' < t) \\ i\langle 0|A_\nu(x')A_\mu(x)|0\rangle & (t < t') \end{cases}$$

(104.2)

で定義される ($t'<t$ と $t<t'$ のときの因子の順序の違いは (104.1) のなかの演算子 $\hat{T}$ の働きである).

さらに (104.1) のなかの電子演算子を考察しよう. ここで現われる二つの電流演算子はいずれも $\hat{j}=\hat{\bar{\Psi}}\gamma\hat{\Psi}$ で, Ψ-演算子はいずれも和 (103.9) で与えられる. したがって,積 $\hat{j}^\mu(x)\hat{j}^\nu(x')$ は, 演算子 $\hat{a}_p, \hat{a}_p^+, \hat{b}_p, \hat{b}_p^+$ のなかのいずれか 4 個の積を含む項の和で表わされる. われわれに必要な行列要素にゼロと異なる寄与をするのは, これらの項のなかで演算子が始めの電子 p_1, p_2 の消滅と終わりの電子 p_3, p_4 の生成ができるものである. 言いかえれば, これは演算子 $\hat{a}_{p_1}, \hat{a}_{p_2}, \hat{a}_{p_3}^+, \hat{a}_{p_4}^+$ を含むものになるはずである. このような方法で行なった計算はつぎの結果になる:

---

1) 英語の propagation, すなわち"伝播"に由来する.

$$S_{fi} = ie^2 \iint d^4x\, d^4x'\, D_{\mu\nu}(x-x')$$
$$\times \{(\overline{\Psi}_4 \gamma^\mu \Psi_2)(\overline{\Psi}'_3 \gamma^\nu \Psi'_1) - (\overline{\Psi}_4 \gamma^\mu \Psi_1)(\overline{\Psi}'_3 \gamma^\nu \Psi'_2)\}.$$
(104.3)

ここで $\Psi_1 = \Psi_{p1}(x), \Psi'_1 = \Psi_{p1}(x')$ その他である．

電子波動関数は平面波（103.10）である．したがって，たとえば（104.3）の括弧内に現われる第1項は指数関数因子

$$\exp\{-i((p_2-p_4)x) - i((p_1-p_3)x')\}$$

である．しかし衝突の際の4-運動量の保存則のために，$p_1 + p_2 = p_3 + p_4$ であり，したがって $p_2 - p_4 = p_3 - p_1$ である．上記の因子は

$$\exp\{i((p_4 - p_2)(x - x'))\}$$

に変わる．そして（104.3）のなかの $d^4(x-x')$ についての積分は関数 $D_{\mu\nu}(x-x')$ の4次元フーリエ積分の4-運動量 $k = p_4 - p_2$ に対応する成分をとることを意味している．この展開で定義される関数

$$D_{\mu\nu}(k) = \int D_{\mu\nu}(x-x') \exp\{i(k(x-x'))\} d^4(x-x')$$
(104.4)

を運動量表示の光子プロパゲータと呼ぶ．

（104.3）の第2項はこのように変換され，その結果
$$S_{fi} \sim e^2 (\bar{u}_4 \gamma^\mu u_2) D_{\mu\nu}(k) (\bar{u}_3 \gamma^\nu u_1)$$
$$- e^2 (\bar{u}_4 \gamma^\mu u_1) D_{\mu\nu}(k') (\bar{u}_3 \gamma^\nu u_2)$$
(104.5)

を得る．ここで $k=p_4-p_2, k'=p_4-p_1$ である[1]．この散乱振幅の第1項と第2項とは記号的にいわゆるファインマン図形の形に表わされる（第14図）．図形の直線の交点（頂点）のおのおのには因子 $e\gamma^\mu$ があてられる．頂点への《入る》実線は始めの電子に対応し，これには因子 u，すなわち対応する電子状態の双スピノール振幅があてられる．頂点から出ている《出る》実線は終わりの電子で，この直線には因子 $\bar{u}$ があてられる．図形を《読む》ときには，実線に沿って矢印と逆方向の移動に対応する順序で上記の因子を左から右へ書いていく．二つの頂点は**仮想的**（中間の）**光子**に対応する破線で結ばれる．これは一方の頂点から《放出され》他方で《吸収される》．この線には因子 $D_{\mu\nu}(k)$ があてられる．仮想的光子の4-運動量（k あるいは k'）は《頂点における4-運動量の保存》，すなわち出る線と入る線の運動量の総和が等しいことにより決定される．始めと終わりの粒子に対応する線を図形の**外線**あるいは**自由端**と呼ぶ．

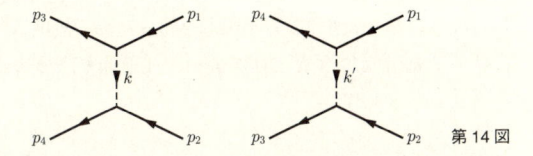

第14図

---

[1] われわれには S-行列の要素の数学的構造の特性だけが重要である．したがって，これに影響しない共通因子は捨てることにする．われわれはまた2乗 $|S_{fi}|^2$ を観測される量，すなわち散乱断面積へ変換する方法にもかかわりあわないことにしよう．

第14図の二つの図形は二つの自由端が入れ替わっている点だけ互いに異なっている．

仮想的光子の4-運動量の2乗 $k^2 \equiv k_\mu k^\mu$ はけっしてゼロにならないことを強調しよう．それは現実の光子の場合にはゼロにならなければならない．この関係で，（図形の形に対応する）仮想的光子の放出とそれにつづく吸収の過程としての記述は，もちろん文字通りの意味はもたないで，散乱振幅に含まれる式の構造を言葉で言い表わすのに便利な方法であるだけのものであることを強調しておこう．

今度は電子と陽電子の散乱を考察しよう．これらの始めの4-運動量を p_- と p_+，終わりのを p'_- と p'_+ と置く．この場合に図形をどう変えなければならないかは，Ψ-演算子（103.9）の構造の特性からすでに明らかである．すなわち，これらの式のなかで陽電子の生成および消滅演算子はそれぞれ電子の消滅および生成演算子と一緒に含まれ，またそれらの係数としては $u(p)$ と $\bar{u}(p)$ の代りに $\bar{u}(-p)$ と $u(-p)$ が現われる．これから，第14図に描かれている図形の代りに第15図になる．図形を組み立てる規則は陽電子に関する部分だけを変えればよい．従前通り入る実線には

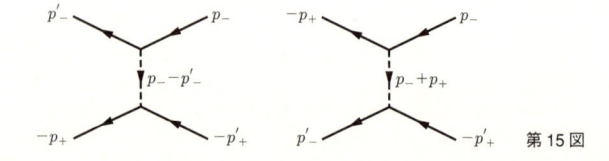

第15図

因子 u が，出る実線には $\bar{u}$ があてられる．しかし今は入る端子は終わりの，出る端子は始めの陽電子に対応する．このときすべての陽電子の 4-運動量は逆符号になる．第 15 図の二つの図形の異なる性質に注目しよう．

これらのなかの 1 番目のは第 14 図の図形と同じ性質をもっている．すなわち，頂点の一つでは始めと終わりの電子線が交わり，他では陽電子線が交わる（《散乱》型図形）．第二の図形では各頂点で始めと終わりの電子線と陽電子線が交わっている．上の頂点では仮想的光子の放出を伴う対消滅が，下では光子による対生成が行なわれる（《消滅》型図形）．

2 次の他の効果，すなわち電子による光子の散乱効果（コンプトン効果）へ移ろう．光子と電子は始めの状態では 4-運動量 k_1 と p_1 で，終状態では k_2 と p_2 である．

S-行列の要素に対応して，(104.1) のなかの演算子 $\hat{A}_\mu(x)\hat{A}_\nu(x')$ は（そのなかに演算子 $\hat{c}_{k_1}$ と $\hat{c}_{k_2}^+$ を含んでいるので）光子 k_1 を消滅し光子 k_2 を生成できるようにしている．電子 p_1 の消滅と電子 p_2 の生成は二つの演算子対 $\hat{\Psi}$ と $\hat{\bar{\Psi}}$ の一つにより（そのなかに $\hat{a}_{p_1}$ と $\hat{a}_{p_2}^+$ が含まれているので）保証されている．(104.1) に現われる Ψ-演算子の第二の対に関しては，そのあとにはその対角行列要素 $\langle 0|\cdots|0\rangle$ が残る．ここで記号 $|0\rangle$ は今は**電子 - 陽電子真空**の状態，すなわち粒子のない場を意味する．このようにして，理論の第 2 番目の基礎概念，いわゆる**電子伝播関数**あるいは**電子プロパゲータ**が生じる．これは

$$G_{ik}(x-x') = \begin{cases} -i\langle 0|\hat{\Psi}_i(x)\hat{\bar{\Psi}}_k(x')|0\rangle & (t' < t) \\ i\langle 0|\hat{\bar{\Psi}}_k(x')\Psi_i(x)|0\rangle & (t < t') \end{cases}$$
(104.6)

で定義される．ここで i, k は双スピノール添字で，したがって G_{ik} は2階の双スピノールである．

散乱振幅に対しては結果としてつぎのような式が得られる：

$$S_{fi} \sim e^2 \bar{u}_2(e_2^*\gamma)G(p)(e_1\gamma)u_1 + e^2 \bar{u}_2(e_1\gamma)G(p')(e_2^*\gamma)u_1.$$
(104.7)

ここで $p = p_1 + k_1$, $p' = p_1 - k_2$ である．e_1 と e_2 は始めと終わりの光子の偏りの4-ベクトルである[1]．$G(p)$ と $G(p')$ は運動量表示での電子プロパゲータである．

この式の第1項と第2項はそれぞれ第16図に描かれたファインマン図形で表わされる．図形の破線の自由端は現実の光子に対応する．入る線（始めの光子）には（4-ベクトル）因子 e_1 が，出る線（終わりの光子）には因子 e_2^* が

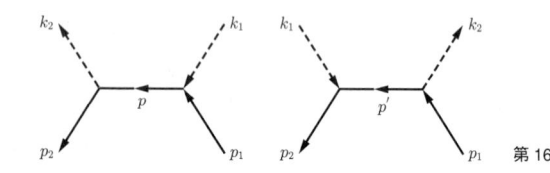

第16図

---

1) 偏りの4-ベクトルの記号と電荷 e とを混同しないこと．電荷の2乗が（104.7）には共通の係数として入っている！

あてられる．二つの頂点を結ぶ内部実線は仮想的電子に対応する．この線には因子 $G(p)$ があてられる．仮想的電子の 4-運動量（p または p'）は頂点における 4-運動量の保存により決定される．その 2 乗は，現実の電子ならば m^2 に等しくなければならないはずだが，けっして m^2 に等しくはならないことを強調しよう．

第 14 図の図形の外部電子端の意味の変更が，電子-陽電子散乱の図形から得られたのと同様に，第 16 図の図形から，電子 p_- と陽電子 p_+ が消滅して 2 光子 k_1, k_2 をつくる別の過程に対応する図形が得られる（第 17 図）：

ここで具体的な例を使って述べた規則はいわゆる**図形手法**の基礎で，これでいろいろの電気力学の過程の振幅をつくることができる．摂動の n 次近似に現われる散乱過程の振幅は，n 個の頂点とこの過程に参加する始めと終わりの粒子と同じだけの自由端をもつすべての図形の集まりとして記述される．各頂点には 3 本の線が集まっている．すなわち一つの光子線と二つの（入るのと出る）電子線である．

三つの頂点をもつ図形（第 18 図）は（3 次の摂動論で）4-運動量 p_1 と p_2 をもつ電子の衝突の際の光子 k の放出

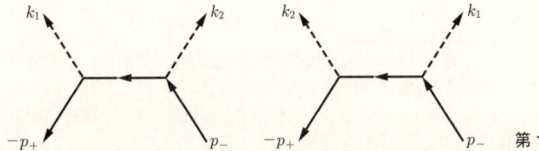

第 17 図

(衝突後の電子の 4-運動量は p_3 と p_4 となる）に対応する八つの図形のなかの一つである．この図形で光子 k は終わりの電子の一つから放出される．他の図形では光子は他の電子から放出される（そして，このほか，p_3 と p_4 を取り替えてもよい）．

第 19 図の 4 次の図形は，光子 - 光子散乱を記述する 6 個の図形の一つである．残りの図形はこれと四つの光子端の取り替わっている点が異なっている[1]．既述のものとくらべて第 19 図の図形は，（始めの k_1, k_2 と終わりの k_3, k_4 が与えられたとき）その頂点における 4-運動量の保存は仮想的電子（図形の内部実線）の 4-運動量を一意的に決定しない点が異なっている．そのなかの一つに任意の値 p を与えることができる．この場合には図形に従ってつくられた式はさらに 4-ベクトル p の成分のすべての値について積分

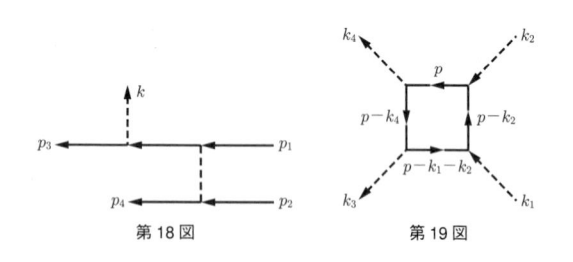

第 18 図   第 19 図

---

[1] 光子 - 光子散乱は量子電気力学に特有の過程である．マクスウェル方程式が線形なので古典電気力学にはこれは存在しない．この存在は，量子現象がマクスウェル方程式に小さい非線形付加項をもたらすことを意味している．

する必要がある.

量子電気力学の方法ではプロパゲータの概念は基本的な役割を演じている. 実際に散乱振幅を決定するためには, これらのプロパゲータを毎度いつも計算する必要がある. このような計算の出発点はつぎに述べるプロパゲータの重要な数学的性質である.

演算子 $\hat{\Psi}(x)$ はディラック方程式 $[(\hat{p}\gamma)-m]\hat{\Psi}(x)=0$ を満足する (なぜかというと, 展開 (103.9) のなかの波動関数 Ψ_p はいずれもこの方程式を満足するからである). これから, 関数 $G(x-x')$ (この定義のなかには (104.6) に従って $\hat{\Psi}(x)$ が現われる) は, $t=t'$ の点を除くすべての点 x で, 演算子 $(\gamma\hat{p})-m$ を掛けると 0 になることで出てくる. 定義 (104.6) にしたがって関数 $G(x-x')$ は t が t' に上からかあるいは下からか近づく ($t\to t'+0$ あるいは $t\to t'-0$) と異なる値に近づく. これらの極限の差は簡単な結果へと導く. すなわち関数 G は $t=t'$ のとき跳びがあり, それは

$$\Delta G \equiv (G|_{t\to t'+0} - G|_{t\to t'-0}) = -i\gamma^0\delta(\boldsymbol{r}-\boldsymbol{r}')$$

に等しい. しかしもしも関数 $G(t-t', \boldsymbol{r}-\boldsymbol{r}')$ が $t-t'=0$ で跳び ΔG があると, これは微係数 $\partial G/\partial t$ のなかに δ-関数をもつ項 $\Delta G \cdot \delta(t-t')$ [1] が現われる. 演算子 $(\gamma\hat{p})-m$ のなかで時間微分は $i\gamma^0\partial/\partial t$ の形で含まれる. したがって,

---

[1] 実際に, 時間 t の t' のまわりの小さい区間で, 微係数 $\partial G/\partial t$ を積分して, $t=t'$ の時刻の両側の G の値の差を求める必要がある. δ-関数の積分は 1 を与えるので, 求める ΔG を得る.

結局
$$[(\gamma\hat{p})-m]G(x-x') = \delta^{(4)}(x-x')$$
となる．ここで記号 $\delta^{(4)}$ は4-ベクトルの引数の四つの成分の四つの δ-関数の積である．すなわち，$\delta^{(4)}(x-x') = \delta(t-t')\delta(\boldsymbol{r}-\boldsymbol{r}')$ である．

このようにして，関数 $G(x-x')$ は非斉次の微分方程式，すなわちディラック方程式の右辺に δ-関数がついたものを満足する．このような関数を物理数学では，対応する斉次方程式，この場合はディラック方程式のグリーン関数と呼ぶ．この関係で電子プロパゲータはしばしば**電子のグリーン関数**と呼ぶ．

同様にして，光子プロパゲータは電磁場のポテンシャルが満足する波動方程式のグリーン関数である（このことからこれの別の呼び名は**光子のグリーン関数**である）．

§105. 輻射補正

図形手法は原理的には，摂動論の最初のゼロにならない散乱振幅だけでなく，つぎの近似から出るその補正も計算する可能性を与える．この補正を**輻射補正**という．

輻射補正を計算するとき当然のことながら発散積分の出現と関係した困難が生じる．これとともに現存する量子電気力学の論理的不完全性が姿を現わす．しかしながら，この理論では，一意的に《無限大の差し引き》を行ない，その結果観測可能な物理的意味をもつ量すべてに対して有限の値を得ることを可能にする一定の処方箋をつくることが

§105. 輻射補正

できる.この処方箋の基礎には自明の物理的要求がある.これはまとめると,光子の質量はゼロに等しくなければならず,電子の質量と電荷はその測定値に等しくならなければならないことである.発散する式を前もって物理的要求で確立された確定値にするための手続きを,その量の**繰り込み**と言う.

散乱振幅に対する輻射補正を記述する図形は,外端の数を変えないで図形に新たに頂点を付け加えて複雑にすることにより,もとの図形から得られる.たとえば,図形中の仮想的光子線は,そこに二つの新しい頂点をもつ《電子環》を導入することにより複雑化することができる(第20図a).このとき 4-ベクトル p は任意で,それについて積分しなければならない.この積分は発散し繰り込みを必要とすることがわかる.直観的にはこの図形は,仮想的光子 k によって真空からの(4-運動量 p と $k-p$ をもつ)仮想的電子-陽電子対の生成と,もとの光子 k の放出を伴う対消滅として記述することができる.この関係で第20図aで表わされる形の図形と関係した輻射補正を**真空の偏り**の効果という.この効果は特に荷電粒子の近くのクーロン場に若

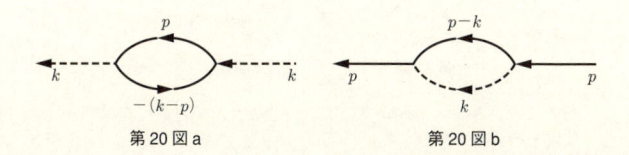

第20図a

第20図b

干の歪みをもたらす[1]．

同様に仮想的電子線に新しい頂点を2個つけることにより図形を複雑化することができる（第20図b）．仮想的電子 p は仮想的光子を放出し，ふたたびそれを吸収する．

電子と光子の相互作用はファインマン図形では，頂点すなわち光子線 k と電子線 p_1 と p_2 が交わる点によって記述される．（第21図a）．より複雑な《図形のブロック》（第21図b）は単純な頂点に対する輻射補正である．この補正は特に重要な結果をもたらす．すなわち，電子の磁気モーメント μ は厳密には，ディラック方程式から出る値 (93.9) と等しくなくなる．輻射補正を考慮して μ は（普通の単位で）

$$\mu = \frac{e\hbar}{2mc}\left(1+\frac{\alpha}{2\pi}\right)$$

に等しい．ここで α は微細構造定数である（この式は1949年に最初にジュリアン・シュヴィンガーが出した）．

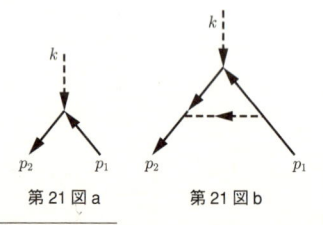

第21図a　　第21図b

---
[1] この歪みは $\sim \hbar/mc$ のへだたりまで及んでいる．ここで m は電子の質量である．

§106. 原子準位の輻射によるずれ

輻射補正のもっとも重要なものの一つに，原子のエネルギー準位の値のずれがある（いわゆるラム・シフト）．それは，特に，ディラック方程式を使っても残っていた水素原子の準位の最後の縮退をなくしてしまう（§94）．ここではこの補正の完全な計算をするわけにはゆかないので，非相対論的理論の枠内での簡単な導き方を示そう．この導き方は首尾一貫したものではないが輻射補正の原因を説明するのには十分に役立つことができる[1]．

電子系（たとえば水素原子）と光子場の相互作用の演算子は対角行列要素をもたない（§95）．したがって，摂動論の1次近似でその相互作用は原子のエネルギー準位に補正を与えない．このような補正は2次近似で生じる．一般式(32.10)にしたがってエネルギー準位に対する2次の補正は，与えられた状態から中間状態への遷移に対応する非対角行列要素によって決定される．今の場合は原子と光子を一緒にした系の状態を扱っていて，原子がある（n番目の）準位にあり光子が一般には存在しない状態から出発する．中間状態では原子はその任意の状態にあり，また場には1個の光子がある．直観的には，エネルギーへの補正は原子による仮想的光子の放出とそれにつづく吸収と関係すると言ってもよい[2]．

---

[1] この導き方は初めにハンス・ベーテにより1947年に与えられ，量子電気力学のその後のすべての発展に対する出発点の役を果たした．

非相対論の場合には，光子の放出に対応する電磁相互作用の演算子の行列要素は，（97.2）と（97.1）により

$$-e\sqrt{\frac{2\pi}{\omega\Omega}}(\boldsymbol{e}^*\cdot\boldsymbol{v}_{nm})$$

に等しい．中間状態にわたっての和には（添字 m で表わされた）原子状態についての和と，光子の運動量についての（すなわち，$\Omega dk_x dk_y dk_z/(2\pi)^3$ についての）積分およびその偏りについての和を含んでいる．$\boldsymbol{k}$ の方向についての積分と偏りについての和は（97.4）を導くときに行なったのとまったく同じことが行なわれる．この結果，エネルギーに対する補正として

$$-\frac{2e^2}{3\pi}\sum_m\int\frac{|\boldsymbol{v}_{nm}|^2\omega d\omega}{(E_m+\omega)-E_n} \tag{106.1}$$

を得る．ここで E_n, E_m は原子の非摂動エネルギー準位である．しかしながら，この積分は上限で発散する．

自由電子に対しては式（106.1）は質量に対する補正になるはずである．そして繰り込みの演算は単にこれを切り捨てることになるはずである．すなわち，電子の《非摂動の》質量はもうその測定値になっているからである．他方，自由電子に対して速度演算子 $\hat{\boldsymbol{v}}=\hat{\boldsymbol{p}}/m$ は対角行列要素 $\boldsymbol{v}_{nn}$

---

2) 非相対論的理論では光子が仮想的であることは，その放出あるいは吸収の際にエネルギー保存則が守られないことに現われている．仮想的な電子－陽電子対生成について言えば，それは非相対論的近似には出てこない．

だけをもち,これは(自由粒子に対しては)確定値 v と一致する.(106.1)で m についての和は,このとき一つの項 $(m=n)$ になり

$$-\frac{2e^2}{3\pi}\int v^2 d\omega$$

である.(原子の)結合状態に対する繰り込み定数は,速度の 2 乗 v^2 を,原子の与えられた状態でのその平均値,すなわち行列要素 $(v^2)_{nn}$ で置き換えることにより得られる.しかし行列の乗算の規則に従って

$$(v^2)_{nn}=\sum_m v_{nm}\cdot v_{mn}=\sum_m |v_{nm}|^2$$

となる.

このようにして,式

$$-\frac{2e^2}{3\pi}\sum_m \int |v_{nm}|^2 d\omega$$

に達する.観測されるエネルギー準位に対する補正値を得るためには,これを(106.1)から差し引く必要がある.すなわち

$$\delta E_n=\frac{2e^2}{3\pi}\sum_m \int \frac{|v_{nm}|^2(E_m-E_n)}{E_m-E_n+\omega}d\omega. \quad (106.2)$$

この積分はまだ上限で発散する.しかしもう対数発散だけである.首尾一貫した相対論的理論ではこの発散は実際には残らない.非相対論的理論の枠内でも δE_n という量のよい評価をすることができる.それには(106.2)の積分を 0 から電子の質量値 m まで伸ばせばよい.これは,非

相対論的考察は光子の周波数が $\omega \ll m$ のときにのみ許され,対数的積分の値は(原子のエネルギー準位のすべての差 $E_m - E_n$ にくらべて大きい)その上限の厳密な選択にはよらないことを考慮してのことである.

最後に(97.1)にしたがって,電子の速度の行列要素を双極モーメントの行列要素に置き換えて,最終的に(普通の単位で)

$$\delta E_n = \frac{2}{3\pi \hbar^3 c^3} \sum_m |\boldsymbol{d}_{nm}|^2 (E_m - E_n)^3 \ln \frac{mc^2}{|E_m - E_n|} \tag{106.3}$$

を得る.このずれは原子内電子のすべての量子数に,すなわち主量子数 n,全角運動量 j および軌道角運動量 l に依存する.したがって,補正(106.3)を導入したあとは,前からしばしば出た同じ n, j と異なる $l = j \pm 1/2$ をもつ縮退[1]もまた異なることがわかる.

---

[1] したがって,単位の差 $E(2s_{1/2}) - E(2p_{1/2})$ に対応する周波数は,公式(106.3)に従って計算され ≈ 1000 メガヘルツの値になる(正確な相対論的計算は 1050 メガヘルツを与える).

訳者あとがき

本書は《理論物理学小教程》の第2巻に当たるランダウ, リフシッツの共著《量子力学》：Краткий курс теоретической физики, Книга 2, Л. Д. Ландау и Е. М. Лифшиц《КВАНТОВАЯ МЕХАНИКА》издательство〈Наука〉, Главная редакция физико-математической литературы, Москва, 1972 の全訳である. この《小教程》は全3巻から成り, その構成は

第1巻 力学・場の理論（電磁気学） 1969年刊（邦訳近刊）〔東京図書, 1976; ちくま学芸文庫, 2008〕
第2巻 量子力学 1972年刊（邦訳本書）
第3巻 巨視的物理学〔原書未刊〕

となっている. これらの巻は, 同じ著者たちによる全10巻の有名な《理論物理学教程》（以下これを《大教程》と呼ぶ）[*] の基礎の部分である第1〜5巻の基礎概念を簡潔に体系化した教科書であると言えよう.

レフ・ダヴィドヴィチ・ランダウはソ連の生んだ最大の理論物理学者の一人で, 古典物理学から現代物理学にいたるあらゆる分野に多くの業績を残した. その分野は, 流体力学, 天体物理学, 原子分子, 制動輻射, 衝撃波, 固体物

理，磁性，相転移，超伝導，超流動，量子流体，プラズマ，量子力学の基礎，量子電気力学，核物理，宇宙線などである．1962年には《凝縮媒質とくに液体ヘリウムの理論に関する先駆的な理論的研究》に対してノーベル物理学賞を受けた．しかし同年出会った自動車事故がもとで彼の知的活動は停止され，1968年に60歳の若さで世界中の学者から惜しまれつつ他界した．

ランダウ教授は優れた研究者であると同時に教育にも深い関心をもっていた．このため彼は中学校の教科書から，専門家向きの理論物理学教程にいたるまでのあらゆるレベルの物理学の本を書くことを意図していたといわれる．実際には生存中，《大教程》*)のほぼ全巻，《一般物理学教程》**)，《相対性理論とは何か》***)，および《万人の物理学》****)を書き終えたにすぎない．本書の属する《小教程》は前二者，《大教程》と《一般物理学教程》の中間レベルを目指したもので，ランダウ自身の意図に従って編纂され，彼の没後出版され始めたものである．したがって本書の対象とする読者は，理論物理学専攻の学徒というよりは，専攻分野を問わず現代物理学のあらゆる分野に進む学徒を想定している．

この《小教程》は，膨大な《大教程》を圧縮してつくら

---

*) その大部分はすでに東京図書より刊行されている．

**) 小野周・豊田博慈訳『物理学』(岩波書店)．

***) 鳥居一雄・広重徹・金光不二夫訳『相対性理論入門』(東京図書)．この前半がランダウの著わした部分である．

****) 広重徹・鳥居一雄訳『万人の物理学』(東京図書)．

れた経緯にもかかわらず、単にその"抜粋"ではない。このことは訳者が本書の第1部の非相対論的量子力学の部分を訳すに当たって、《大教程》の第3巻《量子力学——非相対論的理論》の訳稿を基にしたにもかかわらず、その大部分は新たに訳し直さなければならなかったことからもわかる。本書の第2部の相対論的理論では《大教程》の第4巻《相対論的量子力学》との直接の関連はほとんどないが、電磁場と電子の相対論的扱い方を解説して、場の理論の方法論が簡潔に記述されている。第1,2部を通して量子力学の教科書として要求される必要な事項が、かなり高度なことまで要約されている。それにもかかわらず本書は大教程のもっている明晰さと簡潔さの特長を失わないばかりでなく、入門書としての性格を強めている。しかしより詳細な記述やより豊富な例題を望む読者は《大教程》を参照されたい。

本書はとりわけ《小教程》第1巻との関連が重要である。本書の随所に見られる I. §64, I. (80.12) などの引用は《小教程》第1巻の章や式を示すものである。索引は原書にあるものをさらに補充して作成した。

翻訳にあたっては《大教程》と同じ精神で行ない、《大教程》との訳語の統一もはかった。この邦訳版刊行に際し事前にリフシッツ教授から激励のお手紙と正誤表を頂き、誤植の訂正を行なうことができた。《大教程》の共訳者である佐々木健氏のすぐれた御意見は、今回の仕事にあたっても非常に有益であり、われわれも十分尊重させていただいた。これらの方々につつしんで謝意を表するしだいである。ま

た東京図書の小島忠久, 松本重彰両氏の熱心なご協力に対し感謝の意を表したい.

 1975 年 3 月

訳 　 者

付　記
　本書の文庫化にあたり, 読者にとって読みやすいように, スカラー積とベクトル積の表記を改めた.
　また文庫版の上梓にあたり, 筑摩書房の渡辺英明氏と編集担当の岩瀬道雄氏にたいへんお世話になった. 衷心より感謝申し上げる.

 2008 年 5 月

訳 　 者

解 説　独特な理論構成

江沢 洋

1　あらゆる研究に必要な最小限

本書は，同じく L.D. ランダウと E.M. リフシッツによる理論物理学教程・全10巻（以下，大教程という）が膨大になりすぎ，理論物理を専門にしようとは思っていない一般の学生のための教科書には向かなくなってしまったので，ランダウが企画した縮小版・全3巻の1冊である．第1巻『力学・場の理論』(1969)，第2巻『量子力学』(1972)，第3巻『巨視的物理学』(未刊)からなる小教程は，本書の序文にも著者が述べているように「専門の如何によらず，現代物理学のあらゆる研究に必要な理論物理学の最小限の知識を与える」ことを目的としている．「最小限の」という言葉は重い．

ランダウは，1962年1月7日の不幸な自動車事故がもとで，1968年3月24日に亡くなった．60歳であった．そのため，この小教程は，予備討論こそランダウは熱心にしたが，実際の執筆はリフシッツの仕事になった．そのリフシッツも1985年10月29日に70歳で亡くなった．今後は，

彼らの弟子ピタイエフスキーによって改訂がなされてゆくであろうという．ランダウとリフシッツの人となりや研究については，小教程・第1巻の翻訳に添えられた山本義隆による解説およびそこに引用されている文献，特に佐々木力・山本義隆・桑野隆編訳『物理学者ランダウ スターリン体制への叛逆』（みすず書房，2004）に詳しい．

2 量子力学の基本概念

さて，この小教程『量子力学』は大教程の第3巻『量子力学・非相対論的理論』と第4巻『相対論的量子力学』の一部分との手際のよい縮小版である．手際がよすぎて，もう少し説明を補ってくれていたらと思わせられるところもないではない．これから，この本のユニークな論理展開をたどってみよう．

その第1章は，大教程と同じく「量子力学の基本概念」と題され「不確定性原理」と「重ね合わせの原理」を基礎においている．不確定性原理とは，ここでは量子力学の世界では粒子が軌道をもち得ないということだとする．その証拠に電子ビームの二重スリットによる回折をあげている．量子力学は，古典力学をその極限の場合として含み，かつその極限の場合をそれ自身の基礎づけのために必要とすると述べて，測定の重要性におよぶ．粒子の刻々の位置 q はいくら正確にも測定し得るとして，それを変数とする波動関数 $\Psi(q,t)$ によって粒子の状態を記述する．状態とは，一時刻に系について語り得ることのすべてであり，それから

系の将来について,語り得ることのすべてが予言される. $|\Psi(q,t)|^2 dq$ が時刻 t に粒子を位置 q の近傍 dq に見出す確率をあたえる. 測定にともなう波束の収縮にはあからさまに触れていないから $\Psi(q,t)$ の時間発展はイメージしにくいが,時間 Δt が経過するごとに位置の測定をくりかえして測定結果をつないでも滑らかな軌道は得られず,ジグザグな線になるという. したがって,速度は定義できない. このあたりは原理の提示だからというのだろうか, $\Psi_1(x,t)$ と $\Psi_2(x,t)$ が状態なら $c_1\Psi_1(q,t)+c_2\Psi_2(q,t)$ (c_1, c_2 は定数) も状態だという重ね合わせの原理とともに天下りである. 波動関数が状態を表わすので,時刻 t のあらゆる測定結果の確率も波動関数から計算され,一般に

$$\iint \Psi(q,t)\Psi^*(q',t)\varphi(q,q')dq dq'$$

の形をとる. φ は測定の種類と結果できまる.

続く演算子の節では,与えられた物理量 f がとり得る値を固有値とよび,固有値 f_n をとる状態の波動関数 Ψ_n を f の固有関数というとの定義から始まる. 演算子は,まだでてこない. 当分 f の固有値がすべて離散的な場合に限るが,一般の状態 Ψ では, f の測定を行うと f の固有値の一つが得られるので,重ね合わせの原理により $\Psi = \sum a_n \Psi_n$ と書ける. Ψ_n を規格化しておけば,測定で値 f_n を得る確率は $|a_n|^2$ である. すると測定の平均値 $\bar{f}$ は $\sum f_n |a_n|^2$ となるが,これを

$$\bar{f} = \int \Psi^*(\hat{f}\Psi)dq \tag{1}$$

の形にする演算子 $\hat{f}$ を物理量 f に対応させる．これが双一次形式になったことは演算子が線形なことを意味するという．特に Ψ が固有関数のひとつ Ψ_n であるなら，上の平均値の式から $\hat{f}\Psi_n = f_n\Psi_n$ でなければならない．これで，やっと普通の固有値問題の式が現れた．この後，演算子のエルミート性や固有関数の全体の完全性，直交性が述べられる．次の節で演算子の和や積が定義され，さらに次で連続固有値が扱われる．演算子を導入する前に固有値，固有関数を定義するこの数理構成の仕方は大教程と同じであるが，どういう利点があるのか分からない．

ここまでで量子力学の数理的道具の構成が終わり，次いで古典論への極限移行が

　　（量子力学）:（古典力学）＝（波動光学）:（幾何光学）

という比例式に基づいて示される．波動光学から幾何光学に移るアイコナール近似（小教程・第1巻，§74）と類似に，量子力学の古典力学への極限では波動関数が

$$\Psi = ae^{iS/\hbar} \tag{2}$$

の形になる．a はゆっくり変わる関数で，位相 $S/\hbar$ は古典的な対象に対しては $S/\hbar \gg 1$ であり，激しく変化する．ここで初めて $\hbar$ が登場する．

第1章の締めくくりは密度行列の紹介である．これは，波動関数が閉じた系の状態を表わすのに対して，その部分系の状態を表わすが，このあと使われることはない．

次の章は大教程とちがって「量子力学における保存則」と題されているが,両者の前半は同じ節立てで,後半は小教程では大教程の第 3 章「角運動量」を取り込んでいる.

この章の論理は,「古典力学をその極限の場合として含み,かつその極限の場合をそれ自身の基礎づけのために必要とする」という第 1 章の宣言を如実に示し,たいへん面白い.まず波動関数 Ψ が系の状態を決めることから,その現在を知ると未来が決まるべきだからといって

$$i\hbar \frac{\partial \Psi}{\partial t} = \hat{H}\Psi \tag{3}$$

という形の微分方程式を書く.$\hat{H}$ はまだ未定の演算子である.これは本当に「現在が未来を決める」ことの必然的な帰結であろうか? $i\hbar$ をつけた理由はすぐに分かる.位置の測定値の全確率が 1 で一定であることから,時間微分に i をつけたおかげで演算子 $\hat{H}$ はエルミート的となる.また,古典的極限 (2) において a はゆっくり変わる関数なので

$$\frac{\partial \Psi}{\partial t} \sim \frac{i}{\hbar} \frac{\partial S}{\partial t} \Psi$$

となることから,(3) で時間微分に $\hbar$ をつけたので $\hat{H}$ の古典極限は $-\partial S/\partial t$ であることが分かる.これは,ハミルトン - ヤコビの理論(小教程・第 1 巻,(31.5) 式)を思い出せば系のハミルトニアンに他ならない.

次に物理量の時間微分を考えたいが,量子力学の世界では,時刻 t に f の測定をして値 f_n を得た後 $t+\Delta t$ に同じ量の測定をしても確定値は得られないのが一般であるから

普通の意味での時間微分は定義できないという．そこで測定値の平均値（1）の時間微分を通して

$$\frac{d\hat{f}}{dt} = \frac{\partial \hat{f}}{\partial t} + \frac{i}{\hbar}(\hat{H}\hat{f} - \hat{f}\hat{H}) \tag{4}$$

とする．これが0となることが保存量の条件である．閉じた系のハミルトニアンは時間をあらわに含まず，したがって保存量であり，ある時刻に確定値をとれば以後も同じ確定値をとり続ける．エネルギーが確定値をとる状態は定常状態とよばれる．しかし，ここでは未だハミルトニアンがどんな演算子かきまっていない．

この後，ハミルトニアンの固有関数を用いて物理量の演算子 $\hat{f}$ を行列表示することを述べ，運動量の演算子の決定に進む．

閉じた粒子系を考えると，系全体の空間位置はすべて同等であるから，系のハミルトニアンは系全体を一斉に平行移動しても変わらない．ということは，

$$\left(\sum_{\alpha} \nabla_{\alpha}\right) \hat{H} - \hat{H} \left(\sum_{\alpha} \nabla_{\alpha}\right) = 0$$

を意味し，$\sum_{\alpha} \nabla_{\alpha}$ の保存を示す．ところが空間の一様性から保存が導かれるのは運動量である（小教程・第1巻，§7）．よって，$\hat{\boldsymbol{p}} = c\nabla$ とおいて古典極限（2）にかけてみると

$$\hat{\boldsymbol{p}}\Psi = c\nabla(a\,e^{iS/\hbar}) \sim c\frac{i}{\hbar}\Psi\nabla S$$

となり，古典論では ∇S は運動量であるから（小教程・第

1巻,（31.3）式）$c=-i\hbar$ でなければならない．こうして $\hat{\boldsymbol{p}}=-i\hbar\nabla$ が得られた．これがエルミート的であることは容易に確かめられる．次に空間の等方性から同様にして角運動量の演算子が決定され，その固有値問題が解かれて，さらに角運動量の合成に及ぶ．ようやく物理量の演算子がその片鱗を現わした．

第3章「シュレーディンガー方程式」にきて初めてハミルトニアン演算子が具体的な姿を現わす．それが古典極限では古典力学のハミルトニアンになることは第1章で見たが，思い返すと，自由粒子に対しては，その形 $H=\boldsymbol{p}^2/(2m)$ はガリレイ不変性から定まったのであった（小教程・第1巻，§4）．量子力学に移ると，自由粒子に対してエネルギーは空間の平行移動に関して不変で，したがって運動量と同時に測定可能であり，両者は保存量である．それらのすべての固有値に対して $E=\boldsymbol{p}^2/(2m)$ が成り立つためには演算子に対して同じ関係式 $\hat{H}=\hat{\boldsymbol{p}}^2/(2m)$ の成り立つことが必要である．こうして自由粒子に対するハミルトニアン演算子の形が定まった．第1章の（1）による演算子の定義を思い起こそう．粒子間の相互作用は，やはり古典極限の考慮から，古典力学におけるのと同じポテンシャル・エネルギーを自由ハミルトニアンに加えることで取り入れられる．

この後の展開はスタンダードである．ただ，シュレーディンガー方程式は時間反転に関して対称だが，測定過程が不可逆なため，量子的現象では過去と未来は非対称だという注意は注目される．大教程に比べて，$-1/r^2$ ポテンシャ

ルによる粒子の原点への落下が簡単に扱われている.

3 量子力学の諸問題

第4章「摂動論」も多くの本と大差はない. 摂動の2次で中間状態に非摂動状態が現われてエネルギー分母が0になる問題の処理には, 最近の本では小谷正雄の方法が使われるが, 本書では古い方法のままになっている. 状態の時間変化に関する摂動論を用いてエネルギーに対する不確定性を導く節は, 大教程にもあるが, 注目に値する.

次の第5章「スピン」は, スピノールまで立ち入っているところが類書と異なる. スピン 1/2 の粒子の状態を $\begin{pmatrix} \psi^1 \\ \psi^2 \end{pmatrix}$ と書くと, 座標系の回転でこの成分は線形変換 A を受ける. いま, 2つの粒子が合成スピン0の状態にあれば, その波動関数は $\psi^1\varphi^2 - \psi^2\varphi^1$ で, これはスカラーだから A を施したとき元に戻らねばならない. 計算してみると A の行列式が1であること (ユニモジュラー性) が分かる. また粒子の存在確率密度 $|\psi^1|^2 + |\psi^2|^2$ もスカラーであるべきで, この条件を加えると A はユニタリーになる. 普通これらはスピノルの変換則として天下りに承認させられるのだが, ここでは導出されている. 次の「同種粒子」の章は, 量子力学の世界では粒子が軌道をもたないため同種粒子の区別ができないという不確定性原理からボース, フェルミの統計を導き, 交換相互作用を述べ, 第二量子化に及ぶ. しかし, この理論形式は第11章まで使われない.

第7章「原子」と次の第8章「2原子分子」は複雑な話題を簡潔にまとめ異彩を放つ.

第9章は「弾性散乱」. 低エネルギーでは有効距離の理論と, それを補ってポテンシャルが0に近い結合エネルギーの束縛状態をもつ場合の共鳴散乱を扱い, 高エネルギーではボルン近似を述べ, 同種粒子の散乱に関する交換効果を注意し, 高速電子と原子との弾性衝突を扱うが, ここで電子の交換効果には一言も触れていない.

続く第10章「非弾性衝突」は初期状態 i から終状態 f への遷移 $i \to f$ と時間反転した $f^* \to i^*$ の確率 w の間に, 量子力学の方程式の時間反転対称性からくる個別つりあい $w_{fi} = w_{i^*f^*}$ を基礎として, 自由電子が光子を放出してイオンに吸収される過程(輻射性再結合)と光電効果の断面積の関係などを扱ってみせる. さらに, 低速での非弾性散乱 ($1/v$ 法則), 高速粒子と原子との非弾性散乱を扱う.

これで非相対論的理論の部は終わり. 本書の全500ページのうち360ページを占める.

4 相対論的理論

相対論的理論を扱う第2部は「光子」の章から始まるが, 冒頭に「相対論的領域での不確定関係」の節がおかれ, 粒子の座標の測定はコンプトン波長を超えて精密ではあり得ず, 運動量の正確な測定には無限の時間を要すると説く. そのため非相対論的量子力学のすべての方法は相対論的領域では不適当になる. 位置座標の関数としての波動関数を

用いることも粒子の相互作用の時間的経過を追うことも不可能である．ここでは相互作用する前と後での粒子の運動量やスピンのみが観測可能であって，粒子が何からつくられているかという問題は意味を失なう．現在の理論は量子電磁力学の領域では実験と見事に一致するという意味でこそ成功しているが，内部無矛盾性や論理的調和においては未だしであって，強い相互作用を含む完全な理論は原理的に新しい物理的概念の導入を待っている．これはランダウ学派の立場である．光子の理論は，第5章で用意した第二量子化法で展開される．

「ディラック方程式」の第12章は実質的には4次元スピノールの導入で始まる．ローレンツ変換を視野に入れると粒子の存在確率密度はスカラーでなくなるので，第5章の議論がなりたたなくなり，変換行列 A のユニタリー性が破れる．いいかえれば，ξ と ξ^* の変換がまったく別になる．そこで $(A^\dagger)^{-1}$ で変換するスピノールを $\begin{pmatrix} \eta^{\dot{1}} \\ \eta^{\dot{2}} \end{pmatrix}$ と書いて導入すれば，A がユニタリーのとき，この変換は A と同じになる．この変換は $\eta^{\dot{1}} \sim \xi^{2^*}, \eta^{\dot{2}} \sim -\xi^{1^*}$ とも書ける（$\sim$ は同じ変換を受けるの意）．この点つきスピノールを用いて，空間反転 $\hat{P}$ を $\hat{P}\xi^\alpha = \eta^{\dot{\alpha}}, \hat{P}\eta^{\dot{\alpha}} = \xi^\alpha$ と定義する．こうして反転まで入れるには4成分のスピノールが必要になる．スピン 1/2 の粒子に対するディラックの方程式は4成分スピノールに対する連立1階微分方程式である．

ディラック方程式には負エネルギーの解がある．それは

第二量子化をすると正のエネルギーをもつ反粒子として現われる.ただし,生成消滅演算子は反交換関係にしたがうとする.これはスピン $1/2$ の粒子がフェルミ統計にしたがうことを意味する.大きいスピンの粒子はスピン $1/2$ の粒子から合成されたと考えれば,半奇数スピンの粒子はフェルミ統計に,整数スピンの粒子はボース統計にしたがうことが分かる.スピンと統計の関係である.次の第 14 章「外場内の電子」は,ディラック方程式の非相対論的近似の議論で,電子の磁気モーメントとスピン軌道相互作用が導かれる.

続く第 15 章「輻射」の章では,原子による輻射の扱いはスタンダードである.2 つの荷電粒子の衝突による輻射については,放出される光子数の積分が低周波数で発散する赤外破局は原理的なものだという.原子集団による光の散乱には干渉性と非干渉性のものがある.

最後の第 16 章は「ファインマン図形」の紹介で,詳しい計算は省いている.締めくくりはベーテによるラム・シフトの計算で,これにはファインマン図形は用いられていない.

*

以上,駆け足で本書の特徴を概観してきたが,理論構成のユニークさと 500 ページの中に盛り込まれた内容の豊富なことには驚くほかない.説明はなんと言っても簡潔であるから,この本を咀嚼するには,自ら計算を補い,計算の

途中の,そして結果の式の物理的意味をあれこれ考えてみる必要がある.小教程・第1巻の解説の終わりに山本義隆が引いているランダウの言葉は,この本にもあてはまる.

2008 年 3 月 31 日

(えざわ・ひろし 学習院大学名誉教授)

索　引

ア　行

イオン結合　289
1次元振動子　121
位相因子　27
位相空間内の細胞　138
位相のずれ　155
運動量　66
　——演算子　67
　——表示　69
S-行列　364, 477
X線項　260
f-表示　43
LS 結合　251
エネルギー準位　57
エルミート演算子　34
永年方程式　175
演算子　32
　共役な——　34
　自己共役——　35
　消滅——　231
　生成——　232
　転置——　34
オージェ効果　263
オルソ水素　300

カ　行

可換　39
仮想準位　321
仮想的（中間の）光子　483
荷電共役　416
荷電偶奇性　417
回帰点　131
回転子　296
回転定数　296
外線（自由端）（ファインマン図形の）　483
角運動量　73
　軌道——　196
　——の合成則　86
　——の方向縮退　81
核磁子　213, 214
重ね合わせの原理　28
干渉性　468
完全な組　24
完全偏極　209
間隔規則（ランデの）　250
関数の完全系　30
観測（測定）　17, 114, 115, 189-191
奇状態　280
希土類（元素の）　260
既約テンソル　95
既約表現　91, 208
規格化条件　27
規格直交　36
基底状態　56
軌道角運動量　196
軌道偶奇性　419
軌道波動関数　226
擬スカラー　98
逆多重項　250

球面波 152
共鳴 318
　——蛍光 466
共有結合 290
強制(誘導)放出 448
極性ベクトル 98
クラマースの定理 267
クーロン縮退 165
クレブシュ-ゴルダンの係数 90
グリーン関数(電子の,光子の) 490
繰り込み 491
空孔 247
偶奇性
　荷電—— 417
　——の合成則 99
　——の保存則 97
偶状態 279
偶然縮退(クーロン縮退) 165
経時演算子 476
結合(ずれ)散乱 464
結合反転 423
原子価 284
原子形状因子 339
原子単位 160
コンプトン効果 485
固有関数 30
固有値 29
個別つりあいの原理 344
個別電子 243, 244
交換相互作用 228
交代禁止 467
光学定理 351
光子真空 480
光量子(光子) 372, 412
混合状態 50

サ 行

座標波動関数 226
錯化合物 292
散乱 304
　——演算子 477
　——行列 364, 477
　結合—— 464
　——振幅 306, 466
　レーリー— 463
CPT-定理 427
g 因子(ランデの因子) 273
jj 結合 251
シュタルク効果 267
シュレーディンガー表示 371
シュレーディンガー方程式 103
自然の幅(スペクトル線の) 472
自己共役演算子 35
自己無撞着の場 243
自由端(外線)(ファインマン図形の) 483
時間反転 114
　——された状態 344
磁気的 2^j-極(Mj-光子) 377
磁気モーメント 212, 274, 433, 492
磁気量子数 151
遮蔽2重項 263
主族(元素の) 257
主量子数 164, 243
寿命 191
純粋状態 50
順多重項 250
準位
　縮退している— 57
　——の幅 192

索引

準定常状態 192
準離散的 192
消滅
　——演算子 231
　対—— 412
真空
　電磁場の—— 372
　——の偏り 491
真性スカラー 98
真正中性 415
振動定理 113
振動量子数 297
スカラー
　擬—— 98
　真性—— 98
スピノール 205
　——場 408
スピン
　——-軌道相互作用 247, 438
　——-スピン相互作用 247
　——成分 197
　——波動関数 226
　——変数 196
スペクトル項 242
スペクトル線の形 471
ずれない散乱 464
図形手法（ファインマンの） 487
ゼーマン効果 271
生成演算子 232
制動輻射 459
赤外破局 460
積の規則 61
摂動 168
占有数 229
遷移振動数 60
遷移族（元素の） 257
遷移電流 445

　運動量表示の—— 446
選択規則（選択則） 91, 454
双極モーメント 264, 451
双スピノール 390
相互作用
　強い—— 423
　——表示 475
　弱い—— 423
相対論的単位系 366
相対論的2重項 263
束縛状態 58

タ 行

多重項分裂 242
多重度
　スペクトル項の—— 242
　電子項の—— 278
対応原理（ボーアの） 453
対角化（行列の） 64
対角要素 61
対称（な波動関数） 221
第二量子化 228
単位
　原子—— 160
　相対論的——系 366
断熱的 182
断面積 306
弾性衝突 304
中間状態 187
中間族（元素の） 257
中間の光子 483
中性微子 427
頂点（ファインマン図形の） 483
超微細分裂 252
直交（互いに） 36
対消滅 412

強い相互作用 423
ディラック共役 401
ディラック行列 396
ディラック方程式 392
定常状態 55
鉄族（元素の） 259
転置演算子 34
伝播関数（プロパゲータ）
　光子—— 481, 482
　電子—— 485
電気的 2^j-極（Ej-光子） 377
電子項 277
電子配位 244
電子－陽電子真空 485
ド・ブロイ波長 104
透過係数 141
等極結合 290
統計的重み 450
動径量子数 151
同等な電子（等価電子） 245, 246

ナ 行

内部偶奇性 419
流れの密度（確率の） 106

ハ 行

ハイゼンベルク表示 371
ハミルトニアン（ハミルトン演算子） 52
パウリの行列 202
パウリの原理 225
パウリ方程式 436
パラジウム族（元素の） 259
パラ水素 300
波束 47

波動関数 26
　準古典的な—— 47, 127
波動方程式 53
波動力学 18
場の電荷 412
配位空間 25
白金族（元素の） 259
反射係数 141
反対称（な波動関数） 221
反転 96
　時間—— 114
反応断面積 350
反応チャネル 343
反粒子 407
非干渉性 468
非調和振動子 174
微細構造定数 440
標準表示 399
$1/v$ 法則 352
ファインマン図形 480
ファン・デル・ワールス力 302
フェルミオン（フェルミ粒子） 221
フェルミ－ディラック統計 221
フントの規則 245
プランクの定数 46
不確定関係 71
部分振幅 308
部分偏極 210
複合核 193
輻射補正 490
分極率（原子の） 269
ベクトル合成の係数 90
ベクトル模型 88
平均値 31
平面波 104
閉殻 245
変分原理 112

偏極（電子の） 209
偏極密度行列 211
ボーア磁子 213
ボーア-ゾンマーフェルトの量子化
　の規則 134
ボーア半径 161
ボーズ-アインシュタイン統計
　221
ボソン（ボーズ粒子） 221
ボルン近似 324
ポジトロニウム 416
ポテンシャル
　——障壁 142
　——の井戸 115
　——の壁 140
保存量 54
方位量子数 151

マ 行

密度行列 49
無差別性の原理 220

ヤ 行

有極結合 289
有界運動 58
有効断面積 306
誘導（強制）放出 448

4次元スピノール（4-スピノール）
　383
4次元反転 425
4重極モーメント 266
陽電子 413
弱い相互作用 423

ラ 行

ラッセル-ソーンダーズの場合
　251
ラム・シフト 441
ランジュバンの公式 276
ランダウ準位 218
ランデの因子（g因子） 273
らせん度 378, 428, 429
リドベリー 161
離散スペクトル 29
粒子 407
量子数
　磁気—— 151
　主—— 164, 243
　振動—— 297
　動径—— 151
　方位—— 151
レーリー（ずれない）散乱 463
連続スペクトル 29
ローレンツ群 383

本書は、一九七五年四月十日、東京図書株式会社より刊行された。
文庫化にあたり、読みやすさを考慮し、数式表現を一部改めた。

新 物理の散歩道 第3集
ロゲルギスト

高熱水蒸気の威力、魚が銀色に輝くしくみ、コマが起こすあれこれ、身近な現象にひそむ意外な「物の理」を探求するエッセイ。(米沢富美子)

新 物理の散歩道 第5集
ロゲルギスト

クリップで蚊取線香の火が消し止められる？ バイオリンの弦の動きを可視化する顕微鏡とは？ ごたえのある物理エッセイ！(鈴木増雄)

宇宙創成はじめの3分間
S・ワインバーグ　小尾信彌訳

ビッグバン宇宙論の謎にワインバーグが挑む！ 開闢から間もない宇宙の姿を一般の読者に向けて明快に論じた科学読み物の古典。解題＝佐藤文隆

ワインバーグ量子力学講義（上）
S・ワインバーグ　岡村浩訳

ノーベル物理学賞受賞者が後世に贈る、晩年の名講義。上巻には歴史的展開や量子力学の基礎的原理、スピンなどについて解説する。本邦初訳。

ワインバーグ量子力学講義（下）
S・ワインバーグ　岡村浩訳

「対称性」に着目した、エレガントな論理展開。下巻では近似法、散乱の理論などから量子鍵配送や量子コンピューティングの最近の話題まで。

精神と自然
ヘルマン・ワイル　ピーター・ペジック編　岡村浩訳

数学・物理・哲学に通暁し深遠な思索を展開したワイル。約四十年にわたる歩みを講演ならではの読みやすい文章で辿る。年代順に九篇収録、本邦初訳。

シンメトリー
ヘルマン・ワイル　冨永星訳

芸術や生物など、様々な事物に見られる対称性＝シンメトリーに潜む数学的原理とは。世界的数学者による最晩年の名講義を新訳で。

知るということ
渡辺慧

時の流れを知るとはどういうこと？「エントロピー」「因果律」「パターン認識」などを手掛かりに、知覚の謎に迫る科学哲学入門。(村上陽一郎)

確率微分方程式
渡辺信三

ブラウン運動のような偶然現象をいかにして定式化されるか。広い応用範囲をもつ確率微分方程式の理論を解説した名著。(重川一郎)

数学序説　吉田洋一・赤攝也

数学は嫌いだ、苦手だという人のために。幅広いトピックを歴史に沿って解説。刊行から半世紀以上にわたり読み継がれてきた数学入門のロングセラー。(赤攝也)

ルベグ積分入門　吉田洋一

リーマン積分ではなじみのない、ルベグ積分誕生の経緯と基礎理論を丁寧に解説。いまだ古びない往年の名教科書。

微分積分学　吉田洋一

基本事項から初等関数や多変数の微積分、微分方程式などを、具体例と注意すべき点を挙げ丁寧に叙述。長年読まれ続けてきた大定番の入門書。

数学の影絵　吉田洋一

数学の抽象概念は日常の中にこそ表裏する。数学の影を澄んだ眼差しで観照し、その裡にある無限の広がりを軽妙に綴る珠玉のエッセイ。(高瀬正仁)

私の微分積分法　吉田耕作

ニュートン流の考え方にならって、積分はどのように展開される？ 対数・指数関数、三角関数から微分方程式、数値計算の話題まで。(俣野博)

力学・場の理論　L・D・ランダウ／E・M・リフシッツ　水戸巌ほか訳

圧倒的に名高い「理論物理学教程」に、ランダウ自身が構想した入門篇があった！ 幻の名著『小教程』がいまよみがえる。(山本義隆)

量子力学　L・D・ランダウ／E・M・リフシッツ　好村滋洋／井上健男訳

非相対論的量子力学から相対論的理論までを、簡潔にして美しい理論構成で登る入門教科書。大教程2巻をもとに新構成の別版。(江沢洋)

幾何学の基礎をなす仮説について　ベルンハルト・リーマン　菅原正巳訳

相対性理論の着想の源泉となった、リーマンの記念碑的講演。ヘルマン・ワイルの格調高い序文・解説とミンコフスキーの論文「空間と時間」を収録。

新 物理の散歩道 第2集　ロゲルギスト

ゴルフのバックスピンは芝の状態に無関係、昆虫の羽ばたき、コマの不思議、流れ模様など意外な展開と多彩な話題の科学エッセイ。(呉智英)

熱学思想の史的展開2	山本義隆	熱力学はカルノーの一篇の論文に始まり骨格が完成していた。熱素説に立ちつつも、理論から半世紀も先行し隠された因子、エントロピーがついにその姿を現わした。そして重要な概念が加速的に連結し熱力学が体系化されていた。格好の入門篇。
熱学思想の史的展開3	山本義隆	〈重力〉理論完成までの思想的格闘の跡を丹念に迫っていた。先人の思考の核心に肉薄する壮大な力学史。上巻は、ケプラーからオイラーまでを収録。
重力と力学的世界(上)	山本義隆	西欧近代において、古典力学はいかなる世界を発見していったのか。いかなる世界像を作り出し、何を切り捨てていったのか。歴史形象としての古典力学。
重力と力学的世界(下)	山本義隆	
数学がわかるということ	山口昌哉	非線形数学の第一線で活躍した著者が〈数学とは〉をしみじみと、〈私の数学〉を楽しげに語る異色の数学入門書。
カオスとフラクタル	山口昌哉	ブラジルで蝶が羽ばたけば、テキサスで竜巻が起こる? カオスやフラクタルの非線形数学の不思議をさぐる本格的入門書。〈野崎昭弘〉
大学数学の教則	矢崎成俊	高校までの数学と大学の数学では、大きな断絶がある。その溝を埋めるべく企画された、「大学数学の作法」指南書。〈谷原一幸〉
数学文章作法 基礎編	結城浩	レポート・論文・プリント・教科書など、数式まじりの文章を正確で読みやすいものにするには?『数学ガール』の著者がそのノウハウを伝授!
数学文章作法 推敲編	結城浩	ただ何となく推敲するのではなく? 語句の吟味・全体のバランス・レビューなど、文章をより良くするために効果的な方法を、具体的に学びましょう。

生物学のすすめ	ジョン・メイナード=スミス 木村武二 訳	現代生物学では何が問題になるのか。20世紀生物学に多大な影響を与えた大家が、複雑な生命現象を理解するためのキー・ポイントを易しく解説。
現代の古典解析	森 毅	おなじみ一刀斎の秘伝公開！ 極限と連続に始まり、指数関数と三角関数を経て、偏微分方程式に至る。見晴らしのきく、読み切り22講義。
ベクトル解析	森 毅	1次元線形代数学から多次元へ、1変数の微積分から多変数へ。応用面important重要性を軸に展開するユニークなベクトル解析のココロ。
対談 数学大明神	安野光雅 森 毅	数楽的センスの大饗宴！ 読み巧者の数学者と数学ファンの画家が、とめどなく繰り広げる興趣つきぬ数学談義。（河合雅雄・亀井哲治郎）
線型代数	森 毅	理工系大学生必須の線型代数を、その生態のイメージと意味のセンスを大事にしつつ、基礎的な概念をひとつひとつユーモアを交え丁寧に説明する。
新版 数学プレイ・マップ	森 毅	一刀斎の案内で数の世界を気ままに歩き、勝手に遊ぶ数学エッセイ。三篇を増補。「微積分の七不思議」「数学の大いなる流れ」他。（亀井哲治郎）
フィールズ賞で見る現代数学	マイケル・モナスティルスキー 眞野元 訳	「数学のノーベル賞」とも称されるフィールズ賞。その誕生の歴史、および第一回から二〇〇六年までの歴代受賞者の業績を概説。
思想の中の数学的構造	山下正男	レヴィ=ストロースを群論？ ニーチェやオルテガの遠近法主義、ヘーゲルと解析学、孟子と関数概念……。数学的アプローチによる比較思想史。
熱学思想の史的展開 1	山本義隆	熱の正体は？ その物理的特質とは？ 著者による壮大な科学史。『磁力と重力の発見』の著者による壮大な科学史。『熱力学入門書としての評価も高い。全面改稿。

フラクタル幾何学(下) B・マンデルブロ 広中平祐監訳

「自己相似」が織りなす複雑で美しい構造とは。その数理とフラクタル発見までの歴史を豊富な図版とともに紹介。(田中一之)

数学基礎論 前原昭二 竹内外史

集合をめぐるパラドックス、ゲーデルの不完全性定理からファジィ論理、P＝NP問題などのより現代的な話題まで。大家による入門書。

現代数学序説 松坂和夫

『集合・位相入門』などの名教科書で知られる著者による、懇切丁寧な入門書。組合せ論・初等数論を中心に、現代数学の一端に触れる。(荒井秀男)

不思議な数eの物語 E・マオール 伊理由美訳

自然現象や経済活動に頻繁に登場する超越数e。この数の出自と発展の歴史を描いた一冊。ニュートン、オイラー、ベルヌーイ等のエピソードも満載。

フォン・ノイマンの生涯 ノーマン・マクレイ 渡辺正／芦田みどり訳

コンピュータ、量子論、ゲーム理論など数多くの分野で絶大な貢献を果たした巨人の足跡を辿り、「人類最高の知性」に迫る。ノイマン評伝の決定版。

工学の歴史 三輪修三

オイラー、モンジュ、フーリエ、コーシーらは数学者であり、同時に工学の課題に方策を授けていた。「ものつくりの科学」の歴史をひもとく。

関数解析 宮寺功

偏微分方程式論などへの応用をもつ関数解析、バナッハ空間論からベクトル値関数、半群の話題まで、その基礎理論を過不足なく丁寧に解説。(新井仁之)

ユークリッドの窓 レナード・ムロディナウ 青木薫訳

平面、球面、歪んだ空間、そして……。幾何学的世界像は今なお変化し続ける。『スタートレック』の脚本家が誘う三千年のタイムトラベルへようこそ。

ファインマンさん 最後の授業 レナード・ムロディナウ 安平文子訳

科学の魅力とは何か? 創造とは、そして死とは? 老境を迎えた大物理学者との会話をもとに書かれた、珠玉のノンフィクション。(山本貴光)

電気にかけた生涯	藤宗寛治	実験・観察にすぐれたファラデー、電磁気学にまとめたマクスウェル、ほかにクーロンやオームなど科学者十二人の列伝を通して電気の歴史をひもとく。
科学の社会史	古川安	大学、学会、企業、国家などと関わりながら「制度化」の歩みを進めて来た西洋科学。現代に至るまでの約五百年の歴史を概観した定評ある入門書。
ロバート・オッペンハイマー	藤永茂	マンハッタン計画を主導し原子爆弾を生み出したオッペンハイマーの評伝。多数の資料をもとに、政治に翻弄、欺かれた科学者の愚行と内的葛藤に迫る。文庫オリジナル。
科学的探究の喜び	二井將光	何を知り、いかに答えを出し、どう伝えるか。そのプロセスとノウハウを独創的研究をしてきた生化学者が具体例を挙げ伝授する。
乱数	伏見正則	乱数作成の歴史は試行錯誤、悪戦苦闘の歴史でもあった。基礎的理論から実用的な計算算法までを記述した「乱数」を体系的に学べる日本で唯一の教科書。
πの歴史	ペートル・ベックマン 田尾陽一/清水韶光訳	円周率だけでなく意外なところに顔をだすπ。ユークリッドやアルキメデスによる探究の歴史に始まり、オイラーの発見などπの不思議にいたる。
やさしい微積分	L・S・ポントリャーギン 坂本實訳	微積分の基本概念・計算法を全盲の数学者がイメージ豊かに解説。版を重ねて読み継がれる定番の入門教科書。練習問題・解答付きで独習にも最適。
科学と仮説	アンリ・ポアンカレ 南條郁子訳	科学の要件とは何か? 仮説の種類と役割とは? 数学と物理学を題材に、関連しあう多様な問題を論じる。規約主義を初めて打ち出した科学哲学の古典。
フラクタル幾何学(上)	B・マンデルブロ 広中平祐監訳	「フラクタルの父」マンデルブロの主著。膨大な資料を基に、地理・天文・生物などあらゆる分野から事例を収集・報告したフラクタル研究の金字塔。

幾何学基礎論
D・ヒルベルト
中村幸四郎訳

20世紀数学全般の公理化への出発点となった記念碑的著作。ユークリッド幾何学を根源的な観点から厳密に基礎づける。（佐々木力）

素粒子と物理法則
R・P・ファインマン／
S・ワインバーグ
小林澈郎訳

量子論と相対論を結びつけるディラックのテーマを対照的に展開したノーベル賞学者による追悼記念講演。現代的物理学の本質を堪能させる二重奏。

ゲームの理論と経済行動Ⅰ（全3巻）
ノイマン／モルゲンシュテルン
銀林／橋本／宮本監訳
阿部／橋本訳

今やさまざまな分野への応用いちじるしい「ゲームの理論」の嚆矢とされる記念碑的著作。第Ⅰ巻はゲームの形式的記述とゼロ和2人ゲームについて。

ゲームの理論と経済行動Ⅱ
ノイマン／モルゲンシュテルン
銀林／橋本監訳
銀林／橋本／宮本／下島訳

第Ⅰ巻でのゼロ和2人ゲームの考察を踏まえ、第Ⅱ巻ではプレイヤーが3人以上の場合のゼロ和ゲーム、およびゲームの合成分解について論じる。

ゲームの理論と経済行動Ⅲ
ノイマン／モルゲンシュテルン
銀林／橋本／宮本監訳

第Ⅲ巻では非ゼロ和ゲームにまで理論を拡張。これまでの分析的結果をもとにいよいよ経済学的考察を試みる。全3巻完結。（中山幹夫）

計算機と脳
J・フォン・ノイマン
柴田裕之訳

脳の振る舞いを数学で記述することは可能か？ 現代のコンピュータの生みの親でもあるフォン・ノイマン最晩年の考察。新訳。（野崎昭弘）

数理物理学の方法
J・フォン・ノイマン
伊東恵一編訳

多岐にわたるノイマンの業績を展望するための文庫オリジナル編集。本巻は量子力学・統計力学など物理学の重要論文四篇を収録。全篇新訳。

作用素環の数理
J・フォン・ノイマン
長田まりゑ編訳

終戦直後に行われた講演「数学者」と、「作用素環について」Ⅰ〜Ⅳの計五篇を収録。一分野としての作用素環理論を確立した記念碑的業績を網羅する。

新・自然科学としての言語学
福井直樹

気鋭の文法学者によるチョムスキーの生成文法解説書。文庫化にあたり旧著を大幅に増補改訂し、付録として黒田成幸の論考「数学と生成文法」を収録。

数学的センス	野﨑昭弘	美しい数学とは詩なのです。いまさら数学者にはなれないけれどそれを楽しめたら……。そんな期待に応えてくれるやさしいエッセイ風数学再入門。
高等学校の確率・統計	黒田孝郎／森毅／小島順／野﨑昭弘ほか	成績の平均や偏差値はおなじみでも、実務の水準のために伝説の検定教科書を指導書付きで復活。
高等学校の基礎解析	黒田孝郎／森毅／小島順／野﨑昭弘ほか	わかってしまえば日常感覚に近いものながら、数学挫折のきっかけの微分・積分。その基礎をていねいもといた再入門書の検定教科書第2弾！
高等学校の微分・積分	黒田孝郎／森毅／小島順／野﨑昭弘ほか	高校数学のハイライト「微分・積分」！ その入門コース『基礎解析』に続く本格コース。公式暗記の学習法とはほど遠い、特色ある教科書の文庫化第3弾。
算数・数学24の真珠	野﨑昭弘	算数・数学には基本中の基本〈真珠〉となる考え方がある。ゼロ、円周率、＋と−、無限……。数学のエッセンスを優しい語り口で説く。〔亀井哲治郎〕
数学の楽しみ	テオニ・パパス 安原和見訳	ここにも数学があった！ 石鹸の泡、くもの巣、雪片曲線、一筆書きパズル、魔方陣、DNAらせん……。イラストも楽しい数学入門150篇。
相対性理論(下)	W・パウリ 内山龍雄訳	アインシュタインが絶賛し、物理学者内山龍雄をして「研究を擲ってでも訳したかった」と言わしめた、相対論三大名著の一冊。
調査の科学	林知己夫	消費者の嗜好や政治意識を測定するとは？ 集団特性の数量的表現の解析手法を開発した統計学者による社会調査の論理と方法の入門書。〔吉野諒三〕
インドの数学	林隆夫	ゼロの発明だけでなく、数表記法、平方根の近似公式、順列組み合せ等大きな足跡を残してきたインドの数学を古代から16世紀まで原典に則して辿る。

量子力学
ランダウ=リフシッツ物理学小教程

二〇〇八年六月十日 第一刷発行
二〇二四年五月十五日 第八刷発行

著　者　L・D・ランダウ／E・M・リフシッツ
訳　者　好村滋洋（こうむら・しげひろ）
　　　　井上健男（いのうえ・たけお）
発行者　喜入冬子
発行所　株式会社　筑摩書房
　　　　東京都台東区蔵前二-五-三　〒一一一-八七五五
　　　　電話番号　〇三-五六八七-二六〇一（代表）
装幀者　安野光雅
印刷所　大日本法令印刷株式会社
製本所　株式会社積信堂

乱丁・落丁本の場合は、送料小社負担でお取り替えいたします。
本書をコピー、スキャニング等の方法により無許諾で複製する
ことは、法令に規定された場合を除いて禁止されています。請
負業者等の第三者によるデジタル化は一切認められていません
ので、ご注意ください。

© S. Koumura/T. Inoue 2008　Printed in Japan
ISBN978-4-480-09150-5 C0142

ちくま学芸文庫